Strömungskupplungen und Strömungswandler

Berechnung und Konstruktion

Von

Ing. Maurizio Wolf
Fiat-Forschungs-
und Entwicklungsabteilung, Turin

Mit 159 Abbildungen

Springer-Verlag
Berlin / Göttingen / Heidelberg
1962

Softcover reprint of the hardcover 1st edition 1962

Library of Congress Catalog Card Number: 62-18593

ISBN 978-3-642-50987-2 ISBN 978-3-642-50986-5 (eBook)
DOI 10.1007/ 978-3-642-50986-5

Dem Andenken meiner Eltern
gewidmet

Vorwort

Die Entstehungsgeschichte dieses Buches reicht bis in die Zeit nach dem zweiten Weltkrieg zurück. Ich erhielt damals als Berechnungsingenieur der Forschungs- und Entwicklungsabteilung der Fiat-Werke, Turin, den Auftrag, mich mit dem Problem der Anwendung von Strömungsmaschinen im Kraftfahrzeugbau zu befassen. Der Mangel an Fachliteratur auf diesem Sondergebiet zwang mich zu selbständiger Erarbeitung der theoretischen Grundlagen und zur Entwicklung der erforderlichen Berechnungsmethoden, wobei sich vielfach Probleme ergaben, die Widersprüche in sich zu enthalten schienen und nicht immer leicht zu deuten waren.

Durch die Ergebnisse dieser Arbeiten und insbesondere durch die Aufstellung des *Strömungskreislauf-Gesetzes*, hoffe ich dazu beigetragen zu haben, daß die sonst bei der Auslegung eines Strömungswandlers angewandte kostspielige und zeitraubende Methode der probeweisen Annäherung durch den Versuch, nunmehr durch die sichere Vorausbestimmung der richtigen untereinander abhängigen Schaufelwinkel grundsätzlich überwunden ist.

Ich glaube, daß es deshalb nützlich ist, die Ergebnisse meiner Arbeiten in gedrängter Form in einem Buch beschränkten Umfanges zusammenzufassen. Für alle, die sich mit den verwickelten Zusammenhängen der hydrodynamischen Kraftübertragung zu beschäftigen haben, wird eine geordnete und systematische Behandlung der Materie und der Berechnung aller wichtigen Einflußgrößen eine willkommene Hilfe darstellen. Allerdings kann dieses Buch keine erschöpfende Darstellung der Strömungswandler sein, da viele Probleme, besonders auf Nebengebieten, nur gestreift werden konnten. Einige Ergebnisse sind Resultate von Vereinfachungen, die sich als nötig oder zweckmäßig erwiesen, um die Rechnung nicht unnötigerweise über jedes vertretbare Maß hinaus zu komplizieren. Der Zweck des Buches ist, zu zeigen, wie man mit Hilfe von richtig angewandten theoretischen Überlegungen systematisch zur richtigen Auslegung einer Föttinger-Strömungsmaschine gelangt. Ohne übergroßen Rechnungsaufwand soll es dem Leser zum Verständnis des Mechanismus der Vorgänge bei der hydrodynamischen Leistungsübertragung mit und ohne Momentenwandlung verhelfen und ihn dazu führen, die wesentlichen Probleme zu beherrschen, die bei der Bemessung, dem

Entwurf und Bau sowie bei der Prüfung einer Strömungsmaschine, oder besser, einer *Kombination* von Strömungsmaschinen des hier behandelten FÖTTINGER-Typs, auftreten.

Dem theoretischen Teil ist ein kurzes Kapitel über praktische Ausführungen hinzugefügt, um zu zeigen, wie die gegenwärtig im Kraftfahrzeugbau verwendeten Strömungsgetriebe im wesentlichen gebaut sind. Aus diesem Grund habe ich nur wenige von den typischsten und am meisten bekannten Konstruktionen, insbesondere der amerikanischen, deutschen und italienischen Fabrikation, ausgewählt und ihre Arbeitsweise kurz beschrieben, ohne auf Konstruktionsdetails näher einzugehen. Für die Behandlung der verschiedenen Regelungs- und Schaltorgane der verwendeten Automatik fehlte es leider an Platz.

Es ist mir ein Bedürfnis, hier den amerikanischen Firmen Ford, General-Motors und Chrysler meinen Dank auszusprechen für das mir in so freundlicher Weise überlassene Illustrationsmaterial, aus dem ich Bilder und technische Daten für das Buch entnehmen konnte. Besonders fühle ich mich gegenüber der Direktion der Fiat-Werke verpflichtet. Ich kann nicht umhin, an dieser Stelle dem Herrn Präsidenten, Professor Dr. VITTORIO VALLETTA, meine besondere Verehrung und Dankbarkeit auszusprechen, ebenso wie dem geschäftsführenden Verwaltungsratsmitglied, Herrn Generaldirektor Dr.-Ing. GAUDENZIO BONO, für das in mich gesetzte Vertrauen. Ferner schulde ich Dank Herrn Dr.-Ing. DANTE GIACOSA, Direktor der Technischen Entwicklungs- und Versuchsabteilungen, für die Anregungen und den ständigen Ansporn zu meinen Arbeiten, die schließlich auch zur Verwirklichung dieses Buches führten.

Ich hoffe, daß das Buch eine günstige Aufnahme in Fachkreisen finden wird und danke schon jetzt allen freundlichen Lesern, die mit ihren Anregungen zur Verbesserung einer späteren Neuauflage beitragen werden.

Schließlich möchte ich dem Springer-Verlag danken für die Beratung und den Beistand bei der Vorbereitung des erst aus dem italienischen Urtext von mir ins Deutsche übersetzten Manuskriptes und für die große Sorgfalt, mit der die Drucklegung des Buches erfolgte.

Turin, im Mai 1962

Der Verfasser

Berichtigungen

Inhaltsverzeichnis

I. Grundsätzliche Betrachtungen

A. Allgemeines

Wenn auch die Idee, sich der hydraulischen Energie zur mechanischen Kraftübertragung zu bedienen, ursprünglich — etwa gegen Ende des vorigen Jahrhunderts — zunächst als leicht durchführbar erschien, so stellten sich der praktischen Verwirklichung doch derart große Schwierigkeiten entgegen, daß sie schließlich als überhaupt nicht durchführbar angesehen werden mußte.

Für die hierbei in Betracht kommende hydraulische Energie stehen zwei Formen zur Verfügung: die *statische* und die *dynamische*. Bei der ersteren wird ein statischer Druckunterschied, bei der zweiten ein Geschwindigkeitsunterschied bzw. ein Unterschied der Bewegungsgröße des energieübertragenden Mittels ausgenützt. Die praktischen Ausführungen bestehen, im Falle der statischen Energie, in der Hauptsache aus einer volumetrischen Pumpe als Leistung aufnehmendes und einem volumetrischen Motor als Leistung abgebendes Element. Beide werden entweder als Kolbenmaschinen oder als sonstiges Kapselgetriebe ausgeführt, bei denen die Volumenänderungen zwangsweise und proportional den Verstellungen der raumverdrängenden Elemente erfolgen. Im Falle der dynamischen Energie hingegen bestehen diese aus einer Kreiselpumpe und einer Radialturbine, in denen keine Volumenänderungen, sondern Geschwindigkeitsänderungen stattfinden.

Die anfänglich unüberwindbar scheinenden Schwierigkeiten lagen in beiden Fällen, besonders aber im zweiten, in den niedrigen Wirkungsgraden, die damals erreicht werden konnten. Die Energie, die man von der Turbine zurückgewinnen konnte, war unzulässig viel kleiner als die Energie, die man in die Pumpe hineinstecken mußte. Wirtschaftlich war ein solcher Zustand absolut untragbar.

Durch den Fortschritt der Technik und die damit verbundenen verbesserten Fabrikationsmethoden konnte schließlich das *statische* System zu einem derart hohen Grad der Vollkommenheit entwickelt werden, daß es in einzelnen Gebieten des Maschinenbaus nicht nur Eingang, sondern geradezu große Bedeutung fand. Insbesondere auf dem Gebiete des Werkzeugmaschinenbaus hat es als Antriebsgetriebe mit kontinuierlich veränderbarem Untersetzungsverhältnis eine — man kann wohl sagen — hervorragende Stellung eingenommen. Die erreichten Wirkungsgrade sind hoch und die Betriebssicherheit vollauf befriedigend.

Drei Nachteile haften indes dem *hydrostatischen* System noch an, um dieses für den Antrieb von Kraftfahrzeugen allgemein geeignet erscheinen zu lassen. Diese sind: erstens, das größere Gewicht und der größere Raumbedarf bei größeren Leistungen; zweitens, die höheren Kosten der Ausführung, weil eine von der Abtriebsdrehzahl abhängige Drehmomentenänderung, so wie sie im Kraftfahrzeugbau unbedingt verlangt wird, komplizierte und teuere Konstruktionen erfordert; drittens, die starke Erwärmung und unbefriedigende Wirkungsgradverhältnisse

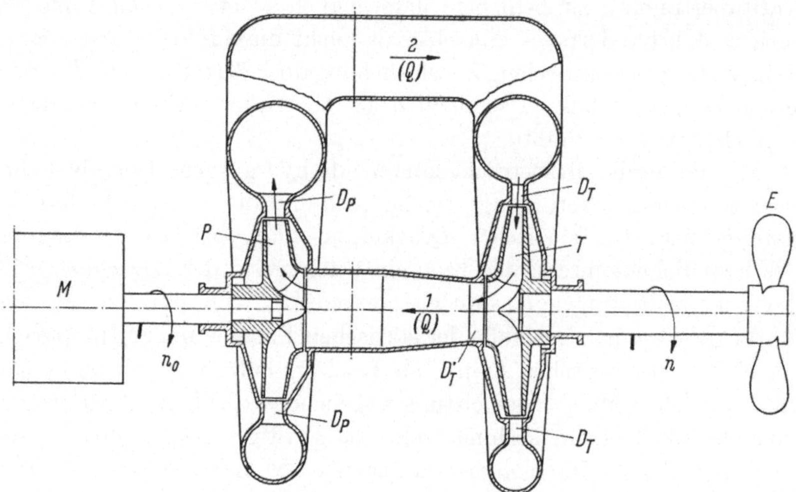

Abb. 1. Schema eines hydrodynamischen Leistungsübertragungs-Aggregats, so wie man es sich ursprünglich als verwirklichbar dachte

M Antriebsmotor; *P* Kreiselpumpe; *T* Turbine; *1*, *2* Verbindungsleitungen; D_P Pumpendiffusor; D_T Turbinendiffusor; *E* Propeller (in diesem Beispiel als Schiffsantrieb gedacht); n_0 Antriebsdrehzahl (Pumpendrehzahl); *n* Abtriebsdrehzahl (Turbinendrehzahl)

infolge erheblicher Reibungsarbeit der Elemente, die einen Betrieb bei hohen Drehzahlen nicht ohne weiteres oder überhaupt nicht zulassen.

Aus diesen Gründen hat das hydrostatische System — mit seltenen Ausnahmen im Versuchswege (in Deutschland — nach Wissen des Verfassers — Güldner, Aschaffenburg) bisher keine praktische Bedeutung im Fahrzeugbau erlangt.

Hingegen ist aber seit jeher der Gedanke sehr einladend gewesen, das *hydrodynamische* System irgendwie zu verwerten, weil dieses sich insbesondere durch die unübertreffliche Einfachheit der Elemente auszeichnet, aus denen es aufgebaut ist. Elemente, die grundsätzlich nur aus zwei bzw. drei Schaufelrädern bestehen.

In Abb. 1 ist das Schema eines solchen hydrodynamischen Systems für die Leistungsübertragung dargestellt, und zwar so, wie man es sich ursprünglich vorstellte.

Leider waren die Wirkungsgrade, die man mit einer solchen Kombination erzielen konnte, derart niedrig, daß niemand daran dachte, sie für praktisch wichtige Zwecke zu verwenden.

Die Wirkungsweise einer solchen Anlage (Abb. 1) ist folgende. Ein Motor M treibt die Kreiselpumpe P an, die die Flüssigkeit aus der Leitung *1* ansaugt und in die Leitung *2* drückt. In größerem oder kleinerem Abstand von der Pumpe ist eine Radialturbine T eingebaut, in die die von der Leitung *2* ankommende Flüssigkeit einströmt, um dann nach Verlassen derselben wiederum in die Leitung *1* zurückzugelangen. Da der Kreislauf $1-P-2-T$ geschlossen ist, muß offensichtlich die von der Pumpe gelieferte Flüssigkeitsmenge Q_P (von kleinen, vom volumetrischen Wirkungsgrad abhängigen Unterschieden abgesehen) die gleiche sein wie die von der Turbine verarbeitete Menge Q_T. Die durch jeden Querschnitt dieses Kreislaufs in der Zeiteinheit hindurchströmende Flüssigkeitsmenge muß infolgedessen ebenfalls immer die gleiche sein. Bei Annahme gleicher Durchmesser der Leitungen *1* und *2* muß also in beiden die gleiche Strömungsgeschwindigkeit herrschen, und die Energie, die vom Motor in die Pumpe hineingeleitet wird, kann sich folglich nur in einer Druckerhöhung in der Leitung *2* gegenüber Leitung *1* äußern. Haben die beiden Leitungen ungleiche Querschnitte, dann stellen sich in diesen Leitungen Drücke ein, die von den dort herrschenden Geschwindigkeiten abhängen und nach dem bekannten „Bernoullischen Theorem" berechnet werden können.

Die Turbine T wird von der von der Pumpe kommenden Flüssigkeit gespeist. Sie verarbeitet den von dieser erzeugten und im Leitapparat D_T in Geschwindigkeit umgesetzten Druck und gibt die hierbei aufgenommene Energie nach außen, z. B. an einen Schiffspropeller E, oder an die Räder eines Fahrzeugs, oder an eine sonstige Arbeitsmaschine, ab.

So kurz man auch in einem solchen System die Leitungen *1* und *2* ausführen mag, es bleiben doch die in den Krümmungen und insbesondere in den Diffusoren D_P der Pumpe bzw. D_T und D'_T der Turbine entstehenden Verluste, die unzulässig hohe Werte annehmen. Diese Verluste, im wesentlichen durch die beiden Faktoren *Reibung* und *Wirbelbildung* bedingt, hängen im ersten Fall von der in den Leitungen herrschenden Geschwindigkeit der Flüssigkeit, vom Rauhigkeitsgrad der benetzten Wände und von der Länge der Leitungen selbst ab; im zweiten Fall von der Flüssigkeit, die beim Übergang von einem Querschnitt zum andern gezwungen wird, mehr oder weniger plötzlich die eigene Geschwindigkeit, die Bewegungsrichtung, oder beide gleichzeitig, ohne stetigen Übergang zu ändern.

Insbesondere im Diffusor D_P der Pumpe, wo die Flüssigkeit das Pumpenrad mit großer Absolutgeschwindigkeit verläßt und diese Geschwindigkeit in Druck umgesetzt werden soll, wie auch im Turbinenradaustritt D'_T, bilden sich — im Falle einer nicht idealen, also mit Reibung behafteten Flüssigkeit — starke Wirbel. Dadurch wird nur ein zu geringer Teil der der Änderung der Bewegungsgröße der Flüssigkeit entsprechenden Energie in Druckenergie (oder umgekehrt) umgesetzt. Es ist verständlich, warum also eine Verbesserung des Gesamtwirkungsgrades einer so kombinierten Anlage unerreichbar erscheinen mußte.

Auch wenn man die hohe Geschwindigkeit der Flüssigkeit beim Austritt aus der Pumpe (durch Weglassen des Diffusors) und längs der ganzen Leitung *2* nicht verändert, so daß keine Umsetzung in Druck erfolgt und die Wirbelverluste sich dadurch vermeiden lassen, womit die volle Geschwindigkeit auf die Turbine einwirken kann, so würden sich dennoch unzulässig niedrige Wirkungsgrade einstellen. Auch in diesem Fall verbleiben nämlich immer noch die Reibungsverluste durch die hohen Geschwindigkeiten in den Leitungen.

Es ist das große Verdienst von FÖTTINGER[1], der Anfang dieses Jahrhunderts den Weg gezeigt hat, wie man diese Schwierigkeiten überwindet und als erster die entsprechenden Ausführungen verwirklichte.

Um die beschriebenen Mängel zu beseitigen, schlug FÖTTINGER vor, die beiden Hauptelemente *Pumpe* und *Turbine* so zusammenzulegen, daß nicht nur jegliche Zu- und Abflußleitung vermieden, sondern auch — und dies ist das Wichtigste — keine Diffusoren mehr benötigt werden. Die von der Pumpe austretende Flüssigkeit konnte dann direkt in die Kanäle des Turbinenrades bzw. in das feststehende vor der Pumpe befindliche Reaktionselement, das Leitrad, einströmen. So war es endlich möglich, die Geschwindigkeitsenergie der Flüssigkeit an den betreffenden Stellen ohne jegliche vorherige Umwandlung direkt auszunützen und die Hauptursache der sonst unvermeidlichen großen Wirbelverluste grundsätzlich auszuschließen.

Die von FÖTTINGER praktisch erzielten Erfolge bestätigten die von ihm erkannten theoretischen Voraussetzungen. Mit der Beseitigung der genannten Hauptverluste stieg der Wirkungsgrad des Systems zu unerwartet hohen Werten, wie sie bislang von allen damaligen Sachverständigen als unerreichbar gehalten worden waren.

Es wurde somit einer fruchtbaren Entwicklung freier Lauf gegeben, die sich bis in die Gegenwart erstreckt und ihren endgültigen Abschluß auch noch nicht gefunden hat. Zwar erfolgte diese Entwicklung zuerst langsam und nur in einem bestimmten Anwendungsgebiet des Maschinenbaus. Je mehr aber im Laufe der Zeit einerseits die theoretischen Kenntnisse auf dem Gebiete der Hydraulik fortschritten und sich andererseits neue Anwendungsmöglichkeiten erschlossen, nahm auch diese Entwicklung einen immer rascheren Verlauf, der ganz besonders

[1] HERMANN FÖTTINGER 1877—1945.

fruchtbar wurde, als die Anwendung der Strömungsgetriebe im Fahrzeugbau Eingang fand.

Die einfachste Ausführung einer Föttinger-Strömungsmaschine ist heute in der viel gebrauchten *Strömungskupplung* verkörpert, von der in Abb. 2 eine schematische Darstellung gezeigt wird.

Föttinger ging in seinen ursprünglichen Entwürfen von dem Gedanken aus, die großen, schweren Zahnraduntersetzungsgetriebe der Schiffstriebwerke zu ersetzen, die beim Dampfturbinenantrieb infolge der hohen Turbinendrehzahlen beim Antrieb der Schiffspropeller großer

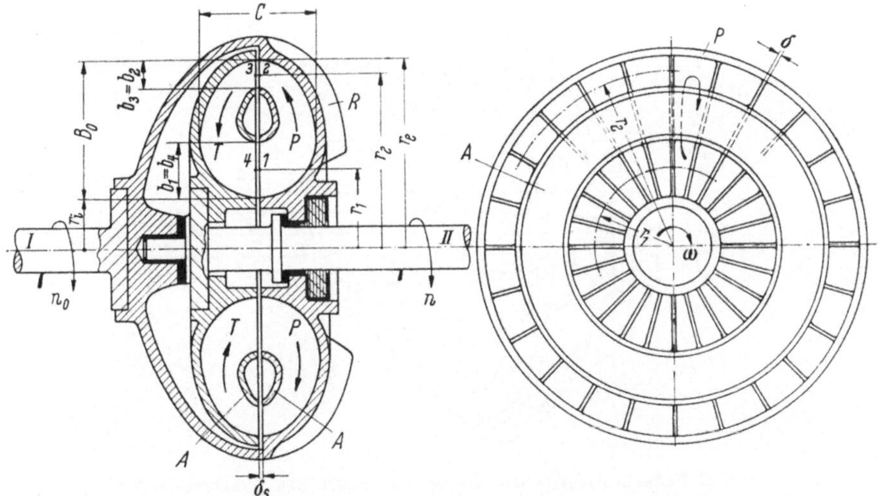

Abb. 2. Halbschematische Darstellung einer Föttinger-Kupplung

P Pumpe; *T* Turbine; *A* Führungshalbringe; b_1, b_2 Breite am Einlauf und Auslauf der durch die Schaufeln gebildeten Pumpenkanäle; b_3, b_4 dasselbe für die Turbinenkanäle; r_i Innenradius am Kanalprofil im Meridianschnitt; r_1, r_2, r_3, r_4 Radien am mittleren Stromfaden im Ein- und Auslauf der Kanäle; r_e Außenradius am Kanalprofil im Meridianschnitt; B_0 Profilhöhe im Meridianschnitt; *C* Profilbreite im Meridianschnitt; *R* Lüftungsrippen am äußeren Gehäuse; δ Schaufeldicke

Dampfer notwendig waren. Da die Schiffspropeller mit einer relativ niedrigen Drehzahl umlaufen, mußte die Abtriebswelle der hydraulischen Maschine mit einer entsprechend niedrigeren Drehzahl als die Antriebswelle angetrieben werden. Die übertragene Leistung muß dabei natürlich dieselbe bleiben, es war also eine entsprechende Umwandlung des Drehmoments erforderlich.

Deshalb war eine besondere Steuerung der Flüssigkeit vor dem Pumpenradeintritt seiner Strömungsmaschine nötig. Föttinger verwirklichte dies durch eine besondere Gestaltung des entsprechenden Leitapparates. Er schaltete zwischen den Elementen *Pumpe* und *Turbine* ein drittes Element ein, das bereits erwähnte sog. Reaktionselement. Es hat die Aufgabe, die vom Turbinenrad austretende Flüssigkeit aufzunehmen und deren Stromfäden so zu richten, daß sie beim Verlassen desselben am Pumpenradeintritt dem dort gegebenen Betriebszustand entsprechen, d. h. die Richtungen aufweisen, die nach den bekannten Geschwindigkeitsdreiecken bestimmt werden können.

Die Vorteile dieses neuen Systems erwiesen sich als überwältigend. Dieses System gestattete nicht nur eine Leistungsabgabe bei einem vorbestimmten festen Drehzahlverhältnis (entsprechend dem Untersetzungsverhältnis der Stufe des ersetzten Zahnradgetriebes), sondern eine Leistungsabgabe über einen weiten Betriebsbereich von unendlich vielen

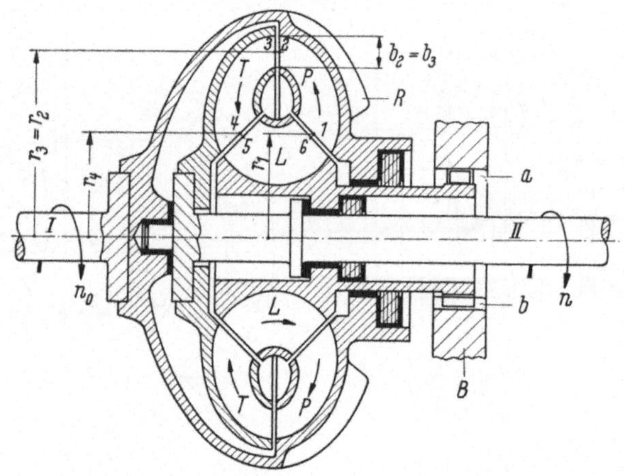

Abb. 3. Halbschematische Darstellung eines Föttinger-Momentenwandlers
P Pumpenrad; *T* Turbinenrad; *L* Reaktionselement (Leitrad); r_1—r_6 Radien am mittleren Stromfaden im Ein- und Auslauf der Kanäle; b_2, b_3 Kanalbreite am Auslauf des Pumpenrads = Einlauf des Turbinenrads; *R* Lüftungsrippen; Variante *a* Trilok-Freilauf; Variante *b* Verzahnung; *B* festes Maschinengestell

stetig ineinander übergehenden Drehzahlverhältnissen, die sich unter Vollast, automatisch, d. h. ohne jegliches Zutun von Menschenhand oder eines besonderen Reglers, einfach durch die Veränderung der Betriebslast an der Abtriebswelle von selbst einstellen!

So entstand die Maschine, die heute hydrodynamischer *Momentenwandler* oder einfach *Strömungswandler* genannt wird und die als ein automatisches hydraulisches Getriebe mit unendlich großer Anzahl von Untersetzungsverhältnissen aufgefaßt werden kann. Ein Schema dieses Systems zeigt Abb. 3.

Den Errungenschaften der Wissenschaft auf dem Gebiete der Hydraulik in den letzten Jahrzehnten sind viele neue Kenntnisse zu verdanken. Diese haben es ermöglicht, Verbesserungen an den Hauptelementen des hydraulischen Föttinger-Systems vorzunehmen, die insbesondere die Gestaltung der Schaufeln und Schaufelkränze (Schaufelgitter), der

Läufer und des Leitrades betrafen. Es war so möglich, durch mühevolle, geduldige Forschungsarbeit, die oft nur unscheinbare Details betraf, die Wirkungsgrade des Systems weiter zu steigern.

Die laufende Anwendung von Strömungsgetrieben im Fahrzeugbau hat nun in den letzten fünfzehn Jahren, zuerst in der Ausführungsform von Strömungskupplungen und später von Strömungswandlern, große Beachtung gefunden. Aber erst nach Überwindung der Entwicklungsperiode, während der die Automobilindustrie abwartend und etwas mißtrauisch den Versuchen unternehmungsfreudiger Pioniere zugesehen hatte, setzte die wirkliche Entwicklung ein, die diese Strömungsmaschinen auf einen derart hohen Stand brachte, daß sie heute praktisch wohl allen bestimmt nicht leichten Bedingungen des Fahrbetriebes unserer verschiedensten Fahrzeugtypen im Verkehr in vollkommener Weise gerecht werden.

Das Prinzip des Föttinger-Systems, bzw. die Zusammenstellung und die Bauform der Hauptelemente, ist grundsätzlich unverändert geblieben. Was hingegen neue erfinderische Anstrengung erforderte, um die Anwendung der Strömungsmaschinen als Leistung übertragende Elemente im Fahrzeugbau zu ermöglichen, war das Problem der Zusatzeinrichtungen, die das Schalten der zusätzlich zum eigentlichen Strömungsgetriebe hinzugefügten Zahnradgetriebe mit zwei oder mehr Gängen für die Vorwärtsfahrt und für den Rückwärtsgang nötig machten. Hilfseinrichtungen, um in immer vollkommenerer und zweckmäßigerer Weise das Zu- und Abschalten der gerade in Frage kommenden Antriebsglieder des Getriebes bei den verschiedensten Betriebsverhältnissen der Antriebsräder des Fahrzeugs zu ermöglichen, und um letzten Endes bei allen praktisch vorkommenden Betriebsverhältnissen das Strömungsgetriebe automatisch oder wahlweise — stets innerhalb des Arbeitsgebiets günstiger Wirkungsgrade — arbeiten zu lassen.

Die ersten nach Föttingers Patenten gebauten Strömungswandler sollten, wie bereits gesagt, dem Antrieb von Schiffsschrauben dienen. Es handelte sich hierbei um große Leistungen und relativ niedrige Drehzahlen. Wo mit einem einzigen Wandler die nötige Untersetzung nicht erreicht werden konnte, sah man die Zuschaltung von zwei oder mehr Wandlern in Serie vor.

Bei so großen Anlagen kann als Arbeitsmittel auch Wasser in Frage kommen, während bei kleineren Anlagen aus Gründen, die noch näher besprochen werden, durchweg Öl in Betracht zu ziehen ist.

Die heute im Fahrzeugbau verwendeten Strömungsgetriebe sind für relativ kleine Leistungen ausgelegt. Dafür arbeiten sie aber mit hohen Drehzahlen, und es zeigte sich, daß unter solchen Umständen, aber auch wegen anderer Vorteile, die geeignetste Flüssigkeit als Arbeitsmittel eben das Öl ist. Öl hat jedoch ein geringeres spezifisches Gewicht und demzufolge eine geringere spezifische Masse als Wasser, weshalb die Dimensionen der Laufräder entsprechend größer ausfallen. Da diese Vergrößerung nicht bedeutend ist, das Öl aber so viele Vorteile gegenüber Wasser besitzt, bleibt bei der Wahl der Arbeitsflüssigkeit praktisch keine andere Alternative.

Die Vorteile, die das Öl als Arbeitsmittel besitzt, können wie folgt zusammengefaßt werden:

1. Das Öl dient gleichzeitig als Schmiermittel für die inneren mit Reibung laufenden Teile (Lager, Schulterringe, Dichtringe usw.); es erübrigt sich somit eine besondere Schmierung in getrennten, für sich abgedichteten Räumen vorzusehen, die immer Anlaß zu Störungen sein können.

2. Das Öl verdampft bei einer viel höheren Temperatur als Wasser und verhindert durch seinen niedrigen Dampfdruck einen zu hohen Druckanstieg im Innern des Gehäuses bei höheren Betriebstemperaturen.

3. Das Öl gefriert bei einer viel tieferen Temperatur als Wasser, wodurch die Gefahr des Einfrierens in der kalten Jahreszeit entfällt oder zumindest stark vermindert wird.

Allerdings ist nicht nur die spezifische Masse, sondern auch die Wärmekapazität des Öls, d. h. sein Vermögen Wärme bei gleichem Temperaturunterschied aufzuspeichern, kleiner als beim Wasser. Es ist in bestimmten Fällen notwendig, das Öl aus dem inneren Kreislauf zwecks Kühlung durch einen besonderen Ölkühler zu leiten.

In letzter Zeit setzen sich für bestimmte Zwecke immer mehr die synthetischen Silikonöle durch. Diese heben sich besonders dadurch hervor, daß sie stark verringerte Abhängigkeit zwischen Viskosität und Temperatur besitzen, ferner daß sie eine sehr große Konstanz bezüglich der chemischen Eigenschaften besitzen. Sie haben einen niedrigeren Erstarrungs- und einen höheren Siedepunkt. Eine chemische Zersetzung tritt erst bei über $\sim$300 °C durch Oxydation (Sandbildung) ein. Für gewisse Betriebsverhältnisse könnte Silikonöl somit gut als Arbeitsmittel für Strömungsmaschinen in Betracht kommen. Natürlich spielt die Preisfrage dabei eine wichtige Rolle, denn es ist zu berücksichtigen, daß gegenwärtig (1962) 1 kg Silikonöl im Durchschnitt fünfmal mehr als ein entsprechendes Mineralöl kostet.

Obwohl das hydrodynamische Prinzip der in den Abb. 2 und 3 dargestellten Systeme der Leistungsübertragung in beiden Fällen das gleiche ist, besteht doch, wie bereits erwähnt, zwischen diesen in anderer Beziehung ein grundsätzlicher Unterschied.

In Abb. 2 erfolgt die Leistungsübertragung von der Pumpe auf die Turbine direkt, und zwar ist hier zwischen Pumpen- und Turbinenrad kein als Reaktionselement dienendes Zwischenglied vorgesehen, das sozusagen als Stützpunkt und „Hebelarm" zwischen einem dieser Räder und dem festen Gestell dienen könnte. Die Folge ist, daß das an der Abtriebswelle verfügbare Drehmoment nicht vervielfacht werden kann, sondern genau die gleiche Größe wie das an der Antriebswelle selbst wirkende Drehmoment aufweisen muß. Da nun die Leistung das Produkt aus Drehmoment und Drehzahl ist (abgesehen von einem konstanten Faktor), so ergibt sich, daß bei Schlupf (Drehzahlunterschied) zwischen Antriebs- und Abtriebswelle die abgenommene Leistung immer kleiner sein muß als die eingeleitete. Es folgt daraus, daß der Leistungsunterschied zwischen beiden Wellen einem Leistungsverlust entspricht, der genau proportional dem Drehzahlunterschied zwischen den beiden Wellen ist.

Es wird sich im folgenden leicht beweisen lassen, daß der Wirkungsgrad bei einer hydrodynamischen *Strömungskupplung* genau dem Drehzahlverhältnis zwischen Abtriebs- und Antriebswelle entspricht, wenn man von einem praktisch fast unbedeutenden Einfluß mechanischer Reibungsverluste der äußeren Lager und von einem möglichen äußeren Luftwiderstand absieht. Die „verlorene" Arbeit geht dabei natürlich nicht „verloren", sondern findet sich in der Wärme wieder, die sich in der inneren flüssigen Arbeitsmasse, d. h. im Öl sowie in der sonstigen Metallmasse der Strömungskupplung aufgespeichert hat. Es ist daher einleuchtend, daß die Erwärmung in der Zeiteinheit um so intensiver sein wird, je größer — bei gleicher Eintrittsleistung — der Schlupf zwischen den beiden Teilen ist.

Zusammenfassend kann als grundsätzliche Eigenschaft dieses in Abb. 2 schematisch dargestellten hydrodynamischen Systems festgehalten werden, daß das Verhältnis zwischen übertragenem und eingeleitetem Drehmoment bei jedem beliebigen Drehzahlverhältnis und bei jeder übertragenen Leistung immer gleich Eins ist, wenn auch, wie übrigens intuitiv verständlich, bei wachsendem Schlupf und konstant bleibender Antriebs- (Pumpen-) Drehzahl, der *absolute* Wert selbst des übertragenen Drehmoments dabei ansteigen muß.

Dieses System kann aus diesen Gründen nur als Kupplungselement zur Kraftübertragung zwischen zwei nicht starr miteinander zu verbindenden Wellen dienen, weshalb es kurz als *Strömungskupplung* bezeichnet wird.

Die Verbindung zwischen zwei Leistung übertragenden Wellen durch eine einfache Strömungskupplung (d. h. ohne die Möglichkeit einer Momentenwandlung) bietet natürlich große Vorteile. Diese sind um so fühlbarer, je unregelmäßiger und je mehr stoßweise das Betriebsverhalten des Motors oder die zu überwindenden Widerstände auf der Abtriebsseite sind. Die *Strömungskupplung* besitzt somit und insbesondere die unübertreffliche Fähigkeit, Torsions- (Dreh-) Schwingungen in den

Übertragungselementen abzudämpfen; Schwingungen, die nicht nur lästig, sondern geradezu gefährlich und zur Ursache von Brüchen werden können. Weiter gestattet die Strömungskupplung das Anlassen des Motors unter Last, falls sie, wie wir später noch genauer sehen werden, einen genügend hohen „*Festpunkt*" besitzt, um den Betrieb des Motors im Leerlauf bei festgebremstem Sekundärteil (Turbinenrad) aufrechtzuerhalten, d. h. ohne den Motor dabei abzuwürgen.

Es sei jedoch schon hier besonders darauf hingewiesen, daß es sich trotz dieser besonderen Eigenschaft der Strömungskupplungen fast immer als notwendig erweist, die Fahrzeuggetriebe zusätzlich noch mit einer *mechanischen* Kupplung zu versehen, um mit deren Hilfe die vollkommene Trennung des Motors vom Getriebeteil durchführen zu können. Dies, um das Schalten der verschiedenen Gänge bei höheren Geschwindigkeiten zu erleichtern, da bei diesen der „*Starrheitsgrad*" und der „*Kupplungsgrad*" der Strömungskupplung zu groß werden, um ein Einspuren der in Eingriff zu bringenden Schalträder bei den unterschiedlichen Umfangsgeschwindigkeiten derselben ohne unzulässig starke, schädliche Stöße zu ermöglichen.

Unter „*Starrheitsgrad* ϕ'" oder kurz: „*Starrheit* ϕ'" der Strömungskupplung sei hier das Verhältnis verstanden:

$$\phi' = \left(\frac{\delta M}{\delta i}\right)_{n_0 = \text{const}}, \tag{1}$$

d. h. die Veränderlichkeit des Moments M in Abhängigkeit von der Veränderlichkeit des Drehzahlverhältnisses i bei konstanter Antriebs-(Motor-) Drehzahl n_0 (s. Abb. 8).

Unter dem „*Kupplungsgrad* ϕ''" hingegen möge das Verhältnis verstanden werden:

$$\phi'' = \frac{M}{M^*}\left(\frac{n_0}{n_0^*}\right)^2, \tag{2}$$

wobei M das effektiv übertragene Moment, M^* das Nenndrehmoment der Kupplung, d. h. jenes Moment, das bei Nenndrehzahl n_0^* und Vollleistung des Motors bei gegebenem Nennschlupf e^* abgegeben wird, und n_0 eine allgemeine Drehzahl des immer vollbeaufschlagten Motors bedeuten.

Dagegen liegen die Dinge im System nach Schema Abb. 3 anders. Auch hier wird zwar die von der Pumpe gelieferte Leistung direkt an die Turbine abgegeben, doch strömt die Flüssigkeit von dieser nicht mehr direkt in die Pumpe zurück — wie im Falle der Strömungskupplung —, sondern über ein dazwischengeschaltetes Element L, das wir bereits als *Reaktionselement*, kurz als *Leitrad* bezeichnet haben.

In dieses *Leitrad* strömt die von der Turbine kommende Flüssigkeitsmasse in einer von der Drehzahl der Turbine selbst abhängigen und veränderlichen Richtung ein, um dann von den Schaufeln desselben wieder in eine gleichbleibende Richtung zurückgebracht zu werden. Der Flüssigkeitsstrom kann so beim Verlassen des Leitrades stets mit konstantem Eintrittswinkel in den Pumpeneintritt gelangen.

Auf diese Weise werden die von dem Geschwindigkeitsdreieck für den Pumpenradeintritt vorgeschriebenen Strömungsbedingungen grundsätzlich konstant gehalten und die notwendige Voraussetzung für eine Momentenwandlung bezüglich des von der Turbine an die Abtriebswelle übertragenen Drehmoments geschaffen. Die Pumpe wird nämlich durch die vom Leitrad bewirkten konstanten Betriebsbedingungen in die Lage versetzt, eine stets gleichbleibende Leistung aufzunehmen und an die Turbine weiterzuleiten, während diese ihrerseits, abgesehen von den Wirkungsgraden, ein Drehmoment abgeben kann, das von der empfangenen Leistung selbst, wenn auch in verwickelter Weise, abhängt. Da das Drehmoment direkt im Verhältnis zur Leistung und umgekehrt zum Verhältnis der Drehzahl der betreffenden Welle steht, so folgt daraus, daß bei abnehmender Drehzahl bzw. bei wachsendem Arbeitswiderstand das Moment an der Turbinenwelle selbst steigen muß. Theoretisch müßte demzufolge bei festgebremster Turbinenradwelle das an ihr wirkende Drehmoment einen unendlich großen Wert annehmen. Infolge der niedrigen Wirkungsgrade jedoch, die sich besonders bei diesem Grenzbetriebszustand einstellen (durch „Stoßverluste" und Flüssigkeitsreibung bedingt), kann das Drehmoment natürlich keinen unendlich großen, sondern nur einen endlichen Wert erreichen, der praktisch höchstens einem bescheidenen Vielfachen des Nenndrehmoments am Nennbetriebspunkt der Maschine entspricht.

Die Entstehung dieser Momentenwandlung kann man sich anschaulich vorstellen, wenn man bedenkt, daß erstens, bei stärker abgebremster Turbinenwelle (Absinken der Drehzahl der Turbine bei gleichbleibender Pumpendrehzahl) auch die Ablenkung der von der Pumpe anströmenden Flüssigkeitsmasse um so stärker durch die Turbinenschaufeln selbst erfolgen muß. Es ist leicht verständlich, daß die von den Turbinenschaufeln dabei auf die Flüssigkeitsmasse übertragenen Reaktionskräfte um so größer sein müssen, je größer diese Ablenkung ist, und daß diese Reaktionskräfte somit mit dem Abnehmen der Turbinendrehzahl wachsen müssen. Daß zweitens, infolge der Zunahme des Spaltüberdrucks zwischen Turbine und Pumpe bei sinkender Turbinendrehzahl der Flüssigkeitsstrom $Q = x Q^*$ selbst anwächst, und die gegen die Turbinenschaufeln anströmende Flüssigkeitsmasse größer wird.

Die *Turbine* dieses Systems besitzt also Betriebseigenschaften, die mit der eigenen Drehzahl, besser, mit der Veränderung des Untersetzungsverhältnisses (bezogen auf die Drehzahl der Pumpe) veränderlich sind, während umgekehrt das an der Antriebswelle wirkende Drehmoment infolge der grundsätzlich konstant bleibenden Strömungsverhältnisse an der Pumpe, konstant bleibt[1].

Diese Betriebsverhältnisse werden, wie wir soeben gesehen haben, von dem zwischen Turbine und Pumpe eingeschalteten Reaktionselement, dem *Leitrad*, geschaffen, da dieses sozusagen als Stützpunkt für die Reaktion gegen die Flüssigkeitsmassenkräfte gegenüber dem festen äußeren Maschinengestell bei der Umlenkung der Flüssigkeitsmasse in die für den Pumpeneintritt vorgeschriebene Richtung dient. Auf das Leitrad wirkt somit ein negatives Drehmoment, welches dem Moment, das durch die Turbine selbst erzeugt wird, entgegengerichtet ist. Dies steht im Einklang mit den Gesetzen des statischen Gleichgewichts und entspricht dem Unterschied der Drehmomente, die an der Antriebs- und Abtriebswelle angreifen.

Dieses zweite, soeben beschriebene System, dient also nicht nur zur einfachen Leistungsübertragung zwischen zwei nicht starr miteinander verbundenen Wellen, sondern insbesondere als Untersetzungsgetriebe mit stetig veränderbarem Untersetzungsverhältnis im wesentlichen bei konstanter Antriebsleistung und veränderlichem Abtriebsdrehmoment. Es wird deshalb als hydrodynamischer *Momentenwandler*, kurz, als *Strömungswandler* bezeichnet.

Damit eine Strömungsmaschine als Momentenwandler arbeiten kann, ist also die erste und unumgängliche Bedingung die, daß ein mit dem äußeren Gestell fest verbundenes Reaktionselement vorhanden ist. Ohne Reaktionselement kann die Strömungsmaschine sonst *nur* als Strömungskupplung betrieben werden.

Strömungskupplungen werden normal derart ausgelegt, daß sie im Betrieb bei der Nenndrehzahl des Antriebsmotors mit einem Schlupf von 2 bis 3% und weniger arbeiten. Unter diesen Bedingungen muß die Kupplung das *Nenndrehmoment*, für das sie ausgelegt und gebaut worden ist, anstandslos übertragen.

Im Falle der *Strömungswandler* hingegen können sämtliche Untersetzungsverhältnisse von Null bis zu einem Maximum das effektive Arbeitsfeld der Strömungsmaschine sein. Doch kann, wie leicht einzusehen ist, nur bei einem einzigen bestimmten Untersetzungsverhältnis, das als das *Nennverhältnis* bezeichnet werden soll, ein hoher — wenn auch nicht genau der *beste* — Wirkungsgrad erreicht werden. Aus diesem Grunde ist es vorteilhaft zu vermeiden, daß ein Strömungswandler im unteren Drehzahlgebiet arbeitet, weshalb man einen Strömungswandler besser als ein Getriebe mit „*fast* unveränderlichem Untersetzungs-

---

[1] In Wirklichkeit sind die Gesetze, die das Betriebsverhalten der verschiedenen Elemente bestimmen, nicht so einfach. Das hier Gesagte gilt nur grundsätzlich und verwirklicht sich in Wahrheit nur annähernd, wie später gezeigt wird.

verhältnis" ansehen sollte, das im Bedarfsfalle, und nur vorübergehend, in einem von diesem Nennverhältnis abweichenden Arbeitsgebiet betrieben werden soll.

Das Nennuntersetzungsverhältnis des Strömungswandlers, für das wir künftig einfach die Bezeichnung „*Nennverhältnis*" anwenden wollen und bei dem bei den heutigen praktischen Ausführungen Wirkungsgrade von rund 86% bei kleineren Ausführungen für Personenkraftwagen und bis zu 90% und darüber bei größeren und großen Ausführungen für Schienenfahrzeuge erreicht werden, ist durch die geometrischen Verhältnisse der Elemente des Wandlers bestimmt. Diese Verhältnisse beziehen sich auf die Form der Schaufeln, die durch die Ein- und Austrittswinkel derselben bestimmt sind, auf die absoluten und relativen Strömungsgeschwindigkeiten am Ein- und Austritt der Schaufelkanäle sowie die Umfangsgeschwindigkeiten der Schaufelräder selbst an den betrachteten Punkten des Strömungskreislaufs.

Nur beim *Nennverhältnis*, d. h. im sog. „*Konstruktions*- oder *Auslegungspunkt*", kann somit der Flüssigkeitsstrom in dem durch das System *Pumpe–Turbine–Leitrad* gegebenen Kreislauf unbehindert kreisen und folglich genau den Gleichgewichtsbedingungen entsprechen, die von den betreffenden Geschwindigkeitsdreiecken vorgeschrieben sind.

Im Gegensatz hierzu muß bei jeder Abweichung des Betriebszustands von diesem gegebenen, den betreffenden Strömungswandler kennzeichnenden „*Nennverhältnis*", notwendigerweise das nur im Auslegungspunkt mögliche vollkommene Gleichgewicht gestört sein, da die Flüssigkeit, die in diesem Falle nicht mehr unbehindert in dem durch die Schaufelkanäle gebildeten Kreislauf strömen kann, beim Übergang von einem Laufrad zum anderen Widerstände überwinden muß, die hauptsächlich durch plötzliche Richtungsänderungen der Strömung, dem sog. *Stoßeintritt*, verursacht werden.

Es sind somit diese Stoßverluste, die überwiegenden Einfluß auf die Verschlechterung des Wirkungsgrades eines Strömungswandlers beim Abweichen des Betriebszustands vom Nennverhältnis haben. Es ist ohne weiteres verständlich, daß, je stärker der Betriebszustand von dem durch die Konstruktion festgelegten *Nennverhältnis* abweicht, je größer also die Eintrittsstöße durch den nicht winkelrechten Eintritt der Flüssigkeit in die Beschaufelung sind, um so größer die von diesen verursachten Verluste sein müssen. Desto niedriger werden damit auch die Wirkungsgrade des Systems, und im Grenzfall, bei stillstehender Turbine, bei dem die Stoßverluste ihren Höchstwert erreichen, kann der Wirkungsgrad überhaupt nur den Wert Null besitzen, da ja die stillstehende Turbine keine Leistung übertragen kann. Das gleiche gilt bei „*durchgehender*", d. h. bei vollständig entlasteter und sich selbst überlassener Turbine. In diesem Falle natürlich kann ebenfalls keinerlei Leistungsabgabe von der Turbine erfolgen, und deshalb wird der Wirkungsgrad auch für diesen Betriebszustand gleich Null sein.

Die Wirkungsgradkurve eines Strömungswandlers muß also einen parabelförmigen Verlauf mit nach oben gerichtetem Scheitel aufweisen, wobei sich der Scheitelpunkt selbst in der Nähe der *Nenndrehzahl* bzw. des Nennverhältnisses (Auslegungspunkt) befindet. Ein Zweig dieser Parabel schneidet die Abszissenachse im Ursprung des Koordinatensystems bei $n = 0$, der andere dieselbe an der Stelle des Wertes $n_{Du} =$ Durchgangsdrehzahl.

Daher ist leicht einzusehen, daß ein *Strömungswandler* um so vollkommener sein muß, je flacher seine Wirkungsgradkurve links und rechts vom Scheitelpunkt verläuft und je ausgedehnter der Bereich dieses Verlaufs ist.

Eine Strömungskupplung „klassischen" Typs, d. h. nach der reinen ursprünglichen Idee seines Erfinders FÖTTINGER (s. Abb. 2) behält die Merkmale der Hauptelemente, aus denen sie besteht, unverändert bei. Diese sind: eine *Kreiselpumpe* als Primärteil, eine *Radialturbine* als Sekundärteil. Axialturbinen sind bislang im Fahrzeuggetriebebau praktisch nicht verwirklicht worden. Vorschläge hierzu finden sich in der Patentliteratur.

Sowohl die Pumpe als auch die Turbine bestehen dabei aus einem schüsselförmigen[1] Gehäuse, das die äußere Wandung der Schaufelkanäle bildet. Im Zentrum ist das Gehäuse als Flansch oder Nabe für den Anschluß an die Welle ausgebildet, und an der hohen Innenseite sind die Schaufeln angebracht. Diese sind im Querschnitt ungefähr halbkreisförmig und von einem profilierten Ringkörper *A* teilweise abgedeckt (s. Abb. 2). Sie bilden so die eigentlichen Kanäle des inneren Kreislaufs für die Arbeitsflüssigkeit und stimmen genau mit den radialen Kanälen üblicher Form, wie sie bei Kreiselpumpen und Radialturbinen konventioneller Bauart vorzufinden sind, überein.

Die der Fördermenge der Pumpe entsprechende Masse der Flüssigkeit strömt, wie in Abb. 2 angedeutet, in Pfeilrichtung um den Umlenkring *A* herum (Relativbewegung in der Meridianebene) und setzt sich mit der gleichzeitigen Drehbewegung des Wandlers um die Wellenachse zu einer zusammengesetzten spiralförmigen Bewegung um diese Achse (Absolutbewegung) zusammen.

Die Flüssigkeit tritt im Punkt *1* in die Pumpe ein und verläßt diese im Punkt *2*; sie tritt in die Turbine im Punkt *3* ein und verläßt diese im Punkt *4*.

Später stellte sich heraus, daß eine Strömungskupplung dieser Art ebenfalls gut funktionieren kann, wenn die Innenringe *A* fortgelassen werden. Diese Vereinfachung — erstmalig von der englischen Firma

[1] toroidalen

Sinclair verwirklicht und jetzt in einem großen Teil der Fahrzeugkupplungen verwendet – ergibt eine Ersparnis an Gewicht und Kosten gegenüber der klassischen Bauart und erleichtert ganz wesentlich die Fabrikation.

Die Einführung dieser Vereinfachung bildete einen wichtigen Schritt in der Weiterentwicklung und Anwendung dieses Kraftübertragungselements im Fahrzeugbau und diente als wesentlicher Ansporn zu ihrer Verbreitung auf diesem Anwendungsgebiete. Eine Strömungskupplung solcher Art ist in Abb. 4 dargestellt.

Die Arbeitsweise ist auch hier grundsätzlich dieselbe wie bei der Strömungskupplung nach Abb. 2. Nur daß jetzt die Flüssigkeitsmasse,

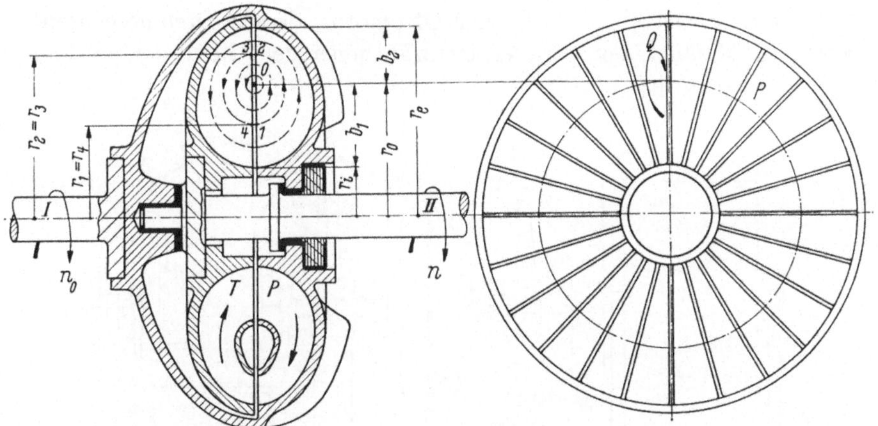

Abb. 4. Halbschematische Darstellung einer FÖTTINGER-Kupplung. Wie Abb. 2, nur daß hier die Führungshalbringe A fehlen und die Zirkulation sich um den neutralen Kern O einstellt; r_0 Abstand des neutralen Kernpunkts O von der Drehachse; sonstige Bezeichnungen wie in Abb. 2

die nicht mehr vom Ring A geführt ist, eine Zirkulationsströmung um einen neutralen Punkt O vollführt, der sich von selbst in einer bestimmten Entfernung r_0 von der Drehachse der Kupplung einstellt.

B. Betriebliches Verhalten der Strömungskupplungen und -wandler am Prüfstand

Um das Betriebsverhalten einer Strömungskupplung oder eines Strömungswandlers kennenzulernen, ist es am zweckmäßigsten, dieses graphisch darzustellen. Es kann hierbei auf verschiedene Weise vorgegangen werden, und es stehen viele Möglichkeiten zur Verfügung.

Die Aufgabe, die man sich dabei stellen kann, könnte wie folgt lauten: Es ist ein Motor gegeben (auf konstante Drehzahl geregelt oder überhaupt nicht geregelt), der mit einer Strömungskupplung oder einem Strömungswandler (Strömungsmaschine) gekuppelt ist. Das Aggregat befindet sich zwecks Abbremsung auf dem Prüfstand, und es soll verfolgt werden, was geschieht, wenn die Abtriebswelle derart abgebremst wird, daß der ganze Betriebsbereich von $n = n_0$ bis $n = 0$ bestrichen wird. Welche Parameter können hierbei und jeweils von besonderem Interesse sein, und wie können diese am zweckmäßigsten dargestellt werden?

Die Möglichkeiten des Betriebsverhaltens der Strömungsmaschinen sollen nun näher untersucht und als erstes die *Strömungskupplungen* behandelt werden.

1. Strömungskupplungen

Die komplette Versuchsanlage sei nach dem Schema der Abb. 5 aufgebaut. M ist ein Diesel- oder Ottomotor, dessen Drehmomentenkurve in Abhängigkeit von der Drehzahl jener der Abb. 6 entsprechen

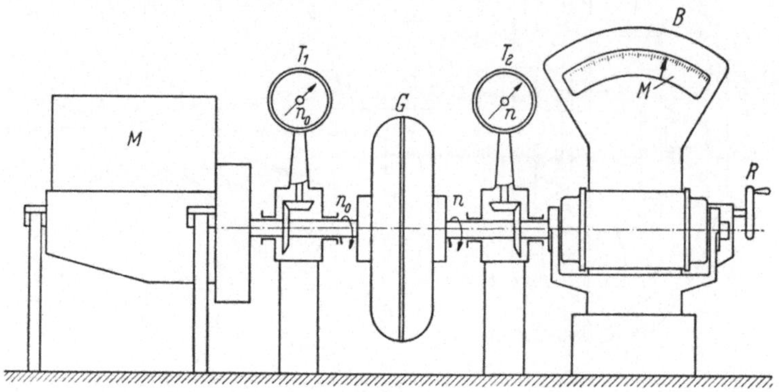

Abb. 5
Schematischer grundsätzlicher Aufbau des Prüfstands zur Abbremsung einer Strömungskupplung
M Antriebsmotor; G Strömungskupplung; B Bremse, an der das übertragene Drehmoment abgelesen werden kann; R Einstellkurbel zur beliebigen Regelung der Bremsbeaufschlagung; T_1, T_2 Tachometer zur Drehzahlablesung

möge. G ist die Strömungskupplung, B die Bremseinrichtung, an der genau das von der Abtriebswelle übertragene Drehmoment abgelesen werden kann. Die Drehzahl des Motors bzw. der Antriebswelle n_0 kann am Drehzahlmesser T_1, diejenige der Abtriebswelle, die mit n bezeichnet wird, am Drehzahlmesser T_2 abgelesen werden.

Der Motor läuft bei seiner höchsten Drehzahl, z. B. mit $n_0 =$ 1800 U/min. Sieht man von den äußeren mechanischen Reibungsverlusten der Strömungskupplung ab, so müßte der Drehzahlmesser T_2, bei vollkommen entlasteter Bremse B, die gleiche Drehzahl wie der Motor, d. h. $n = 1800$ U/min anzeigen. In diesem Falle wäre der Schlupf der Kupplung gleich Null und das übertragene Moment ebenfalls Null. Nun bremst man bei unverändert belassener Motoreinstellung die Sekundärwelle der Kupplung durch allmähliches Zudrehen der Bremskurbel R der Bremse B ab und beobachtet, was dabei geschieht.

Gleichzeitig mit dem Abnehmen der Drehzahl der Abtriebswelle der Strömungskupplung infolge des Zunehmens des Abtriebsmoments nimmt auch die Drehzahl der Primär- bzw. Motorwelle ab. Selbstverständlich wird die Drehzahlabnahme der gebremsten Abtriebswelle größer sein als die der Motorwelle.

Das Drehzahlverhältnis zwischen der Abtriebswelle und Motorwelle sei mit i bezeichnet. Wird nun der Wert i kleiner, so wächst das über-

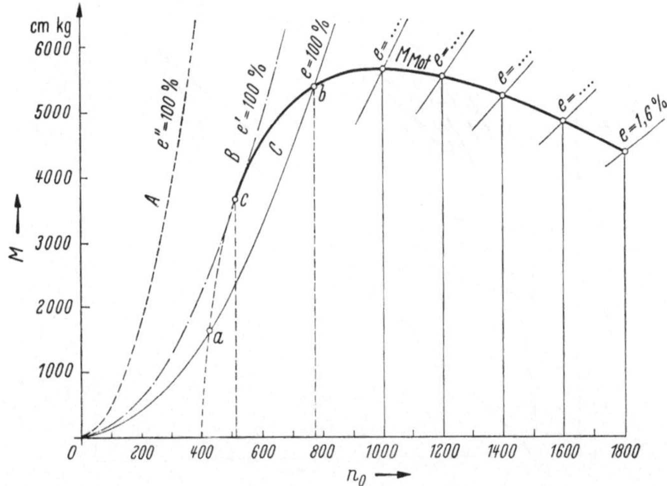

Abb. 6. Drehmomentenkurve eines bestimmten Motors, in der das Drehmoment M_{Mot} in Abhängigkeit von der Motordrehzahl n_0 dargestellt ist. Die Parabeln A, B, C sind die Drehmomentkurven von drei verschiedenen Strömungskupplungen bei Betrieb am „Festpunkt" mit 100%igem Schlupf. Die an der Motorkurve gezeichneten kleinen Kurvenstücke sind Teile der Parabeln einer Strömungskupplung, die bei maximaler Motordrehzahl einen Schlupf von $e = 1{,}6\,\%$ besitzt. Kupplung A ist die größte, Kupplung C die kleinste von den drei verglichenen Kupplungen

tragene Moment M (nicht zu verwechseln mit dem Drehmomentverhältnis, das immer gleich 1 ist) an. Es ist klar, daß bei weiterem Abbremsen der Abtriebswelle das ganze Betriebsfeld des Motors durchlaufen wird, und daß die dabei gemessenen Drehmomentenwerte jenen der Momentenkurve des Motors selbst entsprechen müssen.

Wenn man durch die verschiedenen Meßpunkte der Motorkurve kleine Parabelstücke einzeichnet und daran die für die betreffenden Betriebsverhältnisse gemessenen Schlupfwerte $e\,\%$ anschreibt, so erhält man die in Abb. 6 gezeigte Darstellung.

Bei einem zweiten Versuch nimmt man jetzt an, daß bei einer Drehzahl des Motors von beispielsweise $n_0 = 1750$ und einer Drehzahl der Abtriebswelle von $n = 1715$ (Schlupf $e = 2\,\%$) an der Bremse B ein Drehmoment von 3500 cmkg abgelesen wird. Es soll nun bei konstantem

Drehmoment von 3500 cmkg der gesamte Drehzahlbereich der Strömungskupplung durch allmähliches Abbremsen bis zum Stillstand der Abtriebswelle durchfahren und dabei die jeweilig sich einstellenden Drehzahlen des Motors und der Abtriebswelle gemessen werden.

Das kann natürlich nur durchgeführt werden, wenn gleichzeitig die Bremse und die Beaufschlagung des Motors bei jeder neu eingestellten

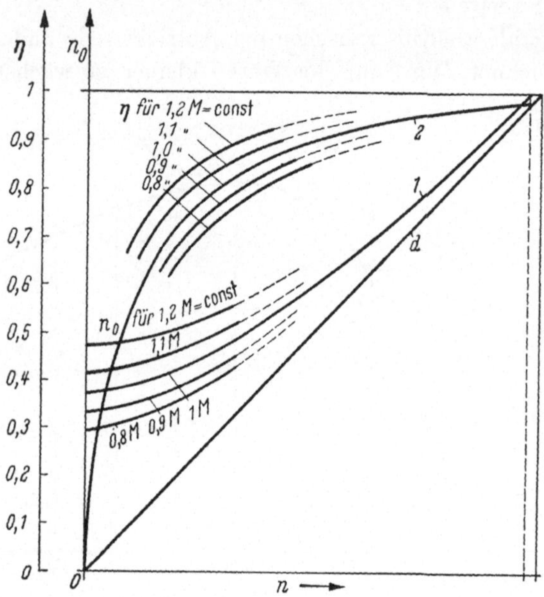

Abb. 7. Abhängigkeit zwischen Antriebs- und Abtriebsdrehzahl einer Strömungskupplung *1* Kurvenschar der Drehzahlen für M = const; *2* Kurvenschar der entsprechenden Wirkungsgrade bei M = const

Drehzahl der Sekundärwelle so geregelt wird, daß jeweils die geforderte Betriebsbedingung, d. h. in diesem Falle das Drehmoment von 3500 cmkg, übertragen wird.

Das Diagramm dieser Betriebsform ist in Abb. 7 dargestellt. In diesem bedeutet die Kurve *1* die Veränderlichkeit von n_0 gegenüber n, wenn mit n_0, wie stets in der Folge, die Drehzahl des Motors (Pumpen- oder Primärwelle), mit n diejenige der Sekundärwelle (Turbinenwelle) bezeichnet wird.

Die Kurve *2* stellt hingegen die entsprechenden Wirkungsgrade η dar, die, im Falle einer *Strömungskupplung*, identisch sind mit dem Drehzahl-(Untersetzungs-) Verhältnis n/n_0 selbst. Die Wirkungsgrade werden an einer eigenen Skala abgelesen, die in Abb. 7 parallel zur Skala der Ordinaten n_0 gezeichnet ist.

Der gleiche Versuch kann wiederholt werden, und zwar beginnend mit einem kleineren oder größeren Drehmoment als das des vorangegangenen Versuchs. Man erhält so eine Schar von Drehzahlkurven n_0

für die jeweils konstant gehaltenen Drehmomente M und ebenso viele Kurven für die entsprechenden Wirkungsgrade η, alle in Abhängigkeit von der Abtriebsdrehzahl n. In Abb. 7 ist eine solche Darstellung wiedergegeben, wobei die Kurvenschar nur durch unvollständig eingezeichnete Kurven angedeutet worden ist.

Zur Durchführung einer dritten Art von Versuchen wird die Bremse gelöst und die Drehmomentenwaage vorerst auf Null eingestellt. Der Motor wird mit einem Drehzahlregler derart geregelt, daß bei jedem Betriebszustand die einmal eingestellte Drehzahl, z. B. von $n_0 =$ 1800 U/min, genau konstant eingehalten wird. Dann wird die Abtriebswelle allmählich und stetig bis zum vollständigen Stillstand abgebremst. In kurzen Abständen wird gleichzeitig mit der zugehörigen Drehzahl an der Bremswaage das von der Sekundärwelle jeweils übertragene Drehmoment abgelesen. Es sei hier gleich vermerkt, daß zur Durchführung dieses Versuchs der Antriebsmotor im Vergleich zur geprüften Strömungskupplung genügend starke Leistung haben, die Strömungskupplung selbst genügend stark gebaut sein muß, weil das übertragene Moment bei konstanter Antriebsdrehzahl n_0 des Motors sehr stark mit wachsendem Schlupf bzw. mit sinkender Abtriebsdrehzahl n ansteigt (bei stillstehender Turbine ungefähr 10- bis 20mal[1] gegenüber dem Wert bei Nennleistung und Nennschlupf von 2 bis 3% !).

Die unter solchen Bedingungen gemessenen Werte werden in ein Diagramm eingetragen, und zwar die Drehzahlverhältnisse $i = n/n_0$ auf der Abszissenachse, die Drehmomente M auf der Ordinatenachse. Die sich ergebende Kurve entspricht dann der Kurve *1* in Abb. 8.

Derselbe Versuch kann mit anderen Motordrehzahlen n_0 wiederholt werden. Man erhält so wiederum eine Schar von Kurven $M = f(n)$ für verschiedene Parameter $n_0 =$ const. Diese Kurven sind auch in Abb. 8 teilweise angedeutet.

Eine vierte Versuchsart soll jetzt durchgeführt werden. Der Prüfstandmotor läuft bei seiner Höchstdrehzahl, z. B. $n_0 = 1800$ U/min. Die Abtriebswelle der Strömungskupplung wird allmählich abgebremst, und zwar solange es der Motor aushält. Der Schlupf e bzw. das Drehzahlverhältnis $i = n/n_0$ wird dabei konstant gehalten.

Es ist klar, daß auch dieser Versuch nur möglich ist, wenn die Leistung des Motors ständig den veränderten Betriebsbedingungen entsprechend (z. B. von Hand) nachgeregelt wird. Der Versuch wird dann mit einem anderen Wert von e bzw. i (der wiederum für die ganze Dauer des neuen Versuchs konstant gehalten wird) wiederholt und für eine ganze Reihe von Motordrehzahlen die entsprechenden Drehmomente gemessen. Die Meßergebnisse in ein Diagramm eingetragen, ergeben die in Abb. 9 gezeigte Darstellung, in der die Abszissenwerte den Motor-

[1] Stand- oder Festpunktmoment.

drehzahlen n_0, die Ordinaten den Drehmomenten M entsprechen. Eine Schar Parabeln für $i = n/n_0 = \text{const}$ stellt das übertragene Drehmoment in Abhängigkeit der Motordrehzahl n_0 bei konstantem Schlupf e bzw. konstantem Drehzahlverhältnis i dar.

Mit diesen hier geschilderten vier Versuchstypen sind natürlich die Betriebsmöglichkeiten nicht erschöpft, mit denen man die charakteristischen Betriebsmerkmale einer hydrodynamischen Strömungskupplung erfassen bzw. darstellen kann. Es existieren noch andere Merkmale, die

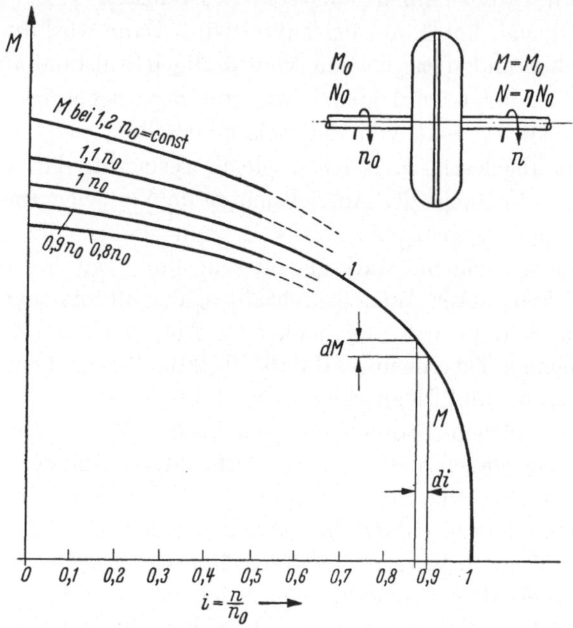

Abb. 8. Abhängigkeit zwischen Drehmoment M und Drehzahlverhältnis $i = n/n_0$. *1* Kurvenschar der Drehmomente für $n_0 = \text{const}$

jeweils das Betriebsverhalten in Zusammenarbeit mit einem gegebenen Motor oder einem gegebenen Fahrzeug interessieren können und die ebenfalls graphisch in der einen oder anderen Weise dargestellt werden können. So z. B. der Schlupf in Abhängigkeit von der Fahrgeschwindigkeit des Fahrzeugs, oder auf andere Art, wie wir später noch sehen werden.

Es war bisher angenommen worden, daß die Strömungskupplung keinerlei äußere Reibungsverluste aufweist[1]. In Wirklichkeit wird natürlich diese Bedingung nicht immer erfüllt sein. Mechanische Reibung wird ohne weiteres vorliegen, wenn äußere Traglager oder mit dem Gestell

---

[1] Die *inneren* Reibungsverluste haben keinen Einfluß auf den Wirkungsgrad. Beweis darüber s. S. 25ff.

fest verbundene Dichtungselemente (Stopfbüchsen) existieren. Im besonderen kann der äußere, von den eventuell am rotierenden Gehäuse vorhandenen Kühlrippen verursachte Luftwiderstand in dieser Beziehung Bedeutung erlangen. Alle diese Reibungsverluste haben aber, praktisch genommen, auf den Wirkungsgrad der Strömungskupplung innerhalb der normalen Betriebsverhältnisse keinen fühlbaren Einfluß. Sie machen sich erst bei sehr kleinem Schlupf bemerkbar, wenn letzterer Werte annimmt, die in der Größenordnung unter 1% liegen und die übertragene Leistung vernachlässigbar wird oder sich überhaupt dem Wert Null nähert.

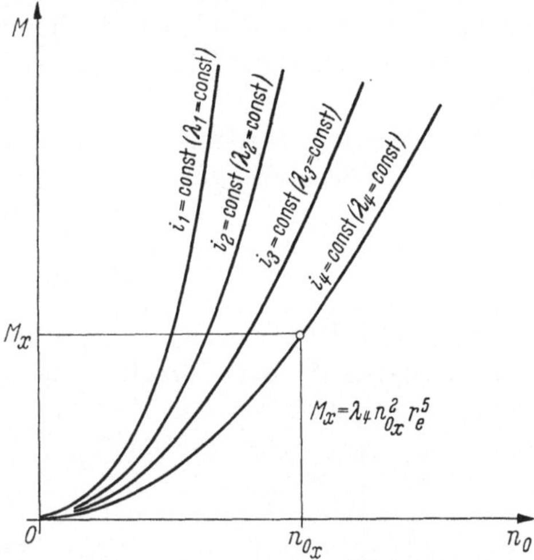

Abb. 9. Drehmomente M einer Strömungskupplung in Abhängigkeit von der Antriebsdrehzahl n_0 des Motors (Pumpendrehzahl) bei konstantem Drehzahlverhältnis i bzw. konstantem Schlupf e. Im Gültigkeitsbereich der Ähnlichkeitsgesetze ist hierbei für i = const auch λ = const. Wegen der Veränderlichkeit der REYNOLDSschen Zahl geht dieser Gültigkeitsbereich streng nicht bis $n_0 = 0$ herab

Abb. 10 zeigt ein Diagramm der Wirkungsgrade einer Strömungskupplung in Abhängigkeit des Drehzahlverhältnisses i. Die Linie *1* stellt den theoretischen Verlauf dar, wenn angenommen wird, daß äußere Reibungsverluste *nicht* existieren, die Kurve *2* hingegen die

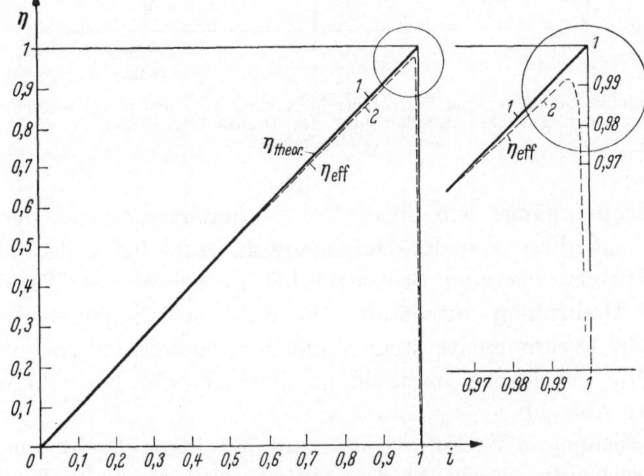

Abb. 10. Wirkungsgradkurve einer Strömungskupplung in Abhängigkeit des Drehzahlverhältnisses $i = n/n_0$. In der Zeichnung rechts sind der Deutlichkeit wegen die Ordinaten stark vergrößert gezeichnet

effektiven Wirkungsgrade (der Anschaulichkeit halber übertrieben dargestellt), bei denen auch äußere Reibungsverluste mitberücksichtigt sind. Wie man sieht, stimmt die Kurve *2* bereits im Betriebsfeld mit Schlupfwerten über 3 bis 4% praktisch mit der Kurve *1* überein und kann folglich mit dieser, ohne fühlbare Fehler zu begehen, einfach vertauscht werden.

An Stelle einer Strömungskupplung soll nun ein *Strömungswandler* in seinem Betriebsverhalten auf dem Prüfstand untersucht werden.

2. Strömungswandler

Der mit Regler versehene Antriebsmotor ist wiederum auf konstante Drehzahl geregelt. Bei Durchführung des Versuchs ergeben sich die

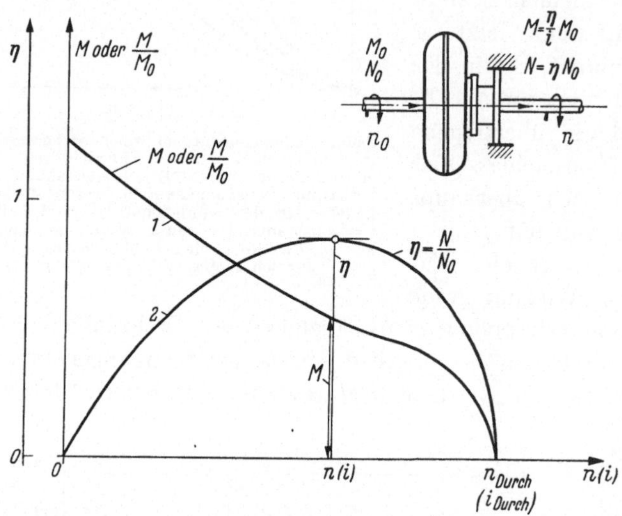

Abb. 11. Drehmomentenkurve und Verlauf der Wirkungsgrade η bei einem Strömungswandler in Abhängigkeit der Abtriebsdrehzahl n bzw. des Drehzahlverhältnisses $i = n/n_0$ bei konstanter Motordrehzahl n_0

gleichen Meßvorgänge wie oben. Die Sekundärwelle wird derart abgebremst, daß diese von der Durchgangsdrehzahl bei vollständig entlasteter Turbine bis zum Stillstand bei festgebremster Turbine alle möglichen Drehzahlen durchläuft. Die dabei jeweils gemessenen entsprechenden Drehmomente steigen mit dem Sinken der Turbinendrehzahl an. Die graphische Darstellung entspricht der Kurve *1* im Diagramm der Abb. 11.

Die berechneten Wirkungsgrade zum jeweiligen Drehmoment und der entsprechenden Drehzahl der Abtriebswelle zeigt der Verlauf der Kurve *2*.

Nachdem wir den Regler des Motors vollkommen ausgeschaltet haben, damit letzterer ungeregelt arbeiten kann und gezwungen ist, die jeweils dem Antriebswiderstand entsprechende Drehzahl anzunehmen, wird der Versuch wiederholt. Der Motor sei dabei stets vollbeaufschlagt. Die Drehzahl n_0 des Motors wird wohl bei Abbremsung der Abtriebswelle des Wandlers etwas beeinflußt, doch bei weitem nicht in solch starkem Maß wie bei der Strömungskupplung. Im Gegensatz zu den *Strömungskupplungen* kann hierbei grundsätzlich festgestellt werden, daß erstens: die Drehzahl n_0 eines mit einem Strömungswandler gekuppelten Motors *nicht* von der Änderung des Drehzahlverhältnisses i und von der Änderung des Widerstands an der Sekundärwelle abhängt; zweitens, daß das an der Prüfstandbremse abgelesene Abbremsungsmoment jetzt nicht mehr gleich, sondern größer als das eingeleitete Antriebsmoment des Motors ist. Mit anderen Worten, daß hier eine Momentenwandlung stattgefunden hat, die um so merklicher ist, je stärker die Abtriebswelle abgebremst wird bzw. je kleiner das Drehzahlverhältnis $i = n/n_0$ ist, und ein Maximum erreicht, wenn die Turbine stillsteht.

Dies ist auch ohne weiteres verständlich, wenn man bedenkt, daß die Arbeitsbedingungen der Pumpe grundsätzlich immer die gleichen sind und (in erster Annäherung) unbeeinflußt von der Turbine bleiben.

An Stelle der Abtriebsdrehzahl n und des Abtriebsdrehmoments M können natürlich im Diagramm die Verhältniswerte $i = n/n_0$ und $k = M/M_0$, so wie in Abb. 11 in Klammern angedeutet, eingetragen werden, wobei dann die Momentenwandlung in besonders eindeutiger und klarer Weise zum Ausdruck kommt.

Nach dieser einführenden Darstellung des grundsätzlichen Betriebsverhaltens der *Strömungskupplungen* und der *Strömungswandler* sollen nunmehr die einzelnen Probleme der hydrodynamischen Leistungsübertragung analytisch untersucht und behandelt werden.

II. Strömungskupplungen

A. Analytische Behandlung der Strömungskupplungen

1. Wirkungsgrad einer Strömungskupplung

Um jede Möglichkeit einer nicht eindeutigen Auslegung der benützten Größen auszuschließen, werden nachstehend die Benennungen und Symbole festgelegt, die auf den nächsten Seiten verwendet werden. Es sei:

N_0 in die Primärwelle (Pumpenwelle) eingeleitete Leistung = Motorleistung;
M_0 Motordrehmoment, an der Primär- (Antriebs-) Welle angreifend;

N Nutzleistung, an der Sekundär- (Turbinen-) Welle verfügbar;
M Nutzdrehmoment an der Sekundär- (Turbinen-) Welle;
n_0 Drehzahl der Primär- (Pumpen-) Welle = Motordrehzahl (falls kein Übersetzungsgetriebe vorgeschaltet);
n Drehzahl der Sekundärwelle (Turbinenwelle) = Abtriebsdrehzahl;
$i = n/n_0$ Drehzahlverhältnis;
$\eta = N/N_0$ Gesamtwirkungsgrad der Strömungskupplung;
* Stern als Index zur Kennzeichnung des Nennbetriebszustands (= Betriebszustand im Auslegungspunkt);
ε Schlupf der Kupplung in %;
ΔM_1 Moment infolge innerer mechanischer Reibungswiderstände;
ΔM_2 Moment infolge äußerer mechanischer Reibungswiderstände; (Lager *2* in Abb. 12 und äußerer Luftwiderstand auf Antriebsteil einwirkend);
ΔM_3 wie oben (Abb. 12: Lager *3* auf Abtriebsteil einwirkend);
$\Delta M = \Delta M_2 + \Delta M_3$ äußeres Gesamtmoment;
M_{hy} hydrodynamisch übertragenes Drehmoment (d. h. ohne Mitwirkung eines durch mechanische Reibung erzeugten Schleppmoments).

In Abb. 12, in der eine in einem festen Gehäuse eingeschlossene Strömungskupplung dargestellt ist, sind die einzelnen inneren und

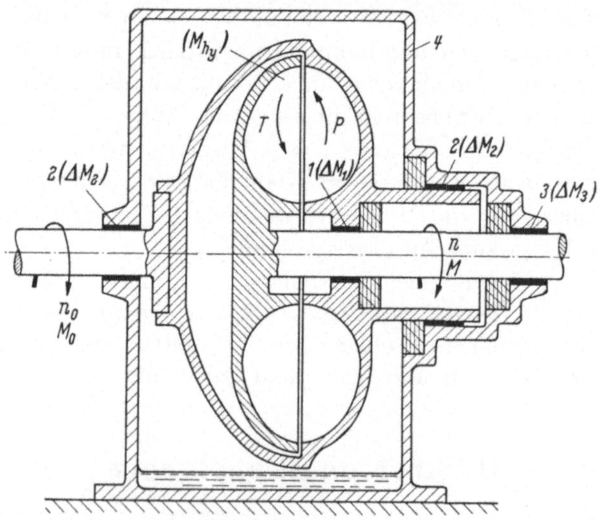

Abb. 12. Strömungskupplung, in einem festen Gehäuse (Gestell) eingebaut. Es sind hier die verschiedenen Reibungsstellen verdeutlicht: äußere Lagerung (Lager *2* des Antriebs und Lager *3* des Abtriebs); innere Lagerung (Lager *1*). Die Reibung in den Dichtungsstellen ist in die der Lagerstellen einbezogen gedacht

äußeren mechanischen Widerstände, wie sie im Betrieb einer solchen Kupplung vorkommen können, symbolisch angedeutet. Lager *1* soll in einem einzigen Element sämtliche Teile darstellen, die einen inneren Reibungswiderstand verursachen können, wie z. B.: Lager, Schulterringe, Dichtringe usw. Unter Bezugnahme auf diese Abbildung können wir vor allem die folgenden Ansätze niederschreiben:

$$M = (M_{hy} + \varDelta M_1) - \varDelta M_3, \tag{3}$$

$$(M_{hy} + \varDelta M_1) = M_0 - \varDelta M_2; \tag{4}$$

daraus ergibt sich M_0 zu:

$$M_0 = (M_{hy} + \varDelta M_1) + \varDelta M_2. \tag{5}$$

Ersetzt man nun in der Definitionsgleichung für den Wirkungsgrad: $\eta = N/N_0$ die Leistungen durch die entsprechenden Momentenwerte, so erhält man für den Wirkungsgrad des Systems die nachstehende Gl. (6):

$$\begin{aligned} \eta &= \frac{N}{N_0} = \frac{M\,n/716{,}2}{M_0\,n_0/716{,}2} = \frac{n}{n_0}\,\frac{(M_{hy} + \varDelta M_1) - \varDelta M_3}{(M_{hy} + \varDelta M_1) + \varDelta M_2} \\ &= i\,\frac{(M_0 - \varDelta M_2) - \varDelta M_3}{(M_0 - \varDelta M_2) + \varDelta M_2} = i\,\frac{M_0 - (\varDelta M_2 + \varDelta M_3)}{M_0} \\ &= i\left[1 - \frac{\varDelta M_2 + \varDelta M_3}{M_0}\right] = i\left[1 - \frac{\varDelta M}{M_0}\right]. \end{aligned} \tag{6}$$

Daraus erkennt man, daß die *inneren* Widerstände $\varDelta M_1$ keinerlei Einfluß auf den Wirkungsgrad der Kupplung haben, da sie im Sinne von M_{hy} wirken. Nur die *äußeren* Widerstände $\varDelta M$ üben einen Einfluß aus, der aber praktisch belanglos ist, wie noch gezeigt wird.

Die Tatsache, daß die inneren Widerstände keinerlei Einfluß auf den Wirkungsgrad haben, ist übrigens auch intuitiv verständlich. Man braucht nur an den Umstand zu denken, daß die inneren Widerstände niemals ein Hindernis für die Drehbewegung der *Turbinenwelle* sein können, so groß sie auch sein mögen, da sie ja die Turbinenwelle in ihrer Drehbewegung doch unterstützen, denn das Widerstandsmoment $\varDelta M_1$ stellt sich für die Turbinenwelle als ein *Antriebsmoment* dar.

Aus Gl. (6) folgt jedenfalls der grundsätzliche Tatbestand, daß der Wirkungsgrad η identisch sein muß mit dem Drehzahlverhältnis i selbst, sofern die Strömungskupplung keine *äußeren* Widerstände zu überwinden hat, d. h. wenn $\varDelta M = 0$ ist.

$$\eta = \frac{N}{N_0} = \frac{M\,n}{M_0\,n_0} = \frac{n}{n_0} = i. \qquad (\text{weil } M = M_0) \tag{7}$$

Dieser Fall liegt immer bei normaler Anwendung vor, wenn die Strömungskupplung am Schwungrad eines Motors direkt angeflanscht ist und mit diesem eine Einheit bildet. In diesem Falle ist die Kupplung fliegend am Motor angeordnet und besitzt kein besonderes äußeres Traglager oder sonstiges mit dem äußeren Gehäuse verbundenes Element, das ein Reibmoment hervorrufen könnte. Nur der Luftwiderstand, verursacht durch die normalerweise am äußeren Kupplungsgehäuse vorgesehenen Lüftungs- und Kühlrippen, könnte als Quelle von äußeren Verlustleistungen in Betracht gezogen werden. Ihr Einfluß jedoch gegenüber der Nennleistung der Strömungskupplung bleibt verschwindend klein.

Gl. (6) erlaubt folgende Betrachtungen anzustellen: Es ist bekannt, daß bei abnehmendem Drehzahlverhältnis i das Antriebsmoment M_0 ansteigt. (Hierbei lassen wir den möglichen, aber sich von selbst nie einstellenden Fall außer Betracht, nach dem durch gleichzeitiges, in bestimmtem Verhältnis sich vollziehenden Abnehmen der Antriebsdrehzahl n_0, auch M_0 mit abnehmendem Wert i abnimmt.) Es kann weiter angenommen werden, daß ΔM einen konstanten Wert besitzt oder zumindest aber wenig veränderlich und immer klein gegenüber dem Nenndrehmoment M^* ist.

Dann wird bei kleinem Drehzahlverhältnis i, bei dem M_0 sehr groß ist, das Verhältnis $\Delta M/M_0$ bedeutungslos, und der Wirkungsgrad laut Gl. (6) geht über in Gl. (7): $\eta = i$.

Bei der graphischen Darstellung (s. Abb. 10) entspricht die Kurve $\eta = i$ der Diagonalen (Linie *1*) im Quadrat (bzw. im Rechteck, bei nicht gleichen Maßstäben) mit der Abszisse $i = 1$ und der Ordinate $\eta = 1$.

Nur wenn das Drehzahlverhältnis i sich dem Wert 1 nähert, d. h. wenn M_{hy} sich dem Wert Null nähert und folglich ΔM gegenüber M_{hy} bzw. M_0 an Bedeutung zunimmt, nimmt die Wirkungsgradkurve einen anderen Verlauf an. Sobald das Verhältnis $\Delta M/M_0$ einen nicht mehr zu vernachlässigenden Wert erreicht, kann für den Wirkungsgrad geschrieben werden:

$$\eta = i\left[1 - \frac{\Delta M}{M_0}\right] = i\left[1 - \frac{(1-\eta_m)\,M_0}{M_0}\right] = i[1 - 1 + \eta_m] = \eta_m\, i\,, \quad (8)$$

wobei η_m als mechanischer Wirkungsgrad der betrachteten Strömungskupplung bezogen auf die äußere Reibungsarbeit im betrachteten Betriebszustand i anzusehen ist.

Weil $\eta_m < 1$, muß auch $\eta < i$ sein; im Grenzfall, bei dem M gleich 0 wird und das Drehzahlverhältnis i sich dem Wert 1 nähert, muß der Wirkungsgrad auf Null sinken. Der Verlauf der Kurve η entspricht dann in diesem Betriebsfeld der Strömungskupplung der Kurve *2* in Abb. 10.

Somit wurde der Beweis erbracht, daß die Kurve der effektiven Wirkungsgrade im Betriebsfeld höherer Schlupfwerte, d. h. bei Drehzahlverhältnissen i unterhalb eines bestimmten Maximalwertes (der praktisch der Größenordnung $i \cong 0{,}9905$ entspricht), sich fast genau an die theoretische Kurve (Diagonale) anschmiegt. Deshalb kann innerhalb dieses Betriebsfelds die erstere ohne weiteres durch die letztere ersetzt werden. Nur im Betriebsfeld kleinster Schlupfwerte, bei Drehzahlverhältnissen nahe dem Wert 1 (bzw. bei Schlupfwerten nahe dem Wert Null), wird die Ungenauigkeit mit steigendem Wert i immer größer, wobei die Wirkungsgradkurve rasch in der unmittelbaren Nähe des

Wertes $i = 1$ bis auf Null absinkt, um dann bei $i = 1$ einen unendlich großen negativen Wert anzunehmen. Diese Grenzwerte sind jedoch nur von theoretischem Interesse, und man wird praktisch immer $\eta_{\text{eff}} = \eta_{\text{theor}} = \eta = i$ setzen dürfen, da die Werte von i, bei denen die Kurve *2* Bedeutung erlangt, der praktisch nicht mehr in Betracht kommenden Größenordnung von $i \sim 0{,}9905$ und darüber angehören.

2. Geometrische Verhältnisse in der Strömungskupplung

Die Theorie der Leistungsübertragung durch eine Strömungskupplung mit den Elementen *Pumpe* und *Turbine* kann offenbar am besten unter Zugrundelegung einer Kupplung verfolgt werden, die mit solchen Elementen konventioneller Form ausgerüstet ist.

Diese Voraussetzung ist erfüllt im Falle der klassischen Föttinger-Kupplung, so wie sie schematisch in Abb. 2 dargestellt ist, während sie nur in verstümmelter Form in der vereinfachten Ausführung der Type „Sinclair" nach Abb. 4 vorliegt.

Die Theorie gestattet uns Formeln und Beziehungen abzuleiten, die auf den einen wie auf den anderen Fall in gleicher Weise Anwendung finden müssen. In Anbetracht der Tatsache, daß gewöhnlich stillschweigend als Bezugsabmessung einer Strömungskupplung der äußere Halbmesser r_e des inneren Meridianprofils des hydraulischen Arbeitsraumes angenommen wird, während in der Theorie die Halbmesser r_1 und r_2 bzw. r_3 und r_4 des mittleren Stromfadens an den Eintritts- und Austrittsstellen der Kanäle der Laufräder in Betracht kommen, erscheint es zweckmäßig, einige Beziehungen abzuleiten, die die Abhängigkeit der geometrischen Größen der beiden betrachteten Typen untereinander festlegen.

Als Symbole seien hier definiert (s. Abb. 2, 4 u. 21):

r_e Halbmesser am äußeren Profilrand des Meridianquerschnitts;
r_i Halbmesser am inneren Profilrand des Meridianquerschnitts;
$\xi_i = r_i/r_e$ Verhältnis zwischen den beiden Halbmessern r_i, r_e;
r_0 Abstand des „Neutralpunkts" *0* von der Drehachse;
$r_1 = r_4$ mittlerer Radius am Pumpeneintritt = mittlerer Radius am Turbinenaustritt;
$r_2 = r_3 =$ mittlerer Radius am Pumpenaustritt = mittlerer Radius am Turbineneintritt;
$\xi_r = r_1/r_2$ Verhältnis zwischen den beiden Radien r_1, r_2;
b_1 Kanalbreite am Pumpeneintritt;
b_2 Kanalbreite am Pumpenaustritt;
$\zeta_b = b_2/r_2$ Verhältnis zwischen der Breite b_2 und dem Radius r_2.

In einer Strömungskupplung nach Abb. 2 kann man die Ein- und Austrittsbreiten b_1 bzw. b_2 immer derart bemessen, daß die mittleren Meridiangeschwindigkeiten w der Flüssigkeit im Eintrittspunkt *1* und im Austrittspunkt *2* des Kanals gleich groß sind, so daß die Bedingung erfüllt wird:

$$w\,A_1 = w\,A_2, \tag{9}$$

wobei

$A_1 = 2\,r_1\,\pi\,b_1\,\sigma_1$ effektiver Pumpeneintrittsquerschnitt;
$A_2 = 2\,r_2\,\pi\,b_2\,\sigma_2$ effektiver Pumpenaustrittsquerschnitt;
σ_1, σ_2, σ Faktoren, die die Querschnittsminderung infolge der endlichen Schaufeldicke berücksichtigen.

Unter der Annahme, daß $\sigma_1 \sim \sigma_2 \sim \sigma$, erhält man:

$$r_1\,b_1 = r_2\,b_2 \cdot \sigma_2/\sigma_1 \approx r_2\,b_2\,. \tag{10}$$

Man kann jedoch auch bei der Strömungskupplung nach Abb. 4 die gleichen Voraussetzungen als erfüllt annehmen und dementsprechend die hierfür in Betracht kommende Bedingungsgleichung schreiben:

$$(r_e^2 - r_0^2)\,\pi = (r_0^2 - r_i^2)\,\pi\,.$$

Daraus ergibt sich der Radius r_0 des neutralen Punkts in Abhängigkeit vom Bezugsradius r_e mit der für diese Zwecke genügenden Genauigkeit zu:

$$r_0 = r_e \sqrt{\frac{1+\xi_i^2}{2}}\,. \tag{11}$$

Nachdem nun r_0 bekannt ist, lassen sich die anderen Größen in Abhängigkeit des äußeren Profilradius r_e wie folgt angeben:

$$r_2 = \frac{r_e + r_0}{2} = \frac{r_e}{2}\left[1 + \sqrt{\frac{1+\xi_i^2}{2}}\right], \tag{12}$$

$$b_2 = r_e - r_0 = r_e\left[1 - \sqrt{\frac{1+\xi_i^2}{2}}\right], \tag{13}$$

$$r_1 = \frac{r_0 + r_i}{2} = \frac{r_e}{2}\left[\xi_i + \sqrt{\frac{1+\xi_i^2}{2}}\right], \tag{14}$$

$$b_1 = r_0 - r_i = r_e\left[\sqrt{\frac{1+\xi_i^2}{2}} - \xi_i\right]. \tag{15}$$

Die Beziehungen, die zwischen den Größen $\xi_r = r_1/r_2$, $\zeta_b = b_2/r_2$ und $\xi_i = r_i/r_e$ bestehen, lauten:

$$\xi_r = \frac{r_1}{r_2} = \frac{\xi_i + \sqrt{\frac{1+\xi_i^2}{2}}}{1 + \sqrt{\frac{1+\xi_i^2}{2}}} \tag{16}$$

bzw.

$$\zeta_b = \frac{b_2}{r_2} = \frac{2\left[1 - \sqrt{\frac{1+\xi_i^2}{2}}\right]}{1 + \sqrt{\frac{1+\xi_i^2}{2}}}\,. \tag{17}$$

Im folgenden wird der Kürze halber öfter die Benennung „*Schlupf*" an Stelle der passenderen Benennung „*Drehzahlverhältnis*" verwendet, wobei natürlich in jedem Falle grundsätzlich immer nur eines zu verstehen sein wird, nämlich das Verhältnis zwischen der Winkelgeschwindigkeit der Turbinenwelle und jener der Pumpenwelle.

Mathematisch kann dieser Zustand auf verschiedene Weise ausgedrückt werden, und es erscheint deshalb zweckmäßig, eine genaue Definition dafür zu geben, was im folgenden unter *Schlupf* e und unter *Drehzahlverhältnis* i im besonderen zu verstehen ist und in welcher Weise beide Größen voneinander abhängen.

Es sei also festgesetzt:

Das Übersetzungs- (Drehzahl-) Verhältnis i in Abhängigkeit vom Schlupf e in %:

$$i = n/n_0 = \frac{100 - e}{100} = 1 - e/100. \tag{18}$$

Der Schlupf e in %, in Abhängigkeit vom Drehzahlverhältnis i bzw. η:

$$e = 100\left(\frac{n_0 - n}{n_0}\right) = 100(1 - i) \equiv 100(1 - \eta). \tag{19}$$

3. Theoretische Grundlagen und betriebliches Verhalten einer Strömungskupplung

a) Allgemeines. Mechanismus der Drehmomententstehung und Leistungsübertragung. Die Arbeitsweise einer Strömungskupplung, d. h. der Mechanismus welcher die Leistungsübertragung in einer Kupplung mittels einer Flüssigkeit verwirklicht, die zwischen den beiden Elementen Pumpe und Turbine in einem geschlossenen Kreislauf strömt, kann leicht verfolgt werden, wenn man auf das Grundgesetz der Dynamik zurückgreift, dem alle mit Masse und Geschwindigkeit behafteten Körper folgen. Nach diesem Gesetz stellt das Produkt *Masse* mal *Geschwindigkeit* die „Bewegungsgröße", eine Zustandsgröße des betrachteten Körpers dar, die nicht verändert werden kann, wenn nicht von außen her auf den Körper fremde Kräfte einwirken. Diese äußeren am Körper angreifenden Kräfte werden, je nach dem Standpunkt, unter welchem man sie betrachtet, als Aktions- bzw. Reaktionskräfte bezeichnet.

Ein mit der Masse m behafteter Körper, der die Geschwindigkeit v_1 besitzt, weist somit die Bewegungsgröße $m\,v_1$ auf. Wenn seine Geschwindigkeit auf den Wert v_2 gebracht wird, so erfährt seine Bewegungsgröße die Änderung $m(v_2 - v_1)$. Die Änderung der Bewegungsgröße einer betrachteten Masse in der Zeiteinheit entspricht nun der Kraft selbst, die auf die Masse einwirkt und welche Ursache der Änderung ihres Bewegungszustands ist.

Wenn bei den Geschwindigkeitsänderungen nur die Geschwindigkeitskomponenten in einer ganz bestimmten Richtung berücksichtigt werden, so erhält man offenbar nur die Komponenten jener Kräfte, die in den genannten Richtungen allein wirksam sind und umgekehrt. Wenn weiterhin die Geschwindigkeiten auf einen festen Punkt bezogen sind, d. h., wenn die genannten Geschwindigkeitskomponenten als Tangentialgeschwindigkeiten aufgefaßt und die Masse selbst nicht als die eines festen Körpers angesehen wird, sondern als die einer sich ständig in stetigem Strahl erneuernden Flüssigkeit, so sind damit grundsätzlich das Bild und die dynamischen Voraussetzungen beschrieben, wie sie im Strömungskreislauf einer hydrodynamischen Kupplung vorhanden sind. In diesem Falle ist es dann auch zweckmäßiger, nicht mehr die Kräfte selbst im Zusammenhang mit der Veränderung der Bewegungsgröße zu betrachten, sondern die durch diese Kräfte hervorgerufenen Drehmomente, die sich ergeben, wenn wir die Kräfte mit ihrem Hebelarm bzw. ihrem Abstand von der Drehachse des Systems multiplizieren.

Der grundsätzliche Mechanismus, mit welchem sich nun eine Leistungsübertragung von der *Pumpe* zur *Turbine* vollzieht, ist der folgende: Die Drehung des Primärlaufrads, d. h. der Pumpe (s. Abb. 2—4), bewirkt infolge der auftretenden Zentrifugalkraft eine Verschiebung der Flüssigkeitsteilchen in den Pumpenkanälen nach außen hin, wodurch ein Fluß der gesamten Flüssigkeitsmasse in diesen in Richtung von innen nach außen angeregt wird. Die Flüssigkeitsmasse, die unter dem Zwange dieser Strömung eine erste Richtungsänderung erleidet, erhält die hierzu nötige Kraft bzw. das hierzu nötige Drehmoment durch äußere Energiezufuhr durch den Pumpenantriebsmotor.

Die gleiche Flüssigkeitsmasse, die in ihrem Strömungsverlauf die Schaufelkanäle des Sekundär-, d. h. des Turbinenlaufrads durchströmen muß, erleidet in diesem dann eine neue Richtungsänderung. Diese Richtungsänderung bewirkt infolge der auf die Turbinenschaufeln bzw. auf die Kanalwände ausgeübten Massendrücke eine Tangentialkraft, die, bezogen auf die Drehachse des Systems, wiederum ein Drehmoment ergibt. Dieses Drehmoment bringt die Turbine in Rotation. Somit kann sie entsprechend diesem Drehmoment und ihrer Drehzahl nach außen hin eine Leistung abgeben. Im theoretischen Fall, d. h. wenn keine Verluste existieren, müßte die von der Turbinenwelle abgegebene Leistung — bei Strömungs*wandlern, nicht* bei Strömungs*kupplungen*! — gleich der in der Pumpe hineingeleiteten Leistung sein. Wie später gezeigt wird, kann dies in Wirklichkeit niemals vollkommen der Fall sein.

Die Richtungsänderung, die die Flüssigkeit beim Durchgang durch die Laufräder erleidet, hat notwendigerweise Änderungen der Geschwindigkeitskomponenten sowohl in tangentialer als auch in axialer Richtung an den Ein- und Austrittspunkten der Pumpe sowie der Turbine zur

Folge. Die Änderungen der Tangentialkomponenten beeinflussen nun die Bewegungsgröße der Flüssigkeit in tangentialer Richtung, was eine Änderung der Drehmomente in der betrachteten Ebene (d. h. in der normal zur Drehachse des Wandlers stehenden Trennebene zwischen den beiden Laufrädern) zur Folge hat. Die Änderung der Axialkomponenten hingegen kann nur Ursache für Axialkräfte sein, die auf die beiden Laufräder einwirken und diese voneinander wegdrücken wollen.

Die hier nur allgemein angedeuteten Vorgänge sollen nun in mathematischer Form erfaßt werden. Vorher ist es jedoch nötig, noch weitere Größen und Symbole festzulegen, die später konsequent beibehalten werden. Insbesondere sei, um Eindeutigkeit in der Auslegung der Winkel α und β zu sichern, auf die in nachfolgender Aufstellung gebrachte Definition hingewiesen, wonach diese Winkel, gleich ob sie $\lesseqgtr 90°$ sind, stets innerhalb der Geschwindigkeitsdreiecke gemessen werden müssen.

c absolute Geschwindigkeit der Flüssigkeit im mittleren Stromfaden (im vom Index bezeichneten Punkt) (m/sek);
w relative Geschwindigkeit der Flüssigkeit im mittleren Stromfaden (im vom Index bezeichneten Punkt) (m/sek);
u Umfangsgeschwindigkeit des Laufrads ($= r\,\omega$) (im vom Index bezeichneten Punkt) (m/sek);
ω Winkelgeschwindigkeit des vom Index angedeuteten Teils (sek^{-1});
r Abstand des vom Index bezeichneten Punkts von der Drehachse;
α von den Geschwindigkeitsvektoren $\bar{c}$ und $\bar{u}$ eingeschlossener Winkel im Geschwindigkeitsdreieck (im vom Index bezeichneten Punkt);
β von den Geschwindigkeitsvektoren $\bar{w}$ und $\bar{u}$ eingeschlossener Winkel im Geschwindigkeitsdreieck (im vom Index bezeichneten Punkt);
γ spezifisches Gewicht der Flüssigkeit (kg/m^3);
Q Fördermenge der Pumpe (kg/sek).

Betrachten wir das Schema in Abb. 13. Ein Turbinenrad T ist derart beschaufelt, daß Kanäle K entstehen, die radial von der äußeren Eintrittsstelle *1* zur inneren Austrittsstelle *2* verlaufen. Diese Kanäle sind gekrümmt und weisen an der Eintrittskante einen Schaufelwinkel β_1, an der Austrittskante einen Schaufelwinkel β_2 auf. Der Flüssigkeitsstrom muß also während des radialen Durchgangs durch das Laufrad seine relative Richtung von β_1 auf β_2 ändern. Diese Änderung würde ein auf dem Laufrad befindlicher und mit diesem sich mitbewegender Beobachter wahrnehmen. Die Relativgeschwindigkeiten der Flüssigkeit im mittleren Stromfaden sind w_1 an der Eintrittsstelle und w_2 an der Austrittsstelle. Diese, mit den entsprechenden Umfangsgeschwindigkeiten des Laufrades zusammengesetzt, ergeben die Absolutgeschwindigkeiten c_1 und c_2, die mit den Tangenten an den Stellen *1* und *2* die Winkel α_1 bzw. α_2 einschließen. Der aus der Düse D heraustretende Strahl Q, der also die Absolutgeschwindigkeit c_1 besitzt, muß folglich mit der Tangente im Punkt *1* ebenfalls den Winkel α_1 einschließen.

Wenn auch an der Austrittsstelle *2* Leitschaufeln zum Auffangen des austretenden Strahls vorgesehen werden sollten, müßten diese ihrerseits mit der Tangente im Punkt *2* ebenfalls den Winkel α_2 einschließen, um so überall einen stoßfreien Übergang der Flüssigkeit zu sichern.

Diese hier dargestellte vereinfachte Anordnung erlaubt in der anschaulichsten Weise die Anwendung des Impulssatzes zur Bestimmung der am Laufrad angreifenden Drehmomente.

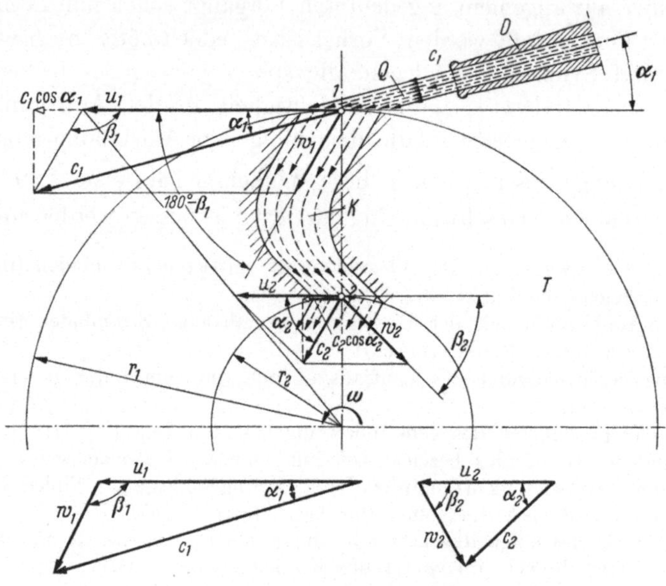

Abb. 13. Einwirkung eines Flüssigkeitsstrahls Q (kg/sek) auf ein mit radialen gekrümmten Kanälen ausgestattetes Laufrad

w_1 und w_2 Relativgeschwindigkeiten der Flüssigkeit am mittleren Stromfaden durch die Ein- und Austrittsstellen *1* und *2*; c_1 und c_2 absolute Ein- bzw. Austrittsgeschwindigkeiten an den Stellen *1* und *2*; $u_1 = \omega r_1$ und $u_2 = \omega r_2$ Umfangsgeschwindigkeiten des Laufrads an den Stellen *1* und *2*; D Düse; K Schaufelkanal; α_1 und α_2 Winkel zwischen den Vektoren der Absolutgeschwindigkeit und der Umfangsgeschwindigkeit an den Punkten *1* und *2*; β_1 und β_2 Winkel zwischen den Vektoren der Relativgeschwindigkeit und der Umfangsgeschwindigkeit an den Punkten *1* und *2*; ω Winkelgeschwindigkeit des Laufrads $= \frac{\pi}{30} n$. (Winkel α und β verstehen sich *stets innerhalb* der Geschwindigkeitsdreiecke, gleich, ob sie $\lesseqgtr 90°$ sind)

Der aus der Düse D heraustretende Strahl Q besteht aus einem kontinuierlichen Strom, dessen Stärke in kg/sek definiert ist. Seine Bewegungsgröße ist also $(Q/g)\, c_1$ und entspricht dem in das Laufrad *eintretenden* Impuls. Der aus dem Laufrad *heraustretende* Impuls entspricht der Bewegungsgröße $(Q/g)\, c_2$. Wenn diese Impulsgrößen in zwei Komponenten senkrecht zueinander zerlegt werden, und zwar eine in tangentialer, die andere in radialer Richtung, so erkennt man leicht, daß die radiale Komponente, da sie ja durch die Drehachse des Systems hindurchgeht, auf dieses keinerlei resultierende Drehkraft auszuüben vermag, während die tangentiale Komponente, multipliziert mit dem entsprechenden Radius, ein entsprechendes Drehmoment ergeben muß. Somit erhält man unter Bezugnahme auf die Abb. 13:

$$P_1 r_1 = \frac{Q}{g} c_1 \cos\alpha_1 r_1 = M' \tag{20}$$

und

$$P_2 r_2 = -\frac{Q}{g} c_2 \cos\alpha_2 r_2 = M'' \tag{21}$$

(das negative Vorzeichen ergibt sich hier, weil die Reaktionskraft des Impulses $(Q/g)\,c_2$ entgegengesetzte Richtung zu c_2 besitzt), so daß das auf das Laufrad ausgeübte Gesamtmoment, als Summe der beiden, sein muß:

$$M = M' + M'' = \frac{Q}{g}(c_1 \cos\alpha_1 r_1 - c_2 \cos\alpha_2 r_2). \tag{22}$$

Wenn jetzt derselbe Vorgang auf den Fall einer Strömungskupplung angewendet und dabei berücksichtigt wird, daß die gegen die Radschaufeln strömende Flüssigkeitsmasse einem geschlossenen Kreislauf angehört, so kann man, unter Bezugnahme auf die Abb. 14, für die auf einem Schaufelrad an den Punkten *1* und *2* wirkenden Momente schreiben:

$$M_1 = -\frac{Q}{g} r_1 c_1 \cos\alpha_1 \quad [\text{mkg}], \tag{23}$$

$$M_2 = \frac{Q}{g} r_2 c_2 \cos\alpha_2 \quad [\text{mkg}]. \tag{24}$$

Das auf das Laufrad wirkende resultierende Gesamtdrehmoment muß folglich lauten:

$$\begin{aligned} M_P = M_T = M = M_1 + M_2 &= \frac{Q}{g}(r_2 c_2 \cos\alpha_2 - r_1 c_1 \cos\alpha_1) \\ &= \frac{Q}{g}(r_2 c_{u2} - r_1 c_{u1}). \end{aligned} \tag{25}$$

Die Leistung der Pumpe wird somit:

$$\begin{aligned} N_P = \frac{M\,\omega_0}{75} &= \frac{Q}{75g}(r_2 \omega_0 c_2 \cos\alpha_2 - r_1 \omega_0 c_1 \cos\alpha_1) \\ &= \frac{Q}{75g}(u_2 c_{u2} - u_1 c_{u1}). \end{aligned} \tag{26}$$

In analoger Weise ergibt sich für die Turbine:

$$M = \frac{Q}{g}(r_2 c_{u2} - r_1 c_{u1}) \quad [\text{Gl. (25)}],$$

$$N_T = \frac{Q}{75g}(\omega r_3 c_3 \cos\alpha_3 - \omega r_4 c_4 \cos\alpha_4) = \frac{Q}{75g}(u_3 c_{u3} - u_4 c_{u4}). \tag{27}$$

In diesen Gleichungen bedeuten:

M_1 Aktionsmoment hervorgerufen von der Flüssigkeitsmasse am Pumpenradeintritt [mkg];
M_2 Reaktionsmoment hervorgerufen von der Flüssigkeitsmasse am Pumpenradaustritt [mkg];
M resultierendes Reaktionsmoment an der Pumpenwelle bzw. resultierendes Aktionsmoment an der Turbinenwelle [mkg];
N_P in die Pumpe eingeleitete Leistung [PS];
N_T von der Turbine abgegebene Leistung [PS].

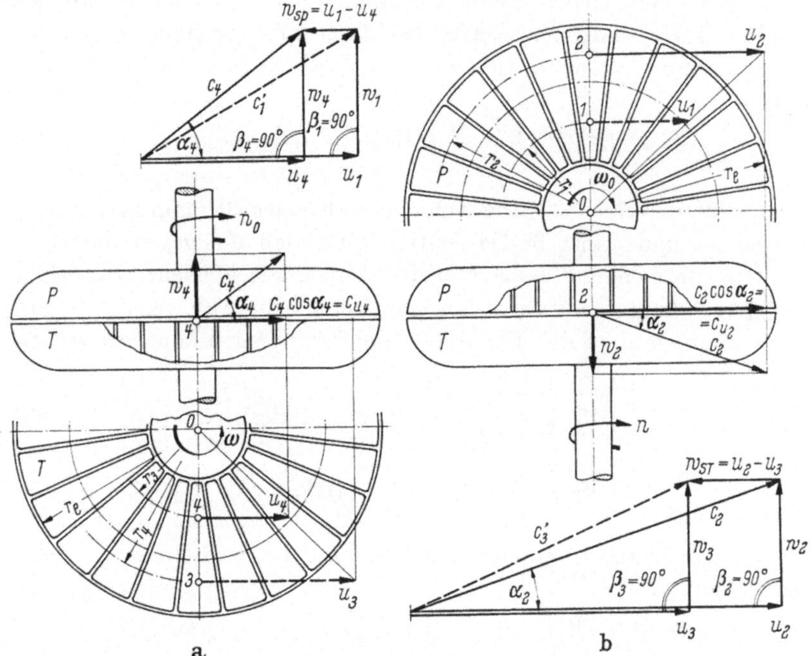

Abb. 14 a u. b. Geschwindigkeitsverhältnisse an einer Strömungskupplung

a) *Am Turbinenrad:* u_3, u_4 Umfangsgeschwindigkeiten an den Ein- und Austrittsstellen der Schaufelkanäle; w_{sP} Stoßkomponente $= u_1 - u_4$; $c_{u4} = c_4 \cos\alpha_4$ Umfangs- (Tangential-) Komponente der Absolutgeschwindigkeit c_4 der Flüssigkeit; w_4 Meridian- (Axial-) Komponente der Absolutgeschwindigkeit c; b) *Am Pumpenrad:* u_1, u_2 Umfangsgeschwindigkeiten an den Ein- und Austrittsstellen der Schaufelkanäle; $w_{sT} = u_2 - u_3$ Stoßkomponente; $c_{u2} = c_2 \cos\alpha_2$ Umfangs- (Tangential-) Komponente der Absolutgeschwindigkeit c_2; w_2 Meridian- (Axial-) Komponente der Absolutgeschwindigkeit c_2; n_0 Pumpendrehzahl; n Turbinendrehzahl

In Abb. 15 sind die Geschwindigkeitsdreiecke für Pumpe und Turbine bezogen auf die Ein- und Austrittspunkte der Schaufelkanäle dargestellt, und zwar für eine Strömungskupplung mit radialen flachen Schaufelwänden nach Abb. 4, für die gilt: $\beta_1 = \beta_2 = \beta_3 = \beta_4 = 90°$.

Aus dieser Abbildung ist vor allem zu erkennen, daß $c_1 = c_4$ und $c_2 = c_3$; d.h., die Absolutgeschwindigkeit der Flüssigkeit am Eintritt in das Pumpenrad ist gleich groß jener am Turbinenradaustritt, und umgekehrt.

Nun muß wegen der radialen flachen Schaufelkanalwände, bei denen sämtliche Winkel $\beta = 90°$ sind, die Größe $c_{u2} = c_2 \cos\alpha_2$ dem Wert der

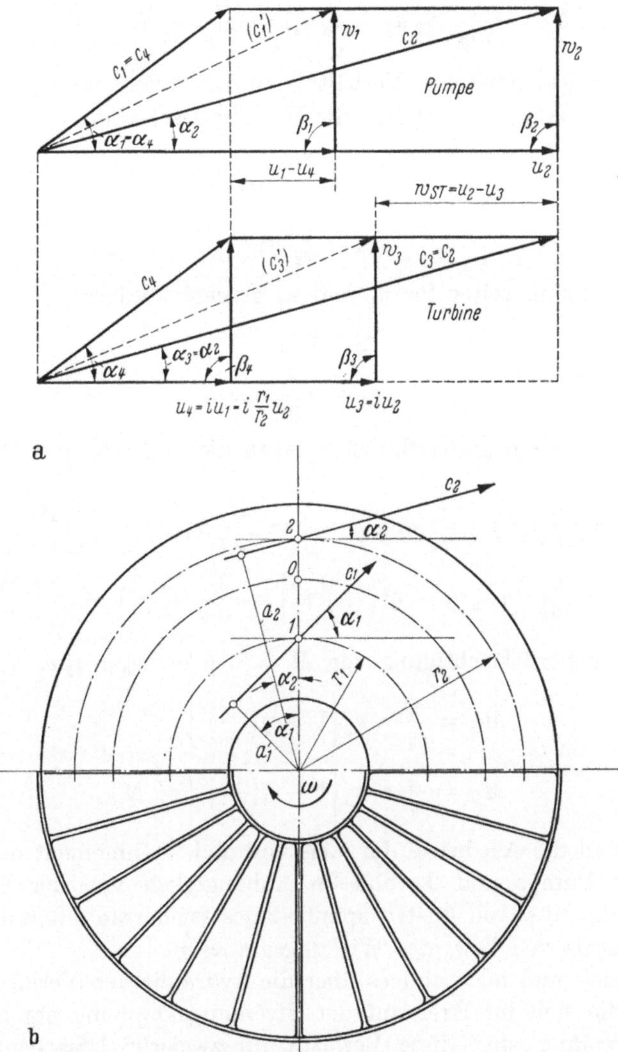

Abb. 15 a u. b. Geschwindigkeitsdreiecke (a) und die zur Drehmomentenberechnung in Frage kommenden Größen (b) bei einer Strömungskupplung
Hier sind der Anschaulichkeit halber die Absolutgeschwindigkeiten c_1 und c_2 um 90° in die Zeichnungsebene umgeklappt, wobei sich die *äquivalenten* Arme $a_1 = r_1 \cos\alpha_1$ und $a_2 = r_2 \cos\alpha_2$ ergeben

tangentialen Umfangsgeschwindigkeit u_2 selbst entsprechen, während in gleicher Weise auch die Größe von c_{u1} dem Wert der tangentialen

Umfangsgeschwindigkeit u_4 entsprechen muß. Die Gln. (26) und (27) können also wie folgt geschrieben werden:

$$N_P = \frac{Q}{75g}(u_2 u_2 - u_1 u_4) = \frac{Q}{75g}(u_2^2 - u_1 u_4), \qquad (28)$$

$$N_T = \frac{Q}{75g}(u_3 u_2 - u_4 u_4) = \frac{Q}{75g}(u_3 u_2 - u_4^2). \qquad (29)$$

Aus den geometrischen Verhältnissen der Strömungskupplung folgt nun, da $r_1 = r_4$ und $r_2 = r_3$, für die Umfangsgeschwindigkeit u_1 und u_4:

$$u_1 = \frac{r_1}{r_2} u_2, \qquad (30)$$

$$u_4 = \frac{r_1}{r_2} u_3. \qquad (31)$$

Da $i \equiv \eta$, kann weiter für u_3 und u_4 gesetzt werden:

$$u_3 = \eta u_2, \qquad (32)$$

$$u_4 = \eta \frac{r_1}{r_2} u_2. \qquad (33)$$

Nach Einsetzen dieser Beziehungen in die Gln. (28) und (29) erhält man:

$$N_P = \frac{Q}{75g}\left[u_2^2 - \frac{r_1}{r_2} u_2 \eta \frac{r_1}{r_2} u_2\right] = \frac{Q}{75g} u_2^2 \left[1 - \eta\left(\frac{r_1}{r_2}\right)^2\right], \qquad (34)$$

$$N_T = \frac{Q}{75g}\left[\eta u_2 u_2 - \eta^2\left(\frac{r_1}{r_2}\right)^2 u_2^2\right] = \frac{Q}{75g} u_2^2 \eta \left[1 - \eta\left(\frac{r_1}{r_2}\right)^2\right] \qquad (35)$$

oder, unter Berücksichtigung von $M = 75 N/\omega$; $\omega_0 = r_2 u_2$; $\omega = \eta\, \omega_0$:

$$M_P = \frac{Q}{g} r_2 u_2 \left[1 - \eta\left(\frac{r_1}{r_2}\right)^2\right],$$

$$M_T = \frac{Q}{g} r_2 u_2 \left[1 - \eta\left(\frac{r_1}{r_2}\right)^2\right] = M_P. \qquad (36)$$

Dies sind die Ausdrücke für Leistung und Drehmoment der beiden Laufräder Pumpe und Turbine in Abhängigkeit von der Umfangsgeschwindigkeit u_2 am Austrittspunkt *2* des Primärrades und des Drehzahlverhältnisses i bzw. des Wirkungsgrades η.

Zunächst muß noch einiges über die hydraulischen Verluste gesagt werden, die sich im Kreislauf der Strömungskupplung ergeben. Wie bereits erwähnt, sind diese Verluste auf zweierlei Ursachen zurückzuführen: auf innere (Flüssigkeits-) Reibung und auf Stoßwirkung. Es sollen zunächst die durch die Reibung verursachten Verluste betrachtet werden.

b) Verluste infolge innerer Flüssigkeitsreibung. Die Beziehung, die für diese Zwecke am geeignetsten erscheint, um die Verluste aus der inneren Flüssigkeitsreibung zu erfassen, ist die folgende:

$$N_\varrho = \frac{Q h_\varrho}{75} = \frac{Q}{75} \lambda^* \frac{w^2}{2g} = \frac{Q}{75g} \frac{\lambda^*}{2} w^2 . \tag{37}$$

In dieser Form läßt sich die Schlußformel zweckmäßig vereinfachen.

Dem Wert λ^* in obiger Formel kommt die Bedeutung eines *Koeffizienten der Flüssigkeitsreibung* zu. Er ist dimensionslos. In diesem Koeffizienten soll auch der Verlustanteil eingeschlossen sein, der sich infolge endlicher Schaufelzahl ergibt, d. h. infolge des Umstands, daß durch nicht unendlich dicht nebeneinanderstehenden Schaufeln mit nicht unendlich dünnen Wänden die Stromfäden nicht genau parallel zu diesen und zu sich selbst geführt werden und deshalb am Ein- und Austritt aus den Schaufelkanälen Richtungen aufweisen, die nicht genau mit den konstruktiv gegebenen geometrischen Winkeln der Schaufelenden übereinstimmen.

Die Flüssigkeitsreibungsverluste können proportional zum Quadrat der mittleren Relativgeschwindigkeit der Flüssigkeit in den Schaufelkanälen angenommen werden, wobei als mittlere Relativgeschwindigkeit die Geschwindigkeit $w = w_2$ am Austritt aus dem Pumpenradkanal im Punkt *2* gelten soll.

Um dem Koeffizienten λ^* einen ihm angepaßten Wert zu erteilen, kann man von dem Begriff eines „*Wirkungsgrades* η_ϱ" ausgehen nach folgender Definition:

$$\eta_\varrho = \frac{N_P^* - N_\varrho}{N_P^*} = \left(1 - \frac{N_\varrho}{N_P^*}\right) \cong 0{,}94 , \tag{38}$$

wobei bedeutet:

N_P^* Nennleistung bei der Nenndrehzahl n_0^* und Nennschlupf e^* (bzw. Nennverhältnis $i^* = \eta^*$) der Strömungskupplung.

Aus obenstehender Beziehung läßt sich dann nach Substitution von N_P^* und N_ϱ durch die Gln. (34) und (37) λ^* ausrechnen zu:

$$\lambda^* = (1 - \eta_\varrho) \left(\frac{u_2^*}{w}\right)^2 2 \left[1 - \eta^* \left(\frac{r_1}{r_2}\right)^2\right] . \tag{39}$$

Der Wert u_2^*/w wird später berechnet.

c) Verluste infolge Eintrittsstoßes. Der durch Stoß bedingte theoretische Verlust entspricht einem Energieverlust, der sich ergibt, wenn ein Flüssigkeitsstrom seine Geschwindigkeit in Richtung oder Größe oder in Richtung und Größe gleichzeitig infolge eines ohne stetigen Übergang sich einstellenden Hindernisses ändert. Ein derartiges Hindernis braucht durchaus nicht eine materielle Wand zu sein. Ein unstetiger Querschnittsübergang kann ebenfalls infolge der sich einstellenden energieverzehrenden Wirbel als ein solches „Hindernis" angesehen werden. Die durch Stoß „vernichtete" Energie kann mechanisch nicht wiedergewonnen werden, da sie in Wärme umgesetzt wird und sich in einer Erwärmung des Flüssigkeitsinhalts sowie der übrigen metallischen Massen der Strömungskupplung selbst äußert.

Im folgenden muß unter „Stoß" die plötzliche Richtungsänderung des Flüssigkeitsstroms beim Übergang von einem Laufrad zum andern, d. h. beim Eintritt in die bezüglichen Schaufelradkanäle, verstanden werden.

Ein Stoß im wirklichen Sinne des Wortes kann nun praktisch wohl nicht vollkommen verwirklicht werden, da aus bereits gesagten Gründen nicht unendlicher Schaufelzahl und der dadurch bedingten nicht vollkommenen Führung des Flüssigkeitsstroms innerhalb der Kanäle die Stromfäden nicht genau parallel zu sich selbst und zu den Schaufelwänden verlaufen und folglich in der Übergangszone zwischen den beiden Schaufelrädern stetig verlaufende Stromfadenkurven zustande kommen, die scharfe Knicke unbedingt ausschließen.

Gegenüber der theoretischen, geometrisch bestimmten (also scharfe Knicke der Stromfäden voraussetzende) Stoßgeschwindigkeit muß demnach der effektive Stoßverlust kleiner sein. Diesem Umstand trägt man dadurch Rechnung, daß man einen „Stoßfaktor $\varkappa$" einführt, mit dem der theoretische Stoßwert multipliziert werden muß, um den wirklichen praktischen Wert des effektiven Stoßverlustes zu erhalten. Dieser Stoßfaktor $\varkappa$ wird gewöhnlich < 1 sein und in vielen Fällen den Wert $\sim 0{,}5 \div 0{,}7$, im Mittel $\sim 0{,}6$ erreichen.

Mit Hilfe des Impulssatzes läßt sich leicht die Formel für die Errechnung des Verlustes an Druckhöhe ableiten, die sich in einem Stromkreis einstellt, in dem sich ein solcher „Stoß" verwirklicht. Diese Verlusthöhe ergibt sich aus nachstehender Beziehung:

$$h_s = \frac{(\bar{v}_2 - \bar{v}_1)^2}{2g} = \frac{w_s^2}{2g}. \tag{40}$$

Dabei bedeuten:

h_s durch die Stoßkomponente verursachte Verlusthöhe $\left[\mathrm{m} = \frac{\mathrm{mkg}}{\mathrm{kg}}\right]$;

$w_s = \bar{v}_2 - \bar{v}_1$ geometrische Differenz der entsprechenden Geschwindigkeitsvektoren [m/sek] = Stoßgeschwindigkeit.

Es werden an Stelle von w_s die in diesem Falle in Frage kommenden Stoßgeschwindigkeiten eingeführt (s. Abb. 14 u. 15):

$w_{sP} = u_1 - u_4 =$ Stoßgeschwindigkeit am Pumpeneintritt [Diagramm Abb. 14a];

$w_{sT} = u_2 - u_3 =$ Stoßgeschwindigkeit am Turbineneintritt [Diagramm Abb. 14b].

Setzt man außerdem darin die entsprechenden Substitutionen nach den Gln. (30), (31), (32) und (33), so erhält man für die Summe der theoretisch durch Stoßwirkung beim Übergang der Flüssigkeit vom Punkt *2* zum Punkt *3* und vom Punkt *4* zum Punkt *1* verlorenen Leistungen:

$$N_{s_{\text{theor}}} = \frac{Q}{75}\left[\frac{\left(\frac{r_1}{r_2}u_2 - \eta\frac{r_1}{r_2}u_2\right)^2}{2g} + \frac{(u_2 - \eta u_2)^2}{2g}\right] = \frac{Q}{75}h_s = \frac{Q}{75}\frac{w_s^2}{2g} \quad (41)$$

oder, bei Berücksichtigung des obengenannten Stoßfaktors x, den effektiven Leistungsverlust durch Stoß:

$$N_s = \frac{Q}{75g}u_2^2\frac{1}{2}\left[\left(\frac{r_1}{r_2}\right)^2(1-\eta)^2\varkappa_1 + (1-\eta)^2\varkappa_3\right]$$
$$= \frac{Q}{75g}\frac{u_2^2}{2}(1-\eta)^2\left[\varkappa_3 + \varkappa_1\left(\frac{r_1}{r_2}\right)^2\right], \quad (42)$$

wobei:

$\varkappa_1$ und $\varkappa_3$ Stoßfaktoren (≤ 1), die zum Ausdruck bringen, daß nicht der gesamte Betrag $w_s^2/2g$ in Wärme umgewandelt wird und somit verlorengeht.

Wie bereits gesagt, können die Werte $\varkappa_1$ und $\varkappa_3$ innerhalb der Grenzen $0{,}5 \div 1$ (in gewissen Fällen auch darüber) liegen und können mit der Veränderung der Stoßgröße w_s selbst veränderlich sein. Das Problem hängt von verschiedenen Verhältnissen ab und ist z. Z. noch nicht genügend geklärt. Man wird jedenfalls nicht stark fehlgehen, wenn man von der vereinfachten Annahme ausgeht, daß die beiden Faktoren $\varkappa_1$ und $\varkappa_3$ untereinander gleich sind, konstant bleiben und dem Wert 1 entsprechen. Die Gl. (42) geht unter diesen Voraussetzungen über in:

$$N_s = \frac{Q}{75g}u_2^2\frac{1}{2}(1-\eta)^2\left[1 + \left(\frac{r_1}{r_2}\right)^2\right]. \quad (43)$$

d) Energiebilanz und Kennkurve einer Strömungskupplung. Die Bilanz des Energieflusses durch eine Strömungskupplung ist schematisch

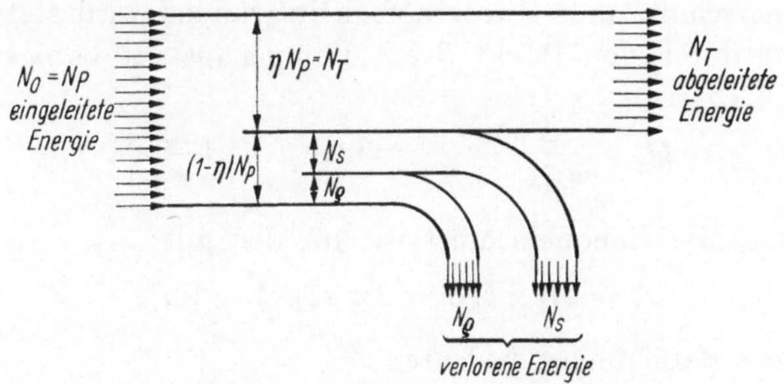

Abb. 16. Energiefluß durch eine Strömungskupplung
$N_0 = N_P$ in die Pumpe eingeleitete Energie; N_T von der Turbine abgenommene Leistung; N_Q durch Flüssigkeitsreibung verlorene Leistung; N_s durch Stoß vernichtete Leistung (beide in Wärme umgesetzt)

in Abb. 16 dargestellt. Links ist der Zustrom der Energie $N_0 = N_P$, die vom Antriebsmotor in das Pumpenrad eingeleitet wird. Rechts wird die Leistung N_T abgenommen, die an der Turbinenwelle zur Verfügung steht. Während des Übergangs durch die Kupplung ist die Leistung $N_\varrho + N_s$ verlorengegangen, welche in Wärme umgesetzt wird. Für die Wärmebilanz kann also nachstehende Gleichung aufgestellt werden:

$$N_P - N_T = N_s + N_\varrho . \tag{44}$$

Durch Division mit N_P umgeformt ergibt:

$$\frac{N_P - N_T}{N_P} = \frac{N_s + N_\varrho}{N_P}$$

oder:

$$\left(1 - \frac{N_T}{N_P}\right) N_P = N_s + N_\varrho .$$

Weil nun $N_T/N_P = \eta$ [s. Gl. (7)], erhält man durch Einsetzen dieser Beziehung:

$$(1 - \eta)\, N_P = N_s + N_\varrho . \tag{45}$$

Die Substitution der Größen N_P, N_ϱ und N_s durch die Gln. (34), (37) und (43) ergibt folgenden Ausdruck:

$$\begin{aligned}(1 - \eta)\frac{Q}{75g}\, u_2^2 \left[1 - \eta\left(\frac{r_1}{r_2}\right)^2\right] = \frac{Q}{75g}\,\frac{u_2^2}{2}\,(1 - \eta)^2 \left[1 + \left(\frac{r_1}{r_2}\right)^2\right] + \\ + \frac{Q}{75g}\,\frac{\lambda^*}{2}\, w^2 ,\end{aligned} \tag{46}$$

aus welchem sich eine Beziehung für die Relativgeschwindigkeit w entnehmen läßt. Sie ist:

$$w = u_2 \left\{\frac{2(1 - \eta)\left[1 - \eta\left(\frac{r_1}{r_2}\right)^2\right] - (1 - \eta)^2\left[1 + \left(\frac{r_1}{r_2}\right)^2\right]}{\lambda^*}\right\}^{\frac{1}{2}} . \tag{47}$$

Die Umlaufmenge Q des Kreislaufs, die gleich sein muß dem Produkt Geschwindigkeit w mal Durchgangsquerschnitt A in jedem beliebigen Meridianquerschnitt (aus Zweckmäßigkeitsgründen wird stets auf den Querschnitt durch den Punkt *2* am Pumpenaustritt bezogen), ergibt sich aus Gl. (34):

$$Q = \frac{N_P\, 75g}{u_2^2\,[1 - \eta\, \xi_r^2]} = w\, A\, \gamma \qquad \left[\frac{\text{kg}}{\text{sek}}\right], \tag{48}$$

worin A der Meridianquerschnitt ist, für den gilt:

$$A = 2 r_2 \pi\, b_2\, \sigma = 2\pi\, \sigma\, \zeta_b\, r_2^2 \qquad [\text{m}] . \tag{49}$$

In diesen Beziehungen bedeuten:

$\zeta_b = \dfrac{b_2}{r_2}$ Verhältnis zwischen Kanalbreite am Pumpenaustritt und Radius r_2;

$\xi_r = \dfrac{r_1}{r_2}$ Verhältnis zwischen den beiden mittleren Radien an den Punkten *1* und *2* am Pumpenein- bzw. -austritt;

σ Koeffizient zur Berücksichtigung der Querschnittsminderung infolge endlicher Schaufeldicke;

γ spezifisches Gewicht der Arbeitsflüssigkeit [kg/m³].

Aus Gl. (48) läßt sich noch die mittlere Relativgeschwindigkeit w im Punkt *2* entnehmen. Sie ist:

$$w = \frac{N_P\, 75 g}{A\, \gamma\, u_2^2 [1 - \eta\, \xi_r^2]} \quad \left[\frac{\mathrm{m}}{\mathrm{sek}}\right]. \tag{50}$$

Wenn jetzt daraus das Verhältnis u_2/w gebildet wird, so erhält man die Beziehung:

$$\frac{u_2}{w} = \frac{u_2\, A\, \gamma\, u_2^2 [1 - \eta\, \xi_r^2]}{N_P\, 75 g} = \frac{u_2^3\, A\, \gamma [1 - \eta\, \xi_r^2]}{N_P\, 75 g}, \tag{51}$$

die in Gl. (39) eingesetzt wird, um dann aus ihr den gesuchten Wert λ^* zu errechnen. Dieser ist dann:

$$\lambda^* = (1 - \eta_\varrho)\, 2 [1 - \eta^*\, \xi_r^2]^3 \left[\frac{u_2^{*3}\, A\, \gamma}{N_P^*\, 75 g}\right]^2. \tag{52}$$

Durch Substitution von u_2^* durch die entsprechende Drehzahl n_0^*, Einsetzen der Gl. (49) und nach Zusammenfassen der Konstanten, kommt man zur endgültigen Beziehung für λ^*:

$$\lambda^* = (1 - \eta_\varrho)\, [1 - \eta^*\, \xi_r^2]\, \frac{1{,}85}{10^8} \left[\frac{\sigma\, \zeta_b\, \gamma}{g}\right]^2 \frac{r_2^{10}\, n_0^{*6}}{N_P^{*2}}. \tag{53}$$

Hierbei ist r_2 in m einzusetzen, γ in kg/m³ und g in m/sek².

Aus der Gleichheit, die bestehen muß zwischen den Gln. (47) und (50), errechnet sich die in das Pumpenrad eingeleitete Leistung zu:

$$N_P = \frac{u_2^3 [1 - \eta\, \xi_r^2]\, 2\pi\, \zeta_b\, \sigma\, r_2\, \gamma}{75 g} \left[\frac{2 (1 - \eta)\, [1 - \eta\, \xi_r^2] - (1 - \eta)^2\, (1 + \xi_r^2)}{\lambda^*}\right]^{\frac{1}{2}}, \tag{54}$$

die ebenso der bekannten Beziehung entsprechen muß:

$$N_P = \frac{M\, \omega_0}{75} = \frac{M_0\, n_0}{716{,}2} \quad [\mathrm{PS}]. \tag{55}$$

Durch Gleichsetzen dieser beiden Gleichungen und durch Substitution von u_2 durch n_0 erhält man schließlich eine Beziehung für das von der Strömungskupplung übertragene Drehmoment in Abhängigkeit der Primärdrehzahl, des Drehzahlverhältnisses i (bzw. des Wirkungsgrades η) und der entsprechenden geometrischen Verhältnisse zu:

$$M = M_0 = r_2^5\, n_0^2 \left[\frac{\sigma\, \zeta_b\, \gamma}{14{,}23 \cdot 10^9}\, (1 - \eta\, \xi_r^2) \sqrt{\frac{2 (1 - \eta)\, (1 - \eta\, \xi_r^2) - (1 - \eta)^2\, (1 + \xi_r^2)}{\lambda^*}}\,\right], \tag{56}$$

in der r_2 in cm und γ in kg/dm³ einzusetzen sind, wodurch M die Dimension [cmkg] erhält. Die Gln. (55) und (56) können nun in folgender Form

geschrieben werden:
$$\underline{M_0 = M = \lambda\, n_0^2\, r_e^5,} \tag{57}$$

$$N_0 = \frac{M_0\, n_0}{71620} = \frac{\lambda\, n_0^3\, r_e^5}{71620}; \quad N = \frac{M\, n}{71620} = \eta\, N_0, \tag{58}$$

wobei λ den Wert der eckigen Klammer der Gl. (56) bedeutet:

$$\lambda = 10^{-9} \frac{\sigma\, \zeta_b\, \gamma}{14{,}23} (1 - \eta\, \xi_r^2) \sqrt{\frac{1}{\lambda^*} [2(1 - \eta)(1 - \eta\, \xi_r^2) - (1 - \eta)^2 (1 + \xi_r^2)]} \tag{59}$$

oder, anders geschrieben:

$$\lambda = 10^{-9} \frac{\sigma\, \zeta_b\, \gamma}{14{,}23 \sqrt{\lambda^*}} (1 - \eta\, \xi_r^2) \sqrt{1 - \eta^2}. \tag{60}$$

Für den Fall, daß man die Änderung der Drehzahlverhältnisse mit dem Schlupf $e = (1 - i)\, 100$ ausdrücken wollte, ergibt sich an Stelle der Gl. (60) die Gleichung:

$$\lambda = 10^{-11} \frac{\sigma\, \zeta_b\, \gamma \sqrt{1 - \xi_r^2}}{14{,}23 \sqrt{\lambda^*}} \left[1 - \xi_r^2 \left(1 - \frac{e}{100}\right)\right] \sqrt{e(200 - e)}. \tag{61}$$

Dieser Wert λ, der mit obigen Konstanten die Dimension „kgsek^2/cm^4" besitzt, stellt die grundsätzliche Kenngröße einer Strömungskupplung nach Abb. 2 bzw. 4 dar. Deshalb wird diese von nun an als *Kennwert* schlechthin bezeichnet. Dieser Kennwert ist mit dem Drehzahlverhältnis i (bzw. η oder e) veränderlich und besitzt in der graphischen Darstellung einen parabelförmigen Verlauf. Die entsprechende parabelähnliche Kurve sei ihrerseits als *Kennkurve* einer Strömungskupplung bezeichnet. Eine solche Kennkurve ist in Abb. 17 zu sehen, und zwar Kurve *1* laut Gl. (60) errechnet, Kurve *2* aus einem praktischen Versuch ermittelt. Auf die Abweichungen der beiden Kurven wird später eingegangen (s. S. 65/66).

Wie man beispielsweise aus Gl. (60) ersieht, erscheinen in der Beziehung für λ keine absoluten Größen der Strömungskupplung mehr, sondern nur noch geometrische Verhältnisse. Es folgt daraus, daß der Wert λ für Strömungskupplungen jeder Größe Gültigkeit besitzen muß, unabhängig von deren Abmessungen oder von der Leistung, für die sie bemessen worden sind. Ferner folgt, daß es nur darauf ankommt, daß die geometrischen Verhältnisse zwischen den gleichen Elementen der verschiedenen Kupplungen unverändert bleiben. Mit anderen Worten: Eine gegebene Kennkurve $\lambda - \eta$ gilt für Strömungskupplungen jeder Größe, wenn diese nur der gleichen „*Familie*" angehören, wenn sie also untereinander geometrisch ähnlich sind.

Gl. (57) ist die für eine Strömungskupplung wichtigste Gleichung. Sie ermöglicht die Dimensionierung der Kupplung, wenn nur die entsprechende Kennkurve bekannt ist, aus der man die Kennwerte in Abhängigkeit des Schlupfes entnehmen kann.

Aus dieser Gleichung geht vor allem hervor, daß das von der Kupplung übertragene Drehmoment vom Quadrat der *Antriebs*drehzahl n_0 (nicht von der *Abtriebs*drehzahl n), von der fünften Potenz des Außenradius r_e der Schaufelkammer und von einem Faktor λ, dem *Kennwert* der Kupplung, abhängt, der selbst aber veränderlich mit dem Drehzahlverhältnis i ist.

Gl. (57), nach dem Kennwert λ aufgelöst, erlaubt umgekehrt aber auch die Ausrechnung der Kennkurve $\lambda - \eta$ einer Strömungskupplung vorzunehmen, falls diese Kennkurve noch nicht vorliegen sollte und erst aus den Meßergebnissen der am Prüfstand geprüften Maschine erhalten werden soll. Hierüber wird später noch näher eingegangen.

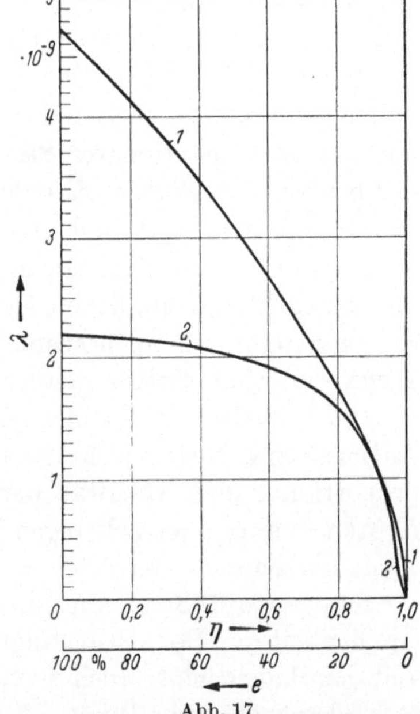

Abb. 17
Kennkurve einer Strömungskupplung
1 theoretische (berechnete) Kurve; *2* praktisch am Prüfstand aufgenommene Kurve. Auf die Unstimmigkeit dieser beiden Kurven wird im Text (S. 45/46) näher eingegangen

In Gl. (57) ist nur der Außenradius r_e der Schaufelkammer enthalten, nicht jedoch der Innenradius r_i und die Breite der Kammer. Dies ist in Anbetracht der Anwendung des Ähnlichkeitsgesetzes durch Benützung des Kennwerts λ vollauf berechtigt und einleuchtend; denn geometrisch ähnliche Strömungskupplungen sind nur durch eine kennzeichnende Länge untereinander verschieden, wobei für diese Länge sofort der Radius r_e als die geeignetste Dimension erscheint.

Die Auswirkung aller sonstigen den Strömungskreis beeinflussenden geometrischen Verhältnisse ist im Kennwert λ zusammengefaßt und durch diesen ausgedrückt.

Natürlich übt die geometrische Form der Schaufelkammer und der Schaufeln selbst einen Einfluß auf die Größe des von der Kupplung übertragenen Drehmoments aus. Wie später noch gezeigt wird, läßt sich die Kennkurve $\lambda - \eta$ durch entsprechende Formgebung derselben weitgehend beeinflussen.

Praktisch bevorzugte, übliche Verhältniswerte in der geometrischen Gestaltung der Schaufelkammer sind folgende (s. Abb. 2).

$$\frac{r_i}{r_e} = 0{,}25 \div 0{,}35\,,$$

$$\frac{C}{r_e} = 0{,}6 \div 0{,}7\,.$$

Die Form selbst der Schaufelkammer kann dabei oval oder einfach kreisförmig sein. Je nach der gewählten Form wird sich der neutrale Punkt *0* (s. Abb. 4) in einem entsprechenden Abstand r_0 von der Drehachse einstellen.

Die Spaltbreite δ_s (s. Abb. 2) soll dabei nicht zu eng, aber auch nicht zu weit sein.

Normalerweise genügen 2 bis 3 mm.

e) Hydraulisches Ähnlichkeitsgesetz bei Strömungskupplungen. Obige Betrachtungen und Ableitungen sind durch das sogenannte hydraulische Ähnlichkeitsgesetz begründet. Nach diesem Gesetz behalten die Stromlinien zweier Flüssigkeitsströme, die zwischen Kanalwänden beliebiger Form geführt sind, ihre ähnliche Form sowohl bei stationärer als auch bei instationärer Strömung bei, wenn nur die Abmessungen der beiden betrachteten Kanäle bis in die kleinsten Details ihre geometrische Ähnlichkeit beibehalten. Dabei müssen die Geschwindigkeiten an entsprechenden Punkten und die Zähigkeit des Arbeitsmediums in den betrachteten ähnlichen Systemen zu einer Hauptabmessung derselben in einem ganz bestimmten Verhältnis stehen, sie müssen dem REYNOLDSschen Gesetz genügen.

Die Verhältnisse der hierbei zur Wirkung gelangenden dynamischen Aktions- bzw. Reaktionskräfte der Flüssigkeitsteilchen sind dann genau proportional dem Quadrat der Strömungsgeschwindigkeiten und der fünften Potenz einer beliebigen Vergleichsdimension der beiden betrachteten Systeme.

Bezogen auf Strömungskupplungen — für die eine vollkommene Ähnlichkeit der Betriebsbedingungen außer der geometrischen Ähnlichkeit der Bauelemente auch noch die Einhaltung des gleichen Schlupfes e bzw. Drehzahlverhältnisses i voraussetzt, d. h. $i_1 = i_2$ und folglich $\lambda_1 = \lambda_2$ — lautet das Gesetz:

$$\frac{M_1}{M_2} = \frac{n_{01}^2\, r_{e1}^5}{n_{02}^2\, r_{e2}^5} = \left(\frac{n_{01}}{n_{02}}\right)^2 \left(\frac{r_{e1}}{r_{e2}}\right)^5. \tag{62}$$

Um auch bei ungleichem Schlupf das Verhältnis der Drehmomente bilden zu können, müssen natürlich die den Schlupfwerten entsprechenden Kennwerte λ mitberücksichtigt werden. Das in diesem Fall allgemeingültige Ähnlichkeitsgesetz lautet dann:

$$\frac{M_1}{M_2} = \frac{\lambda_1\, n_{01}^2\, r_{e1}^5}{\lambda_2\, n_{02}^2\, r_{e2}^5} = \left(\frac{\lambda_1}{\lambda_2}\right) \left(\frac{n_{01}}{n_{02}}\right)^2 \left(\frac{r_{e1}}{r_{e2}}\right)^5. \tag{63}$$

In Wirklichkeit kann jedoch eine vollkommene Ähnlichkeit immer nur angestrebt, niemals aber restlos verwirklicht werden. Um vollkommene Ähnlichkeit zu erreichen, müßten nämlich im gleichen Verhältnis, in dem die einzelnen geometrischen Abmessungen der hydraulischen Bauelemente der betrachteten Kupplungsfamilie variieren, auch die winzigen Rauhigkeiten der mit der Flüssigkeit in Berührung stehenden Schaufel- bzw. Kanalwandoberflächen der Laufräder verändert werden.

Weiter müßte gleichzeitig auch die Viskosität der Flüssigkeit selbst, die in der REYNOLDSschen Zahl implizit erscheint, eine entsprechende Berücksichtigung finden. Als REYNOLDSsche Zahl wird ein Kennwert bezeichnet, der von folgenden Größen gebildet wird: die Strömungsgeschwindigkeit w, einer charakteristischen Längenabmessung l des Kanals, in dem die Flüssigkeit strömt, und der kinematischen Zähigkeit ν der Flüssigkeit. Diese bilden den genannten Kennwert nach folgender Beziehung:

$$R_e = \frac{w\,l}{\nu}. \tag{64}$$

Die REYNOLDSsche Zahl stellt auch eine wichtige Kenngröße dar, die bei der Bestimmung des Widerstands eines in einem Kanalsystem fließenden Mediums von Bedeutung ist. Denn es besteht vollkommene Ähnlichkeit zwischen zwei in Vergleich stehenden Systemen nur dann, wenn, außer der geometrischen Ähnlichkeit, auch der Wert R_e unverändert bleibt.

Da die Viskosität ν als besondere Eigenart der betrachteten Flüssigkeit bei gleichen Vergleichsbedingungen eine konstante Größe darstellt (ν kann sich nur durch die Temperatur ändern), so folgt, daß das Produkt $w\,l$ unverändert bleiben muß, damit R_e konstant bleibt. Da dies aber wegen der unveränderlich angenommenen Größe l nicht zutreffen kann, folgt, daß das mit den Gln. (62) und (63) dargestellte Ähnlichkeitsgesetz, in dem eben die REYNOLDSsche Zahl R_e nicht berücksichtigt ist, nicht absolut richtig sein kann. Praktisch jedoch und innerhalb genügend weiter Grenzen, so wie sie eben im Strömungsmaschinenbau für den Fahrzeugbetrieb in Betracht kommen, können diese Gleichungen ohne weiteres als genügend genau angesehen und unter normalen Voraussetzungen bedenkenlos angewendet werden.

Es versteht sich, daß die geometrische Ähnlichkeit nur bei den hydraulischen Elementen der Strömungsmaschine, d. h. nur bei dem Kreislaufprofil, den Schaufeln und Kanälen der Elemente *Pumpe* und *Turbine* — und nicht bei den übrigen Teilen vorausgesetzt wird, die mit dem Flüssigkeitskreislauf nicht in Berührung stehen.

Die Kennkurve *1* in Abb. 17 wurde mit Hilfe der Gl. (60) für eine Strömungskupplung berechnet, für die ein Füllungsgrad $\phi = 100\%$ angenommen worden ist.

Die Vergleichskurve *2* in derselben Abbildung ist die Kennkurve einer wirklich ausgeführten Strömungskupplung, so wie sie praktisch am Prüfstand aufgenommen worden ist, wobei jedoch der Füllungsgrad $\phi = 92\%$ war.[1]

Wie man sieht, stimmt diese praktische Kurve *2* mit der theoretischen Kurve *1* nur in einem engeren Betriebsbereich überein. Die Abweichungen sind groß im Bereich starken Schlupfes. Dies erklärt sich aus dem Umstande, daß die Stoßfaktoren $\varkappa_1$ und $\varkappa_3$ der Gl. (42), die beide gleich ~ 1 angenommen wurden, sowie der Wert λ^* der Gl. (37) in Wirklichkeit keine konstanten Werte darstellen, sondern selbst mit η veränderlich sind. Weiterhin spielt, wie bereits oben erwähnt, der Umstand eine Rolle, daß der Füllungsgrad der geprüften Strömungskupplung einen anderen Wert aufweist als der der Rechnung zugrunde gelegte Wert von 100%.

Leider können beim heutigen Stand der Kenntnisse über die tatsächlichen hydraulischen Vorgänge in den Strömungsmaschinen die Gesetze nicht mit *genügender Genauigkeit* erfaßt werden, nach denen sich die Werte $\varkappa_1$, $\varkappa_3$ und λ^* in Abhängigkeit des Schlupfes e bzw. der Leistungsübertragung zwischen den Kupplungselementen einstellen. Es ist folglich nicht möglich, eine mathematisch einwandfreie genügend einfache Formulierung dafür aufzustellen. Was hingegen den Einfluß des „*Füllungsgrades* ϕ“ anbelangt, so werden wir in einem späteren Kapitel sehen, ob und wie es möglich ist, denselben zwecks Beeinflussung des Betriebsverhaltens der Strömungskupplung zu verwerten.

Jedenfalls ist es von Nutzen, sich des hier abgeleiteten mathematischen Rüstzeugs zu bedienen, und zwar nicht so sehr im Sinne einer direkten Auswertung zur Berechnung und Auslegung von Strömungskupplungen, als vielmehr um eine umfassende Übersicht über die Zusammenhänge zu erhalten, die zwischen den verschiedenen Größen existieren, welche die Betriebsmerkmale einer Strömungskupplung beeinflussen.

Im praktischen Falle hingegen wird es stets zweckmäßiger sein, sich einer empirischen Methode zu bedienen, die uns zweifellos bequemere und sicherere Lösungsmöglichkeiten bietet.

Solch eine praktische Möglichkeit wird vom bereits besprochenen „*Ähnlichkeitsgesetz*“ abgeleitet, was natürlich die Durchführung eines Versuchs erfordert. Dieser Weg setzt das Vorhandensein eines Ursprungsmodells voraus, das glücklicherweise auch in verkleinertem Maßstab ausgeführt werden kann, wenn es nur in sämtlichen Einzelheiten des hydraulischen Kreislaufs der wirklichen Ausführung vollkommen ähnlich ausgeführt und sonst mechanisch geeignet ist, am Prüfstand ausgeprobt zu werden. Es sei hier natürlich nicht tiefschürfende Forschungsarbeit als solche gemeint, so wie sie an besonderen physikalischen Forschungsstätten möglich sind, weil gewöhnlich in den Versuchs-

---

[1] Bezüglich der Definition des *Füllungsgrads* ϕ s. S. 117ff.

abteilungen der Fabriken die dafür nötigen kostspieligen wissenschaftlichen Einrichtungen, das hierfür benötigte hochspezialisierte Personal und auch die erforderliche Zeit nicht immer zur Verfügung stehen.

Am Prüfstand ist es leicht und einfach, die in Abhängigkeit des Schlupfes übertragenen Drehmomente der zu prüfenden Aggregate zu messen und auf Grund der Meßergebnisse die Kennwerte λ aus Gl. (57) zu errechnen, für die der Ausdruck gelten muß:

$$\lambda = \frac{M}{n_0^2 r_e^5}. \tag{65}$$

Wenn die als Versuchsmaschine ausgeführte und erprobte Prototypströmungskupplung richtige Abmessungen unter vollkommener Wahrung der Ähnlichkeit aufweist und sonst gut durchgebildet ist, um allen Forderungen praktisch-ästhetischer Natur einer ganzen Serie von Größen innerhalb des ins Auge gefaßten Leistungsbereichs zu entsprechen, so wird die von dieser Prototypausführung abgenommene Kennkurve $\lambda - \eta$ zur genauen Vorausberechnung der Betriebseigenschaften jedes nur möglichen Betriebszustands aller zu dieser Serie bzw. *Familie* gehörenden Strömungskupplungen dienen können. Die von der Rechnung in diesem Falle erreichbare Genauigkeit hängt natürlich von der Sorgfalt und Genauigkeit ab, mit der die Kennkurve $\lambda - \eta$ am Prüfstand abgenommen worden ist, und kann Bruchteile von 1% erreichen!

f) Prüfstand zur Ermittlung der Kennkurve einer Strömungskupplung. Wegen der Wichtigkeit, die der Kennkurve $\lambda - \eta$ einer Strömungskupplung bei der Berechnung und Auslegung einer ähnlichen Kupplung anderer Leistung oder für andere Betriebszustände zukommt, erscheint es überflüssig, besonders unterstreichen zu müssen, daß der experimentellen Bestimmung der entsprechenden Meßwerte die größte Sorgfalt zu widmen ist. Aus diesem Grunde kann der hierfür vorgesehene Prüfstand nie gut genug sein. Insbesondere zur Drehzahlmessung der Primär- und Sekundärwelle wird man sich einer Meßeinrichtung bedienen müssen, die so vollkommen wie nur möglich sein muß, da die gewöhnlichen konventionellen Tachometer — auch wenn sehr genau — für die Bestimmung kleiner Drehzahlunterschiede bei kleinen Schlupfwerten nicht mehr ausreichen. Das Drehzahlmeßgerät muß nämlich imstande sein, mit absoluter Genauigkeit Drehzahl bzw. Drehzahlunterschiede zwischen der Primär- und der Sekundärwelle bei Schlupfwerten von unter 3% anzugeben! Dies ist prinzipiell mit Hilfe von zwei Drehzahlmessern (Drehzahlzählwerke) zu erreichen, die vollkommen synchron ein- und abgeschaltet und mittels Stoppuhr abgestoppt werden können. Noch besser ist jedoch die Verwendung einer mit Differentialwerk ausgestatteten Sondereinrichtung, die elektrisch oder sonstwie genau synchron betätigt wird.

Überhaupt ist es zweckmäßig — wenn nicht gar unentbehrlich —, sich eines Prüfstands mit zwei Bremsen zu bedienen, wobei die beiden Bremsaggregate möglichst trennbar miteinander gekuppelt sein müssen, um beliebig, nach Bedarf, einzeln oder zusammen geschaltet werden zu können. Ein solcher Prüfstand ist in Abb. 18 schematisch dargestellt. B_1 ist eine elektrische Präzisionsbremse für relativ kleine Leistungen, die für Messungen bei kleinem und kleinstem Schlupf (unter 3 oder 4%) in Frage kommt. B_2 kann hingegen auch eine normale Wasserwirbelbremse sein (natürlich wird auch hier Genauigkeit und sorgfältige Instandhaltung verlangt), die für relativ größere und größte Leistungen bei starkem Schlupf (über 3 bis 4% bis möglicherweise 100%) in Frage kommt. Um in jedem Fall Schlupfwerte von 100% erreichen zu können,

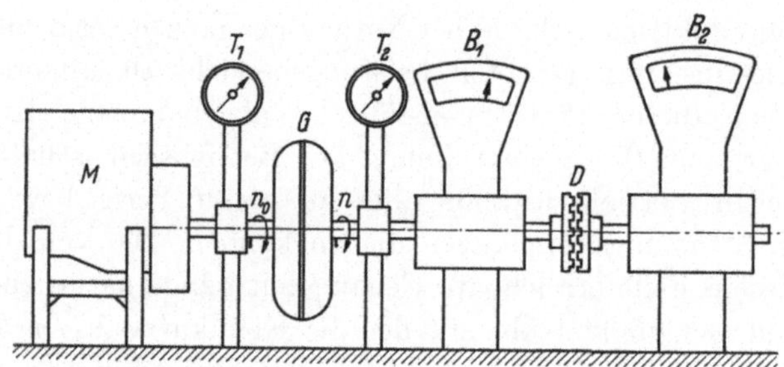

Abb. 18. Prüfstand mit zwei in Tandem schaltbaren Bremsen (grundsätzliche Aufstellung) M Antriebsmotor; G zu prüfende Strömungskupplung; B_1 elektrische Feinbremse; B_2 hydraulische Bremse für maximale Leistung; D Kupplung zum Zu- und Abschalten der hydraulischen Bremse; T_1, T_2 Drehzahlmesser

kann man mit der Drehzahl n_0 (bzw. mit der Leistung N_0) des Antriebsmotors so weit heruntergehen, daß dieser besondere Betriebszustand mit $e = 100\%$ eben erreicht wird. Dieser ausgezeichnete Betriebszustand mit 100% Schlupf, der mit „*Festpunkt*" (englisch: stalling) bezeichnet wird, ist sehr wichtig und daher mitbestimmend für die Eignung einer Strömungskupplung zum Zusammenwirken mit einem bestimmten Motor in einem gegebenen Fahrzeug.

Eine Prinzipskizze zur Drehzahlmessung ist in Abb. 19 dargestellt. In diesem Fall, der eine mechanische Lösung vorsieht, sind, außer den beiden Drehzahlmessern T_1 und T_2, für die direkte Ablesung der Drehzahlen der beiden Kupplungsteile (s. Abb. 18) drei Zählwerke C_1, C_2 und C_3 vorgesehen, von denen die beiden ersten direkt von der Primärwelle und Sekundärwelle der zu prüfenden Strömungskupplung angetrieben werden, während das dritte über ein Differentialgetriebe D betätigt wird. Da sich eine der beiden Wellen a und b dieses Differentialgetriebes in entgegengesetztem Sinne drehen muß (in der Skizze die Welle b), so sind noch zwei gleich große Vorlegeräder c und d vorgesehen, die diese Umkehrung der Drehrichtung im Verhältnis 1 : 1 bewirken. Das Drehzahlzählwerk C_3, das mit einem Untersetzungsverhältnis 1 : 2 vom äußeren Zahnkranz des Differentialgetriebes D angetrieben wird, gibt den Unterschied der Umdrehungszahlen an, die die beiden Zählwerke C_1 und C_2 zählen.

Dieser Unterschied muß natürlich Null sein, wenn Welle b mit der genau gleichen Drehzahl, aber entgegengesetzt wie Welle a umläuft.

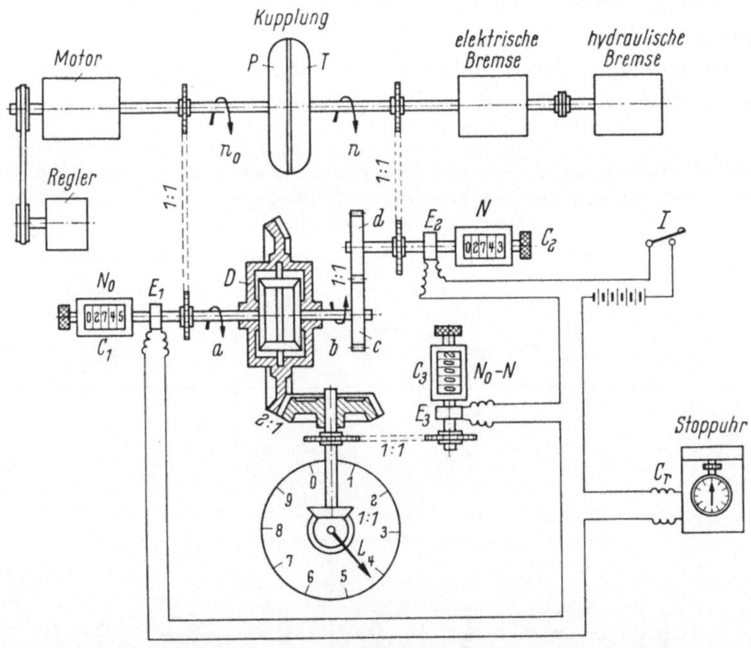

Abb. 19. Schematische Darstellung als Beispiel einer mechanischen Vorrichtung zur genauen Messung kleinster Drehzahlunterschiede zwischen Pumpen- und Turbinenwelle einer Strömungskupplung

C_1 Umdrehungszähler für Pumpenwelle; C_2 Umdrehungszähler für Turbinenwelle; C_3 Differenzzähler N_0-N, wenn N_0 Anzahl der Umdrehungen der Pumpenwelle, N Anzahl der Umdrehungen der Turbinenwelle im gleichen Zeitintervall (an der Stoppuhr C_r gemessen); I elektrischer Schalter zum gleichzeitigen Ein- und Ausschalten der Umdrehungszählwerke; E_1, E_2, E_3 elektrisch betätigte Kupplungen zum Ein- und Abschalten der Zählwerke; D Differentialgetriebe; L Zeiger für die evtl. Anzeige von Bruchteilen einer Umdrehung

Ein Zeiger L, der in gleichem Verhältnis wie das Zählwerk C_3 angetrieben wird, gestattet Bruchteile einer Umdrehung abzulesen, die am Zählwerk direkt natürlich nicht abgelesen werden könnten. Dies könnte bei sehr kleinen Schlupfwerten und bei kleinen Primärdrehzahlen von Interesse sein.

Das Ein- und Ausschalten der Zählwerke C_1, C_2 und C_3 gleichzeitig mit der Stoppuhr C_r während des Betriebs selbst muß vollkommen gleichzeitig erfolgen. In der Skizze ist dies schematisch durch die Elektromagnete E_1, E_2, E_3 angedeutet, die von einem gemeinsamen Druckknopffernschalter I gleichzeitig ein- und ausgeschaltet werden können. Um ein, wenn auch nur kurzes, Weiterlaufen infolge Massenwirkung der Zählwerke zu verhindern, sind Bremseinrichtungen vorgesehen, die den sofortigen Stillstand der Zählwerke bewirken, sobald der Betätigungsdruckknopf freigelassen wird.

Andere Einrichtungen sind natürlich möglich, und insbesondere die moderne Elektronentechnik kann dazu beitragen, geeignete Mittel für die Lösung dieses Problems je nach Fall und besonderen Gesichtspunkten zu liefern.

Die Aufnahme der Kennkurve einer Strömungskupplung erfolgt am zweckmäßigsten nach dem in Tab. 1 wiedergegebenen Schema.

Tabelle 1. *Schema der Meßwerteintragung und -auswertung bei der Abbremsung einer Strömungskupplung bei konstantem Füllungsgrad ϕ und Durchlaufen der gesamten Motordrehmomentkurve*

Spalte	1	2	3	4	5	6	7	8
Position	n_0	$\Delta n = n_0 - n$	$n = n_0 - \Delta n$	$\eta = i = n/n_0$	e %	M [cmkg]	N [PS]	λ $\left[\frac{\text{kgsek}^2}{\text{cm}^4}\right]$
1 2 3 4 .	gegebene Ausgangswerte	gemessen	berechnet	berechnet	berechnet	gemessen	berechnet	nach Gl. (65)

Aus den Meßwerten der beiden ersten Spalten kann ohne weiteres der Wert der dritten Spalte errechnet werden, doch ist es stets zweckmäßiger, alle drei Werte an den Zählwerken C_1, C_2 und C_3 direkt abzulesen und nur zwecks Kontrolle durch Rechnung die Genauigkeit nachzuprüfen.

Auch die Werte der Spalte 6 sind Meßwerte, während jene der anderen Spalten aus den ersteren erst errechnet werden müssen. Die hierbei in Frage kommenden Gleichungen sind folgende:

$\Delta n = n_0 - n$ (Meßwert) [U/min]; (66)

$n = n_0 - \Delta n$ (errechnet und kontrolliert) [U/min]; (67)

$\eta = i = n/n_0$ (errechnet) [Gl. (7)];

$e = (1 - i)\ 100\%$ [Gl. (19)];

$N = Mn/71620$ [PS] (errechnet aus dem Meßwert M und dem errechneten Wert n);

$$\lambda = \frac{M}{n_0^2 r_e^5} \quad \left[\frac{\text{kgsek}^2}{\text{cm}^4}\right] \quad \text{(wobei } M \text{ in cmkg).} \quad [\text{Gl. (65)}].$$

Die Wertpaare $\lambda - \eta$ werden in einem Diagramm auf Millimeterpapier eingetragen und ergeben eine stetige Kurve. Diese wird zwecks bequemeren Ablesens der Kennwerte in zwei, besser in drei Teile unterteilt und in verschiedenen Maßstäben gezeichnet, so daß die eine für das Betriebsfeld kleinster Schlupfwerte, die zweite für das Betriebsfeld kleiner und mittlerer Schlupfwerte, die dritte für das Betriebsfeld größter Schlupfwerte (einschließlich 100%) dienen kann. Letztere kann überhaupt komplett eingezeichnet werden und dient dann als Übersicht über das gesamte Betriebsfeld im Schlupfbereich von 0 bis 100%.

Es ist jedenfalls äußerst wichtig, daß die Kennkurve $\lambda - \eta$ das ganze Betriebsfeld bis herab zum Schlupf $e = 100\%$ erfaßt, weil, wie bereits gesagt, die genaue Kenntnis dieses Betriebszustands, des sog. *Festpunkts* (*stalling*) der Strömungskupplung für deren Verwendungszweck von außerordentlicher Wichtigkeit ist.

Ein solches, in drei Teile zerlegtes Diagramm ist in Abb. 20 wiedergegeben.

Es sei hier besonders darauf hingewiesen, daß die Versuche zur Bestimmung der Meßwerte für Tab. 1 wenigstens zweimal hintereinander wiederholt werden sollen, wobei das erstemal von der Höchstdrehzahl des Motors auszugehen ist und die Abtriebswelle der Strömungskupplung langsam bis zum völligen Stillstand abgebremst werden muß, während das zweitemal von stillstehender Abtriebswelle ausgegangen und diese bis zur Erreichung der Höchstdrehzahl hochgefahren werden soll. Insbesondere innerhalb des Betriebsfeldes kleiner Schlupfwerte wird es weiter zweckmäßig sein, mehrere Punkte zu messen, um durch eine genügend große Anzahl von Zwischenwerten eine große Genauigkeit der Kennkurve zu gewährleisten (s. Abb. 20).

Bei so durchgeführten Messungen werden die Intervalle zwischen den gemessenen Werten von n nicht alle gleich groß ausfallen, doch hat dies keinerlei Bedeutung. Im Gegenteil, eine regellose Verteilung der Meßpunkte wird eine bessere Kontrollmöglichkeit darstellen und als Beweis der Stetigkeit der gesuchten Kennkurve dienen. Zwecks weiterer Garantie und Kontrolle wird es überhaupt vorteilhaft sein, die Meßwerte nicht nur bei Vollast des Motors aufzunehmen, sondern auch bei verschiedenen Teillasten. Der Vergleich der dabei sich ergebenden Kennkurven wird bestätigen, daß infolge des Ähnlichkeitsgesetzes diese alle identisch untereinander sind. Bedingung hierbei ist nur, daß jeder Versuch bei gleichem Füllungsgrad ϕ der Strömungskupplung durchgeführt

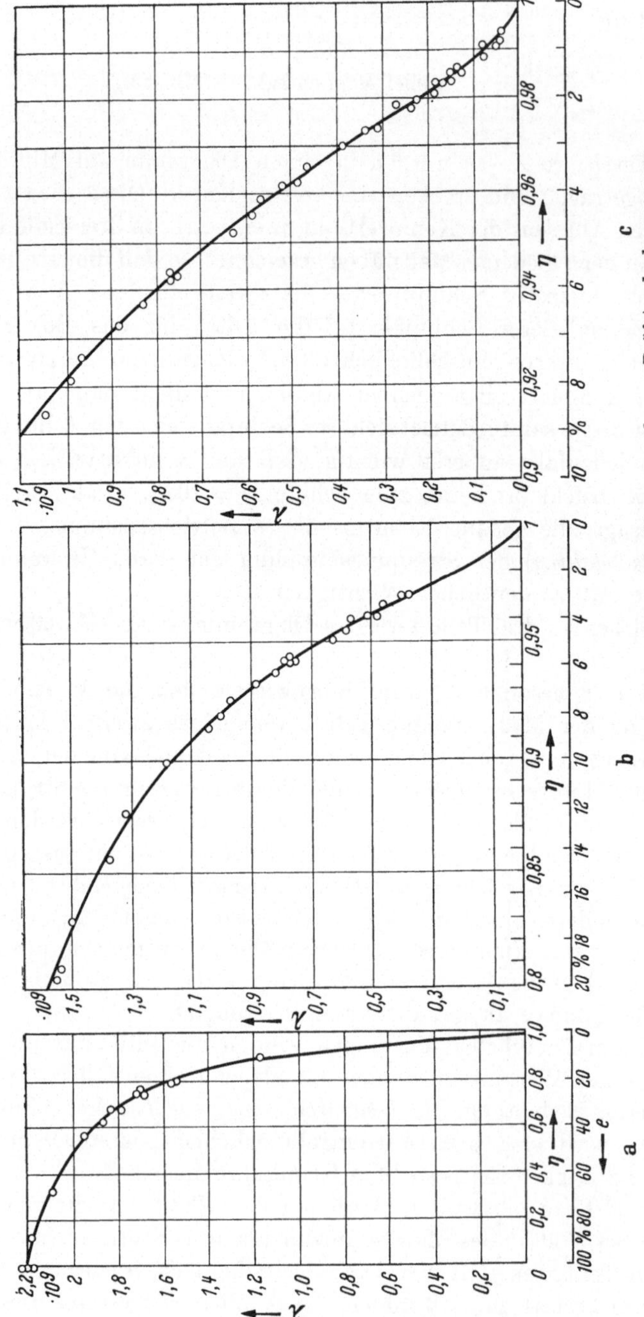

Abb. 20a—c. Beispiel einer Kennlinie einer Strömungskupplung. Die Kurve wurde am Prüfstand abgenommen
a) vollständiger Verlauf; b) Schlupfbereich von 0—20 %; c) Schlupfbereich von 0—10 %
(Als Ordinaten sind die Werte $\lambda \cdot 10^9$ aufgetragen. In manchen Stellen des Buches ist für diesen Wert das Symbol λ' verwendet)

wird und daß hierbei keine zu weitgehende Änderung der REYNOLDSschen Zahl stattfindet.

Beispiele

1. *Gegeben* die Kennkurve $\lambda - \eta$ (Abb. 20).

Gesucht der Durchmesser einer Strömungskupplung, die bei einem Schlupf von $e = 4{,}5\%$ und einer Motordrehzahl von $n_0 = 1800$ U/min ein Drehmoment von $M = 8400$ cmkg überträgt.

Lösung: Einem Schlupf von $e = 4{,}5\%$ entspricht ein Verhältniswert $\eta = \frac{100 - 4{,}5}{100} = 0{,}955$. Aus der Kennkurve $\lambda - \eta$ entnimmt man für $\eta = 0{,}955$ den Kennwert $\lambda = 0{,}61 \cdot 10^{-9}$. Mit diesem wird nach Gl. (57):

$$r_e = \sqrt[5]{\frac{M}{\lambda n_0^2}} = \sqrt[5]{\frac{8400}{0{,}61 \cdot 10^{-9} \cdot 1800^2}} = \sqrt[5]{4250000} = \underline{21{,}15}\,[\mathrm{cm}].$$

2. *Gegeben* die Kennkurve $\lambda - \eta$ (Abb. 20).

Gesucht der Schlupf e %, wenn der Antriebsmotor mit $n_0 = 1600$ U/min umläuft und dabei ein Drehmoment von $M_0 = M = 1250$ cmkg entwickelt. Radius r_e der Strömungskupplung $= 120$ mm.

Lösung: Aus Gl. (57) erhält man für λ:

$$\lambda = \frac{M_0}{r_e^5 n_0^2} = \frac{1250}{12^5 \cdot 1600^2} = \frac{1250}{(1{,}2 \cdot 10)^5 \cdot (1{,}6 \cdot 1000)^2} = \underline{1{,}96 \cdot 10^{-9}} \quad \left[\frac{\mathrm{kgsek}^2}{\mathrm{cm}^4}\right].$$

Diesem Wert $\lambda = 1{,}96 \cdot 10^{-9}$ entspricht nun laut Kurve in Abb. 20 ein η-Wert von 0,55, dem ein Schlupf von $e = 45\%$ entspricht.

g) Betrachtungen und falsche Auslegung des Problems, die zu einem „Paradoxon“ führen. Die Leistungsübertragung mittels strömender Flüssigkeit innerhalb eines geschlossenen Kreislaufs, so wie es bei den Strömungskupplungen und Strömungswandlern der Fall ist, bringt verschiedene Probleme mit sich, deren Lösung nicht immer intuitiv und so augenfällig ist, wie es im ersten Augenblick angenommen werden könnte. Um dem Leser einen tieferen Einblick in die Phänomene zu verschaffen, die in einem solchen Kreislauf zustande kommen, scheint es angebracht, in diesem Kapitel noch einen anderen Weg zur Ableitung der Gleichungen zu beschreiten. Auf diese Weise ist es möglich, das Problem von einem allgemeineren Standpunkt aus zu behandeln und dabei ein gewisses „Paradoxon“ aufzuklären, das sich ergibt, wenn die Lösung von einer unrichtigen Auffassung der Zusammenhänge aus versucht wird. Weiter soll diese Ableitung auch als einführende Betrachtungen für die komplexere Behandlung der Strömungswandler in den nachfolgenden Kapiteln dienen.

Es wird jetzt natürlich von der Voraussetzung ausgegangen, daß die betrachtete Strömungskupplung vollkommen und mit fast idealer Flüssigkeit gefüllt ist. Diese Flüssigkeit besitzt also eine spezifische

Masse γ/g, deren Moleküle aber nicht imstande sind, tangentiale Kräfte (Schubkräfte) zu übertragen. Mit anderen Worten, praktisch ist keine viskose Reibung vorhanden. In diesem Falle ist der Wert λ^* der Gl. (39) bzw. (53) ~ 0, und es kann folglich die durch Flüssigkeitsreibung verlorengegangene Leistung N_ϱ ebenfalls $\equiv 0$ gesetzt werden. Unter diesen Voraussetzungen werden die Winkel der Schaufeln in der Strömungskupplung derart einstellbar angenommen, daß bei einem gegebenen bestimmten Nennwert des Drehzahlverhältnisses $i^* = n^*/n_0$ die Flüssigkeit beim Übergang von einem Laufrad zum anderen keinen „Stoß" erleidet. Letzteres läßt sich einleuchtenderweise nur dann als durchführbar denken, wenn die Neigungen der Schaufeln an den Eintrittspunkten *1* und *3* derart sind, daß sich die ergebenden Winkel genau den Winkeln des Flüssigkeitsstroms, d. h. den Geschwindigkeitsvektoren der relativen Eintrittsgeschwindigkeit, mit der die Strommasse die Schaufeln anströmt, entsprechen. Dieses ist natürlich nur für den theoretischen Fall denkbar, in dem eine unendliche Schaufelzahl und unendlich dünne Schaufeln vorausgesetzt werden und somit eine vollkommene Führung des Flüssigkeitsstroms in der vorgeschriebenen Richtung gesichert ist, welche von der geometrischen Form der Schaufeln bestimmt wird.

Strenggenommen müßten auch die Kanalbreiten b_1 und b_2 im Verhältnis zu den Radien r_1 und r_2 der Laufräder klein sein; jedoch ergibt auch die auf Grund der weiter oben definierten mittleren Radien durchgeführte Vereinfachung in der Berechnung praktisch annehmbare genügend genaue Resultate. Voraussetzung dafür ist, daß es sich um Verhältniswerte handelt, die sich nicht allzustark von den gewöhnlichen Ausführungen der in Frage kommenden Strömungsmaschinen unterscheiden, so daß die genannte Vereinfachung ohne weiteres als für diesen Zweck vollauf genügend angenommen werden kann.

Um also den Durchgang der Flüssigkeit ohne Stoß von einem Schaufelrad zum anderen zu verwirklichen, müssen die Geschwindigkeitsdreiecke in den Punkten *1, 2, 3, 4* der Laufräder vollkommen mit den herrschenden Strömungsverhältnissen übereinstimmen (s. Abb. 21).

Die Austrittswinkel β_2 und β_4 der Pumpen- bzw. Turbinenschaufeln werden der Einfachheit halber untereinander gleich (90°) angenommen, da sie ja an keinerlei Bedingungen gebunden sind. Sind diese Winkel gegeben, so sind auch die Eintrittswinkel der Schaufeln bestimmt. Die Beziehungen, die zwischen diesen Winkeln bestehen, werden im folgenden abgeleitet.

Es wird zweckmäßig angenommen, daß die Komponenten der mittleren Geschwindigkeit w in den Meridianebenen am Laufradaustritt und -eintritt einander gleich seien. Es muß darum die Gleichung gelten:

$$Q_1 = Q_2 = Q = 2 r_2 \pi b_2 \sigma \gamma w = 2 r_1 \pi b_1 \sigma \gamma w, \tag{68}$$

wobei, unter Beachtung des Punktes *3*, sein muß:

$$w = (u_2 - u_3^*)\tan\beta_3 = u_2\left(1 - \frac{u_3^*}{u_2}\right)\tan\beta_3 = u_2(1 - \eta^*)\tan\beta_3 \tag{69}$$

oder, unter Berücksichtigung des Punktes *1*:

$$w = (u_1 - u_4^*)\tan\beta_4 = u_1\left(1 - \frac{u_4^*}{u_1}\right)\tan\beta_1 = \frac{r_1}{r_2}\,u_2(1 - \eta^*)\tan\beta_1; \tag{70}$$

daraus folgt:

$$b_2 r_2 u_2(1 - \eta^*)\tan\beta_3 = b_1 r_1\left(\frac{r_1}{r_2}\right) u_2(1 - \eta^*)\tan\beta_1. \tag{71}$$

Weil nun nach Voraussetzung [aus Gl. (68)] weiter sein muß: $b_2 r_2 = b_1 r_1$,

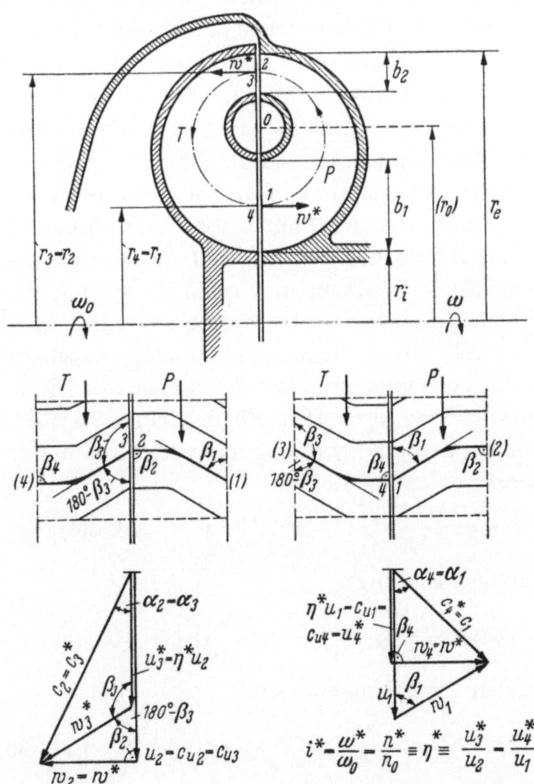

Abb. 21. Strömungsverhältnisse und besondere Schaufelwinkel in einer Strömungskupplung (zur Ableitung des im Text behandelten „Paradoxon")

β_1 Schaufelwinkel am Einlauf des Pumpenrads; $\beta_2 = 90°$ Schaufelwinkel am Auslauf des Pumpenrads; β_3 Schaufelwinkel am Einlauf des Turbinenrads; $\beta_4 = 90°$ Schaufelwinkel am Auslauf des Turbinenrads; $\alpha_1 = \alpha_4$ Winkel zwischen dem Vektor der Absolutgeschwindigkeit c_1 ($= c_4^*$) und dem Vektor der Umfangsgeschwindigkeit $u_1 (u_4)$; $\alpha_2 = \alpha_3$ Winkel zwischen dem Vektor der Absolutgeschwindigkeit c_2 ($= c_3^*$) und dem Vektor der Umfangsgeschwindigkeit $u_2 (u_3^*)$

so ergibt sich aus obiger Gleichung die Bedingungsgleichung für die beiden Winkel β_1 und β_3:

$$\tan\beta_3 = \frac{r_1}{r_2}\tan\beta_1. \tag{72}$$

Für die Liefermenge Q erhält man also, wenn man sich der Gl. (68) bedient und die entsprechende Substitution für w nach Gl. (69) einsetzt:

$$Q = 2\pi\, b_2\,\sigma\,\gamma\, r_2\, u_2(1-\eta^*)\,\frac{r_1}{r_2}\tan\beta_1$$

oder, unter Beachtung der bereits weiter oben bestimmten Beziehung, nach der $b_2 = \zeta_b\, r_2$ ist,

$$Q = 2\pi\,\zeta_b\,\sigma\,\gamma\, r_2^2\left(\frac{r_1}{r_2}\right)\tan\beta_1(1-\eta^*)\,u_2. \tag{73}$$

Diese Gl. (73) gibt unter der gegebenen Voraussetzung, daß die Verluste $\equiv 0$, die theoretische Umlaufmenge in Abhängigkeit des Verhältniswertes η^* und des Winkels β_1 der Schaufeln am Pumpeneintritt an.

Nun muß beachtet werden, daß für $\eta^* = 1$ der Wert $\tan\beta_1 = \infty$ wird und daß folglich das Produkt $\tan\beta_1(1-\eta^*) = \infty, 0$ als solches jeden beliebigen Wert annehmen kann. Für $\eta^* = 1$ wird jedoch die Liefermenge Q gleich Null, weil ja in diesem Falle ($n = n_0$) die Druckhöhe der Turbine gleich der der Pumpe wird und infolge des fehlenden Potentialunterschieds zwischen den beiden Laufrädern keinerlei Umlauf an Flüssigkeit zustande kommen und erhalten werden kann.

Mit Hilfe des Impulssatzes wurde weiter oben die Gleichungen für die in die Primärwelle einer Strömungskupplung eingeleitete und von der Sekundärwelle entnommene Leistung abgeleitet. Sie sei nochmals aufgeschrieben, wobei sie durch Hinzufügung eines Sterns * den hier in Frage kommenden Bedingungen angepaßt wird. Für die Pumpenleistung gilt dann:

$$N_P = \frac{Q}{75g}\,u_2^2\left[1-\eta^*\left(\frac{r_1}{r_2}\right)^2\right] \qquad \text{[Gl. (34)]}$$

und für die Turbinenleistung:

$$N_T = \frac{Q}{75g}\,u_2^2\,\eta^*\left[1-\eta^*\left(\frac{r_1}{r_2}\right)^2\right] \qquad \text{[Gl. (35)]}.$$

Die entsprechenden Drehmomente sind:

$$M_P = M_T = \frac{Q}{g}\,r_2\,u_2\left[1-\eta^*\left(\frac{r_1}{r_2}\right)^2\right] \qquad \text{[Gl. (36)]}.$$

Untereinander ins Verhältnis gesetzt, ergeben diese:

$$\frac{N_T}{N_P} = \frac{Q\,u_2^2\,\eta^*\left[1-\eta^*\left(\frac{r_1}{r_2}\right)^2\right]}{75g\,\frac{Q}{75g}\,u_2^2\left[1-\eta^*\left(\frac{r_1}{r_2}\right)^2\right]} = \eta^*, \tag{74}$$

was dem Wirkungsgrad der Strömungskupplung entspricht, und:

$$\frac{M_T}{M_P} = \frac{Q\, r_2 u_2 \left[1 - \eta^* \left(\frac{r_1}{r_2}\right)^2\right]}{g \frac{Q}{g} r_2 u_2 \left[1 - \eta^* \left(\frac{r_1}{r_2}\right)^2\right]} = 1, \tag{75}$$

das dem Drehmomentenverhältnis zwischen Abtriebs -und Antriebswelle der Strömungskupplung entspricht.

Dies alles ist völlig übereinstimmend mit den in den vorangegangenen Abschnitten angestellten Betrachtungen. Der Stern * am Verhältniswert η gibt an, daß letzterer sich auf das Nennverhältnis im Nennbetriebspunkt bezieht, bei dem gemäß Voraussetzung der Flüssigkeitsübergang von einem Laufrad zum andern ohne Stoß vor sich geht und sich somit verlustlos vollzieht.

Wie jedoch sofort gezeigt wird, hat diese Voraussetzung einen krassen Widerspruch in sich, ein Absurdum, welches das eingangs erwähnte „*Paradoxon*“ darstellt. Dies erscheint im ersten Augenblick ein wenig verblüffend.

Laut Voraussetzung war nämlich jeglicher Verlust ausgeschlossen, sei es infolge von Reibung (durch Anwendung einer fast idealen Flüssigkeit) oder infolge von Stoßwirkung (durch konstruktive Gestaltung der Schaufeln mit Eintrittswinkeln, die genau der Anströmrichtung der Flüssigkeit entsprechen). Da also $\eta = 1$ sein müßte, drängt sich somit die Frage auf: wo geht der Energieanteil verloren, der dem Differenzwert $(1 - \eta^*)\, N_p$ entspricht, wenn doch nach Gl. (74) für den Wirkungsgrad gelten muß:

$$N_T/N_P = \eta^* \leqq 1,$$

was unbedingt richtig ist?

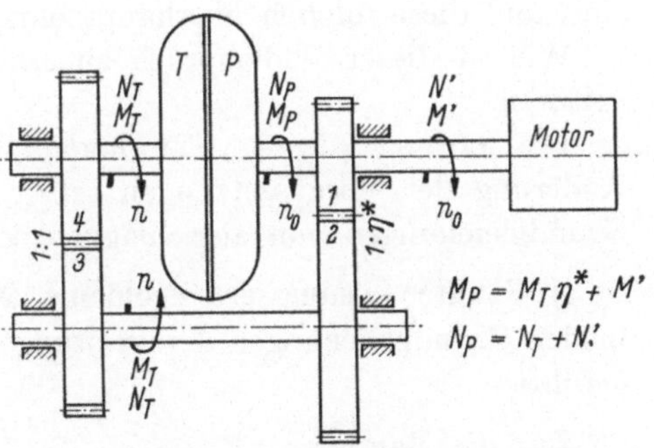

Abb. 22. Schema einer Strömungskupplung deren An- und Abtriebswellen mit Getrieberädern derart verbunden sind, daß bei jeder Motordrehzahl n_0 der Schlupf e konstant bleibt

M' vom Motor geliefertes Zusatzdrehmoment; $M_P = M' + \eta^* M_T$ in die Pumpe eingeleitetes Drehmoment (über das Getriebe und vom Motor herkommend)

h) Modell einer Strömungskupplung für $i =$ const; Verlustleistung. Um diese Situation anschaulich zu gestalten, soll die in Abb. 22 schematisch dargestellte Vorrichtung zu Hilfe genommen werden.

Dort sind die Turbine T und die Pumpe P der Strömungskupplung durch zwei Zahnradpaare *1—2* und *3—4* miteinander verbunden. Das erste weist ein Untersetzungsverhältnis $\eta^* : 1$, das zweite ein solches von $1 : 1$ auf. Die Primärwelle wird von einem Motor M mit der Drehzahl n_0 angetrieben. Es soll nun die Verlustleistung N' berechnet werden, die sich beim Betrieb dieser Vorrichtung einstellt. Weil ja $M_T = M_P$ sein muß [aus Gl. (75) und in Übereinstimmung mit den vorangegangenen Betrachtungen], kann man unter Berücksichtigung der Untersetzungsverhältnisse 1 : 1 und 1 : η^* der Getrieberäder schreiben:

$$M_P = M_T \eta^* + M' = M_T,$$

worin M' das von außen zusätzlich vom Motor M eingeleitete Drehmoment bedeutet. Aus dieser Gleichung ergibt sich, da ja $M_T = M_P$ sein muß:

$$M' = M_T(1 - \eta^*) = M_P(1 - \eta^*). \tag{76}$$

Die entsprechende Verlustleistung N' an der Motorwelle entspricht also dem Wert:

$$N' = \frac{M' \omega}{75} = M_P \frac{\omega_0}{75}(1 - \eta^*)$$

oder, durch Substitution von M_P durch Gl. (36):

$$N' = \frac{Q}{75g} u_2^2 \left[1 - \eta^* \left(\frac{r_1}{r_2}\right)^2\right] (1 - \eta^*) = N_P(1 - \eta^*). \tag{77}$$

Für $\eta^* = 0$, d. h. im Grenzfall, bei dem das Untersetzungsverhältnis der Zahnräder *1*—*2* 0 : 1 wäre, bei dem also die Turbine stillstehen würde, folgt, daß die ganze Leistung N_P, die vom Motor M laut Gl. (34) für $\eta = \eta^* = 0$ eingeleitet wird, verlorengehen muß, während doch laut Voraussetzung in der Strömungskupplung keinerlei Verluste vorhanden sind und diese folglich überhaupt ohne Widerstand leer laufen müßte!

Wie ist dieser Widerspruch zu erklären, wo geht die Leistung N' verloren?

Die Lösung dieses „Paradoxons" erfordert eine grundsätzliche Änderung der Voraussetzungen selbst, welche bei der Ableitung der Grundgleichungen von ausschlaggebender Bedeutung sind.

i) Exakte Lösung des Problems. Nachstehend sind nochmals die beiden Grundgleichungen der Leistungen von Pumpe und Turbine aufgeführt:

Für die Pumpe:

$$N_P = \frac{Q}{75g}(u_2 c_{u2} - u_1 c_{u1}) \qquad \text{[Gl. (26)]}.$$

Für die Turbine:

$$N_T = \frac{Q}{75g}(u_3 c_{u3} - u_4 c_{u4}) \qquad \text{[Gl. (27)]}.$$

In Abb. 23 sind die entsprechenden Geschwindigkeitsdreiecke dargestellt. Da $Q = w A \gamma$ die Liefermenge der Pumpe nach Gl. (48) sein muß, ist diese dem Geschwindigkeitsvektor w der Meridiankomponente des Flüssigkeitsstroms proportional. Für diese Meridiankomponente gilt:

$$w = w_1 \sin\beta_1 = w_3 \sin\beta_3 . \tag{78}$$

Auch hier soll zur Unterscheidung der Betriebszustand am Nennpunkt mit einem Stern * versehen werden. Nach Abb. 23 müssen die Geschwindigkeitskomponenten c_{u1} und c_{u2} unter Beibehaltung der Umfangsgeschwindigkeiten u_1 und u_2 eine Änderung erfahren, wenn auf irgendeine Weise die Umlaufmenge Q variiert wird, da die Schaufelwinkel β_1 und β_2 feste Größen sind. Somit ergibt sich, daß die Leistungen nach den Gln. (26) und (27) und folglich nach den Gln. (34) und (35)

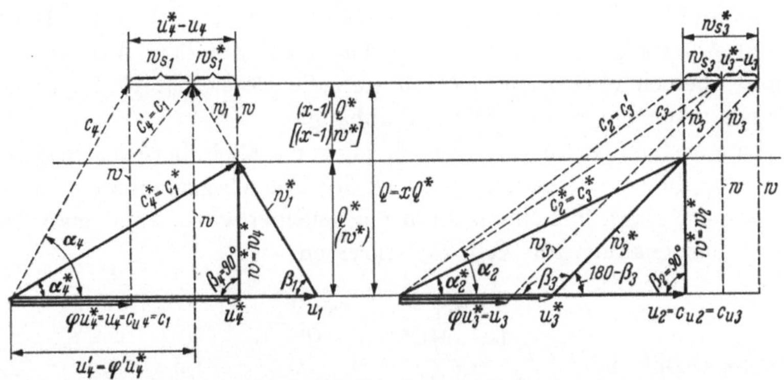

Abb. 23. Geschwindigkeitsdreiecke bezogen auf die Stellen 1—4 und 2—3 unmittelbar vor den Kanälen. Der Stern * bezieht sich auf den Nennbetriebszustand, bei dem der Stromfaktor $x = Q/Q^* = 1$ vorausgesetzt wird; der Strich ′ hingegen bedeutet den Betriebszustand bei beliebigem Stromfaktor $x > 1$, jedoch bei Stromübergang von einem Laufrad zum andern ohne Stoß

sowie das Drehmoment nach Gl. (36) nur Sonderlösungen darstellen für die Fälle $\beta_1^* = \beta_3^* = 90°$, während die Gl. (74) allgemeine Gültigkeit besitzt.

Für den allgemeinen Fall muß also neben der Veränderlichkeit der betreffenden Umfangsgeschwindigkeiten u und des Drehzahlverhältnisses $i \equiv \eta$ auch die Veränderlichkeit der Umlaufmenge Q in Betracht gezogen werden. Deshalb erscheint es notwendig, die Veränderlichkeit einer beliebigen Strommenge Q gegenüber der am *Auslegungspunkt* (Q^*) zu definieren. Es soll gesetzt werden:

$$\frac{Q}{Q^*} = x . \tag{79}$$

Ebenso wird das Verhältnis zwischen der beliebigen Winkelgeschwindigkeit ω des Turbinenrads zu der Winkelgeschwindigkeit ω^* im Nennpunkt, bei der der Flüssigkeitseintritt ohne Stoß erfolgt, wie folgt definiert:

$$\frac{\omega}{\omega^*} = \frac{\omega}{\eta^* \omega_0} = \frac{\eta\,\omega_0}{\eta^* \omega_0} = \frac{\eta}{\eta^*} \equiv \frac{i}{i^*} = \varphi . \tag{80}$$

Die Liefermenge Q^* wurde bewußt auf den „*Auslegungspunkt*" und nicht auf den „*Nennpunkt*" bezogen, weil es nicht sein muß (im Gegenteil, weil es nicht sein *kann*, wie im folgenden bewiesen wird), daß für $x = 1$ auch $\varphi = 1$ wird. Gerade in diesem Umstande liegt die Begründung, daß die im vorigen Abschnitt gebrachte Darstellung des Problems versagte und zum „*Paradoxon*" führte!

Das Auftreten des Stoßes hängt somit nicht nur von der Verhältniszahl $\varphi = \frac{\omega}{\omega^*}$ ab, sondern auch vom Verhältniswert $x = \frac{Q}{Q^*}$. Nur in dem (unmöglichen) Falle, bei dem diese beiden Werte gleichzeitig den Wert 1 annehmen würden, würde die Strömungskupplung am Nennpunkt und am Auslegungspunkt gleichzeitig arbeiten. In der folgenden neuen Ableitung muß deshalb in jedem Falle mit dem Auftreten von „Stoß" gerechnet werden. Es soll nun die Gesetzmäßigkeit gefunden werden, nach der x vom Wert φ abhängt.

Zunächst möge die Veränderlichkeit von x allein berücksichtigt werden. Für die Stoßgeschwindigkeit w_s des Betriebszustands $\varphi = 1$ (der, wie schon gesagt, mit einem Stern * bezeichnet wird), kann man dann, unter Bezugnahme auf Abb. 23, schreiben:

$$\frac{w^*_{s3}}{(x-1)\,Q^*} = \frac{u_2 - u^*_3}{Q^*}.$$

Daraus ergibt sich:

$$w^*_{s3} = u_2(x-1)\,(1-\eta^*). \tag{81}$$

Wenn die Veränderlichkeit von φ noch berücksichtigt wird, dann erhält man für den allgemeingültigen Wert der Stoßgeschwindigkeit w_{s3} im Punkt *3* die Beziehung:

$$w_{s3} = w^*_{s3} - (1-\varphi)\,\eta^*\,u_2 = u_2[x(1-\eta^*) - (1-\varphi\,\eta^*)]. \tag{82}$$

In analoger Weise dazu:

$$w^*_{s1} = \frac{r_1}{r_2}\,u_2(1-\eta^*)\,(x-1) \tag{83}$$

und

$$w_{s1} = u_2\,\frac{r_1}{r_2}\,[x(1-\eta^*)\,(1-\varphi\,\eta^*)] = \left(\frac{r_1}{r_2}\right) w_{s3}. \tag{84}$$

Die allgemeingültigen Größen $w = x\,w^*$ und $Q = x\,Q^*$ in Abb. 23 erhält man durch einfaches Multiplizieren der Gln. (70) und (73) mit dem Wert x und durch Substitution von η durch η^*. Man erhält dann, unter Berücksichtigung der Gl. (48):

$$\begin{aligned} w = x\,w^* = x(1-\eta^*)\,u_2\,\frac{r_1}{r_2}\tan\beta_1 &= \frac{x\,Q^*}{A\,\gamma} = \frac{Q}{A\,\gamma} \\ &= \frac{x\,N^*_P\,75\,g}{A\,\gamma\,u^{*\,2}_2[1-\eta^*\,\xi^2_r]}. \end{aligned} \tag{85}$$

Nun ist zu beachten, daß das von einem Laufrad auf das andere übertragene Drehmoment von den Größen $r_1 c_{u1}$, $r_2 c_{u2}$, $r_3 c_{u3}$ und $r_4 c_{u4}$ abhängt. Diese Größen stellen den „Drall" der Flüssigkeit in den Spalten zwischen den Laufrädern an den betrachteten Punkten dar. Dieser Drall, der die Impulsgröße der Flüssigkeitsmasse bestimmt, wird im Punkt *2* von der Pumpe und im Punkt *1* von der Turbine erzeugt. Weil nun laut Voraussetzung die Schaufelwinkel am Austritt $\beta_2 = \beta_4 = 90°$, leuchtet es ohne weiteres ein, daß die entsprechenden Tangentialkomponenten der Absolutgeschwindigkeiten der Flüssigkeit in den genannten Punkten den Umfangsgeschwindigkeiten der Laufradschaufeln selbst an den betrachteten Stellen entsprechen müssen. Für den Drall in den Spalten zwischen Pumpen- und Turbinenlaufrad gelten folgende Beziehungen:

$$\left.\begin{aligned} r_1 c_{u1} &= r_1 u_1 = \varphi \eta^* \left(\frac{r_1}{r_2}\right)^2 r_2 u_2 \quad &(a)\\ r_2 c_{u2} &= r_2 u_2 \quad &(b)\\ r_3 c_{u3} &= r_2 u_2 \quad &(c)\\ r_4 c_{u4} &= r_1 u_1 = \varphi \eta^* \left(\frac{r_1}{r_2}\right)^2 r_2 u_2 \quad &(d) \end{aligned}\right\} \qquad (86)$$

Weil nun die Änderung des Dralls (infolge der während des Durchgangs durch das entsprechende Laufrad der Flüssigkeit aufgezwungenen Änderungen der Geschwindigkeitsverhältnisse) Ursache des Zustandekommens eines Drehmomentunterschieds an den Rädern ist, so müssen gerade die diesen Dralländerungen entsprechenden Größen in den Gleichungen berücksichtigt und sowohl das übertragene resultierende Drehmoment als auch die entsprechende Leistung sowie die durch Stoß dabei verursachten Verluste in Rechnung gesetzt werden. Es ist weiter auch klar, daß in dieser neuen realistischen Betrachtung bei der Aufstellung der Bedingungsgleichung die durch die Viskosität der Flüssigkeit sich ergebenden Reibungsverluste ebenfalls nicht unberücksichtigt bleiben dürfen.

Es müssen grundsätzlich nachstehende Beziehungen bestehen:

Pumpe:

$$M_P = \frac{Q}{g}(r_2 c_{u2} - r_1 c_{u1}) = \frac{Q}{g} r_2 u_2 \left[1 - \varphi \eta^* \left(\frac{r_1}{r_2}\right)^2\right], \qquad (87)$$

$$N_P = \frac{Q}{75 g} u_2^2 \left[1 - \varphi \eta^* \left(\frac{r_1}{r_2}\right)^2\right]. \qquad (88)$$

Turbine:

$$M_T = \frac{Q}{g}(r_3 c_{u3} - r_4 c_{u4}) = \frac{Q}{g} r_2 u_2 \left[1 - \varphi \eta^* \left(\frac{r_1}{r_2}\right)^2\right], \qquad (89)$$

$$N_T = \frac{Q}{75 g} u_2^2 \varphi \eta^* \left[1 - \varphi \eta^* \left(\frac{r_1}{r_2}\right)^2\right] = \varphi \eta^* N_P. \qquad (90)$$

Es ist zu beachten, daß hier η^* einen konstanten Wert darstellt, während φ allein veränderlich ist. Bei $\eta^* = 1$ liegt der Fall der ebenen radialen Schaufeln des Typs „Sinclair" nach Abb. 4 vor. Für $\eta^* = 1$ entspricht also der Wert N_P nach Gl. (88) dem der Gl. (34) und der Wert N_T nach Gl. (90) jenem der Gl. (35). Miteinander ins Verhältnis gesetzt, ergeben diese natürlich die gleichen Resultate wie die Gln. (74) und (75).

Es wird sich jedoch gleich zeigen, daß der Wert x für $\varphi = 1$ nicht den Wert 1, sondern einen höheren Wert als 1 annimmt. Dies bedeutet, daß der Vorgang in der Strömungskupplung sich nicht mehr nach den Voraussetzungen des in Abb. 21 gezeichneten Diagramms vollziehen kann, und daß folglich eine Strömung ohne Stoß einfach *unmöglich* ist. Somit erklärt sich die Tatsache, daß ein Teil der Leistung (durch Umwandlung in Wärme) verlorengehen *muß*, und daß auf diese Weise die Voraussetzung für das Zustandekommen einer Drehmomentübertragung bei einem Wirkungsgrad von $\eta \equiv i < 1$ erst entsteht.

Die Ausdrücke für die Verlustleistungen nehmen infolgedessen eine andere Form an, und für den Stoßverlust nach den Gln. (82) und (84) muß gelten:

$$N_s = \frac{Q}{75}\left[\varkappa_3 \frac{w_{s3}^2}{2g} + \varkappa_1 \frac{w_{s1}^2}{2g}\right] = \frac{Q}{75g}\,\frac{1}{2}\left[\varkappa_3 + \varkappa_1\left(\frac{r_1}{r_2}\right)^2\right] w_{s3}^2$$

$$\cong \frac{Q}{75g}\,\frac{1}{2}\left[1 + \left(\frac{r_1}{r_2}\right)^2\right] w_{s3}^2 \tag{91}$$

$$= \frac{Q}{75g}\,u_2^2\,\frac{1}{2}\left[1 + \left(\frac{r_1}{r_2}\right)^2\right]\left[x(1-\eta^*) - (1-\varphi\eta^*)\right]^2.$$

Für die im Innern des Arbeitskreislaufs entstehenden Reibungsverluste durch die Viskosität der Flüssigkeit wird folgender Ansatz gemacht. Der Reibungsverlust wird dabei mit N_ϱ bezeichnet.

$$N_\varrho^* = \frac{Q^*}{75g}\,\frac{\lambda^*}{2}\,w^{*2} \qquad \text{[Gl. (37)]}.$$

Der Stern * gibt wiederum den Zustand im Betriebspunkt für $x = 1$ an, da w (linear) von Q abhängt.

Nun kann der Wert N_ϱ^* seinerseits als Anteil $(1 - \eta_\varrho)$ der Gesamtverlustleistung N' im Nennpunkt betrachtet werden, wobei η_ϱ als hydraulischer Wirkungsgrad angesehen werden kann. Mit dieser Voraussetzung läßt sich schreiben:

$$N' = N_P - N_T = N_P - \varphi\eta^* N_P = N_P(1 - \varphi\eta^*) \tag{92}$$

und

$$N_\varrho^* = (1-\eta_\varrho)\,N'_{(x=1)} = (1-\eta_\varrho)\,N_P^*(1-\varphi\eta^*)_{(x=1)}. \tag{93}$$

Für die Verlustleistung durch innere Reibung, wenn $x > 1$, muß dann unter der Berücksichtigung, daß

$$N_\varrho = \frac{Q}{75g}\frac{\lambda^*}{2}w^2 \qquad \text{[Gl. (37)]}$$

und

$$\left.\begin{aligned} Q &= x\,Q^* \quad &(\text{a}) \\ w &= x\,w^* \quad &(\text{b}) \end{aligned}\right\}, \tag{94}$$

die nachstehende Beziehung gelten:

$$N_\varrho = \frac{x\,Q^*}{75g}\frac{\lambda^*}{2}x^2 w^{*2} = \frac{Q^*}{75g}\frac{\lambda^*}{2}w^{*2}x^3 = N_\varrho^* x^3. \tag{95}$$

Wird in diesem Ausdruck N_ϱ^* durch Gl. (93) ersetzt, so erhält man für jeden beliebigen Betriebszustand mit $x > 1$:

$$\begin{aligned} N_\varrho &= N_\varrho^* x^3 = (1-\eta_\varrho)(1-\varphi\eta^*)N_P^* x^3 \\ &= (1-\eta_\varrho)(1-\varphi\eta^*)\frac{Q^*}{75g}u_2^2\left[1-\varphi\eta^*\left(\frac{r_1}{r_2}\right)^2\right]x^3 \end{aligned} \tag{96}$$

und unter Berücksichtigung, daß $Q^* = Q/x$, den endgültigen Ausdruck:

$$\begin{aligned} N_\varrho &= (1-\eta_\varrho)(1-\varphi\eta^*)N_P x^2 = (1-\eta_\varrho)N' x^2 \\ &= (1-\eta_\varrho)\frac{Q}{75g}u_2^2\left[1-\varphi\eta^*\left(\frac{r_1}{r_2}\right)^2\right](1-\varphi\eta^*)x^2. \end{aligned} \tag{97}$$

Hierbei ist die Drehzahl der Pumpe n_0 und folglich $u_2^* = u_2$ stets konstant, da eine Änderung derselben für diese Beweisführung nicht nötig ist und deshalb vorerst unberücksichtigt bleiben kann.

Wenn man im obigen Ausdruck (91) für x und φ den Wert 1 einsetzt, so erhält man für N_s den Wert 0, in völliger Übereinstimmung mit der Tatsache, daß keinerlei Stoß zustande kommen kann, da die Voraussetzungen hierzu im Nennbetriebszustand bei $\varphi = 1$ diese Möglichkeit von vornherein ausschließen.

Für $\eta^* = 1$ hingegen wird Gl. (91) identisch mit Gl. (43), da ja der Bedingung $\eta^* = 1$ flache Radialschaufeln mit Winkeln $\beta_1 = \beta_3 = 90°$ entsprechen.

Es muß nun eine Energiebilanz ähnlich wie in Gl. (44) aufgestellt werden. Doch müssen jetzt an Stelle der Ausdrücke (34), (35), (37) und (43), die ja nur für den Sonderfall der flachen Radialschaufeln mit $\beta_1 = \beta_3 = 90°$ gelten und die fälschlicherweise in der Ableitung verwendet wurden, die zum „Paradoxon" führte, die neuen Ausdrücke dieses Kapitels eingesetzt werden; und zwar muß in der Gl. (44)

$$N_P - N_T = N_s + N_\varrho$$

für N_P Gl. (88), für N_T Gl. (90), für N_S Gl. (91) und für N_ϱ Gl. (97) gesetzt werden. Aus der so zusammengestellten Gleichung erhält man dann, nach Durchführung der erforderlichen Operationen und nach erfolgter Vereinfachung, eine quadratische Gleichung mit den beiden Veränderlichen x und φ:

$$x^2 A - x^2 \varphi B + x^2 \varphi^2 C + x \varphi D - x E + \varphi^2 F - G = 0. \quad (98)$$

In der bedeuten

$$\left.\begin{aligned} A &= m(1-\eta_\varrho) + (1-\eta^*)^2 && \text{(a)}\\ m &= \frac{2}{1+\left(\frac{r_1}{r_2}\right)^2} && \text{(b)}\\ B &= \eta^* 2(1-\eta_\varrho) && \text{(c)}\\ C &= \eta^{*2}(1-\eta_\varrho)(2-m) && \text{(d)}\\ D &= 2\eta^*(1-\eta^*) && \text{(e)}\\ E &= 2(1-\eta^*) && \text{(f)}\\ F &= \eta^{*2}(m-1) && \text{(g)}\\ G &= m-1 && \text{(h)} \end{aligned}\right\} \quad (99)$$

Die quadratische Gl. (98) mit den beiden unbekannten Größen x und φ kann leicht gelöst werden, wenn eine der beiden als konstanter Parameter angesehen wird.

Somit erhält man für x als Funktion von φ:

$$x_{1-2} = \frac{E - \varphi D}{2[A - \varphi B + \varphi^2 C]} \pm$$

$$\pm \sqrt{\left[\frac{E - \varphi D}{2[A - \varphi B + \varphi^2 C]}\right]^2 + \frac{G - \varphi^2 F}{A - \varphi B + \varphi^2 C}} \quad (100)$$

oder

$$x_{1-2} = A^* \pm \sqrt{A^{*2} + B},$$

wobei

$$A^* = \frac{(1-\eta^*)(1-\varphi\eta^*)}{(1-\eta^*)^2 + (1-\eta_\varrho)[m(1-\varphi^2\eta^{*2}) - 2\varphi\eta^*(1-\varphi\eta^*)]}$$

und

$$B^* = \frac{(m-1)(1-\varphi^2\eta^{*2})}{(1-\eta^*)^2 + (1-\eta_\varrho)[m(1-\varphi^2\eta^{*2}) - 2\varphi\eta^*(1-\varphi\eta^*)]}. \quad (101)$$

φ als Funktion von x ergibt sich zu:

$$\varphi_{1-2} = \frac{x^2 B - x D}{2[F + x^2 C]} \pm \sqrt{\left[\frac{x^2 B - x D}{2[F + x^2 C]}\right]^2 + \frac{x E - x^2 A + G}{F + x^2 C}} \quad (102)$$

oder

$$\varphi_{1-2} = C^* \pm \sqrt{C^{*2} + D},$$

wobei

$$C^* = \frac{x^2(1-\eta_\varrho) - x(1-\eta^*)}{\eta^*(m-1) + x^2\eta^*(1-\eta_\varrho)(2-m)}$$

und

$$D^* = \frac{x\,2(1-\eta^*) - x^2[m(1-\eta_\varrho) + (1-\eta^*)^2 + (m-1)]}{\eta^*(m-1) + x^2\eta^{*2}(1-\eta_\varrho)(2-m)}. \quad (103)$$

Wenn in Gl. (100) für φ der Wert 1 eingesetzt wird, was dem Betrieb im Nennpunkt entspricht, so erhält man für x den Wert:

$$x_{(\varphi=1)} = \frac{E-D}{2[A-B+C]} \pm \sqrt{\left[\frac{E-D}{2[A-B+C]}\right]^2 + \frac{G-F}{A-B+C}}$$

oder

$$x_{(\varphi=1)} = \frac{1-\eta^*}{(1-\eta_\varrho)[m-\eta^*(2-m)]+(1-m^*)} \pm$$

$$\pm \sqrt{\left[\frac{1+\eta^*}{(1-\eta_\varrho)[m-\eta^*(2-m)]+(1-\eta^*)}\right]^2 + \frac{(m-1)(1+\eta^*)}{(1-\eta_\varrho)[m-\eta^*(2-m)]+(1-\eta^*)}}. \tag{104}$$

Für den Betrieb am „Festpunkt" (stalling), bei dem φ den Wert 0 besitzt, ergibt sich für x der Wert:

$$x_{(\varphi=0)} = \frac{E}{2A} \pm \sqrt{\left[\frac{E}{2A}\right]^2 + \frac{G}{A}}$$

oder

$$x_{(\varphi=0)} = \frac{1-\eta^*}{(1-\eta^*)^2+m(1-\eta_\varrho)} \pm$$

$$\pm \sqrt{\left[\frac{1-\eta^*}{(1-\eta_\varrho)^2+m(1-\eta_\varrho)}\right]^2 + \frac{m-1}{(1-\eta_\varrho)^2+m(1-\eta_\varrho)}}. \tag{105}$$

Beispiel.

Angenommen: $\eta^* = 0{,}5$: $\eta_\varrho = 0{,}95$; $m = \frac{2}{1+\left(\frac{r_1}{r_2}\right)^2} = \frac{2}{1+0{,}848^2} = 1{,}342$;

$$x_{(\varphi=1)} = \frac{1-0{,}5}{(1-0{,}95)[1{,}342-0{,}5(2-1{,}342)]+(1-0{,}5)} \pm$$

$$\pm \sqrt{\left(\frac{0{,}5}{0{,}5506}\right)^2 + \frac{(1{,}342-1)(1+0{,}5)}{0{,}5506}} = 0{,}907 \pm \sqrt{1{,}755}$$

$$= 0{,}907 + 1{,}323 = \underline{\underline{2{,}23}}.$$

$$x_{(\varphi=0)} = \frac{1-0{,}5}{0{,}25+1{,}342\cdot 0{,}05} \pm \sqrt{\left(\frac{0{,}5}{0{,}3171}\right)^2 + \frac{0{,}342}{0{,}3171}}$$

$$= 1{,}576 \pm \sqrt{3{,}564} = 1{,}576 + 1{,}885 = \underline{\underline{3{,}461}}.$$

Wie aus diesem Beispiel, in dem η^* zu 0,5 angenommen wurde, hervorgeht, ergibt sich im Arbeitskreislauf bei Betrieb im Nennpunkt mit $\varphi = 1$ ein Flüssigkeitsstrom $Q = x\,Q^*$, der 2,23mal größer ist, als es dem Wert $w = w_2 = w_4 =$ der Relativgeschwindigkeit im Geschwindigkeitsdreieck nach Diagramm Abb. 21 entsprechen würde, und der früher fälschlicherweise in der Ableitung stillschweigend als maßgebend angenommen wurde.

Da mit der Umlaufmenge Q in gleichem Verhältnis auch die Relativgeschwindigkeit $w = x\,w^*$ anwächst, so stimmen natürlich die Geschwindigkeitsdreiecke, die doch für den „*Konstruktionspunkt*" ausgelegt waren, nicht mehr überein, und die Schaufelwinkel β_1 und β_3, die dieser irrigen Voraussetzung entsprachen, können daher nicht mehr der Wirklichkeit entsprechen. Die Folgen davon sind Betrieb mit Stoß und den damit verbundenen Verlusten.

Die Situation stellt sich somit völlig anders dar, als sie bei der Aufstellung der früheren Betrachtungen vorausgesetzt wurde und es wurde gezeigt, daß es kein System einer hydrodynamischen Strömungskupplung als solches gibt — auch theoretisch nicht —, welches eine Betriebsweise ohne Annahme von Stoßverlusten ermöglicht.

In einer Strömungskupplung ist somit ein, wenn auch nur theoretisch gedachter Nennbetriebspunkt, bei dem der Betrieb *ohne* Stoß vor sich gehen könnte, *unmöglich.* Wenn jetzt in die Gln. (88) und (90) die zugehörigen effektiven Werte von x und φ nach Gl. (100) oder (102) eingesetzt und das Verhältnis $\eta = N_T/N_P$ gebildet wird, so erhält man wiederum den Verhältniswert $i^* \equiv \eta^*$, der dem vorher erwähnten Wirkungsgrad des Systems entspricht. Es ist nun aber erkannt, daß dabei die Verlustleistung $(1 - \eta^*)\, N_P$ in Wärme umgewandelt wird, da ja in der Leistungsbilanz die durch Reibung und Stoß bewirkten Verluste nunmehr auftreten.

Aus diesem Grund kommt den Begriffen „*Nennleistung*" und „*Nenndrehzahl*" bei den Strömungskupplungen eine etwas besondere, willkürliche Bedeutung zu, da unter diesen Benennungen kein ausgezeichneter Betriebszustand verstanden werden kann, bei dem ein besonders guter Wirkungsgrad oder gar stoßfreier Eintritt vorliegt. Unter Nennleistung und Nenndrehzahl können in diesem Falle nur die von der Konstruktion vorgesehene Betriebsleistung und Betriebsdrehzahl bei vorbestimmtem Schlupf gemeint werden, bei denen die Strömungskupplung ein bestimmtes Drehmoment übertragen muß. Dabei muß natürlich die im System auftretende Wärme anstandslos, möglichst durch einfache Selbstlüftung, abgeführt werden können.

k) Beschreibung des „Paradoxons" mit Hilfe der Analyse des Druckverlaufs im geschlossenen Arbeitskreislauf. Der im vorhergehenden Abschnitt erbrachte Beweis kann auch auf anderem Wege, ohne auf die Geschwindigkeitsdreiecke einzugehen, erbracht werden, und zwar unter Betrachtung der Druckunterschiede, die zwischen den verschiedenen Stellen der beiden Laufräder auftreten. Es ist auch gut, diesen Weg zu verfolgen, weil dadurch der Mechanismus der Leistungsübertragung innerhalb eines geschlossenen Kreislaufs klarer wird und das Verstehen des analogen Arbeitsmechanismus in den Strömungswandlern, die in späteren Kapiteln behandelt werden, erleichtert.

Da nun gilt: $N = Q\,H/75$ (wobei Q = Stromfluß in kg/sek, H = mkg/kg oder m = vom Laufrad je kg Strömungsmenge geleistete oder aufgenommene Arbeit), kann für die Energiebilanz geschrieben werden:

$$N_P = N_T + N_S + N_\varrho \qquad \text{[aus Gl. (44)]}$$

oder, mit den entsprechenden Fördermengen und Förderhöhen ausgedrückt:

$$\frac{Q\,H_P}{75} = \frac{Q\,H_T}{75} + \frac{Q\,H_S}{75} + \frac{Q\,H_\varrho}{75}\,. \tag{106}$$

Daraus folgt:

$$H_P = H_T + H_S + H_\varrho\,. \tag{107}$$

Diese Beziehung durch die Bernoullische Gleichung ausgedrückt, ergibt:

$$\left[\frac{p_2 - p_1}{\gamma} + \frac{c_2^2 - c_1^2}{2g}\right] = \left[\frac{p_3 - p_4}{\gamma} + \frac{c_3^2 - c_4^2}{2g}\right] + H_S + H_\varrho \tag{108}$$

oder, mit $c_3 = c_2$, $c_4 = c_1$ und $\varDelta p = \gamma\,H$

$$(p_2 - p_1) = (p_3 - p_4) + \gamma\,H_S + \gamma\,H_\varrho \tag{109}$$

bzw.

$$\varDelta p_P = \varDelta p_T + \varDelta p_S + \varDelta p_\varrho\,. \tag{110}$$

Das heißt: der von der Pumpe bewirkte Druckunterschied $\varDelta p_P = p_2 - p_1$ muß gleich sein der Summe aus dem von der Turbine verarbeiteten Druckunterschied $\varDelta p_T = p_3 - p_4$ zuzüglich den den Stoß- und Reibungsverlusten entsprechenden Druckunterschieden γH_S und γH_ϱ. Gl. (109) kann dann wie folgt geschrieben werden:

$$(p_2 - p_1) = (p_3 - p_4) + \gamma\,(H_S + H_\varrho) = (p_3 - p_4) + \varDelta p_v\,, \tag{111}$$

wobei $\varDelta p_v$ eben den Druckverlust bedeutet, der sich infolge Stoß und Reibung einstellt.

Wir wenden jetzt wiederum die Bernoullische Gleichung für die Punkte *1*, *2* bzw. *3* und *4* der Laufradkanäle an, wobei die von der Zentrifugalkraft bei der Rotation des Systems herrührende Energie nicht außer acht gelassen werden darf. Diese Gleichungen stellen sich dann wie folgt dar:

$$\frac{\varDelta p_2'}{\gamma} + \frac{w_2^2}{2g} = \frac{\varDelta p_1'}{\gamma} + \frac{w_1^2}{2g}$$

bzw.

$$\left(\frac{p_2}{\gamma} - \frac{u_2^2}{2g}\right) + \frac{w_2^2}{2g} = \left(\frac{p_1}{\gamma} - \frac{u_1^2}{2g}\right) + \frac{w_1^2}{2g}\,, \tag{112}$$

wenn an Stelle von $\varDelta p_2'$ und $\varDelta p_1'$ die in den Klammern gesetzten Werte eingesetzt werden.

Aus der letzteren Gleichung folgt dann:

$$(p_2 - p_1) = \frac{\gamma}{2g}\,(u_2^2 - u_1^2 + w_1^2 - w_2^2)\,. \tag{113}$$

Für die Turbine, in analoger Weise

$$\frac{\varDelta p_3'}{\gamma} + \frac{w_3^2}{2g} = \frac{\varDelta p_4'}{\gamma} + \frac{w_4^2}{2g}$$

bzw.

$$\left(\frac{p_3}{\gamma} - \frac{u_3^2}{2g}\right) + \frac{w_3^2}{2g} = \left(\frac{p_4}{\gamma} - \frac{u_4^2}{2g}\right) + \frac{w_4^2}{2g}. \tag{114}$$

Daraus folgt:

$$(p_3 - p_4) = \frac{\gamma}{2g}(u_3^2 - u_4^2 + w_4^2 - w_3^2). \tag{115}$$

Wenn nun berücksichtigt wird, daß (s. Abb. 23) $w_4^* = w_2^* = w^*$ und daß $w = x\,w^*$ ist (mit $x = Q/Q^*$), so kann, wiederum unter Bezugnahme auf Abb. 23, aus den geometrischen Daten derselben für die Werte w_1^2 und w_3^2 vorerst nachstehende Beziehungen entnommen werden:

$$\begin{aligned} w_1^2 = x^2 w_1^{*2} &= x^2[w^{*2} + (u_1 - u_4^*)^2] \\ &= x^2 w^{*2} + x^2 u_2^2\left(\frac{r_1}{r_2}\right)^2(1-\eta^*)^2, \end{aligned} \tag{116}$$

$$w_3^2 = x^2 w_3^{*2} = x^2[w_3^{*2} + (u_2 - u_3^*)^2] = x^2 w^{*2} + x^2 u_2^2(1-\eta^*)^2. \tag{117}$$

Diese in die Gln. (113) und (115) eingesetzt, ergeben:

$$(p_2 - p_1) = \frac{\gamma}{2g} u_2^2\left\{1 - \left(\frac{r_1}{r_2}\right)[1 - x^2(1-\eta^*)^2]\right\} = \Delta p_P \tag{118}$$

und

$$(p_3 - p_4) = \frac{\gamma}{2g} u_2^2\left\{\eta^{*2}\left[1 - \left(\frac{r_1}{r_2}\right)^2\right] - x^2(1-\eta^*)^2\right\} = \Delta p_T. \tag{119}$$

Nun kann man den Flüssigkeitsdruck in Punkt *2* gleich dem wie in Punkt *3* annehmen und ebenso den Druck in Punkt *1* gleich dem in Punkt *4*, da der zwischen diesen Punkten sich einstellende Druckverlust verschwindend klein gegenüber dem sonstigen gesamten Druckverlust ist. Unter dieser Voraussetzung muß also sein:

$$p_3 \sim p_2,$$
$$p_4 \sim p_1,$$

woraus logischerweise folgt [wie oben, s. Gl. (111)]:

$$(p_2 - p_1) = (p_3 - p_4) + \Delta p_v.$$

Durch Einführen der soeben abgeleiteten entsprechenden Substitutionen erhält man den Ausdruck:

$$\begin{aligned} &\frac{\gamma}{2g} u_2^2\left\{1 - \left(\frac{r_1}{r_2}\right)^2[1 - x^2(1-\eta^*)^2]\right\} \\ &\quad = \frac{\gamma}{2g} u_2^2\left\{\eta^*\left[1 - \left(\frac{r_1}{r_2}\right)^2\right] - x^2(1-\eta^{2*})\right\} + \Delta p_v, \end{aligned} \tag{120}$$

der, nach Δp_v aufgelöst, folgende Beziehung gibt:

$$\begin{aligned} \Delta p_v = \frac{\gamma}{2g} u_2^2\Bigg\{&\left[1 - \left(\frac{r_1}{r_2}\right)^2\right](1-\eta^{*2}) + \\ &+ x^2(1-\eta^*)^2\left[1 + \left(\frac{r_1}{r_2}\right)^2\right]\Bigg\}, \end{aligned} \tag{121}$$

die die Größe des Druckverlustes in Abhängigkeit des Strommengenfaktors x darstellt.

Bei der irrigen Ableitung, die zum behandelten „Paradoxon“ geführt hatte, wurde von der Annahme ausgegangen, daß Stoß- und Reibungsverluste nicht existieren. Wenn diese Verluste tatsächlich nicht existieren sollten, dann müßte natürlich der entsprechende Druckverlust Δp_v ebenfalls Null sein. Nun soll gezeigt werden, wohin dieser Gedanke führt. Man setzt zu diesem Zweck in Gl. (121) den Wert $\Delta p_v = 0$ ein und rechnet nach, für welchen Wert von x sich dieser Zustand verwirklichen läßt. Es sei also:

$$\Delta p_v = 0 = \frac{\gamma}{2g} u_2^2 \left\{ \left[1 - \left(\frac{r_1}{r_2} \right)^2 \right] (1 - \eta^{*2}) + \right. \\ \left. + x^2 (1 - \eta^*)^2 \left[1 + \left(\frac{r_1}{r_2} \right)^2 \right] \right\}. \qquad (122)$$

Nach x aufgelöst, ergibt sich:

$$x = \sqrt{\frac{-\left[1 - \left(\frac{r_1}{r_2}\right)^2\right](1 - \eta^{*2})}{\left[1 + \left(\frac{r_1}{r_2}\right)^2\right](1 - \eta^*)^2}}. \qquad (123)$$

Man sieht sofort, daß in dieser Wurzel der Radikand immer negativ wird, da $\left(\frac{r_1}{r_2}\right)$ und η^* stets Werte unter 1 sind. Somit kann also ein reeller Wert von x überhaupt nicht existieren. Nur für $\eta^* = 1$, d. h., wenn sich die beiden Druckunterschiede zwischen Pumpe und Turbine ausgleichen, kann diese Bedingung erfüllt sein. In einem solchen Falle kann aber eine Strömung im Kreislauf nicht zustande kommen, da $H_p - H_T = 0$ und folglich keinerlei motorische Kraft im Kreislauf vorhanden ist. Die Strömungskupplung kann also gar keine Leistung übertragen.

Für jeden anderen Wert $\eta^* < 1$ ist ein Betrieb ohne Stoß also nicht denkbar. Die Voraussetzung, nach der die Geschwindigkeitsdreiecke in Abb. 21 gezeichnet worden sind, kann unter keinen Umständen bestehenbleiben, da ein Fluß Q, wenn er nicht x-mal größer ist als derjenige, der den genannten Geschwindigkeitsdreiecken zugrunde gelegt worden war, *nicht* bestehen kann.

Damit ergibt sich bei $\eta^* < 1$ stets ein Druckverlust Δp_v, der über Null sein muß. Dieser kann nur durch einen Fluß mit $x > 1$ bewirkt werden, der unbedingt einen Flüssigkeitsübergang von einem Laufrad zum anderen mit Stoß zur Folge hat. Dabei ist es gleichgültig, welche Eintrittswinkel die Schaufeln auch immer besitzen mögen, da die für $x = 1$ gezeichneten Diagramme bzw. die den Geschwindigkeitsdreiecken zugrunde gelegten Schaufelwinkel β_1 und β_3 infolge unzutreffender Voraussetzungen niemals übereinstimmen können.

Dieser unvermeidliche „Stoß“ „dient“ zusammen mit der ebenfalls immer vorhandenen inneren Reibung der Flüssigkeit dazu, den gezeigten Druckunterschied Δp_v aufzubrauchen. Mit anderen Worten, der effektiv sich einstellende Flüssigkeitsstrom $Q = x\,Q^*$ mit $x > 1$ schafft sich die zum Aufzehren des Druckunterschieds Δp_v benötigten Widerstände (Stoßkomponenten) selbst, wodurch erst die Übertragung eines Drehmoments durch die Strömungskupplung und das Zustandekommen einer entsprechenden Verlustleistung möglich wird.

Nach diesen Betrachtungen kann abschließend gesagt werden, daß eine Strömungskupplung grundsätzlich niemals im „*Auslegungspunkt*“, d. h. ohne Stoß, arbeiten kann, und es folglich auch keinen Sinn hat, gekrümmte Schaufeln mit bestimmten Eintrittswinkeln zu verwenden. Eine solche Maßnahme würde nur eine unnötige Komplikation und Verteuerung der Herstellung bedeuten, ohne dadurch die geringste Verbesserung des „Wirkungsgrads“ erreichen zu können, der in keinem Falle einen höheren Wert erreichen kann, als es dem Drehzahlverhältnis n/n_0 entspricht.

Wenn in Gl. (44) N_P durch Gl. (88), N_T durch Gl. (90), N_S durch Gl. (91) und N_ϱ durch Gl. (37) ersetzt und für η^* der Wert 1 eingesetzt wird (was dem Fall der radialen Schaufeln entspricht), so entsteht durch Wegfall von x die Gl. (46), da φ für $\eta^* = 1$ [nach Gl. (80)] einfach zu η wird. Alles, was früher für die Strömungskupplungen mit flachen Schaufeln abgeleitet wurde, bleibt gültig, da Gl. (46) ein *Sonderfall* des „fast“ allgemeinen Falls darstellt, der Gegenstand dieses Abschnitts gewesen ist. „Fast“, weil die allgemeine Behandlung auch die Berücksichtigung der Winkel β_2 und $\beta_4 \neq 90°$ erfordern würde. Das konnte hier unterlassen werden, weil es im Falle der Strömungskupplungen zwecklos ist. Bei den Strömungswandlern müssen jedoch die Winkel β_2 und $\beta_4 \neq 90°$ berücksichtigt werden, da dort eine vollständige Darstellung des Problems nicht zu umgehen ist.

4. Einfluß des spezifischen Gewichts des Arbeitsmittels

a) Kennwert λ in Abhängigkeit von der Veränderlichkeit von γ und ν; Einfluß auf die Abmessungen der Strömungskupplung. Das von einer Strömungskupplung in den verschiedenen Betriebszuständen übertragbare Drehmoment hängt, wie z. B. aus Gl. (56) hervorgeht, natürlich auch vom spezifischen Gewicht des Arbeitsmittels sowie von seinem viskosen Reibwert λ^* ab. Diese beiden Größen treten ihrerseits im *Kennwert* λ auf, der z. B. durch Gl. (60) ausgedrückt ist.

Zwei Strömungskupplungen gleicher Abmessungen derselben *Familie* müssen folglich im Betrieb bei gleichen Arbeitsbedingungen, d. h. bei gleichem Schlupf e bzw. η und gleicher Antriebsdrehzahl n_0, wenn sie mit Arbeitsmitteln verschiedener physikalischer Eigenschaften gefüllt sind, zwei verschiedene Drehmomente laut nachstehendem Verhältnis übertragen:

$$\frac{M_I}{M_{II}} = \frac{\lambda_I r_e^5 n_0^2}{\lambda_{II} r_e^5 n_0^2} = \frac{\lambda_I}{\lambda_{II}}. \tag{124}$$

Nun können λ_I und λ_{II} nur infolge der unterschiedlichen Stoffmerkmale verschieden sein, d. h. infolge der verschiedenen Werte von γ (spezifisches Gewicht) und von ν (kinematische Zähigkeit). Deshalb kann unter Bezugnahme auf Gl. (60) und unter Voraussetzung eines in beiden Fällen gleichen η abgeleitet werden:

$$\frac{\lambda_I}{\lambda_{II}} = \frac{\gamma_I}{\gamma_{II}} \sqrt{\frac{\lambda_{II}^*}{\lambda_I^*}}. \tag{125}$$

Da die in den Strömungsmaschinen sich einstellende Strömungsart in allen Fällen als turbulent anzunehmen ist, kann man hier zur Berechnung der entsprechenden Reibungswerte in Abhängigkeit von der REYNOLDSschen Zahl die bekannte Formel von BLASIUS zugrunde legen, die lautet:

$$\lambda^* = \frac{0{,}3164}{\sqrt[4]{R_e}} = \frac{0{,}3164}{\sqrt[4]{\frac{du}{\nu}}} = 0{,}3164 \sqrt[4]{\frac{\nu}{du}}. \tag{126}$$

Man sieht daraus, daß in diesem in Betracht kommenden Falle der Reibwert λ^* direkt proportional der vierten Wurzel der kinematischen Zähigkeit ν[1] ist; so eingesetzt in Gl. (125) ergibt:

$$\frac{\lambda_I}{\lambda_{II}} = \frac{\gamma_I}{\gamma_{II}} \sqrt[8]{\frac{\nu_{II}}{\nu_I}} \tag{127}$$

und aus dieser:

$$\lambda_{II} = \lambda_I \frac{\gamma_{II}}{\gamma_I} \sqrt[8]{\frac{\nu_I}{\nu_{II}}} = \lambda_I k_{\lambda^*}. \tag{128}$$

Aus dieser Betrachtung geht hervor, daß die *Kennwerte-Kurve* $\lambda - \eta$ einer gegebenen Familie von Strömungskupplungen für sämtliche Arbeitsmittel ihre Gültigkeit beibehält. Die entsprechenden Ordinatenwerte müssen nur mit dem konstanten Wert k_{λ^*} multipliziert werden, der die physikalischen Eigenschaften der betrachteten neuen Flüssigkeit bezogen auf jene des ursprünglich bei der Erprobung des Prototyps und Abnahme der entsprechenden Kennkurve $\lambda - \eta$ verwendeten Arbeitsmittels berücksichtigt.

---

[1] Die Werte der kinematischen Zähigkeit können aus Tabellen chemisch-physikalischer Handbücher entnommen werden. (Beispiel, bei 20 °C: Wasser: $\nu = 1{,}01 \cdot 10^{-6}$ Centistokes; Mineralöl: $\nu = 28{,}10^{-6}$ Centistokes; Quecksilber: $\nu = 0{,}1142 \cdot 10^{-6}$ Centistokes; usw., Dimension: m^2/sek).

Allgemein kann also unter Bezugnahme auf Gl. (63) geschrieben werden:

$$\frac{M_I}{M_{II}} = \frac{\lambda_I}{\lambda_{II}} \left(\frac{n_{0I}}{n_{0II}}\right)^2 \left(\frac{r_{eI}}{r_{eII}}\right)^5 = \frac{\gamma_I}{\gamma_{II}} \sqrt[8]{\frac{\nu_{II}}{\nu_I}} \left(\frac{n_{0I}}{n_{0II}}\right)^2 \left(\frac{r_{eI}}{r_{eII}}\right)^5. \qquad (129)$$

Daraus geht hervor, daß, wenn $M_I = M_{II}$ und $n_{0_I} = n_{0_{II}}$ sein soll, unter Berücksichtigung von

$$1 = \frac{\gamma_I}{\gamma_{II}} \sqrt[8]{\frac{\nu_{II}}{\nu_I}} \left(\frac{r_{eI}}{r_{eII}}\right)^5 \qquad (130)$$

der Radius $r\,e_{II}$ der neuen mit Arbeitsmittel II gefüllten Kupplung II sein muß:

$$r_{eII} = r^{eI} \sqrt[5]{\frac{\gamma_I}{\gamma_{II}} \sqrt[8]{\frac{\nu_{II}}{\nu_I}}} = r_{eI} \sqrt[5]{\frac{1}{k_{\lambda *}}}\,. \qquad (131)$$

b) Quecksilber als Arbeitsmittel in der Strömungskupplung. Die im vorigen Abschnitt angestellten Betrachtungen wirken sich auf eine mögliche Verkleinerung der Abmessungen der Strömungskupplung aus — wenn z. B. an Stelle von Öl, das eine relativ kleine spezifische Masse besitzt, Quecksilber als Arbeitsmittel mit der etwa 16mal größeren spezifischen Masse verwendet wird. Quecksilber ist jedoch für den Betrieb einer Strömungskupplung in einem normalen Fahrzeug insofern kein empfehlenswertes Arbeitsmittel, als es die folgenden Nachteile besitzt:

1. Schwierigkeiten bei der Schmierung der inneren Lagerteile und der vollständigen Abdichtung des Quecksilberkreislaufs gegen das Schmieröl, da Quecksilber und Öl leicht emulgieren.

2. Gefahr einer Amalgamierung metallischer Nichteisenteile und, bei langer Betriebszeit, einer chemischen Beeinflussung der Aluminiumteile durch das Quecksilber, besonders bei höheren Temperaturen.

3. Unzulässige Erwärmung infolge der niedrigen spezifischen Wärme des Quecksilbers.

4. Vergiftungsgefahr, wenn Quecksilberdämpfe bei höheren Temperaturen und folglich bei höheren Drücken infolge undichter Stellen aus dem Innern der Strömungskupplung entweichen.

5. Ersatzschwierigkeiten im Falle von Leck- oder sonstigen Verlusten.

6. Hoher Preis und begrenzte Verfügbarkeit auf dem Markt im Verhältnis zu den großen Mengen, die erforderlich wären.

7. Gefahr des Erstarrens bei tiefen Temperaturen (—39,9 °C).

c) Wasser als Arbeitsmittel in der Strömungskupplung. Wasser könnte, im Gegensatz zum Quecksilber, ein Arbeitsmittel mit sehr guten

Eigenschaften — mit Ausnahme von zweien grundsätzlicher Art — für den Betrieb einer Strömungskupplung sein, weil es erstens eine größere spezifische Masse als Öl, zweitens eine um ein vielfaches größere spezifische Wärme gegenüber dem Arbeitsmittel Öl besitzt. Die zwei nachteiligen Eigenschaften grundsätzlicher Art sind: sein hoher Erstarrungspunkt (0 °C) und die leichte Verdampfbarkeit (100 °C). Hierzu kommen dann noch die Schwierigkeiten der Schmierung der verschiedenen inneren Teile, so daß seine Verwendung in normalen Strömungskupplungen aus diesen Gründen für den gewöhnlichen Fahrzeugbetrieb ausscheidet.

Nur in Anlagen großer Dimensionen, wie sie z. B. für den Antrieb eines Schienenfahrzeugs od. eines Schiffsgetriebes oder dgl. vorkommen, ist die Verwendung von Wasser als Arbeitsmittel in einer Strömungskupplung denkbar. In einer solchen Großanlage kann das Ein- und Ausschalten der Kupplung durch Auffüllen und Entleeren des Arbeitsmittels verwirklicht werden, wodurch auch die Anwendung einer zusätzlichen Reibungskupplung erspart werden kann. Es findet sich dann auch leichter Raum für den hierzu nötigen Wasserbehälter, der, außer dem exakten Quantum an Arbeitsmittel, auch noch eine genügende Reserve enthalten muß, um Verluste durch Verdampfung und undichte Stellen zu ersetzen. Die erwähnten Nachteile können wie folgt beseitigt werden: Die Einfriergefahr durch Vorwärmen des Wassers oder durch Verwendung desselben als Kühlmittel im Kühlsystem des Motors oder durch Hinzusetzen von Frostschutzmitteln; die Schmierung der inneren Lager und Dichtringe durch zweckmäßige Ausbildung der zentralen inneren Organe bzw. deren Abdichtungselemente. Diese letztere Maßnahme wird erleichtert durch die größeren Abmessungen der Kupplung im Vergleich zu gewöhnlichen Fahrzeugkupplungen kleiner und mittlerer Leistungen.

Die Arbeitsweise der Dichtungen in diesem Falle könnte eventuell auch dadurch erleichtert erscheinen, daß der maximale statische Druck im Innern der Kupplung um die Drehachse infolge der zusätzlichen Kühlung nicht die hohen Werte erreicht, die sich sonst bei normalen mit Öl gefüllten Kupplungen im Betrieb einstellen können. Es handelt sich dabei um den statischen Druck des Gases (Dampfdruck der Flüssigkeit), der infolge der in der Kupplung erreichten mehr oder weniger hohen Temperaturen sich einstellt. Dieser wirkt auch im Hohlraum um die zentrale Achse, während die Arbeitsflüssigkeit selbst infolge der Zentrifugalkraft nach dem äußeren Rande verdrängt wird.

Beispiel. Es soll gezeigt werden, wie sich die Durchmesser von drei Strömungskupplungen verhalten, die mit verschiedenen Flüssigkeiten gefüllt, bei gleicher Drehzahl und gleichem Schlupf die gleiche Leistung bzw. das gleiche Drehmoment übertragen sollen. Für die mit Ölfüllung arbeitende Kupplung wird hierbei die im Beispiel auf S. 53 berechnete Strömungskupplung mit $r_e = 21{,}15$ cm zugrunde gelegt. Die beiden anderen Kupplungen, deren Nenndurchmesser berechnet werden sollen, seien mit Quecksilber bzw. mit Wasser gefüllt.

Die Stoffwerte sind die folgenden:

Öl:	Spezifisches Gewicht	$\gamma_{Öl} = 0{,}856$ kg/dm^3;
	Kinematische Zähigkeit	$\nu_{Öl} = 28 \cdot 10^{-6}$ m^2/sek (bei $t = 20\,°$C);
Quecksilber:	Spezifisches Gewicht	$\gamma_{Hg} = 13{,}6$ kg/dm^3;
	Kinematische Zähigkeit	$\nu_{Hg} = 0{,}1142 \cdot 10^{-6}$ m^2/sek;
Wasser:	Spezifisches Gewicht	$\gamma_{H_2O} = 1$ kg/dm^3;
	Kinematische Zähigkeit	$\nu_{H_2O} = 1{,}01 \cdot 10^{-6}$ m^2/sek.

Für die Quecksilberkupplung muß also, nach Gl. (131), gelten:

$$r_{e_{Hg}} = r_{e_{Öl}} \sqrt[5]{\frac{\gamma_{Öl}}{\gamma_{Hg}} \sqrt[8]{\frac{\nu_{Hg}}{\nu_{Öl}}}} = 21{,}15 \sqrt[5]{\frac{0{,}856}{13{,}6} \sqrt[8]{\frac{0{,}1142 \cdot 10^{-6}}{28 \cdot 10^{-6}}}}$$

$$= 21{,}15 \sqrt[5]{0{,}0629 \cdot 0{,}503} = 21{,}15 \sqrt[5]{0{,}03164} = 21{,}15 \cdot 0{,}501 = \underline{\underline{10{,}6\,\text{cm}}};$$

$$D_e = 2 r_e = \underline{\underline{21{,}2\,\text{cm}}}$$

und für die Wasserkupplung:

$$r_{e_{H_2O}} = 21{,}15 \sqrt[5]{\frac{0{,}856}{1} \sqrt[8]{\frac{1{,}01 \cdot 10^{-6}}{28 \cdot 10^{-6}}}} = 21{,}15 \sqrt[5]{0{,}856 \sqrt[8]{0{,}03605}}$$

$$= 21{,}15 \sqrt[5]{0{,}856 \cdot 0{,}66} = 21{,}15 \cdot 0{,}891 = \underline{\underline{18{,}84\,\text{cm}}};\; D_e = \underline{\underline{37{,}68\,\text{cm}}}.$$

Die Durchmesser (bzw. Halbmesser) der drei Kupplungen verhalten sich also wie: $r_{Öl} : r_{Wasser} : r_{Quecksilber} = 21{,}15 : 18{,}84 : 10{,}6 = 1 : 0{,}89 : 0{,}5$; die entsprechenden Volumina: $1 : 0{,}708 : 0{,}125$; und die entsprechenden Gewichte wie: $1 : 0{,}708\,(1/0{,}856) : 0{,}125\,(13{,}6/0{,}856) = 1 : 0{,}827 : 1{,}985$.

Wie aus diesem Vergleich hervorgeht, würde die mit Wasser gefüllte Kupplung gewichtsmäßig die vorteilhafteste sein, während die mit Quecksilber gefüllte Kupplung wohl die kleinsten Abmessungen besitzt, dagegen aber gewichtsmäßig gegenüber den beiden anderen sehr im Nachteil ist.

5. Axialschübe auf die Laufräder

a) Druckverteilung in einer mit dem Behälter umlaufenden Flüssigkeit. Abb. 24a zeigt den Außenmantel eines ringförmigen Rotationshohlkörpers (Torus), der mit der Winkelgeschwindigkeit ω um die Drehachse *0–0* umläuft. Im Ruhezustand, d. h., wenn die Winkelgeschwindigkeit $\omega = 0$ ist, muß bei Vorhandensein eines statischen Überdrucks p_0 in der Flüssigkeit dieser nach dem Pascalschen Gesetz in der ganzen Flüssigkeitsmasse gleichförmig verteilt sein. Sobald der Hohlkörper jedoch in Drehung kommt und seine Winkelgeschwindigkeit $\omega > 0$ wird, so überlagert sich diesem gleichmäßig verteilten ein zweiter von der Zentrifugalkraft bewirkter Druck p, der aber nicht mehr gleichförmig in der Flüssigkeitsmasse verteilt ist, sondern mit wachsendem Abstand von der Drehachse nach außen hin, wie folgende Ableitung zeigt, ansteigt.

Denkt man sich in der Flüssigkeitsmasse des Umdrehungskörpers einen zylindrischen Ring mit Radius r und einer Dicke dr von der übrigen Masse abgetrennt und betrachtet man von diesem Ring einen Sektor mit der Winkelextension $d\varphi$, so muß die diesem Massenelement entsprechende Zentrifugalkraft dann bei Rotation um die Drehachse 0–0 sein:

$$dC = dm\, r\, \omega^2, \tag{132}$$

wobei dm die Masse des betrachteten Flüssigkeitselements bedeutet, für die gilt:

$$dm = \frac{\gamma}{g}\, r\, d\varphi\, dr\, b. \tag{133}$$

Nun muß beim Druckanstieg vom betrachteten Druckwert p am Radius r zu dem Druckwert $(p + dp)$ am Radius $(r + dr)$ die diesem Druckzuwachs dp entsprechende Kraft gleich der Zentrifugalkraft dC sein, so daß man schreiben kann:

$$dp\, dF = dm\, r\, \omega^2 = dC, \tag{134}$$

worin dF das betrachtete Flächenelement bedeutet, für das wiederum gilt:

$$dF = r\, d\varphi\, b. \tag{135}$$

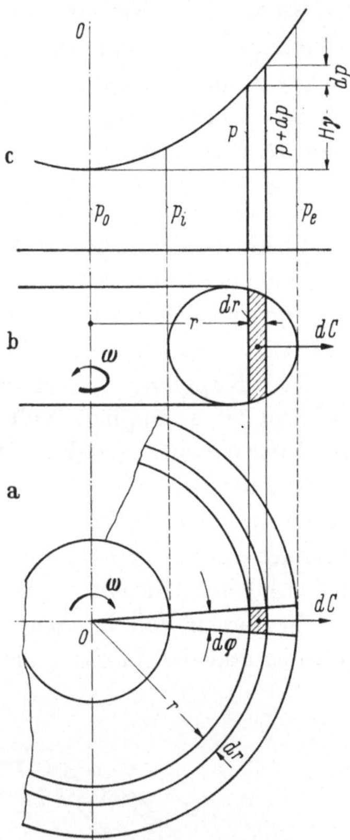

Abb. 24 a—c. Zur Ableitung der Druckverteilung in einer rotierenden statischen Flüssigkeit

a) Grundriß des betrachteten rotierenden Rings (Torus); b) Meridianquerschnitt des Torusrings mit dem in Betracht gezogenen Flüssigkeitselement $b\, dr$; c) Diagramm des Druckverlaufs in Abhängigkeit vom Abstand r zur senkrechten Drehachse O-C

Wenn man jetzt diese Substitution in Gl. (134) einführt, so erhält man für den Druckzuwachs dp in Abhängigkeit vom Radius r den Ausdruck:

$$dp = \frac{dC}{dF} = \frac{\gamma}{g}\, \frac{r\, d\varphi\, dr\, b\, r\, \omega^2}{r\, d\varphi\, b} = \frac{\gamma}{g}\, \omega^2\, r\, dr.$$

Die Integration dieses Ausdrucks ergibt den durch die Zentrifugalkraft im Abstande r von der Drehachse erzeugten Druck p zu:

$$p = \frac{\gamma}{g}\, \omega^2 \int_0^r r\, dr = \frac{\gamma}{2g}\, \omega^2\, r^2 = \frac{u^2}{2g}\, \gamma = H\, \gamma. \tag{136}$$

Die Dimension ist [kg/m²], wenn H in [m]; g in [m/sek²]; r in [m] eingesetzt wird.

Es ist einleuchtend, daß, falls im Innern des Torus ein statischer Überdruck p_0 (vom Flüssigkeitsdampf oder von einer zusätzlichen Speisepumpe herrührend) existiert, der effektive Druck in demselben infolge Überlagerung mit dem von der Zentrifugalkraft herrührenden Druck p gleich der Summe der beiden Drücke sein muß, also $p_0 + p$.

b) Flüssigkeitsdruck und an den Laufrädern der Strömungskupplung angreifende Axialkräfte. Die Verhältnisse bezüglich der Druckverteilung im Innern einer Strömungskupplung sind während des Betriebs etwas komplizierter.

Die Kupplung rotiert mit einer Winkelgeschwindigkeit ω_0, der Schlupf ist anfänglich Null ($\eta = 1$). Weiter wird vorausgesetzt, daß im Innern kein statischer Überdruck vorhanden ist, d. h., daß $p_0 = 0$ ist und der Grad der Füllung derart, daß sich ein zentraler zylindrischer Hohlraum mit Radius r' bilden kann. Die Verteilung des Drucks p in radialer Richtung in Funktion von r muß sodann nach dem durch Gl. (136) ausgedrückten Gesetz erfolgen.

In diesem Fall herrscht sowohl im Innern der Laufräder, also der *Pumpe* und der *Turbine*, als auch außerhalb des Turbinenlaufrads der

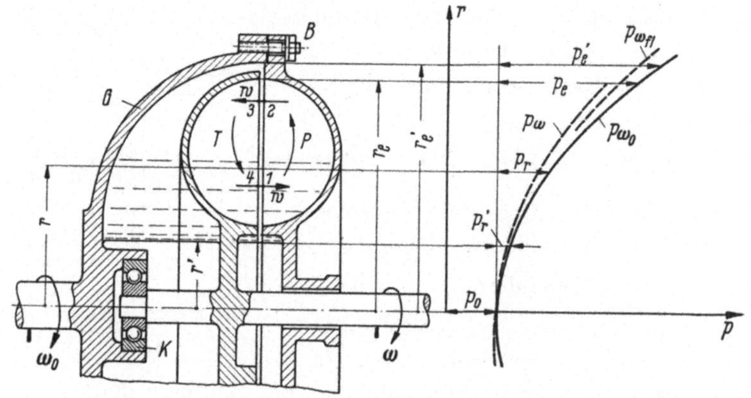

Abb. 25. Druckverlauf in der Flüssigkeit einer Strömungskupplung

Kurve p_{ω_0} Verlauf der statischen Komponente in der Pumpe; Kurve p_ω Verlauf der statischen Komponente in der Turbine; Kurve $p_{\omega_{fl}}$ Verlauf der statischen Komponente in der Flüssigkeit zwischen Turbinenrücken und Kupplungsgehäuse

gleiche Druck. Daraus folgt, daß das Turbinenlaufrad bezüglich der resultierenden Axialkräfte vollkommen ausgeglichen ist (s. Abb. 25). Die Schrauben B hingegen, die den Pumpenkörper am Gehäuse G

festhalten, müssen so bemessen sein, daß sie der gesamten vom Druck p laut seiner Verteilung auf der Stirnfläche $\pi\,(r_e'^2 - r'^2)$ sich ergebenden Kraft mit der gebotenen Sicherheit standhalten.

Das Bild ändert sich aber, und die Verhältnisse werden undurchsichtiger, sobald sich das Turbinenrad mit einer anderen Winkelgeschwindigkeit zu drehen beginnt als das Pumpenrad, d. h., sobald die Kupplung mit einem Schlupf $e > 0$ zu arbeiten beginnt (wenn also $\eta < 1$).

Diese neue Situation kann mit genügender Genauigkeit erfaßt werden, wenn man von der Überlegung ausgeht, daß sich die von verschiedenen Ursachen hervorgerufenen Einzelwirkungen zu einer resultierenden Gesamtwirkung überlagern lassen. Über die hierbei in Frage kommenden Einzelwirkungen kann man sich folgendes Bild machen. Vor allem ist festzustellen, daß die Rotationsgeschwindigkeit der Flüssigkeit zwischen dem Kupplungsgehäuse und der Turbinenrückwand nicht mehr gleich der des Kupplungsgehäuses, sondern kleiner als diese ist, weil die Flüssigkeit infolge der Reibung sowohl vom Pumpengehäuse (mit der Winkelgeschwindigkeit ω_0) als auch von der Turbinenrückwand (mit der Winkelgeschwindigkeit ω) mitgenommen wird. Als resultierende Rotationsgeschwindigkeit stellt sich eine mittlere Geschwindigkeit ω_{fl} ein, die kleiner als ω_0, aber größer als ω ist. Wenn die von der Flüssigkeit benetzten Wandprofile der beiden Teile vollkommene Symmetrie und gleiche Ausdehnung aufweisen würden, müßte die von der dazwischen befindlichen Flüssigkeit angenommene mittlere Winkelgeschwindigkeit offenbar das arithmetische Mittel zwischen den Geschwindigkeiten der beiden Läufer selbst sein. Weil aber normalerweise und in diesem Falle die beiden in Frage kommenden benetzten Flächen weder symmetrisch noch von gleicher Ausdehnung sind, muß die Flüssigkeit eine Rotationsgeschwindigkeit annehmen, die — überall gleiche Wandrauhigkeit vorausgesetzt — sich um so mehr derjenigen der Pumpe nähern wird, je größer bzw. einflußreicher sich die Profilausdehnung der Kupplungsgehäusefläche erweist.

Für die mittlere Rotationsgeschwindigkeit der Flüssigkeit kann man folgenden Ansatz schreiben:

$$\omega_{\text{fl}} \cong \varkappa' \frac{\omega_0 + \omega}{2} = \varkappa' \frac{\omega_0}{2}\left(1 + \frac{\omega}{\omega_0}\right) = \varkappa' \frac{\omega_0}{2}\,(1 + \eta), \qquad (137)$$

wo $\varkappa'$ ein von η abhängiger Korrekturfaktor ist, der zumindest und für $\eta = 1$ den Wert 1 annimmt. Der Fehler dürfte im allgemeinen nicht in Erscheinung treten, wenn in den Rechnungen der Einfachheit halber für diesen Faktor der konstante Wert 1 gesetzt wird.

Was die Druckverhältnisse im Innern des Arbeitskreislaufs anbelangt, muß sich auch hier die hydrostatische Druckverteilung nach dem parabolischen Gesetz nach Gl. (136) vollziehen. Hier ist jedoch zu berücksichtigen, daß die Drücke in der einen Kreislaufhälfte von der Winkelgeschwindigkeit ω_0 des Pumpenrads abhängen, in der anderen Kreislaufhälfte von der Winkelgeschwindigkeit ω des Turbinenrads.

Da bei $\eta < 1$ eine Zirkulation mit der Strommenge Q im Innern des Kreislaufs zwischen den beiden Laufrädern mit Strömungsrichtung gemäß eingezeichneten Pfeilen (s. Abb. 25) entsteht, muß eine zusätzliche dynamische Axialkraft auf die beiden Schaufelräder berücksichtigt werden, die zu den durch die statischen Drücke hervorgerufenen Axialkräften addiert werden muß.

Die Schrauben B des Gehäuseflansches haben folglich einer Zugkraft standzuhalten, die — unter Berücksichtigung der erforderlichen Sicherheit — der nachstehend angeführten resultierenden Axialkraft entsprechen muß;

$$P_P = P_{\mathrm{st}_P} + P_d. \tag{138}$$

Hierin bedeuten:

P_{st_P} resultierende Deckelkraft, durch die hydrostatischen Drücke infolge der Zentrifugalkraft bedingt;

P_d Deckelkraft, durch den hydrodynamischen Druck infolge der Zirkulation im Innern des Arbeitskreislaufs bedingt.

Auf das Kugellager K der Turbine hingegen wirkt die resultierende Kraft:

$$P_T = [P_{\mathrm{st}_a} - P_{\mathrm{st}_i}] - P_d. \tag{139}$$

Darin bedeutet:

$[P_{\mathrm{st}_a} - P_{\mathrm{st}_i}]$ auf die Turbine einwirkende resultierende Axialkraft infolge der äußeren und inneren hydrostatischen durch die Zentrifugalkraft bewirkten Drücke.

Die hydrodynamische Kraft P_d entspricht der Aktion der Flüssigkeitsmasse Q, die in kontinuierlichem Fluß mit der mittleren Relativgeschwindigkeit w die Laufräder an den Eintrittspunkten *1* und *3* anströmt und nach totaler Umlenkung um 180° dieselben bei den Austrittspunkten *2* und *4* wieder verläßt. Die Größe der Kraft P_d bestimmt man mit Hilfe des Impulssatzes. Unter Bezugnahme auf die Abb. 13 muß auch hier allgemein gelten:

$$P = m(c_1 \cos\alpha_1 - c_2 \cos\alpha_2),$$

und auf diesen speziellen Fall angewendet, bei dem $c = w$, $\alpha_1 = 0°$, $\alpha_2 = 180°$, erhält man für die hydrodynamische Axialkraft auf die beiden Laufräder:

$$P_d = m(w \cos 0 - w \cos 180) = \frac{Q}{g}[w - (-w)] = \frac{2Q}{g} w. \tag{140}$$

Die Kräfte P_{st_p}, P_{st_a} und P_{st_i} errechnen sich mit folgenden Ansätzen:

$$P_{st_P} = \frac{\gamma}{g}\pi\left[\omega_0^2\int_{r'}^{r_e} r^3\,dr + \omega_{fl}^2\int_{r_e}^{r_e'} r^3\,dr\right], \tag{141}$$

$$P_{st_a} = \frac{\gamma}{g}\pi\,\omega_{fl}^2\int_{r'}^{r_e} r^3\,dr, \tag{142}$$

$$P_{st_i} = \frac{\gamma}{g}\pi\,\omega^2\int_{r'}^{r_e} r^3\,dr. \tag{143}$$

Nach Durchführung der Integrationen und der entsprechenden Summenbildung erhält man:

$$P_P = P_{st_P} + P_d$$

$$= \frac{\gamma}{g}\frac{\pi}{4}\omega_0^2\left\{r_e^4\left[1-\left(\frac{1+\eta}{2}\right)^2\right] + r_e'\left(\frac{1+\eta}{2}\right)^2 - r'^4\right\} + \frac{2Q}{g}w. \tag{144}$$

$$P_T = \left[P_{st_a} - P_{st_i}\right] - P_d$$

$$= \frac{\gamma}{g}\frac{\pi}{4}\left(r_e^4 - r'^4\right)\omega_0^2\left[\left(\frac{1+\eta}{2}\right)^2 - \eta^2\right] - \frac{2Q}{g}w. \tag{145}$$

Mit $\omega = \frac{\pi n}{30}$ ergibt sich endgültig:

$$P_P = \frac{\gamma}{g}\frac{\pi^3 n_0^2}{3600}\left\{r_e^4\left[1+\left(\frac{1+\eta}{2}\right)^2\right] + r_e'^4\left(\frac{1+\eta}{2}\right)^2 - r'^4\right\} + \frac{2Q}{g}w \tag{146}$$

und

$$P_T = \frac{\gamma}{g}\frac{\pi^3 n_0^2}{3600}\left(r_e^4 - r'^4\right)\left[\left(\frac{1+\eta}{2}\right)^2 - \eta^2\right] - \frac{2Q}{g}w. \tag{147}$$

Diese Axialkräfte P_P und P_T sind die resultierenden Gesamtkräfte, die auf den Pumpenkörper bzw. auf den Turbinenläufer einwirken, wobei die erstere die Flanschverbindungsschrauben B der Pumpe beansprucht, die letztere das Kugellager K der Turbine belastet.

Es ist hierbei besonders zu beachten, daß der Wert des Produkts $w\,Q$ mit η veränderlich ist und an dessen Stelle in obigen Gleichungen eine Substitution einzuführen ist, die nachstehend abgeleitet wird.

Die Zirkulationsmenge Q im Arbeitskreislauf ist proportional zur eingeführten Leistung N_P der Strömungskupplung; sie läßt sich aus Gl. (34) entnehmen zu

$$Q = \frac{N_P\,75\,g}{u_2^2\left[1-\eta\,\xi_r^2\right]} \qquad \text{[Gl. (48)]}.$$

Da gilt: $Q = A\,\gamma\,w$ [Gl. (48)], also $w = Q/A\,\gamma$, kann für das Produkt $w\,Q$

geschrieben werden:

$$wQ = \frac{N_P\, 75 g\, w}{u_2^2 [1 - \eta\, \xi_r^2]} = \frac{Q^2}{A\gamma} = \frac{N_P^2 (75 g)^2}{u_2^4 [1 - \eta\, \xi_r^2]^2 A\gamma}. \tag{148}$$

In diesem Ausdruck wird u_2 durch n_0, N_P durch Gl. (58), der Durchgangsquerschnitt A durch Gl. (49) ersetzt:

$$Q\,w = \frac{\lambda^2 n_0^6 r_e^{10}}{716{,}2} \cdot \frac{(75 g)^2}{\left(\frac{\pi}{30}\right)^4 n_0^4 r_2^4 [1 - \eta\, \xi_r^2]\, 2\pi\, r_2^2\, \sigma\, \zeta_b\, \gamma}.$$

In dieser Gleichung erscheinen noch die beiden Radien r_e und r_2. Wenn noch r_2 durch r_e nach Gl. (12) ausgedrückt wird, dann erhält man für das Produkt $Q\,w$ den Ausdruck:

$$Q\,w = \frac{\lambda^2 n_0^6 r_e^{10}\, 75^2 g^2\, 30^4}{716{,}2^2 \pi^4 n_0^4 r_e^6 \left(\frac{1}{2}\right)^6 \left[1 + \sqrt{\frac{1+\xi_i^2}{2}}\right]^6 [1 - \eta\, \xi_r^2]^2\, 2\pi\, \sigma\, \zeta_b\, \gamma}. \tag{149}$$

Dieser wird in Gl. (140) eingeführt. Für die hydrodynamische Axialkraft P_d ergibt sich somit:

$$P_d = \frac{2 Q\, w}{g} = \frac{2}{g} \, \frac{\lambda^2 n_0^6 r_e^{10}\, 75^2 g^2\, 30^4\, 2^6}{716{,}2^2 \pi^4 n_0^4 r_e^6 \left[1 + \sqrt{\frac{1+\xi_i^2}{2}}\right]^6 [1 - \eta\, \xi_r^2]\, 2\pi\, \sigma\, \gamma\, \zeta_b}$$

$$= \left[\frac{\lambda}{1 - \eta\, \xi_r^2}\right]^2 n_0^2\, r_e^4 \, \frac{1850}{\sigma\, \zeta_b \frac{\gamma}{g} \left[1 + \sqrt{\frac{1+\xi_i^2}{2}}\right]^6}. \tag{150}$$

Die resultierenden Axialkräfte nach Gl. (146) und (147) werden dann:

$$P_P = n_0^2 \left\{ \frac{\gamma/g}{116} [r_e'^4 - r'^4] + \left[\frac{\lambda}{1 - \eta\, \xi_r^2}\right]^2 \frac{r_e^4\, 1850}{\sigma\, \zeta_b\, \gamma/g \left[1 + \sqrt{\frac{1+\xi_i^2}{2}}\right]} \right\}, \tag{151}$$

$$P_T = n_0^2 \times$$

$$\times \left\{ (1 - \eta^2) \frac{\gamma/g}{116} [r_e^4 - r'^4] - \left[\frac{\lambda}{1 - \eta\, \xi_r^2}\right]^2 \frac{r_e^4\, 1850}{\sigma\, \zeta_b\, \gamma/g \left[1 + \sqrt{\frac{1+\xi_i^2}{2}}\right]} \right\}. \tag{152}$$

Der bestehende Zusammenhang zwischen den Größen ξ_r und ξ_i geht aus Gl. (16) hervor.

Die Dimensionen der verschiedenen Größen in den Gleichungen müssen besonders beachtet werden. Wird λ in [kg · sek²/m⁴] ausgedrückt, dann müssen r_e in [m], γ in [kg/m³] und g in [m/sek²] eingesetzt werden. Wenn hingegen λ in [kg · sek²/cm⁴] ausgedrückt wird, dann muß r_e in [cm], γ in [kg/cm³], g in [cm/sek²] eingesetzt werden.

Die auf den Ordinaten in Abb. 20 eingetragenen Skalenwerte für λ müssen im Falle von λ' mit 10^{-1}, im zweiten Falle mit 10^{-9} multipliziert werden.

Um den Verlauf der Axialkräfte P_P und P_T innerhalb des gesamten Betriebsbereiches der Strömungskupplung in Zusammenarbeit mit

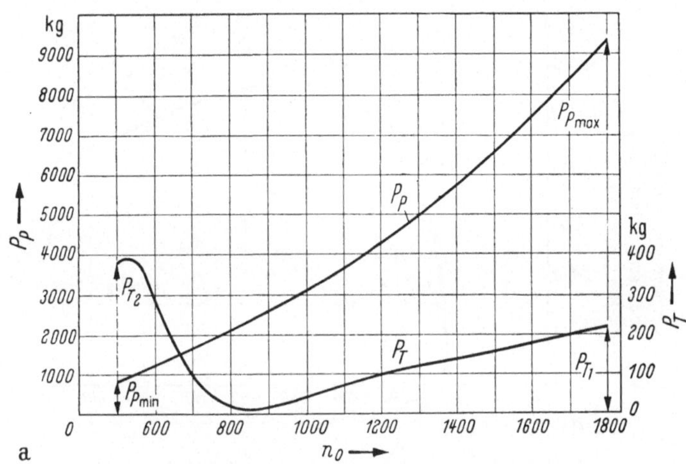

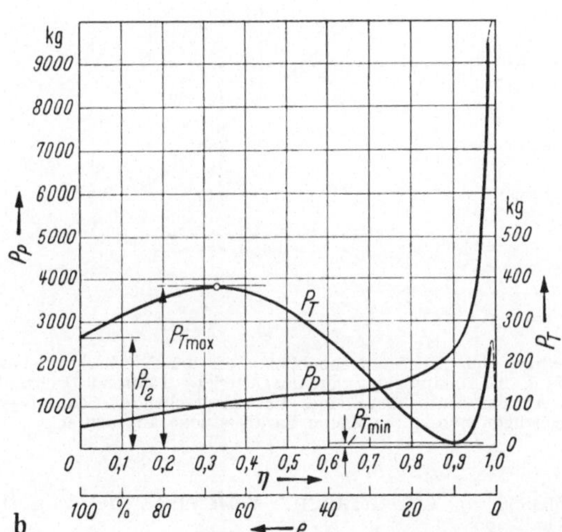

Abb. 26a u. b. Verlauf der auf die Pumpe und die Turbine einwirkenden Axialkräfte bei Abbremsung der Turbine bis zum Festpunkt
a) in Abhängigkeit von der Motordrehzahl n_0; b) in Abhängigkeit des Schlupfes e (für ein bestimmtes Beispiel gültig)

einem gegebenen Motor verfolgen zu können, muß man die betreffenden Kurven als Funktion von η und der Motordrehzahl n_0 berechnen. Ein solches Diagramm ist in Abb. 26 dargestellt.

Die hierzu nötige Berechnung erfolgt zweckmäßig in tabellarischer Form. Dazu bedient man sich der Motorkurve, auf der, wie z. B. in Abb. 27 angedeutet, an entsprechend verteilten Punkten die zugehörigen Schlupfwerte e der betreffenden Kupplung angeschrieben werden. In der Tabelle ist es jedoch zweckmäßiger, an Stelle der e-Werte die ent-

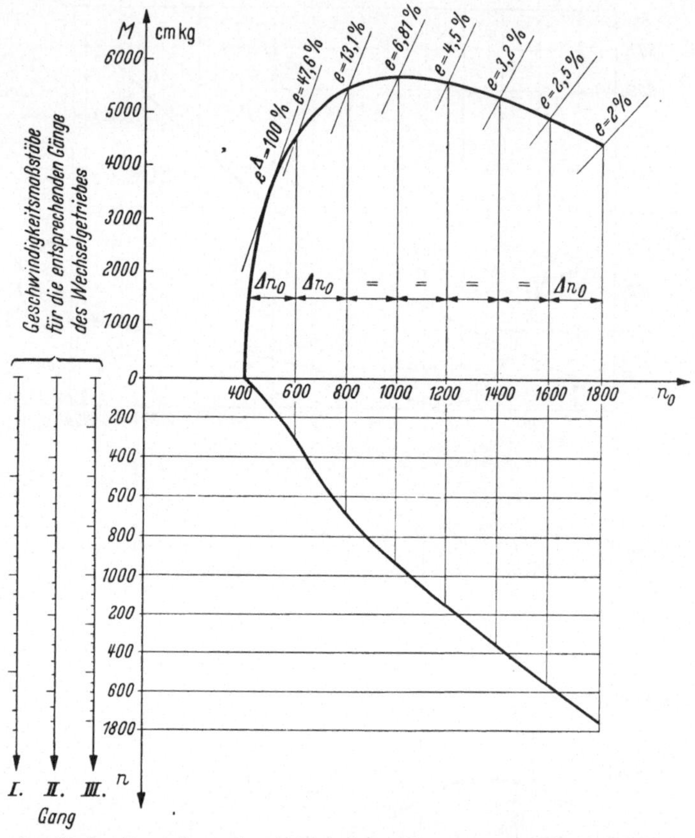

Abb. 27. Graphische Darstellung der Abtriebsdrehzahlen n an der Wechselgetriebewelle im I., II., III. und direkten Gang in Abhängigkeit von der Antriebs- (Motor-) Drehzahl n_0 und der Motordrehmomente M. An der Motorkurve sind die entsprechenden Schlupfwerte e der Kupplung angetragen und durch kleine Parabelstücke angedeutet

sprechenden Verhältnisse η einzutragen, während die zugehörigen λ-Werte aus der in Frage kommenden Kennkurve $\lambda - \eta$ der Kupplung entnommen werden. Die sonstige Zusammenstellung der Werte geht aus der nachstehenden Tab. 2 hervor.

In den Diagrammen der Abb. 26a und b sind die Axialschübe P_P und P_T einmal in Abhängigkeit von der Motordrehzahl n_0, das andere Mal in Abhängigkeit des Schlupfes e bzw. η in verschiedenen Maßstäben eingezeichnet. Man erkennt daraus, daß die auf die Turbine einwirkende

Axialkraft P_T von einem Anfangswert P_{T1} bei der Höchstdrehzahl des Motors zuerst einen Kleinstwert annimmt, um hierauf bei einer bestimmten Drehzahl des Motors in der Nähe seiner Leerlaufdrehzahl einen Höchstwert $P_{T\max}$ zu erreichen. Dabei strebt die Axialkraft P_p kontinuierlich von einem Maximalwert $P_{P\max}$ bei der Maximaldrehzahl $n_{0\max}$ bei gleichzeitigem Abnehmen der Drehzahl bis zum Leerlauf bei $n_{0\min}$

Tabelle 2

Pos.	n_0	n_0^2	M	η	$\lambda \cdot 10^{-9}$	$\frac{\lambda \cdot 10^{-9}}{1-\eta\,\xi_r^2}$	$\left[\frac{\lambda \cdot 10^{-9}}{1-\eta\,\xi_r^2}\right]^2$	P_d	P_P	P_T
1	1800									
2	1600									
3	1400									
4	1200									
.	.									

einem Kleinstwert $P_{P\min}$ zu. Am Festpunkt, bei $e = 100\%$, sinkt die Axialkraft wieder und erreicht den Wert P_{T2}.

Die Axialkraft $P_{P\max}$ kann sehr hohe Werte erreichen. Wenn das Kupplungsgehäuse nicht genügend mit entsprechenden Rippen versteift wird (die gleichzeitig zur Kühlung der Kupplung herangezogen werden können), können die unter diesen Drücken auftretenden Verformungen das einwandfreie Arbeiten der Dichtungsstellen der Kupplung in Frage stellen. Insbesondere die Dichtringe aus gepreßtem Graphit, deren Dichtungsflächen eine äußerst genaue Anlage gegen die geschliffenen Stirnflächen der gehärteten Stahlringe erfordern, sind in dieser Beziehung sehr empfindlich. Viele Unzulänglichkeiten, die sich in der Praxis in dieser Hinsicht ergaben, sind auf die ungenügende Berücksichtigung dieses Umstands zurückzuführen.

6. Betriebliches Verhalten einer Strömungskupplung mit einem Verbrennungsmotor, dessen Drehmoment sich mit der Drehzahl ändert

a) Drehmoment-Diagramm mit Schlupfwerten in Abhängigkeit von der Motordrehzahl, Abtriebswellendrehzahl und Fahrzeuggeschwindigkeit. Das Betriebsverhalten einer mit einem Verbrennungsmotor (oder mit irgendeiner anderen Kraftmaschine, die ein mit der Drehzahl veränderliches Drehmoment aufweist) gekuppelten Strömungskupplung (z. B. einer Gasturbine, einem Elektromotor u. a.) ist durch die Art gekennzeichnet, mit der sich der Schlupf bzw. das Drehzahlverhältnis zwischen Abtriebs- und Motorwelle bei ansteigendem Widerstandsmoment der Abtriebswelle ändert. Meistens ist die Momentenkurve des Antriebsmotors, mit dem eine gegebene Strömungskupplung zusammenarbeiten soll, bekannt. In Abb. 27 ist eine solche Momentenkurve dargestellt. Die Kupplung gehört einer Familie X an, von der die Kennkurve $\lambda - \eta$ in Abb. 20 dargestellt ist. Mit Hilfe der Gl. (65) ist man in der Lage, für jeden Betriebspunkt des Motors bzw. für jeden Punkt der Momentenkurve M_{Mot} den entsprechenden Wert des Schlupfes zu berechnen. Die so errechneten Werte von λ und die entsprechenden Werte von η bzw. e lassen sich dann aus dem Diagramm der Kennkurve ohne weiteres entnehmen.

Die Rechnung wird am besten, wie in Tab. 3 angedeutet, durchgeführt.

Tabelle 3

Spalte	1	2	3	4	5	6
Position	n_0	M	$\lambda \cdot 10^9$	η	e	n
1	1800	4500	0,2150	0,9800	2,00%	1765
2	1600	4950	0,2990	0,9753	2,47%	1561
3	1400	5320	0,4200	0,9677	3,23%	1355
4	1200	.	.	.	.	.
.	.					

Die Daten der Spalten 1 und 2 sind für Drehzahlintervalle von 200 zu 200 U/min der Motorkurve entnommen. Der Wert λ wird nach Gl. (65) berechnet. Die entsprechenden Werte von η bzw. e werden aus der entsprechenden Kennkurve $\lambda - \eta$ abgelesen. Für die Drehzahl n in Spalte 6 muß gelten $n = \eta\, n_0$ oder $n = n_0 - \Delta n$, falls die Drehzahldifferenzen Δn gemessen wurden und diese bekannt sind. Wenn die Drehzahldifferenzen Δn gemessen werden können, fallen die Rechnungen genauer aus.

In dem Quadranten unterhalb der Momentenkurve M_{Mot} kann man die Abtriebsdrehzahlen n in Abhängigkeit von den Antriebsdrehzahlen n_0 eintragen, wie es in Abb. 27 ausgeführt wurde. Da der Zweck des Wechselgetriebes mit seinen z-Gängen der ist, die Geschwindigkeiten des Fahrzeugs im Verhältnis zu den Ganguntersetzungen zu ändern, kann man seitlich neben der Achse der n-Werte Skalen anbringen, an denen man gegenüber dem jeweiligen Drehzahlwert n die entsprechende Geschwindigkeit v in [km/h] oder in [m/sek] des Fahrzeugs für jeden Gang direkt ablesen kann.

b) Diagramm der Schlupfwerte in Abhängigkeit von der Motordrehzahl. Eine weitere Darstellung kann sich im Hinblick auf Abb. 28 noch als sehr nützlich erweisen. Auf der horizontalen Achse des hier in Frage kommenden Diagramms sind die Motordrehzahlen n_0 aufgetragen, auf den beiden vertikalen Achsen die Schlupfwerte e. Eine der beiden Achsen, hier die linke, enthält die normale Skala, die andere, eine Skala in vergrößertem Maßstab, z. B. in 10facher Vergrößerung. Letztere dient für die kleinen Schlüpfe bis etwa max. 10%. Solche Kurven sind auf Millimeterpapier zu zeichnen und erweisen sich sehr nützlich, weil

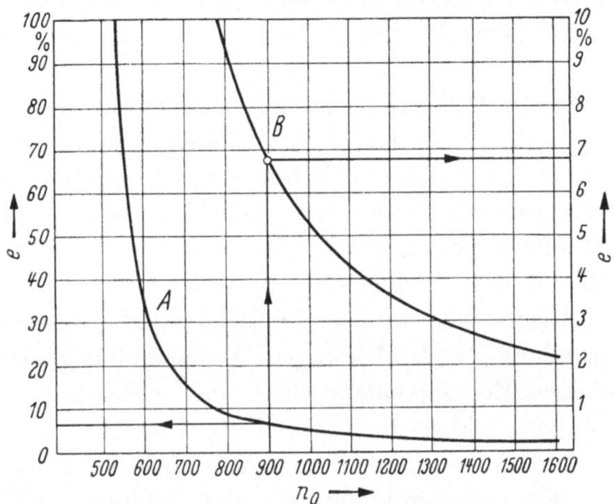

Abb. 28. Diagramm des Schlupfes e einer Strömungskupplung in Abhängigkeit von der Motordrehzahl n_0, A für das gesamte Betriebsfeld vom Nennschlupf e^* bis $e = 100\%$, B für das begrenzte Betriebsfeld vom Nennschlupf e^* bis $e = 10\%$

sie eine genaue Ablesung jeglichen Schlupfwerts innerhalb des gesamten Betriebsbereiches gestatten.

c) Betriebliches Verhalten der Strömungskupplung am Festpunkt und im Leerlauf des Motors. In einem vorangegangenen Abschnitt wurde bereits erläutert, wie das übertragene Drehmoment einer Strömungskupplung im Betriebsfall bei konstantem Schlupf bei Änderung der Antriebsdrehzahl n_0 sich mit dem Quadrat seiner Drehzahl ändert und daß somit die entsprechende Kurve eine quadratische Parabel sein muß.

Es geht daraus hervor, daß für jeden konstant gehaltenen Schlupfwert e eine besondere Parabel existieren muß und daß für jede Kupplungsgröße, wenn sie der gleichen Familie angehört, bei gleichem Schlupf wiederum eine andere Kurve vorliegen muß, die in diesem Falle von r_e abhängig ist.

In Abb. 6 sind drei Parabeln A, B und C vollständig eingezeichnet, die alle für den gleichen Schlupfwert $e = 100\%$, d. h. für den Betriebszustand am *Festpunkt* gelten. Diese drei Kurven gehören drei verschiedenen Kupplungen an, von denen die größte durch die gestrichelte Kurve A dargestellt ist. Diese Kurve besitzt mit der Motorkurve M_{Mot} keinen Berührungspunkt. Die zweite Kupplung ist durch die strichpunktierte Kurve B dargestellt, die die Motorkurve im Punkt c tangiert. Es ist einleuchtend, daß die durch diese zweite Parabel vertretene

Kupplung kleiner sein muß als die erste, da das bei gleicher Drehzahl und bei gleichem Schlupf (in diesem Falle 100%) übertragene Drehmoment kleiner ist. Die dritte Kupplung, die durch die Kurve C dargestellt ist und die die Motorkurve in den zwei Punkten a und b schneidet, muß natürlich aus den gleichen Gründen noch kleiner als die ersten beiden sein.

Diese drei Kurven A, B und C, die so drei verschiedenen Kupplungen einer gleichen Familie, aber mit verschiedenen Nenndurchmessern D_e $(= 2r_e)$ zugeordnet sind, zeigen in Verbindung mit der Motorkurve M_{Mot} die drei charakteristischen Fälle der Tauglichkeit bzw. Untauglichkeit für die vorgesehene Betriebsart.

Bei Abbremsung der Abtriebswelle, ausgehend von $n = n_0$ bis zum Stillstand der Abtriebswelle, wird die Motorkurve M_{Mot} durchlaufen, da das von der Kupplung jeweils übertragene Moment stets genau dem vom Motor abgegebenen Moment entsprechen muß (vorausgesetzt, daß der Motor stets voll beaufschlagt bleibt). Bei abnehmender Drehzahl n der Abtriebswelle wächst, entsprechend dem Abtriebswiderstand (bzw. dem vom Motor abgegebenen Drehmoment), der Schlupf der Kupplung. Bremst man weiter ab, so wird schließlich ein Betriebszustand erreicht, der durch einen der drei nachstehend angeführten Fälle gekennzeichnet ist:

1. Die Abtriebswelle steht still; $n = 0$; $e = 100\%$; der Motor läuft dabei weiter mit einer Drehzahl n_0, die *höher* ist als die Mindestdrehzahl, z. B. $n_0 = 770$ U/min.

2. Die Abtriebswelle steht still; $n = 0$; $e = 100\%$; der Motor läuft dabei weiter mit einer Drehzahl n_0, die genau seiner Mindestdrehzahl entspricht, beispielsweise $n = 520$ U/min.

3. Die Drehzahl des Motors n_0 ist unmerklich unter die Mindestdrehzahl gesunken, wobei ein Schlupf von beispielsweise nur 90% erreicht wurde. Die Abtriebswelle dreht sich noch, und bei weiterem Abbremsen wird der Motor abgedrosselt und bleibt stehen. Die Abtriebswelle kann also nicht weiter abgebremst werden, sie kann nicht bei laufendem Motor zum Stillstand gebracht werden.

Der erste Fall entspricht der Kurve C in Abb. 6; der zweite der Kurve B, der dritte der Kurve A.

Daraus geht hervor, daß eine Kupplung mit abgebremster Abtriebswelle ($n = 0$; $e = 100\%$) nur ein derart geringes Moment haben darf, daß der Motor noch mit Mindestdrehzahl (eventuell auch nur unter kleinster Teillast) betriebssicher laufen kann, entsprechend den beiden ersten Fällen bzw. den Kurven B und C in Abb. 6. Kurve B stellt dabei den Grenzfall dar, bei dem keinerlei Reserve mehr vorhanden ist. Er darf nur dann berücksichtigt werden, wenn auf Grund vollkommen sicherer Berechnungsunterlagen, wie genauer Verlauf der Motorkurve M_{Mot} bei den in Betracht kommenden Lasten sowie einer genauen Kennkurve $\lambda - \eta$ der mit diesem Motor zusammenarbeitenden Kupplung, die Gewähr gegeben ist, exakte, mit der Praxis übereinstimmende Rechnungsergebnisse zu erhalten.

d) Graphische Integraldarstellung des Arbeitsfeldes einer gegebenen Strömungskupplung und deren Zusammenarbeit mit einem beliebigen Antriebsmotor mit bekannter Momentenkurve. Die bisher erörterten Diagramme zur Darstellung des Arbeitsverhaltens der Strömungskupplungen geben Einblick in die Abhängigkeit der einzelnen veränderlichen Funktionsgrößen voneinander bei Veränderung bestimmter, von Fall zu Fall in Betracht gezogener Betriebsbedingungen. Diese Diagramme gestatten jedoch noch keinen vollständigen Überblick über das gesamte Arbeitsfeld der gegebenen Kupplung in Zusammenarbeit mit verschiedenen Motoren unterschiedlicher Merkmale.

Eine vollständige graphische Darstellung des gesamten in Betracht kommenden Arbeitsfelds einer Strömungskupplung, aus der ihr charakteristisches betriebliches Verhalten im Zusammenwirken mit einem beliebigen Motor übersichtlich hervorgeht, sieht man in Abb. 29. Auf dieses Diagramm wird in diesem Abschnitt näher eingegangen. Auf der *Abszissenachse* sind die Drehzahlen n der *Abtriebswelle* und auf der Ordinatenachse die Drehmomente M aufgetragen.

In dieser Darstellung fallen zwei Kurventypen auf, die das Betriebsverhalten der Kupplung kennzeichnen. Die dritte Kurve bezieht sich auf einen bestimmten Antriebsmotor. Die die Kupplung interessierenden Kurven sind die Parabeln $e = \text{const}$ und die Kurven $n_0 = \text{const}$. Die Gesamtheit dieser Kurven bildet das Arbeitsfeld der betrachteten Strömungskupplung, da jeder beliebig angenommene Punkt innerhalb dieses Feldes genau die Arbeitsbedingungen für den betrachteten Betriebszustand der Kupplung wiedergibt, insofern, als durch jeden Punkt dieses Diagramms sowohl eine bestimmte Parabel $e = \text{const}$ als auch eine ebenso bestimmte Kurve $n_0 = \text{const}$ geht, während die Ordinaten desselben das übertragene Drehmoment und die Drehzahl n der Abtriebswelle anzeigen.

Um ein Diagramm dieser Art zu berechnen, ist es zweckmäßig, sich des folgenden systematischen Schemas zu bedienen. Man berechnet die M-Werte nach Gl. (57) für eine bestimmte Anzahl von λ-Werten in Abhängigkeit von η, wobei man von einer bestimmten Anzahl von n_0-Werten ausgeht. Diese Werte werden in einer Tabelle zusammengestellt (Tab. 4). Neben den M-Werten werden die Drehzahlen n eingetragen. Im Diagramm kommen als erste die Drehmomente M in Abhängigkeit von n zur Darstellung, und die sich so ergebenden Punkte werden durch eine kontinuierliche Linie verbunden. Die Punkte gleicher

η-Werte (bzw. e-Werte) auf diesen Kurven werden hierauf ihrerseits miteinander verbunden, wodurch sich die Parabeln $\eta = \text{const}$ ($e = \text{const}$)

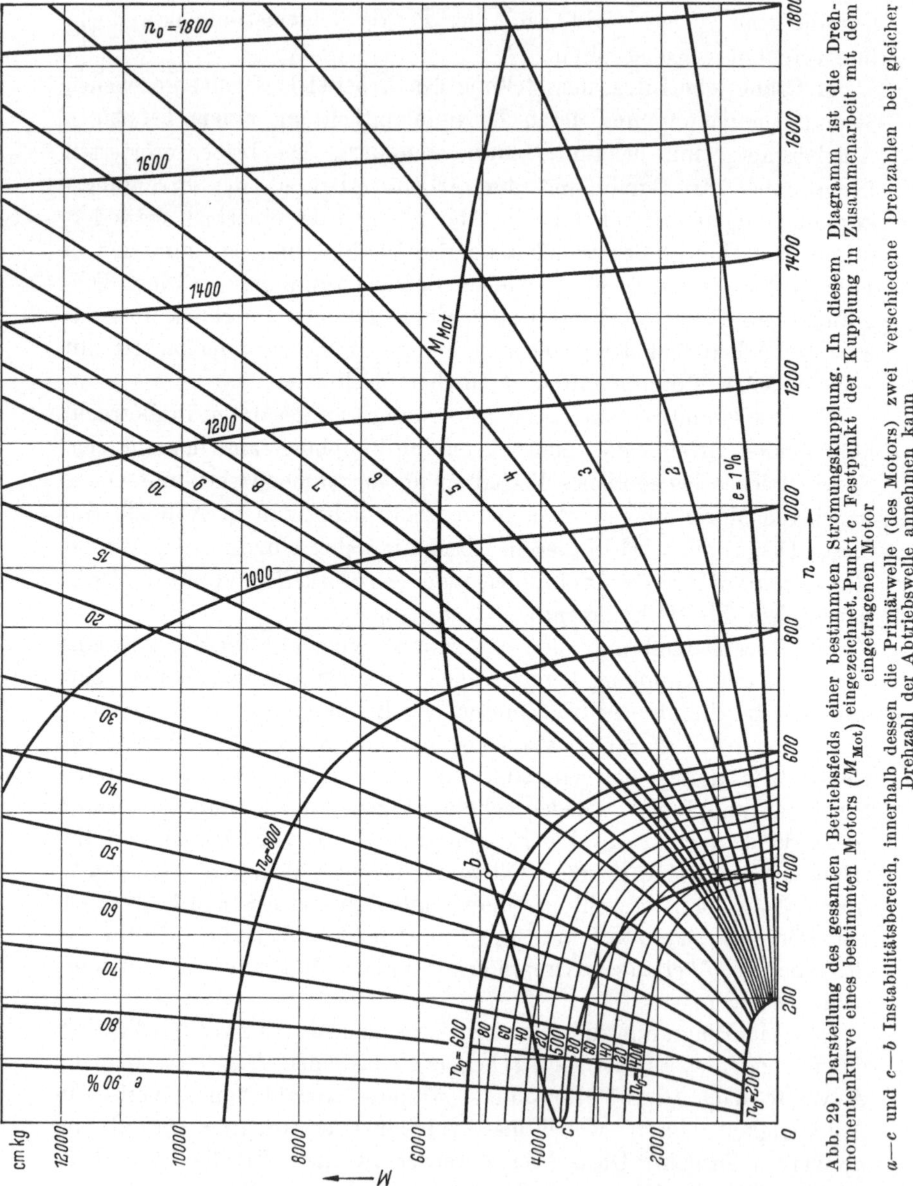

Abb. 29. Darstellung des gesamten Betriebsfelds einer bestimmten Strömungskupplung. In diesem Diagramm ist die Drehmomentenkurve eines bestimmten Motors (M_{Mot}) eingezeichnet. Punkt c Festpunkt der Kupplung in Zusammenarbeit mit dem eingetragenen Motor

a—c und c—b Instabilitätsbereich, innerhalb dessen die Primärwelle (des Motors) zwei verschiedene Drehzahlen bei gleicher Drehzahl der Abtriebswelle annehmen kann

ergeben. Je dichter diese Kurvenscharen gezeichnet werden, um so leichter wird sich der Betriebszustand für jeden möglichen Punkt des Feldes ablesen lassen, d. h. mit um so größerer Genauigkeit wird es möglich sein, die Interpolation für zwischen den Linien befindliche Punkte durchzuführen.

Im Diagramm der Abb. 29 ist als Motorkurve jene der Abb. 27 eingetragen. Es muß hier berücksichtigt werden, daß normalerweise jede Motorkurve (so auch die in Abb. 27) in Abhängigkeit von der eigenen Motordrehzahl n_0 gezeichnet ist, während in diesem Diagramm die Abszissenwerte den Drehzahlen n der Abtriebswelle der Strömungs-

Tabelle 4

Pos.	η	$\lambda \cdot 10^9$	M für $n_0=1800$	n	M für $n_0=1600$	n	M für $n_0=1400$	n	M für $n_0=1200$	n	M für ....
1	1										
2	0,99										
3	0,98										
.	.										
.	.										
.	.										
10	0,91										
11	0,90										
12	0,85										
13	0,80										
14	0,70										
.	.										
.	.										
.	.										
20	0,1										
21	0										

kupplung entsprechen. Da die Antriebs- (Motor-) Drehzahlen n_0 durch eigene $n_0 =$ const-Kurven dargestellt sind, muß man, um die normale Motorkurve in das neue Diagramm übertragen zu können, die von der Motorkurve abgelesenen einzelnen M-Werte auf diese $n_0 =$ const-Linien einzeichnen, worauf die einzelnen Punkte miteinander zu einer kontinuierlichen Kurve verbunden werden.

Durch jeden Punkt der so im Betriebsfeld der Strömungskupplung eingezeichneten Motorkurve M_{Mot} muß also eine bestimmte $e =$ const-Parabel und eine ebenso bestimmte $n_0 =$ const-Kurve gehen. Hierdurch ist die Möglichkeit gegeben, mit der gewünschten Genauigkeit die vier voneinander abhängigen Betriebsgrößen des durch jeden beliebigen Punkt bestimmten Betriebszustands abzulesen, Größen, die durch die Werte: e, η, n_0, M und n gekennzeichnet sind.

Aus diesem Diagramm läßt sich beispielsweise ablesen, daß im Betriebspunkt am rechten Ende der Motorkurve die Strömungskupplung mit einem Schlupf $e = 2\%$ arbeitet und dabei ein Drehmoment von 4500 cmkg überträgt, wobei der Motor mit einer Drehzahl $n_0 = 1800$ U/min läuft und die Abtriebswelle sich mit einer Drehzahl von $n = 1764$ U/min dreht.

Folgt man der Motorkurve M_{Mot} nach links, so sieht man, wie die durch die $e =$ const-Parabeln dargestellten Schlupfwerte wachsen. In diesem Beispiel ist der äußerste Punkt auf der linken Motorkurve der Punkt c, der in diesem Falle direkt auf der Ordinatenachse liegt. Die Ordinatenachse fällt hier mit der Parabel $e = 100\%$ zusammen. Das ist verständlich, da bei $e = 100\%$, bei jeder beliebigen Drehzahl n_0 des Motors, die Abtriebsdrehzahl n Null sein muß. Dem Punkt c entspricht also der Abszissenwert $n = 0$, während durch denselben eine Kurve $n_0 =$ const geht, die im vorliegenden Falle einer Drehzahl von $n_0 = 500$ U/min entspricht.

Das besagt, daß die Strömungskupplung mit dem hier in Frage stehenden Motor insofern einen *Festpunkt* besitzt, als beim Leerlauf des Motors mit $n_0 = n_{0\,\text{min}}$ die Abtriebswelle der Kupplung stillstehen kann. Es existiert also der Betriebszustand $n = 0$, d. h. $e = 100\%$.

Dieser Fall entspricht der Kurve B in Abb. 6 und stellt den oben besprochenen Grenzfall dar.

Eine Strömungskupplung nach Kurve C in Abb. 6, in der neuen Darstellungsweise nach Abb. 29 betrachtet, weist eine unstetige Motorkurve auf. Die Momentenkurve verläuft im oberen Teil stetig bis zum Berührungspunkt c_0 auf der Momentenachse. An dieser Stelle erfährt sie eine Unterbrechung, da sie von hier ab, von einem unterhalb des Punktes c_0 auf derselben Ordinatenachse befindlichen Punkte c', bis zur Berührung mit der Abszissenachse zurück und nach unten verläuft. Mit anderen Worten, Scheitelpunkt c der Motorkurve würde in diesem Falle im linken (negativen) Quadranten des Arbeitsfelds der Kupplung zu liegen kommen, was bedeutet, daß für diesen Teil der Motorkurve die Abtriebswelle der Kupplung sogar eine negative Drehzahl aufweisen könnte, ohne daß dabei der Motor Gefahr laufen würde, abgedrosselt zu werden.

Eine Strömungskupplung, für die hingegen Kurve A der Abb. 6 gilt, weist in der neuen Darstellungsart nach Abb. 29 eine Motorkurve auf, deren Scheitelpunkt c nicht mit der Momentenachse (d. h. mit der Parabel $e = 100\%$) tangiert, sondern mit einer Parabel $e < 100\%$, die sich rechts von der Ordinatenachse befindet. In diesem Falle besitzt die Kupplung mit dem betrachteten Motor keinen *Festpunkt.*

e) Anomalie oder Betriebsinstabilität einer Strömungskupplung bei niedrigen Antriebs- (Motor-) Drehzahlen. Aus den vorangegangenen Betrachtungen, insbesondere aber aus der graphischen Darstellung nach Abb. 29, geht ein sehr interessanter Umstand hervor, eine Anomalie, die sich beim Betrieb der Strömungskupplungen bei niedrigen Drehzahlen bemerkbar macht. Diese Anomalie kann, ohne aber wahre Analogie aufzuweisen, mit dem Instabilitätszustand der Kreiselpumpen und -kompressoren im Betrieb bei niedrigen Fördermengen verglichen werden.

Es ergibt sich nämlich, daß innerhalb eines durch die Punkte a, b, c der Motorkurve begrenzten Betriebsfelds des Aggregats Motor–Strömungskupplung bei niedrigen Drehzahlen ein Instabilitätsbereich existiert, innerhalb dessen die Drehzahlen n der Abtriebswelle zwei verschiedene Motordrehzahlen n_0 zulassen. Dieser Umstand macht sich durch Auftreten eines von mehr oder weniger starken Schlägen begleiteten unruhigen Laufs des Kupplung–Motor-Aggregats bemerkbar, der den Anfahrvorgang des Fahrzeugs stört.

Diesem Instabilitätszustand begegnet man durch eine entsprechende Regelung des Motors bei der Mindestdrehzahl und durch einen entsprechenden „*Füllungsgrad*" der Kupplung, d. h. durch möglichst weites Anpassen der Kennkurve $\lambda - \eta$ der Kupplung im Bereich sehr starker Schlupfwerte an die Merkmale der Motorkurve im Arbeitsgebiet niedriger Drehzahlen.

Der Festpunkt einer Strömungskupplung ist somit bestimmt durch den oberen Schnittpunkt der Parabel $e = 100\%$ mit der Motorkurve M_{Mot} nach Abb. 6 oder durch den Berührungspunkt c der Motorkurve mit der Parabel $e = 100\%$ im Betriebsfeld der Kupplung nach Diagramm Abb. 29. In letzterem stimmt die Parabel $e = 100\%$ vollkommen mit der Ordinatenachse des Diagramms überein.

Befindet sich der Berührungspunkt c im negativen Arbeitsfeld, d. h. links von der Ordinatenachse bzw. von der Parabel $e = 100\%$, dann ist die Kupplung für den betrachteten Motor zu klein bzw. der Motor für die vorliegende Kupplung zu stark, und zwar um so mehr, je weiter der Punkt c im negativen Betriebsfeld liegt.

Befindet sich Punkt c rechts von der Parabel $e = 100\%$ bzw. von der Ordinatenachse, dann ist das Umgekehrte der Fall: die betrachtete Kupplung ist für den vorliegenden Motor zu groß bzw. der Motor ist für die gegebene Kupplung zu schwach, so daß es *keinen Festpunkt* für diese Kombination gibt.

Liegt der Punkt c gerade auf der $e = 100\%$-Parabel, d. h. auf der Ordinatenachse, dann liegt der ideale Grenzfall vor, bei dem die Kupplung weder zu klein noch zu groß ist, also die Schlupfwerte auch bei höheren Drehzahlen immer am günstigsten bleiben. Die Kupplung wird insbesondere im „*Nennpunkt*" mit geringstem Verlust arbeiten, d. h. sie wird für die vorgesehenen normalen Arbeitsverhältnisse einen optimalen Wirkungsgrad aufweisen.

Das kann selbstverständlich in dem Fall nicht eintreten, in dem ein Aggregat einen Tangentenpunkt c links von der Ordinatenachse aufweist, wenn also die Kupplung für den betrachteten Motor zu klein ist. Denn auch bei höheren Drehzahlen müssen dann die Schlupfwerte notwendigerweise höher ausfallen. Die Kupplung arbeitet dann insbesondere im „*Nennpunkt*" mit einem geringeren Wirkungsgrad und damit mit höheren Betriebskosten.

In Wirklichkeit wird man eine Strömungskupplung so bemessen, daß ihre 100%-Parabel die Vollastkurve des Motors kurz vor dem maximalen Drehmoment schneidet, da die Fahrzeugmotoren, die mit hydrodynamischen Kupplungen ausgestattet werden, jetzt geradezu gezüchtet werden, bei niedrigen Drehzahlen ein hohes Drehmoment abzugeben. In Abb. 6 also die Parabel C.

f) Betrieb einer Strömungskupplung bei $\eta > 1$ und $\eta < 0$. Es können Fälle eintreten, in denen die Strömungskupplung in einem Betriebszustand zu arbeiten hat, der außerhalb des durch die Schlupfgrenzen 0 — 100% definierten Arbeitsfelds liegt.

Ein in diesem Sinne häufig sich einstellender Fall ist der, bei dem das Fahrzeug im Gefälle infolge der eigenen Schwerkraft an Geschwindigkeit zunimmt, wobei der Motor als Bremse dient und ohne Gas von der Radseite her angetrieben wird. Dabei nimmt die Turbine der Kupplung eine höhere Drehzahl an als die Pumpe (bzw. Motor), wodurch eine Umkehrung in der Wirkungsweise der beiden Läufer stattfindet. Die Turbine, die früher der angetriebene Teil war, wirkt jetzt als Pumpe, die Pumpe, die als treibendes Element den Energiefluß weiterleitete, wirkt jetzt als Turbine und treibt den Motor an.

Es ist klar, daß, sobald eine Umkehrung in der Arbeitsweise der beiden Läufer eintritt und die Turbine mit einer höheren Drehzahl als die Pumpe zu rotieren beginnt, auch die Bedingungen zu dem Ansatz für Gl. (57): $M = \lambda\, n_0^2\, r_e^5$ andere werden. Und zwar entspricht für diesen Betriebszustand, bei dem jetzt $\eta_{\text{abs}} > 1$, die Veränderung von n jener von n_0 des Zustands $1 > \eta_{\text{abs}} > 0$.

Wenn also die Strömungskupplung ein Bremsmoment aufzunehmen hat, sind die funktionellen Teile derselben zu vertauschen und die Turbine als Pumpe, die Pumpe als Turbine anzusehen. Gl. (57) stellt sich dann folgendermaßen dar:

$$M_{(\eta > 1)} = \lambda\, n^2\, r_e^5, \tag{153}$$

wo λ der übliche von der Kennkurve $\lambda - \eta$ der betrachteten Kupplung zu entnehmende Kennwert ist. Nur muß jetzt darauf Rücksicht genommen werden, daß an Stelle des Verhältnisses $\eta = n/n_0$ der reziproke Wert zu nehmen ist. Dieser lautet:

$$\eta' = \frac{n_0}{n} = \frac{1}{\eta}. \tag{153a}$$

Das hier Gesagte gilt aber nur unter der Voraussetzung, daß vollkommene Symmetrie bezüglich der beiden ringförmigen Hohlraumhälften des inneren Raums des Arbeitskreislaufs zwischen den beiden Läufern Pumpe und Turbine vorliegt; anderenfalls kann die Kennkurve $\lambda - \eta$ wegen der veränderten Form der Stromfäden des neuen Betriebszustands nicht mehr mit der neuen Kennkurve $\lambda - \eta'$ übereinstimmen, und man wäre genötigt, diese erst unter den hier betrachteten neuen

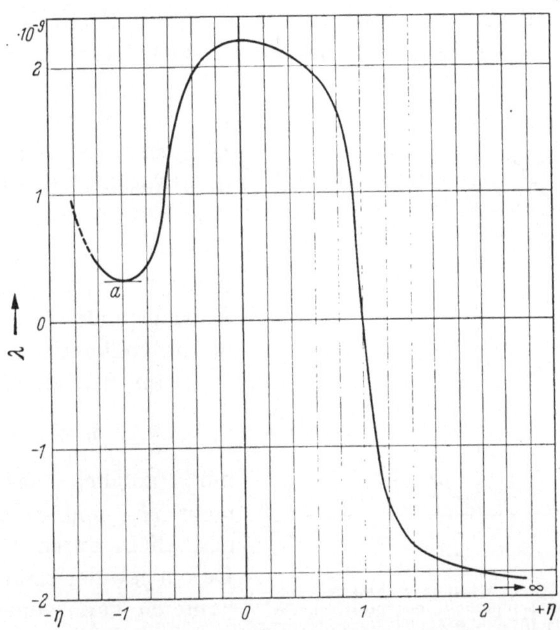

Abb. 30. Verlauf der Kennkurve einer Strömungskupplung im gesamten Betriebsbereich der positiven und negativen Verhältniswerte η ($\eta \lesseqgtr 0$). Bei $\eta > 1$ dreht sich die Turbine rascher als die Pumpe, die Wirkungsweise der beiden Laufräder ist hierbei umgekehrt; bei $\eta > 0 < 1$ hat man das normale Betriebsfeld; bei $\eta < 0$ dreht sich die Turbine entgegengesetzt zum Pumpenrad. Bei $\eta = -1$ gleichen sich die Druckhöhen der beiden Laufräder wegen der gleichen Drehzahlen aus, das übertragene kleine Moment rührt dann in der Hauptsache von der reinen Flüssigkeitsreibung her

Bedingungen versuchsmäßig zu bestimmen. Dazu müßte die Kupplung auf dem Prüfstand mit der Turbinenwelle an den Antriebsmotor angeschlossen werden, während das Pumpengehäuse, als Abtriebsteil wirkend, jetzt mit der Bremsenwelle verbunden und abgebremst werden müßte.

Der grundsätzliche Verlauf der Momentenkurve M bzw. der λ-Werte, ferner der der Wirkungsgrade η in Abhängigkeit des Drehzahlverhältnisses i bzw. η ist in den Diagrammen der Abb. 30 und 31 dargestellt.

Weniger einfach ist der folgende Fall, in dem η negativ wird, bei dem also eines der beiden Laufräder in entgegengesetztem Sinne sich dreht.

Dies könnte praktisch eintreten, wenn das Fahrzeug auf einer steilen Straße mit Motor nahe dem Leerlauf sich rückwärts bewegen würde. Dieser Fall kann natürlich nur eintreten, wenn die Kupplung einen für den vorliegenden Motor sehr hoch liegenden Festpunkt besitzt, wenn also ihre Abmessungen für die zu übertragende Leistung relativ knapp sind.

Was geht nun in diesem Falle im inneren Kreislauf zwischen den beiden Laufrädern vor?

Es ist klar, daß die von der Zähigkeit der Flüssigkeit bedingten Reibungsverluste gegenüber denen durch Wirbel verursachten bei Annäherung des Verhältnisses η an den Wert -1 überhandnehmen, weil bei zunehmendem Ausgleich der Druckhöhen der beiden Läufer die umlaufende Flüssigkeitsmenge Q immer kleiner wird und im Betriebspunkt $\eta = -1$ überhaupt vollkommen aufhört.

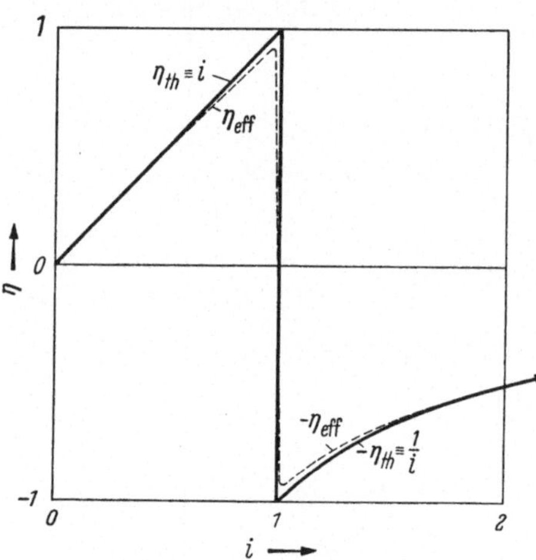

Abb. 31. Verlauf der Wirkungsgradkurve einer Strömungskupplung innerhalb des positiven Betriebsfelds für $i = n/n_0 \geqq 0 - \infty$

Beim Betriebszustand

$$\eta = -1$$

muß folglich das Drehmoment M, weil es fast einzig und allein durch die viskosen Reibungswiderstände zustande kommen kann, einen Mindestwert erreichen (Punkt a in Abb. 30).

Von diesem Punkte an und bei weiterem negativen Anstieg von η muß dann das Drehmoment M wieder ansteigen, weil jetzt die Turbine als Pumpe arbeitet und ein neuer Fluß Q, diesmal aber in entgegengesetzter Richtung, im Arbeitskreislauf entsteht.

Innerhalb des Betriebsbereiches negativer η-Werte sind die Stoßkomponenten der Flüssigkeit natürlich größer, da sich die Tangentialgeschwindigkeiten der beiden Laufräder addieren. Die hierbei in Betracht kommende Kennkurve muß deshalb einen besonderen Verlauf aufweisen, der nicht von dem der normalen Kennkurve der Kupplung auf analytischem Wege abgeleitet, sondern nur durch besonderen Prüfstandversuch ermittelt werden kann.

Dieser Arbeitsbereich bietet aber für die praktischen Anwendungen im Fahrzeugbau kein besonderes Interesse, weshalb hier auf diesen Betriebszustand nicht näher eingegangen wird.

7. Thermische Berechnung der Strömungskupplungen

a) Aufstellung der Wärmebilanz. N_0 möge die in die Primärwelle der Kupplung eingeleitete, und $N = \eta N_0$ die von der Sekundärwelle abgenommene Leistung sein.

Die „verlorene" Leistung, d. h., der im Arbeitskreislauf in Wärme umgesetzte und von der flüssigen und sonstigen metallischen Masse aufgenommene Teil der Arbeit muß dann — wie bekannt [s. Gl. (92)] — der Differenz der beiden Leistungen selbst entsprechen:

$$N' = N_0 - N = N_0 - \eta N_0 = N_0(1 - \eta) = N_0 \frac{e}{100}. \qquad (154)$$

Mit der bekannten Beziehung: $N = Mn/71\,620$, erhalten wir aus Gl. (57):

$$N_0 = \frac{\lambda n_0^2 r_e^5 n_0}{71\,620} = \frac{\lambda n_0^3 r_e^5}{71\,620} \qquad (155)$$

die, in Gl. (154) eingesetzt, für die Verlustleistung ergibt:

$$N' = \frac{\lambda n_0^3 r_e^5}{71\,620}(1 - \eta). \qquad (156)$$

Diese Verlustleistung ist der Anteil der Motorleistung, der, weil er in Wärme umgewandelt wird, für die mechanische Ausnützung verlorengeht. Weil nun bei stationärem Betrieb ($\eta = \text{const}$) N' eine konstante Leistung darstellt, muß auch die hierdurch entstehende Wärme einen kontinuierlichen Wärmefluß darstellen, der sich sozusagen in die Masse der Kupplung ergießt und diese derart erwärmt, daß sie, von einer bestehenden Anfangstemperatur ansteigend, nach einer gewissen Zeit einen bestimmten höheren Temperaturwert erreicht, der um so größer sein wird, je größer der Schlupf e und damit der Wärmefluß selbst war.

Zwischen der Leistung N (in PS gemessen) und dem Wärmefluß q (in [kcal/sek] gemessen) besteht der nachstehende Zusammenhang:

$$1\,\text{PS} = \frac{75}{427} = 0{,}1754\,\text{kcal/sek}, \qquad (157)$$

so daß für den in der Zeiteinheit entstehenden Wärmefluß an Stelle der Gl. (156) geschrieben werden kann:

$$q = 0{,}1754\,N' = 0{,}1754\,\lambda(1 - \eta)\frac{n_0^3 r_e^5}{71\,620} = \frac{0{,}1754\,\lambda\,e\,n_0^3 r_e^5}{7{,}162 \cdot 10^6}. \qquad (158)$$

Hierin bedeutet:

q *Gesamtwärmefluß* (abgesehen von den vernachlässigbaren Verlusten infolge mechanischer Reibung in den Lagern und Dichtungsstellen), in Abhängigkeit von n_0 und η [kcal/sek].

Wie bereits gesagt, bewirkt dieser Wärmestrom q, je nach Arbeits- und Umgebungsbedingungen, eine Temperaturerhöhung der Kupplungsmasse, in erster Linie des im Kupplungsgehäuse eingeschlossenen Öls. Diese Temperaturerhöhung hängt andererseits aber auch von den Kühlverhältnissen der Kupplungsoberfläche und von der Wärmekapazität der Kupplungsmasse ab, d. h. von der mittleren spezifischen Wärme und von der Größe der Masse der Kupplung.

Für das thermische Gleichgewicht gilt die nachstehende Bedingungsgleichung:

$$q = q' + q''. \tag{159}$$

Darin bedeuten:

q' Wärmefluß in der Zeiteinheit, der an die Umgebungsluft abgegeben wird (äußere Kühlwirkung) [kcal/sek];

q'' Wärmefluß in der Zeiteinheit, der in der Öl- und sonstigen Kupplungsmasse aufgespeichert wird [kcal/sek].

Unter dieser Voraussetzung ist man in der Lage, das thermische Verhalten einer Strömungskupplung als Funktion der Zeit zu verfolgen, wenn man dabei die folgenden Gesichtspunkte berücksichtigt.

Um die Übersicht der sich ergebenden Situation klar zu gestalten, ist es auch hier am zweckmäßigsten, sich einer graphischen Darstellung zu bedienen. Ein Diagramm, das in einfacher Weise den Verlauf des Wärmeflusses und die auftretenden Temperaturen bzw. Temperaturänderungen zu verfolgen gestattet, ist in Abb. 32 dargestellt.

Auf der Abszissenachse dieses Diagramms wird die Zeit aufgetragen (Minuten oder Sekunden), auf der oberen Ordinatenachse die Wärmeflüsse q, q' und q'', auf der unteren die Temperatur T in °C.

Unter Hinweis auf Abb. 32 stellt also die Kurve q den Verlauf des sekundlichen Gesamtwärmeflusses dar, entsprechend der in der Kupplung bei einer bestimmten Betriebsart innerhalb des Zeitintervalls t_B zwischen den Punkten O und B erzeugten Wärme. Die von ihr eingeschlossene Fläche stellt somit die gesamte dabei erzeugte Wärme [kcal] dar.

Diese Kurve wird nach Gl. (158) berechnet, und zwar nach einem Gesichtspunkt, der noch näher zu erörtern ist. Die Außen- (Raum-) Temperatur T_a, die hier konstant angenommen wird, ist durch die zur Abszissenachse parallele strichlierte Linie $T_a - C^T$ dargestellt.

Der Einfachheit halber wird angenommen, daß keinerlei Unterschied zwischen der Temperatur des Öls und der der übrigen Metallmasse der Kupplung besteht. Ein merklicher Fehler wird bei dieser Annahme nicht begangen, da wegen der relativ dünnen Wandstärke des Gehäuses und der relativ großen Zeiten, die für den Wärmeaustausch zwischen den Teilen zur Verfügung stehen, die Annahme zulässig ist, nach der die Gehäusemasse praktisch in jedem Augenblick die gleiche Temperatur des Öls annimmt. Folglich wird unter der Temperatur der Kupplungsmasse stets jene des Öls, und umgekehrt, verstanden.

Zwei besondere Temperaturen hingegen müssen bei der Aufstellung der weiteren Betrachtungen noch in Rechnung gestellt werden; diese sind:

1. Die effektiven Temperaturen T_{eff} (berechnet oder gemessen). Das sind jene Temperaturen, die praktisch von der Kupplung erreicht werden bzw. in dem betrachteten Zeitintervall sich infolge der Kühlung einstellen.

2. Die theoretischen Temperaturen T_{th} (berechnet). Das sind solche, die die Kupplung erreichen würde, wenn keinerlei Wärmeabgabe an die Außenluft stattfindet, d. h. wenn keine Kühlung existieren würde.

Wir können die gegenseitige Abhängigkeit zwischen diesen zwei Temperaturen am Verlauf der diesbezüglichen Kurven in Abb. 32 ver-

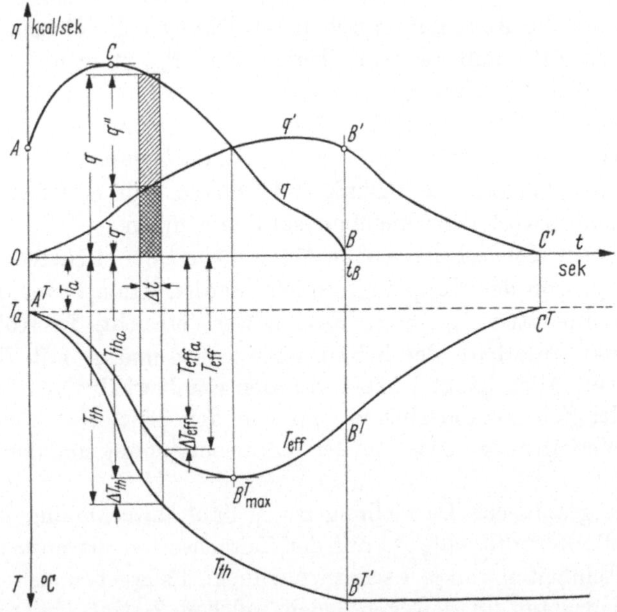

Abb. 32. Beispiel des thermischen Verlaufs einer bestimmten Betriebsperiode einer Strömungskupplung. Kurve q: Verlauf der sekundlich erzeugten Gesamtwärme in Funktion der Zeit; Kurve q': Verlauf der sekundlich an die Umgebungsluft durch Kühlung abgegebene Wärme in Funktion der Zeit; $q'' = q - q'$ sekundlich in die Gesamtmasse der Kupplung hineingeleitete (aufgespeicherte) Wärmemenge; Kurve T_{eff}: Verlauf der effektiv von der Kupplungsmasse angenommenen Temperatur in Funktion der Zeit t; Kurve T_{th}: Verlauf der theoretischen Temperatur, die die Kupplungsmasse annehmen würde, wenn keine Kühlung vorhanden wäre, wenn also die gesamte im Innern der Kupplung erzeugte Wärme in dieser Masse aufgespeichert würde: O—t Abszissenachse für die Zeit; O—q Ordinatenachse für die Wärmemengen; O—T Ordinatenachse für die Temperaturen

folgen. Ausgangspunkt sei der Zeitpunkt O bei „kalter" Kupplung, d. h. mit Kupplungstemperatur gleich Raumtemperatur.

In diesem Beispiel ist der Wärmefluß in Abhängigkeit von der Zeit derart, wie er in der Abbildung durch die Kurve q zwischen den Punkten

A, C und B dargestellt ist. Nach dem dargestellten Verlauf erreicht der Wärmefluß nach einem anfänglichen Anstieg eine maximale Intensität im Punkt C, um hierauf nach einem bestimmten für den betrachteten Fall gültigen Gesetz wieder abzunehmen und im Punkt B, nach einem Zeitintervall t_B, gänzlich aufzuhören. Es ist klar, daß die theoretische Temperatur T_{th} der Kupplung, d. h. jene Temperatur, die, wie gesagt, sich in jedem Augenblick einstellen würde, wenn es keine Abkühlung gäbe, während dieses Zeitintervalls nur steigen kann. Diese Temperatur wird nach Ablauf des hierzu nötigen Zeitintervalls t_B im Punkt $B^{T'}$ ein Maximum erreichen. Von hier ab wird sie dann konstant bleiben, da keinerlei weitere Wärmezufuhr oder -abfuhr erfolgt.

Anders vollzieht sich dagegen der Verlauf der effektiven Temperaturen T_{eff}. Solange der im Inneren der Kupplung erzeugte Wärmefluß q den an die Außenluft durch Kühlwirkung abgegebenen Wärmefluß q' übertrifft, muß auch die Temperatur T_{eff} steigen.

Sobald aber der Fluß q' größer wird als der im Innern erzeugte Fluß q, muß die Temperatur T_{eff} fallen. Nach einem bestimmten Zeitabstand wird dabei, sofern q' größer als q ist, die Temperatur T_{eff} wieder zu ihrem Ausgangswert T_a (Punkt C^T) sinken, mit anderen Worten, den Temperaturwert der Umgebungsluft annehmen.

Es ist leicht einzusehen, daß der Maximalwert der effektiven Temperatur $T_{\text{eff}\,\text{max}}$ von der Kupplung erreicht werden kann, bevor die theoretische Temperatur T_{th} ihren Maximalwert erreicht. In Abb. 32 ist dieser Punkt unterhalb der Schnittstelle von q und q' mit B^T_{max} gekennzeichnet. Alles hängt hierbei von den Kühlverhältnissen bzw. von den mit der Zeit veränderlichen und von den Betriebszuständen abhängigen Verhältnissen zwischen der Wärmeentstehung und der Wärmeabgabe ab.

Für die graphische Darstellung ist es dabei zweckmäßig und ausreichend, die Zeitintervalle Δt auf der Zeitachse O–t als untereinander gleiche Zeiteinheiten von je 1 sek anzunehmen. Es ergeben sich dann im oberen Quadranten, in den von jedem solchen Zeitintervall und den Ordinaten der Kurven q bzw. q' eingeschlossenen Streifen, Flächen, die die Wärmemengen q' und q'' darstellen.

b) Wärmekapazität der Strömungskupplung und Gesamtwärmeübergangskoeffizient „k“. Um die theoretische Temperatur T_{th} der Strömungskupplung berechnen zu können, ist vor allem die Kenntnis der *Wärmekapazität* ihrer gesamten Masse nötig. Da die Strömungskupplung aus verschiedenen Werkstoffen besteht und jeder einzelne davon eigene physikalische Eigenschaften besitzt, ist es geboten, diesem Umstand dadurch Rechnung zu tragen, daß aus den partiellen Wärmekapazitäten der einzelnen Elemente durch Addition derselben eine resultierende Gesamtkapazität der Kupplung errechnet wird, für die der nachstehend angeführte einfache Ausdruck aufgestellt werden kann:

$$G^* c^* = G_1 c_1 + G_2 c_2 + G_3 c_3 + \cdots \tag{160}$$

Hierin bedeuten:

G^* Gesamtgewicht der Strömungskupplung, inbegriffen Ölfüllung [kg];
c^* mittlere spezifische Wärme der gesamten Kupplungsmasse [kcal/kg °C];
$G_1, G_2, G_3 \ldots$ Gewicht der einzelnen aus verschiedenen Werkstoffen bestehenden Elemente [kg];
$c_1, c_2, c_3 \ldots\ldots$ spezifische Wärme der bezüglichen Werkstoffe [kcal/kg °C].

Die Dimension der Wärmekapazität $G^* c^*$ ist: $[kcal/°C]$.

Die Berechnung der effektiven Temperaturen T_{eff} setzt nun die Berücksichtigung einiger weiterer besonderer Umstände voraus, da der Übergang der Wärme, d. h. der Wärmefluß q' von der Kupplungsoberfläche zur Außenluft (Kühlung), von einem „*Gesamtwärmeübergangskoeffizienten k*" abhängt, der von dem Temperaturgefälle ΔT zwischen der Außenluft T_a und der eigenen effektiven Temperatur T_{eff} beeinflußt wird. Dieser Wärmeübergangskoeffizient k ist seinerseits wiederum vom Betriebszustand der Kupplung, von der äußeren Form und dem Ausmaß der sich ergebenden Kühlfläche sowie vom Ventilationsgrad, dem diese Kühlfläche ausgesetzt ist, abhängig.

Eine genaue Berechnung des Wärmeübergangs von der äußeren Gehäuseoberfläche an die Umgebungsluft für einen bestimmten Betriebszustand der Kupplung, bei der man den *wahren* Wärmeübergangskoeffizienten eines jeden einzelnen Elementarstreifens der Oberfläche in Abhängigkeit von den verschiedenen effektiven Geschwindigkeiten, mit denen die Kühlluft diese Flächenelemente in radialer Richtung bestreicht, berücksichtigen wollte, würde eine zu umfassende Arbeit erfordern. Das Ergebnis stünde dabei in keinem Verhältnis zum Aufwand, der bei Anwendung einer nach Vernunft vereinfachten Rechnungsmethode erzielbar ist. Man wird deshalb besser eine Methode entwickeln, die trotz der Einfachheit genügend genaue, fast vollkommene Ergebnisse ergibt. Die dabei verwendeten mittleren *Wärmeübergangskoeffizienten k* müssen dabei nur den Werten entsprechen, die experimentell in einem dem gerade untersuchten Betriebsfall entsprechenden Versuch ermittelt worden sind.

Die Schwierigkeiten liegen hierbei nur in dem Umstande, daß man über eine genügend große Anzahl von Koeffizienten „k" verfügen muß, die für die verschiedenen in Frage kommenden Betriebsarten gelten können. Liegen experimentelle Werte analoger Betriebszustände nicht vor, muß wiederum die „Vernunft" eingreifen. Stehen nämlich andere Daten zur Verfügung, so kann man aus diesen jene Werte auswählen, die voraussichtlich — nach bestem Ermessen des Berechnungsingenieurs — den jeweils gegebenen Verhältnissen am besten entsprechen dürften.

Zwischen der in einem Zeitintervall Δt übertragenen Wärmemenge ΔQ, dem pro Zeiteinheit an die Luft übergehenden Wärmefluß q' und dem Wärmeübergangskoeffizienten k besteht folgender Zusammenhang:

$$\Delta Q = q' \Delta t = \frac{k}{3600} A^* \Delta t \, \Delta T. \tag{161}$$

Hierin bedeuten:

k Gesamtwärmeübergangskoeffizient zwischen Kupplungsoberfläche und Umgebungsluft [kcal/m²h °C];
A^* wirksame (effektive) Kühlfläche der Kupplungsoberfläche [m²].

Da der Wärmeübergangskoeffizient k sowohl vom Kupplungstyp als auch von der Betriebsart bzw. dem Betriebszustand abhängt, ist es nicht möglich, für diesen einen einzigen bestimmten Wert anzugeben. Vielmehr ergibt sich auch hier die Notwendigkeit, eine graphische Darstellung anzuwenden, aus der die Veränderlichkeit von k in Abhängigkeit von den in Frage kommenden Parametern hervorgeht und aus der für jeden Betriebszustand der genaue, jeweils in Betracht kommende Wert entnommen werden kann.

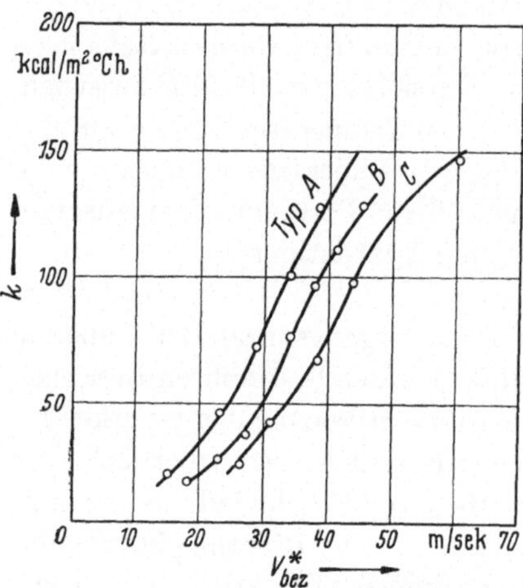

Abb. 33. Beispiel einer graphischen Darstellung des Verlaufs der Gesamtwärmeübergangskoeffizienten k in Abhängigkeit der Bezugsumfangsgeschwindigkeit V^*_{bez} für drei verschiedene Kupplungen (bzw. Kupplungsanlagen) des Typs A, B, C

Der Betriebszustand einer Strömungskupplung hinsichtlich ihrer Kühlung ist in erster Linie durch ihre Drehzahl, besser durch eine Kenngeschwindigkeit am Umfange ihrer Gehäuseoberfläche gekennzeichnet. Eine solche Kenngeschwindigkeit ist natürlich frei wählbar, und hierzu wird zweckmäßigerweise die am äußeren Durchmesser der Kupplung existierende Umfangsgeschwindigkeit genommen. Diese wollen wir als Bezugsgeschwindigkeit mit V^* bzw. V^*_{bez} bezeichnen.

Die Anhängigkeit des Wärmeübergangskoeffizienten „k" von dieser Bezugsgeschwindigkeit V^* einer gegebenen Kupplung läßt sich dann, wie beispielsweise im Diagramm Abb. 33 gezeigt wird, graphisch eindeutig darstellen. Es ist klar, daß sich für jeden Kupplungstyp und für jede Betriebsart eine Kurve wiedergeben läßt, mit der man die Betriebseignung dieses Kupplungstyps für eine bestimmte Betriebsart beurteilen kann.

In Gl. (161) kommt die Oberfläche A^* der Kupplung vor. Es ist verständlich, daß, je größer diese „effektive" Kühlfläche A^* ist, durch die sich der Wärmeübergang an die Umgebungsluft vollzieht, desto größer der Wärmefluß sein muß, der in der Zeiteinheit von der Kupplung auf die Außenluft übergeht.

Diese Oberfläche A^* ist in erster Linie abhängig vom Außendurchmesser D^* der Kupplung; sie muß also, falls sie vollkommen glatt ist, mit dem Quadrat dieses Durchmessers wachsen. Die Oberfläche A^* kann

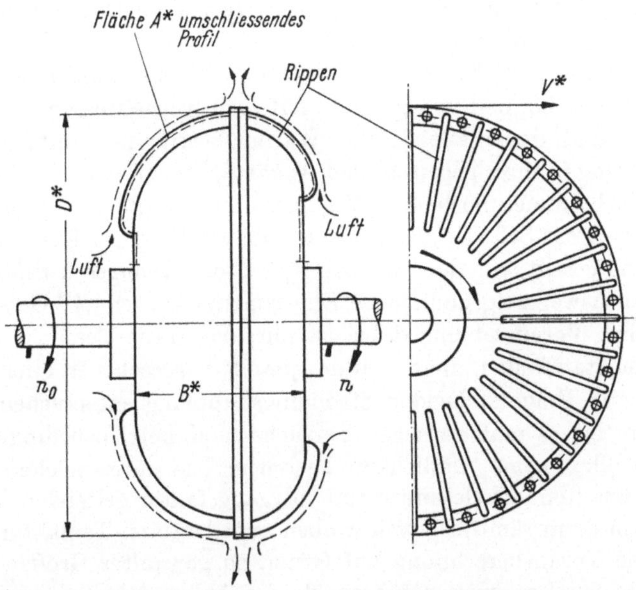

Abb. 34. Kühlflächenverhältnisse am Gehäuse einer Strömungskupplung D^* konventioneller Bezugsdurchmesser; B konventionelle Bezugsbreite; $V^* = D^* \omega_0/2$ konventionelle Bezugsgeschwindigkeit (Umfangsgeschwindigkeit); strichlierter Profilteil umschließt die Kühlfläche A^*. (Weitere Einzelheiten im Text)

aber durch Kühlrippen stark vergrößert sein. Der Wärmeübergang wird nicht nur infolge der Kühlflächenvergrößerung gesteigert, sondern auch in starkem Maße durch die Ventilationswirkung der Kühlrippen. Die Rippen müssen zweckmäßig, d. h. ähnlich den Schaufeln der Schleudergebläse, radial an der Gehäusewand angeordnet werden (s. Abb. 34). Um diese Kühlwirkung noch weiter zu steigern, kann das Kupplungsgehäuse, wie es in der Abbildung gestrichelt angedeutet ist, mit einem äußeren als Luftführungsmantel dienenden Blechgehäuse so umgeben werden, daß der Lüftungsstrom gezwungen ist, in zweckmäßigster Weise entlang dem äußeren Gehäuseprofil zu streichen.

Die Kühlung hängt natürlich auch von der Masse des Luftstroms, d. h. vom Luftgewicht je Zeiteinheit ab, der durch dieses „Gebläse" hindurchgejagt wird. Wenn man berücksichtigt, daß dieser Kühlluftstrom in Analogie zu den für die Luftförderung bei den Schleudergebläsen geltenden Gesetzen von der Drehzahl der Kupplung und der sich ergebende Druckunterschied zwischen den Eintritts- und Austrittsstutzen vom Quadrat der Drehzahl derselben abhängt, ist leicht einzusehen, daß die drei diesen Luftstrom bestimmenden Größen D^*, A^* und n_0 betreffs des Wärmeübergangs vom Innern der Kupplung auf die Außenluft grundsätzliche Kenngrößen darstellen müssen. Die Wahl der Geschwindigkeit $V^* = f(D^*, n_0)$ als Indexgröße für die von verschiedenen Bauarten und Kühltypen gegebenen Verhältnisse erscheint somit vollauf gerechtfertigt.

Da es praktisch nicht leicht ist, wenn nicht gar unmöglich, analytisch sämtliche bei den verschiedenen Betriebsverhältnissen in Frage kommenden und dabei alle in der Wärmeübertragung auftretenden Faktoren streng in ihrer gegenseitigen Abhängigkeit zu berücksichtigen, so bleibt doch immer noch der Weg offen, das Problem durch Umgehung aller dieser Schwierigkeiten auf anderem Wege zu lösen, wenn, wie einleitend gesagt, von den in Abhängigkeit der Kenngeschwindigkeit V^* im Versuchsweg aufgenommenen Experimentalkurven „k" Gebrauch gemacht wird. Voraussetzung dabei ist nur, daß diese Versuche unter Bedingungen stattfinden, die denen des jeweils vorgesehenen effektiven Betriebs der in Frage stehenden Strömungskupplung entsprechen. Mit anderen Worten, es muß zwischen Versuchs- und Betriebsbedingungen möglichst vollkommene Ähnlichkeit bestehen. Die unter solchen Umständen ermittelten, als Gesamtwärmeübergangsfaktor geltenden Werte „k" schließen dann sämtliche weiter oben angedeuteten Teilfaktoren in sich ein. Die Vorausberechnung auf Grund so gewählter Größen muß dann zu genauen Ergebnissen führen, da die Abhängigkeit dieser Faktoren „k" von der Kenngeschwindigkeit V^* unter analogen Verhältnissen errechnet worden ist.

c) Berechnung der Temperaturen. Auf Grund der im vorigen Abschnitt besprochenen Voraussetzungen ist man in der Lage, den Rechnungsgang zur Bestimmung der Temperaturen festzulegen. Dabei geht man von folgenden zusätzlichen Betrachtungen aus. Die am Ende eines Zeitintervalls Δt herrschende theoretische Temperatur wird mit T_{th} bezeichnet, die am Anfang des gleichen Zeitintervalls Δt herrschende Temperatur mit $T_{\text{th}\,a}$.

Die Dauer des gewählten Zeitintervalls $\Delta t = 1$ sek ist klein genug, um ohne weiteres den Zuwachs der Temperatur innerhalb desselben *linear* und die mittlere Temperatur als das arithmetische Mittel zwischen den beiden Temperaturendwerten annehmen zu können.

Die gleiche Annahme gilt für die effektiven Temperaturen T_{eff}.

Für den während eines bestimmten Zeitintervalls Δt sich einstellenden mittleren Temperaturunterschied zwischen Kupplung und Außenluft kann dann folgender Ausdruck geschrieben werden:

$$\Delta T = \frac{T_{\text{eff}\,a} + T_{\text{eff}}}{2} - T_a . \tag{162}$$

Die an die Außenluft entsprechend dem Wärmefluß q' abgegebene Wärme muß infolgedessen sein:

$$\Delta Q' = q' \Delta t = \frac{k}{3600} A^* \Delta t \, \Delta T , \tag{163}$$

woraus sich der Wärmefluß q' errechnet zu:

$$q' = \frac{kA^*}{3600} \, \frac{T_{\text{eff}\,a} + T_{\text{eff}} - 2\,T_a}{2} . \tag{164}$$

Die in der Kupplungsmasse aufgespeicherte Wärme, die offensichtlich dem Fluß q'' multipliziert mit dem Zeitintervall Δt entspricht, muß gleich sein der eigenen gesamten Wärmekapazität, multipliziert mit dem Temperaturunterschied ΔT_{eff}:

$$\Delta Q'' = q'' \Delta t = G^* c^* \Delta T_{\text{eff}} . \tag{165}$$

Hieraus läßt sich q'' entnehmen zu:

$$q'' = G^* c^* \frac{\Delta T_{\text{eff}}}{\Delta t} . \tag{166}$$

Die gleiche Überlegung gilt, wenn die Kühlung ausgeschlossen wird. In diesem Falle wird, weil dann $q' = 0$, q'' gleich q; und an Stelle von T_{eff} ist T_{th} einzusetzen. Für die erzeugte Gesamtwärme ΔQ kann somit geschrieben werden:

$$\Delta Q = \Delta Q' + \Delta Q'' = q \Delta t = G^* c^* \Delta T_{\text{th}} . \tag{167}$$

Falls die Strömungskupplung vollkommen isoliert und q'' wirklich Null wäre, würde die Temperatur T_{th} gleich der Temperatur T_{eff} sein.

Wenn in Gl. (159) an Stelle von q' und q'' die durch die Gln. (164) und (166) gegebenen Substitutionen eingesetzt werden, erhält man:

$$q - \frac{kA^*}{3600} \, \frac{1}{2} [T_{\text{eff}\,a} + T_{\text{eff}} - 2\,T_a] = G^* c^* \frac{\Delta T_{\text{eff}}}{\Delta t}$$

und daraus:

$$\Delta T_{\text{eff}} = \frac{\Delta t}{G^* c^*} \left[q - \frac{kA^*}{7200} (T_{\text{eff}\,a} + T_{\text{eff}} - 2\,T_a) \right] . \tag{168}$$

Da gilt: $\Delta T_{\text{eff}} = T_{\text{eff}} - T_{\text{eff}\,a}$, entnimmt man aus dieser Gleichung:

$$(T_{\text{eff}} - T_{\text{eff}_a}) \frac{G^* c^*}{\Delta t} = q - \frac{kA^*}{7200} (T_{\text{eff}\,a} + T_{\text{eff}} - 2\,T_a)$$

und aus dieser:

$$T_{\text{eff}} = T_{\text{eff}\,a} + \frac{3600\,q - kA^*(T_{\text{eff}\,a} - T_a)}{\dfrac{3600\,G^*c^*}{\Delta t} + \dfrac{kA^*}{2}}. \tag{169}$$

Für den theoretischen Fall, in dem keine Kühlung existiert, ergibt sich aus Gl. (167):

$$q\,\Delta t = G^*c^*\Delta T_{\text{th}} = G^*c^*(T_{\text{th}\,a} - T_{\text{th}})$$

oder:

$$T_{\text{th}} = T_{\text{th}\,a} + \frac{q\,\Delta t}{G^*c^*} \quad [{}^\circ\text{C}]. \tag{170}$$

Die entsprechenden, auf den betrachteten Zeitintervall Δt bezogenen Temperaturdifferenzen sind [Gln. (169) und (170)]:

$$\Delta T_{\text{eff}} = T_{\text{eff}} - T_{\text{eff}\,a} = \frac{3600\,q - kA^*(T_{\text{eff}\,a} - T_a)}{\dfrac{3600\,G^*c^*}{\Delta t} + \dfrac{kA^*}{2}} \tag{171}$$

und:

$$\Delta T_{\text{th}} = T_{\text{th}} - T_{\text{th}\,a} = \frac{q\,\Delta t}{G^*c^*}. \tag{172}$$

Gl. (166) ins Verhältnis gesetzt mit dem aus Gl. (172) erhaltenen Wert q ergibt:

$$\frac{q''}{q} = \frac{\Delta T_{\text{eff}}}{\Delta T_{\text{th}}},$$

woraus man für den Wärmefluß q'' den Ausdruck erhält:

$$q'' = q\,\frac{\Delta T_{\text{eff}}}{\Delta T_{\text{th}}} \quad \left[\frac{\text{kcal}}{\text{sek}}\right]. \tag{173}$$

Weil außerdem nach Gl. (159) sein muß: $q' = q - q''$, erhält man durch Ersetzen des durch Gl. (173) gegebenen Werts q'' den Ausdruck:

$$q' = q\left[1 - \frac{\Delta T_{\text{eff}}}{\Delta T_{\text{th}}}\right],$$

der zweckmäßigerweise so umgeschrieben wird:

$$q' = q\,\frac{\Delta T_{\text{th}} - \Delta T_{\text{eff}}}{\Delta T_{\text{th}}} \quad \left[\frac{\text{kcal}}{\text{sek}}\right]. \tag{174}$$

Schließlich kann man aus Gl. (164) den Gesamtwärmeübergangskoeffizienten k ausrechnen, für den dann der nachstehende Ausdruck gilt:

$$k = \frac{7200\,q'}{A^*(T_{\text{eff}\,a} + T_{\text{eff}} - 2\,T_a)} \quad \left[\frac{\text{kcal}}{\text{m}^2\,{}^\circ\text{C}\,\text{h}}\right]. \tag{175}$$

Gewöhnlich werden am Prüfstand nur direkt ablesbare Meßergebnisse gewonnen, während alle nachträglich nötigen Rechnungsoperationen gesondert durchgeführt werden müssen. Meßwerte im Hinblick auf wärmetechnische Probleme sind die Temperaturen, die an den Strömungsmaschinen auf dem Prüfstand oder in der richtigen Betriebsanlage gewonnen werden. Die Berechnung der Wärmeübergangskoeffizienten k sowie der verschiedenen Wärmeflußgrößen q, q' und q'' kann nur Gegenstand nachträglicher Arbeit sein. Die vom Versuchspersonal gelieferten Meßergebnisse sind meistens in Tabellen oder Diagrammen enthalten, aus denen die gemessenen Temperaturen entweder in Abhängigkeit von der übertragenen Leistung, oder der Drehzahl der Kupplung, oder eines anderen für den betrachteten Betriebsfall maßgebenden Parameters hervorgehen.

Die Prüfergebnisse müssen in einem übersichtlichen Diagramm ausgewertet werden, indem der Wärmeübergangskoeffizient k in Abhängigkeit von der die Kühlfläche der Kupplung je Zeiteinheit bestreichenden Kühlluftmenge erscheint. Da die Luftmenge jedoch schwer bestimmbar ist, erscheint es, wie schon angedeutet, zweckmäßig, diesen Wärmeübergangskoeffizienten k in Abhängigkeit von der konventionellen Umfangsgeschwindigkeit V^* der Kupplung oder einer anderen je nach Fall und Sinn gewählten Geschwindigkeit aufzutragen. Ein derartiges Beispiel ist in Abb. 33 dargestellt.

Im Hinblick auf die wirksame Kühloberfläche A^* der Strömungskupplung könnte man in Abhängigkeit vom Außendurchmesser D^* und der Breite B^* ebenfalls eine konventionelle Formel angeben.

Es erscheint aber, je nach den Verhältnissen, zweckmäßiger, nach eigenem sachlichen Ermessen die Wahl zu treffen und so von Fall zu Fall die einem gegebenen Betriebsbild entsprechendste „wirksame" Fläche zu bestimmen.

Für eine genauere Bestimmung des Gesamtwärmeübergangskoeffizienten k am Prüfstand wäre es erforderlich, für jeden Betriebszustand die entsprechende *Stabilisationstemperatur* zu kennen. Diese müßte während der gesamten zur Messung benötigten Zeit konstant gehalten werden. Die Rechnung für die Ermittlung des Werts k vereinfacht sich in diesem Falle, da an Stelle von q' (weil hier $q'' = 0$) der Wärmefluß q eingesetzt werden kann, der in eindeutiger Weise von den Betriebsverhältnissen der Kupplung selbst bestimmt ist. Für den Wert k ergibt sich in diesem Falle der Ausdruck:

$$k = \frac{3600\,q'}{A^*(T_{\text{eff}} - T_a)} = \frac{3600\,q}{A^*(T_{\text{eff}} - T_a)} \quad \left[\frac{\text{kcal}}{\text{m}^2\,{}^\circ\text{C}\,\text{h}}\right]. \tag{176}$$

Falls es aus irgendeinem Grunde nicht möglich ist, die Prüfzeit am Stand so zu verlängern, bis die Stabilisationstemperatur des jeweils in Frage kommenden Betriebszustands erreicht wird, lassen sich die Werte k trotzdem ermitteln, wenn wie folgt verfahren wird. Unter der Voraussetzung, daß während der Versuchsdauer der Betriebszustand konstant gehalten wird, d. h., daß während dieses Zeitintervalls weder das Drehmoment M noch der Schlupf e eine Änderung erfährt, gilt:

$\Delta t = t_2 - t_1$ Zeitintervall zwischen zwei Messungen in Sekunden;

$T_{\mathrm{eff}\,1/2}$ effektive Temperaturen, gemessen am Anfang und am Ende des Zeitintervalls Δt;

T_a Umgebungstemperatur, konstant.

Es muß nachstehende Gleichheit bestehen:

$$q'' dt = G^* c^* d T_{\mathrm{eff}},$$

daraus erhält man:

$$q'' = G^* c^* \frac{d T_{\mathrm{eff}}}{dt}. \tag{177}$$

Andererseits gilt aber:

$$q' dt = \frac{kA^*}{3600} dt\, T_{\mathrm{eff}},$$

weshalb sich für q' ergibt:

$$q' = \frac{kA^*}{3600} T_{\mathrm{eff}}. \tag{178}$$

Als weitere Bedingung muß erfüllt sein:

$$q = q' + q'' = \frac{kA^*}{3600} T_{\mathrm{eff}} + G^* c^* \frac{d T_{\mathrm{eff}}}{dt}, \tag{179}$$

aus der sich ergibt:

$$\int_{t_1}^{t_2} dt = \int_{T_{\mathrm{eff}1}}^{T_{\mathrm{eff}2}} \frac{d T_{\mathrm{eff}}}{\frac{q}{G^* c^*} - \frac{kA^*}{3600 G^* c^*} T_{\mathrm{eff}}}. \tag{180}$$

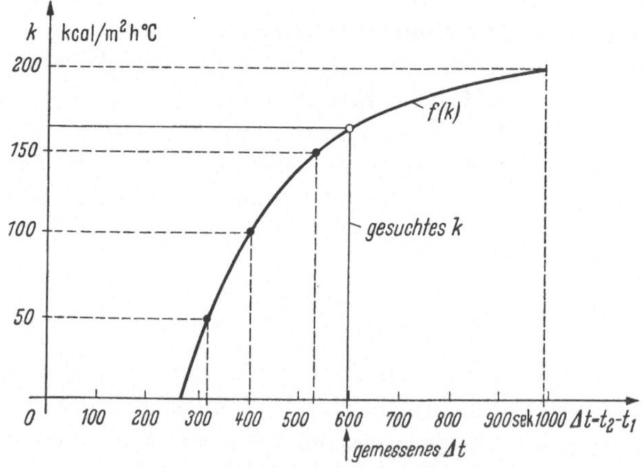

Abb. 35. Die nach Gl. (181) für verschiedene willkürlich einzusetzende Werte von k und Temperaturdifferenzen $\Delta t = (t_2 - t_1)$ errechnete logarithmische Kurve $k - \Delta t$. Die Ordinate, die durch den gemessenen Wert der Temperaturdifferenz geht, schneidet dann die Kurve in einem Punkt, dessen Ordinate selbst dem gesuchten k-Wert entspricht

Hier bedeutet q den nach Gl. (158) erzeugten Wärmefluß. Die Lösung des Integrals lautet:

$$t_2 - t_1 = \Delta t = f(k) = \frac{8280\, G^* c^*}{k\, A^*} \log \frac{3600\, q - k\, A^*\, T_{\text{eff}\,1}}{3600\, q - k\, A^*\, T_{\text{eff}\,2}} \quad [\text{sek}]. \qquad (181)$$

Der für einen beliebigen Temperaturunterschied geltende Wärmeübergangskoeffizient k läßt sich leicht aus dieser Gleichung mittels eines einfachen graphischen Verfahrens bestimmen.

Man berechnet hierzu für eine gewisse Anzahl angenommener Werte von k die entsprechenden Temperaturunterschiede $(t_2 - t_1)$, die in einem Diagramm in Kurvenform aufgetragen werden, wie es beispielsweise in Abb. 35 dargestellt ist.

Dort, wo die Kurve $f(k)$ von der dem experimentell gemessenen Wert $\Delta t = (t_2 - t_1)$ entsprechenden Ordinate geschnitten wird, ist der gesuchte Wert k (Punkt ∘ in Abb. 35).

d) Berechnung der Diagramme *M-v*, *q-v-t*, *q-T-t*. Die Vorausberechnung der für das Aufzeichnen der Temperaturdiagramme nötigen Werte erfolgt wiederum tabellarisch. Man geht dabei vom Anfangsintervall Δt bei Raumtemperatur T_a aus, die, falls Kühlluft entlang der Kupplungsoberfläche geleitet wird, gleich dem arithmetischen Mittel aus Eintritts- und Austrittstemperatur anzunehmen ist:

$$T_a = 1/2\,(T_{L_1} + T_{L_2}). \qquad (181\text{a})$$

Zur weiteren Verfolgung der Aufgabe bleibt noch zu bestimmen, nach welchem Kriterium der Wärmefluß q in Abhängigkeit von der Zeit t zu berechnen ist. Hierzu müssen, zwecks realistischer Beurteilung des thermischen Verhaltens der Strömungskupplung, die schwersten Betriebsverhältnisse zugrunde gelegt werden, die sich im praktischen Fahrbetrieb mit der in Erörterung stehenden Kupplung innerhalb eines „kritischen" Zeitintervalls einstellen können.

Bei der Verwendung im Fahrzeugbau (Straßen- und Schienenfahrzeuge) stellen sich solche Betriebsbedingungen während des Anfahrvorgangs ein, besonders, wenn dabei Steigungen zu überwinden sind. Unter solchen Verhältnissen arbeitet die Kupplung vor allem während einiger Sekunden am *Festpunkt* (stalling), denn die Turbine steht dabei still, und der Schlupf hat seinen größten Wert von $e = 100\%$.

Während dieser Anfahrperiode wird die ganze vom Motor in die Kupplung eingeleitete Leistung in Wärme umgewandelt. Während die Fahrzeuggeschwindigkeit dann zunimmt, nimmt der Schlupf zwischen Primär- und Sekundärteil der Kupplung ab, damit verringert sich auch die Wärmeentwicklung bzw. der Wärmefluß q.

Sobald der Motor seine Höchstdrehzahl erreicht und folglich die Kupplung ihren kleinsten Schlupf hat, ist der normal vorgesehene

Betriebszustand hergestellt. Dies trifft innerhalb einer bestimmten Zeitspanne zu, die nur von den erreichbaren Beschleunigungen bzw. von den erreichten Geschwindigkeiten des Fahrzeugs abhängen, während die

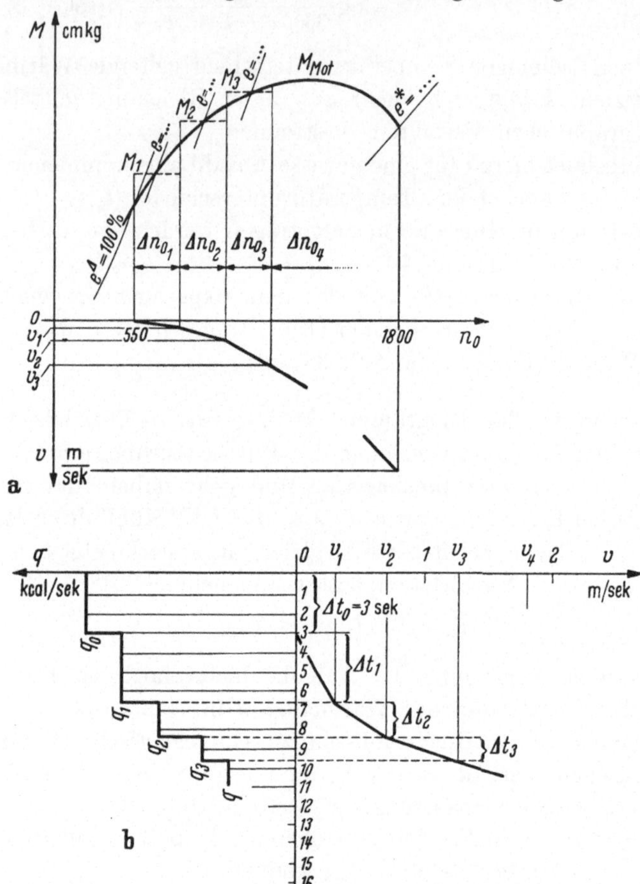

Abb. 36a u. b. Graphische Darstellung der für die thermische Berechnung einer Strömungskupplung in Frage kommenden Größen
a) *im oberen Quadranten:* Motorkurve mit eingetragenen Kupplungsschlupfwerten in Abhängigkeit der Motordrehzahl n_0; *im unteren Quadranten:* Fahrzeuggeschwindigkeiten in Abhängigkeit der Motordrehzahl (Kupplungsschlupf berücksichtigt!). b) *im linken Quadranten:* Gesamtwärmeerzeugung (Verlustwärme) in Abhängigkeit von der Zeit; *im rechten Quadranten:* erreichte Fahrzeuggeschwindigkeiten (bei konstanter Beschleunigung) in Abhängigkeit von der Zeit. (Nähere Erklärung im Text)

Beschleunigungen ihrerseits von dem von der Strömungskupplung jeweils auf die Treibräder übertragenen Drehmoment im Verhältnis zur Masse bzw. zum Gewicht des betrachteten Fahrzeugs abhängen.

Es ist nun die Momentenkurve des für ein bestimmtes Fahrzeug vorgesehenen Motors in Abhängigkeit seiner Drehzahl gegeben (Abb. 27 und 36a). Von bestimmten ausgezeichneten Punkten derselben (Grenzpunkte der Intervalle Δn_0) sollen die entsprechenden Schlupfe (e %) der Kupplung bekannt sein (sie werden nach der in dem vorigen Abschnitt dargelegten Methode separat ermittelt). Da das Untersetzungsverhältnis ϱ zwischen Motor und Antriebsräder (unter Berücksichtigung der verschiedenen Getriebegänge) bekannt ist, sind auch die entsprechenden Geschwindigkeiten des Fahrzeugs bekannt, für die die nachstehenden Beziehungen gelten müssen:

$$v = \frac{V}{3{,}6} = \eta\,\omega_0\,\frac{R}{\varrho} = \frac{\pi}{30}\,n_0\,\eta\,\frac{R}{\varrho}. \tag{182}$$

In diesen bedeuten:

V Fahrzeuggeschwindigkeit [km/h];
v Fahrzeuggeschwindigkeit [m/sek];
R wirksamer Radius der Treibräder [m];
ϱ Untersetzungsverhältnis zwischen Abtriebswelle der Strömungskupplung und Antriebsräder des Fahrzeugs $= n/n_R$; (n_R = Drehzahl der Treibräder).

Leider ist die Motorkurve eine empirisch gegebene bzw. experimentell aufgenommene Kurve, die nicht in einfacher Weise analytisch ausgedrückt werden kann. Man ist deshalb auch hier darauf angewiesen, sich am zweckmäßigsten einer graphischen Methode zu bedienen, um auf diesem Wege zu den gesuchten Ergebnissen zu gelangen.

Zu diesem Zweck wird der Bereich der Drehzahlen n_0 des Motors in eine bestimmte Anzahl Einzelbereiche Δn_0 unterteilt und angenommen, daß innerhalb eines jeden dieser Einzelbereiche ein mittleres konstantes Drehmoment $M_{1,2\ldots}$ wirkt, dessen Größe gleich dem arithmetischen Mittel zwischen den Endwerten dieser Einzelbereiche angenommen werden kann (gestrichelte Linien in Abb. 36a). Infolge dieser Annahme können auch die Schlüpfe e (bzw. die Werte η) der Kupplung und somit die Antriebskraft P_x, die das Fahrzeug anschiebt, als konstant angesehen werden. Die Antriebskraft P_x ist hierbei jene Kraft, die die Beschleunigung der Fahrzeugmasse verursacht und diese innerhalb des betrachteten Zeitintervalls Δt von der Anfangsgeschwindigkeit v_1 zur Endgeschwindigkeit v_2 bringt, wobei letztere dann für das folgende Zeitintervall als die neue Anfangsgeschwindigkeit zu gelten hat. Bei Erreichung der Endgeschwindigkeit eines jeden Zeitintervalls Δt muß das nächste wieder als konstant anzunehmende mittlere Drehmoment der neuen Einzelbereiche Δn_0 in Rechnung gestellt werden, um so das neue Zeitintervall Δt berechnen zu können, das nötig ist, um das Fahrzeug am Ende des jetzt berücksichtigten Intervalls Δn_0 auf die der Enddrehzahl entsprechende Geschwindigkeit zu bringen.

Auf diese Weise wird von Intervall zu Intervall verfahren, bis bei Erreichung des letzten auch die höchste und damit die Endgeschwindigkeit des Fahrzeugs erreicht ist, und damit die gesamte Anfahrperiode berücksichtigt erscheint.

Für die Berechnung der Beschleunigungen des Fahrzeugs soll jetzt auf Abb. 37 Bezug genommen und von der nachstehenden Gleichung ausgegangen werden:

$$P_x = m\,b + \mu G + i\,G = G\left(\frac{b}{g} + i + \mu\right). \tag{183}$$

In dieser bedeuten:

P_x gesamte auf das Fahrzeug wirkende Antriebskraft (am Umfang der Treibräder angreifend) [kg];
G Gesamtgewicht des Fahrzeugs (oder des Zugs) [kg];
m G/g = Masse des Fahrzeugs [kg sek^2/m];
g Erdbeschleunigung [m/sek^2];
b Fahrzeugbeschleunigung [m/sek^2];
i Straßenneigung = [%/100];
μ_0 globaler Rollreibungskoeffizient der Ruhe;
μ globaler Rollreibungskoeffizient der Bewegung.

Die Antriebskraft P_x muß sein:

$$P_x = \frac{M\,\varrho}{R}\,\eta_{m\varrho}, \tag{184}$$

wobei $\eta_{m\varrho}$ der mechanische Wirkungsgrad des Übersetzungsgetriebes ist und M das Motordrehmoment. Aus der Gleichheit der beiden Gln. (183) und (184) entnimmt man die Fahrzeugbeschleunigung b, die dem Quotienten $\frac{\Delta V}{\Delta t}$ gleich sein muß:

$$b = \left[\frac{M\,\varrho\,\eta_{m\varrho}}{G\,R} - i - \mu\right] g = \frac{\Delta v}{\Delta t} = g\left[\frac{M\,\eta_{m\varrho}\,\varrho}{R\,G} - (i + \mu)\right]. \tag{185}$$

Diese Gleichung, nach Δt aufgelöst, liefert die einzelnen Zeitintervalle $\Delta t_1, \Delta t_2, \Delta t_3 \ldots$ wie folgt:

$$\left.\begin{aligned}
\Delta t_1 &= \frac{v_1}{\frac{\varrho\,g\,\eta_{m\varrho}}{G\,R}\,M_1 - g\,(i + \mu)},\\
\Delta t_2 &= \frac{v_2 - v_1}{\frac{\varrho\,g\,\eta_{m\varrho}}{G\,R}\,M_2 - g\,(i + \mu)},\\
\Delta t_3 &= \frac{v_3 - v_2}{\frac{\varrho\,g\,\eta_{m\varrho}}{G\,R}\,M_3 - g\,(i + \mu)},\\
&\;\;\vdots
\end{aligned}\right\} \tag{186}$$

Will man den Unterschied zwischen den beiden Reibwerten μ_0 und μ der Ruhe bzw. der Bewegung berücksichtigen (was praktisch aber vernachlässigt werden kann), so setzt man im Vorintervall des Anfahrvorgangs einfach an Stelle von μ den Wert μ_0.

Wie aus Diagramm Abb. 36b ersichtlich, trägt man auf der linken Abszissenachse, ausgehend vom Ursprung O, die Wärmeflußwerte q

auf, die nach Gl. (158) in Abhängigkeit des Schlupfes e [folglich der Geschwindigkeit v nach Gl. (182) und der Zeit Δt nach Gl. (186)] berechnet worden sind. Von diesem Diagramm werden dann die q-Werte in das endgültige Diagramm Abb. 32 übertragen, das als Grundlage zur eigentlichen thermischen Berechnung der Strömungskupplung nach den obigen Darstellungen dienen wird.

Ein weiterer Umstand ist vorher noch zu berücksichtigen. Der Motor eines Fahrzeugs muß immer eine gewisse Zeit lang vor dem eigentlichen Anfahrvorgang angelassen werden; man kann auch annehmen, daß die mechanische Zusatzkupplung — ausgenommen in jenen Fällen, wo eine solche nicht vorgesehen ist — erst einige Augenblicke vor dem Anfahren des Fahrzeugs eingeschaltet wird. Dies bedeutet, daß die Strömungskupplung von diesem Augenblick an, jedenfalls bevor das Fahrzeug sich in Bewegung setzt, während eines bestimmten Zeitintervalls des bereits erwähnten Vorintervalls, am *Festpunkt* arbeitet. Auf diese Arbeit, die während dieses Vorintervalls beim Anfahren des Fahrzeugs geleistet wird, muß natürlich Rücksicht genommen werden, weil, wie schon gesagt, diese Arbeit vollkommen in Wärme umgesetzt und die Kupplung thermisch in höchstem Grade beansprucht wird.

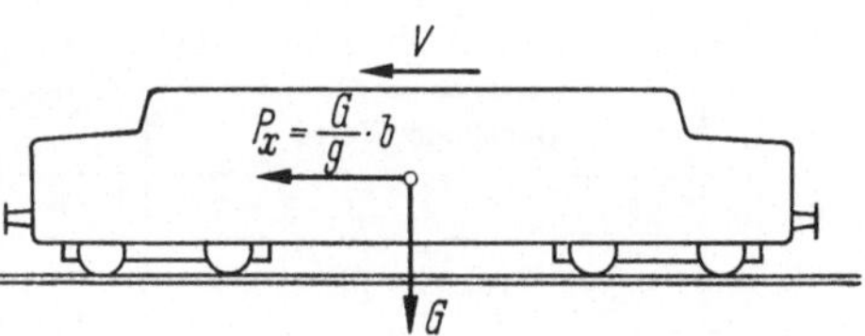

Abb. 37. Schema eines Fahrzeugs (hier als Schienenfahrzeug dargestellt)
V Fahrzeuggeschwindigkeit; G Fahrzeuggewicht; P_x zur Beschleunigung nötige Antriebskraft

Da die Reihenfolge der verschiedenen zum Anfahren des Fahrzeugs erforderlichen Bedienungshandgriffe (falls keine Vollautomatik hierzu vorgesehen ist) von Hand und nach freiem Ermessen des Fahrers erfolgt und folglich diese veränderlich sein kann, ergibt sich die Zweckmäßigkeit, um jede Unklarheit auszuschalten, wiederum von einer *konventionellen* Annahme auszugehen, die in möglichst wirklichkeitsgetreuer Weise diese Tatsache berücksichtigt. Man kann die Zeitdauer des Vorintervalls beim Anfahrvorgang, bei der die Strömungskupplung am Festpunkt unter Vollgas des Motors arbeitet, etwa mit 3 sek festlegen.

Infolge dieser konventionellen Annahme muß die theoretische Berechnung dann nicht mit dem Wärmefluß q_1, sondern mit einem Wärmefluß q_0 entsprechend den Betriebsverhältnissen des soeben bestimmten Vorintervalls Δt_0 von 3 sek beginnen.

Für die systematische Durchführung der Rechnung ist es dabei wiederum zweckmäßig, sich tabellarischer Zusammenstellungen zu bedienen, wie sie als Beispiel und Vorlage in den nachstehenden Tab. 5, 6 und 7 wiedergegeben sind.

Tabelle 5. *Thermotechnische Berechnung einer Strömungskupplung am Festpunkt*

Für eine Motorbeaufschlagung von: ...[1]

	Gegebene Werte				Berechnete Werte		
Spalte	1	2	3	4	5	6	7
Reihe	n_0	M [cmkg]	T [°C]	t [min]	N_0 [PS] = $\frac{M n_0}{71620}$		
1							
2							
3							
4							
.							

Tabelle 6

Thermotechnische Berechnung einer Strömungskupplung längs der Motorkurve

Für eine Motorbeaufschlagung von: ...[1]

	Gegebene Werte				Berechnete Werte				
Spalte	1	2	3	4	5	6	7	8	9
Reihe	n_0	Δn_0	M [cmkg]	T [°C]	$n = n_0 - \Delta n$	$e = 100 \frac{\Delta n}{n_0}$	$\eta = \frac{100-e}{100}$	$N_0 = \frac{M n_0}{71620}$	$N = \eta N_0$
0									
1									
2									
3									
.									

Tabelle 7

Thermotechnische Berechnung einer Strömungskupplung

Untersetzungsgetriebe: ...[2]

Spalte	1	2	3	4	5	6	7	8	9	10
Reihe	n_0 (Mittelwert)	M Mittelwert) [cmkg]	λ	e [%]	$\Delta n = \frac{e\, n_0}{100}$	$n = n_0 - \Delta n$	$\eta = \frac{100-e}{100}$	V^* $\left[\frac{\text{m}}{\text{sek}}\right]$	k $\left[\frac{\text{kcal}}{\text{m}^2\,\text{h}\,°\text{C}}\right]$	q $\left[\frac{\text{kcal}}{\text{sek}}\right]$
0										
1										
2										
3										
.										
	von der Motorkurve ablesen	von der Motorkurve ablesen	berechnet nach Gl. (65)	berechnet nach Gl. (19)				$= \frac{D^* \pi n_0}{60}$	aus Diagramm nach Abb. 33	berechnet nach Gl. (158)

[1] Zum Beispiel: 10/10 — 9/10 — 8/10 .... Für jeden dieser Werte ist eine eigene Tabelle auszufüllen.

[2] 1. Gang — 2. Gang — 3. Gang ... (für jeden Gang eine separate Durchrechnung).

Tabelle 7 (Fortsetzung)

Spalte	11	12	13	14	15	16	17	18	19	20
Reihe	v_{max} $\left[\frac{m}{sek}\right]$	Δt [sek]	b $\left[\frac{m}{sek^2}\right]$	t [sek]	T_{th} [°C]	T_{eff} [°C]	ΔT_{th} [°C]	ΔT_{eff} [°C]	q' $\left[\frac{kcal}{sek}\right]$	q'' $\left[\frac{kcal}{sek}\right]$
1 2 3 4 .	berechnet nach Gl. (182)	berechnet nach Gl. (186)	$= \frac{\Delta v}{\Delta t}$ s. Gl. (185)	$= \sum \Delta t$	berechnet nach Gl. (170)	berechnet nach Gl. (169)	berechnet nach Gl. (172)	berechnet nach Gl. (171)	berechnet nach Gl. (174)	berechnet nach Gl. (173)

B. Mittel, um Starrheits- und Kupplungsgrad einer Strömungskupplung bei großen Schlupfwerten und am Festpunkt zu verringern

1. Allgemeines

Im ersten Kapitel dieses Buches wurde der *Starrheitsgrad* einer Strömungskupplung definiert:

$$\phi' = \left(\frac{\delta M}{\delta i}\right)_{n_0 = \text{const}} \qquad \text{[Gl. (1)]}$$

und der Kupplungsgrad als das Verhältnis:

$$\phi'' = \frac{M}{M^*}\left(\frac{n_0}{n_0^*}\right)^2 \qquad \text{[Gl. (2)].}$$

Der Starrheitsgrad gibt das Verhältnis zwischen dem Zuwachs des Drehmoments M und der Änderung des Untersetzungsverhältnisses i bei konstanter Drehzahl n_0 der Primärwelle an. Der Kupplungsgrad hingegen ist das Maß für das Ansteigen des Drehmoments im Betrieb bei beliebigem Schlupf e und beliebiger Drehzahl n_0 des Motors gegenüber dem Betrieb bei Nennschlupf e^* und Nenndrehzahl n^* des Motors. Der Starrheitsgrad bei $n_0 = \text{const}$ kann nicht konstant bleiben für alle Schlupfwerte e der Kupplung bzw. für alle Drehzahlen n_0 der Sekundärwelle, da wie aus Abb. 38 hervorgeht, die M-Kurve in Abhängigkeit von η keinen linearen, sondern einen parabelähnlichen Verlauf aufweist.

Für jede Kupplungsgröße — auch unter der Voraussetzung, daß jede einzelne dieser Kupplungen ein und derselben Familie angehört —

muß eine eigene $M - \eta$ Kurve vorliegen. In Abb. 38 sind als Beispiel vier Kurven eingezeichnet, von denen die Kurven *1*, *2* und *4* nur teilweise, die Kurve *3* jedoch vollständig eingetragen sind.

Um den Begriff der Starrheit zu verallgemeinern, ist es natürlich zweckmäßiger, sich auf die Kennkurve zu beziehen, die in gleicher Weise für alle Kupplungen derselben Bauart gelten muß und die von der M–i-Kurve selbst leicht abgeleitet werden kann, wenn man einfach $n_0^2\, r_e^5 = 1$ setzt, d. h., wenn man die entsprechenden M-Werte durch die zugehörigen $n_0^2\, r_e^5$-Werte dividiert.

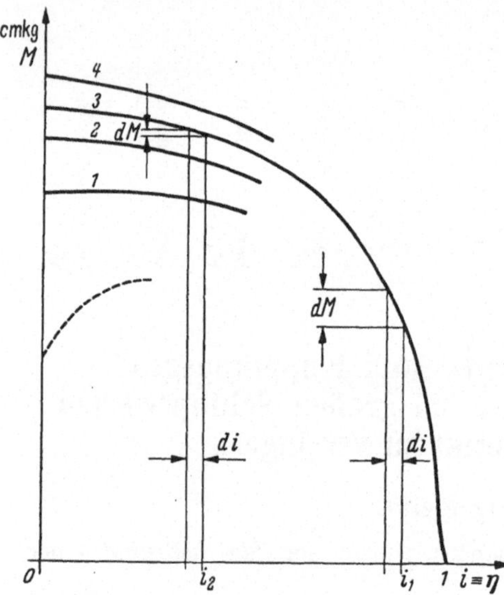

Abb. 38. Von einer Strömungskupplung übertragbare Drehmomente in Abhängigkeit des Drehzahlverhältnisses $i = n/n_0 \equiv \eta$

1, 2, 3, 4 *M*-Kurven von vier verschieden großen, aber einer gleichen Familie gehörenden Kupplungen. In diesem Falle sind die vier Kurven einander ähnlich, d. h., die zugehörigen Ordinaten stehen zueinander alle in gleichem Verhältnis

Man kann somit für den Starrheitsgrad ϕ' einer Strömungskupplung unter Bezugnahme auf die Kurve *4* in Abb. 39 die folgende Definition festsetzen:

$$\phi' = \frac{d\lambda}{d\eta}. \qquad (187)$$

Eine Strömungskupplung muß, um ein rationelles Betriebsverhalten aufzuweisen, folgende Eigenschaften besitzen: Der Starrheitsgrad muß innerhalb des Betriebsfelds bei kleinem Schlupf etwa von $e = 1\%$ bis $e = 10\%$ groß sein; bei über 10% hinaus wachsendem Schlupf muß dann der Starrheitsgrad stetig abnehmen, bis er im Festpunkt seinen geringsten Wert erreicht, der Null oder gar negativ sein kann (z. B. Kurve *2* und *3* in Abb. 39). Nicht annehmbar wäre natürlich eine Kupplung mit Betriebsverhalten nach Kurve *1*, da in diesem Falle am Festpunkt überhaupt kein Drehmoment übertragen werden könnte und das Fahrzeug somit gar nicht imstande wäre anzufahren.

Die Schwierigkeiten bei der definitiven Einstellung einer Strömungskupplung beim Einbau in ein Straßen- oder Schienenfahrzeug mit gegebenem Motor liegen in der Anpassung des Starrheitsgrads bzw. des Kupplungsgrads bei niedrigen Drehzahlen des Motors und bei maximalem Schlupf. Es handelt sich dabei um die Schaffung einer „*Einstellungsmöglichkeit*“, die eventuell unberücksichtigt gebliebene Motor- oder sonstige die Ähnlichkeit des zugrunde gelegten Vorbildes nicht voll befriedigende Verhältnisse nachträglich zu berücksichtigen gestattet. Diese praktische Anpassungsmöglichkeit ist natürlich nur bei der Herstellung und Inbetriebsetzung eines ersten Prototyps erforderlich und besteht in vielen Fällen nur in der Bestimmung der genauen Menge des Öls, die in die Kupplung einzufüllen ist.

Zahlreiche Vorschläge sind zur Lösung des Problems der Beeinflussung des Starrheitsgrads einer Strömungskupplung gemacht worden. Doch es ist nicht leicht zu erreichen, daß der Starrheits- und mit ihm der Kupplungsgrad einer Kupplung den hydrodynamischen Gesetzen nicht gleichmäßig innerhalb des gesamten Betriebsfelds folgen kann, ja im Gegenteil bewirken, daß sie in einem Teil desselben hohe, im anderen Teil rasch abfallende Werte ergeben, um im Festpunkt womöglich die Starrheit Null oder gar negative Werte zu erreichen. Aus der zahlreich vorhandenen Patentliteratur geht deutlich hervor, wie viele erfinderische Anstrengungen zur Lösung dieser Aufgabe gemacht worden sind.

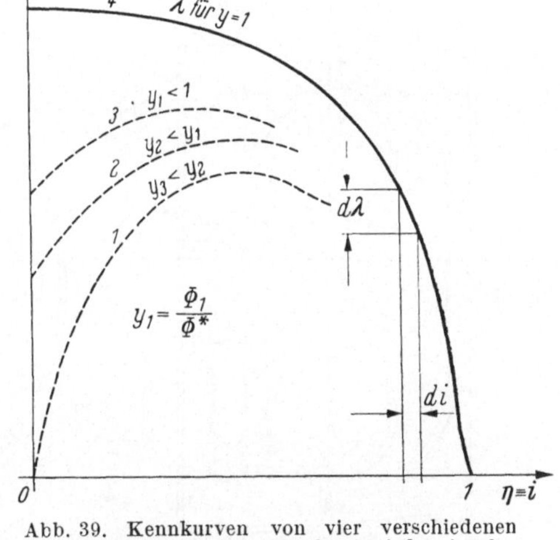

Abb. 39. Kennkurven von vier verschiedenen Strömungskupplungen, von denen jede einzelne einer besonderen Familie angehört

Man muß hierbei in erster Linie beachten, daß eine derartige Lösung keine mechanischen Komplikationen aufweisen darf, denn komplizierte Konstruktionen sind immer, abgesehen von den dadurch bedingten Mehrkosten, eine Quelle möglicher Betriebsstörungen.

Es ist folgende Aufgabe zu lösen: im Arbeitskreislauf der Kupplung müssen Verhältnisse geschaffen werden, die dem Flüssigkeitsstrom $Q = x\,Q^*$ innerhalb des Betriebsfelds mit kleinem Schlupf einen ungestörten normalen Zirkulationsverlauf gestatten und daß innerhalb des restlichen Betriebsfelds mit großem Schlupf dieser Kreislauf gleichzeitig mit dem Wachsen des Schlupfes in stetig steigendem Maße gehemmt wird. Ist der Fluß Q behindert, so können sich die von der Flüssigkeit auf die Turbine wirkenden Massenkräfte nicht voll entfalten, und deshalb muß auch das auf die Turbinenwelle wirkende Drehmoment in entsprechendem Maße beeinflußt werden.

Zur Lösung dieses Problems gibt es viele Vorschläge. Doch können nur wenige davon wegen der Einfachheit und der damit erzielten Wirksamkeit als wirklich entsprechend angesehen werden. In den nächsten Abschnitten sollen die wichtigsten beschrieben werden.

2. Strömungskupplung mit ringförmigem äußerem Reservebehälter; Entleeren und Wiederauffüllen der Arbeitsflüssigkeit

Die elementarste Lösung, ursprünglich vom Erfinder FÖTTINGER selbst, wenn auch auf einem andern Gebiet angewendet, besteht darin, die Kupplungsflüssigkeit zu entleeren und in gewünschtem Maße während des Anfahrvorgangs des Fahrzeugs wieder aufzufüllen. Mit diesem Verfahren ist es möglich, den gewollten Starrheitsgrad und den

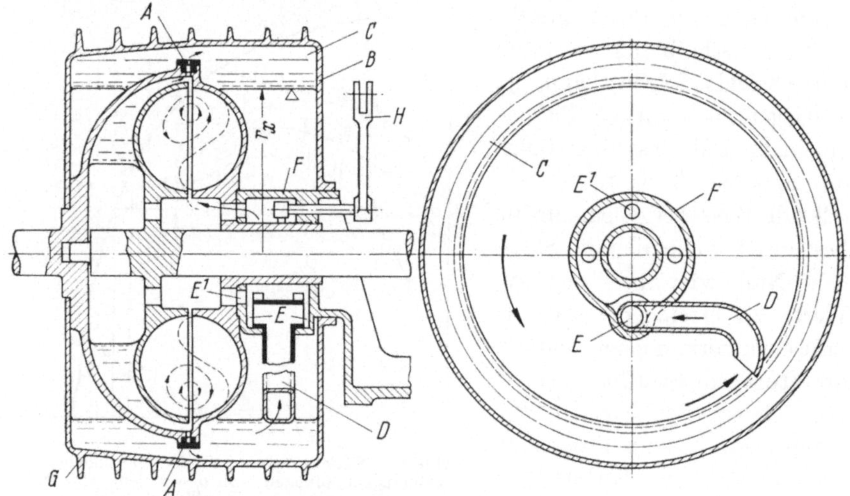

Abb. 40. FÖTTINGER-Kupplung mit zusätzlichem äußerem Gehäuse B, in das die Arbeitsflüssigkeit C entleert werden kann

A Düse (gesteuert oder fest eingestellt) am Umfang des Kupplungsgehäuses, durch die die Arbeitsflüssigkeit infolge der Zentrifugalkraft herausgeschleudert werden kann; B äußeres Zusatzgehäuse; C Flüssigkeitsring mit Niveaufläche (∇) im Abstand r_x von der Drehachse; Schöpfrohr, das in E gelenkig an der mit dem Ständer feststehenden Nabe F angeschlossen ist und die Flüssigkeit über Kanäle E^1 in das Innere der Strömungskupplung leitet; H äußerer Betätigungshebel zum Schwenken des Schöpfrohrs D, dessen Stellung den Abstand r_x der Niveaufläche festlegt

zugehörigen Kupplungsgrad konform den sich ergebenden Betriebsbedingungen einzustellen. Eine derartige Lösung ist in Abb. 40 schematisch dargestellt.

Die Arbeitsflüssigkeit kann durch entsprechend geeichte oder willkürlich gesteuerte Düsen A ständig oder nach Bedarf infolge der Zentrifugalkraft nach außen entweichen und sich im Ringraum C des als Sammelbehälter ausgeführten äußeren Gehäuses B sammeln. Dieser Sammelbehälter ist mit dem Kupplungsgehäuse fest verbunden und dreht sich mit diesem mit der gleichen Drehzahl wie die Kupplung selbst.

Es bildet sich so um das Kupplungsgehäuse ein Flüssigkeitsring *C*, dessen innere Niveaufläche von einem Schöpfrohr *D* geregelt wird. Das innere Ende des Schöpfrohres ist durch eine gelenkige Verschraubung derart an einer mit dem festen Gestell verbundenen Nabe gehaltert, daß es infolge äußerer Betätigung innerhalb bestimmter Grenzen geschwenkt werden kann. Das andere äußere Ende des Rohrs *D* ist löffelförmig gebogen und mit der offenen Hohlseite gegen den Flüssigkeitsstrom gerichtet. Es taucht in die mit hoher relativer Geschwindigkeit vorbeischießende Flüssigkeit ein, schöpft diese auf und leitet sie in das Innere des Rohrs und über Kanäle E—E^1 der feststehenden Nabe *F* wiederum in das Innere der Kupplung selbst und somit in den eigentlichen Arbeitskreislauf hinein.

Es sei bei dieser Gelegenheit erwähnt, daß eine solche Entnahme der Flüssigkeit aus dem inneren Kreislauf einer Strömungsmaschine im allgemeinen auch zu Abkühlzwecken benutzt werden kann. Die Kühlung kann dann entweder direkt über die mit Rippen versehene Oberfläche *G* des äußeren Gehäuses erfolgen, die jedenfalls größer ist als die des eigentlichen Kupplungsgehäuses selbst und somit natürlich bessere Wärmeabgabemöglichkeiten an die Außenluft besitzt, oder durch Vermittlung eines dazugeschalteten besonderen Kühlers, der in der Abbildung jedoch nicht eingezeichnet ist.

Dieses hier beschriebene System der Entleerung und Wiederauffüllung der Arbeitsflüssigkeit, mit dessen Hilfe man einen bis auf Null veränderlichen Kupplungsgrad der Strömungskupplung einstellen kann, ist jedoch nur für Anlagen größerer Leistungen geeignet und erfordert, wegen der größeren Dimensionen, einen größeren Einbauraum. Es besitzt hingegen den Vorteil, daß man hier den Einbau einer zusätzlichen Reibungskupplung ersparen kann, da bei völliger Entleerung der Strömungskupplung der Leerlauf erreicht werden kann, bei dem keinerlei Drehmoment und somit keinerlei Leistung übertragen wird.

Leider sind aber die zur nötigen Entleerung und Wiederauffüllung der Kupplung erforderlichen Zeiten nicht immer genügend kurz, weshalb das beschriebene System oft nicht die für den Fahrbetrieb (auch auf Schienen) erforderlichen Eigenschaften aufweist.

Es muß jetzt untersucht werden, was im Arbeitskreislauf zwischen den beiden Schaufelrädern eigentlich vorgeht, sobald der Füllungsgrad der Kupplung eine Veränderung erfährt.

Auch hier muß, bevor in eine nähere Beschreibung der Vorgänge eingegangen wird, zuerst einmal genauer definiert werden, was unter dem Begriff „*Füllungsgrad*“ (der mit ϕ bezeichnet werden soll) zu verstehen ist.

Der Begriff ist nicht so eindeutig, wie es im ersten Augenblick scheint, denn die Größen, auf die dabei Bezug genommen werden muß, sind nicht eindeutig bestimmt, da sie selbst veränderlich sind.

Strenggenommen müßte unter dem „*Füllungsgrad* ϕ“ das Verhältnis zwischen den Volumina des teilweise gefüllten und des vollständig gefüllten Arbeitstorus verstanden werden, wobei unter dem Arbeitstorus das reine, von den Schaufelradkanälen insgesamt gebildete ringförmige Arbeitsvolumen für die Kreislaufflüssigkeit gemeint ist.

Die entsprechenden, gestrichelt gezeichneten Meridianquerschnitte bzw. Profilumrisse der den beiden Laufrädern entsprechenden Torushälften sind in Abb. 41 mit *I* und *II* bezeichnet. Und zwar ist mit *I* der Umriß des vollständig gefüllten, mit *II* der Umriß des mit Flüssigkeit teilweise (effektiv) ausgefüllten Torus gemeint, das somit nur ein Teilvolumen des Gesamttorus darstellt.

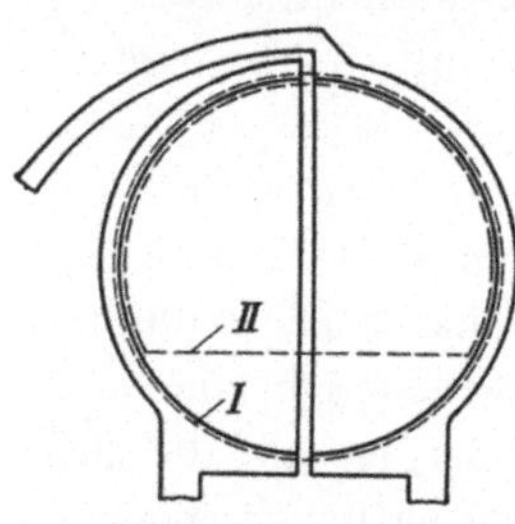

Abb. 41. Arbeitsprofil (Meridianschnitt, Strömungskreis) einer Strömungskupplung *I* vollständiges Profil, das die gesamte Querschnittsfläche des Arbeitstorus einschließt; *II* Teilprofil, schließt nur einen Teil der Querschnittsfläche des Arbeitstorus ein. Beide Flächen, multipliziert mit der Länge der durch den jeweiligen Schwerpunkt gehenden Umfangslinie ergibt den Ringinhalt (Torus) der zugehörigen Flüssigkeitsmenge

Nun besitzt aber eine Strömungskupplung, außer dem soeben besprochenen inneren, den eigentlichen Arbeitskreislauf bildenden Ringvolumen, auch andere mit diesem verbundene äußere freie Räume, die oft gar nicht von vernachlässigbarer Größe sind. Im Gegenteil kann das Verhältnis zwischen diesen äußeren freien Räumen, die zusammen meist als sog. „Reserveraum“ für die Flüssigkeit dienen, und dem Volumen des inneren Torus Werte annehmen, die um die Größenordnung Eins liegen und natürlich von der Bauart der Kupplung selbst abhängen.

Obwohl nun dieser äußere Reserveraum als solcher auf den Mechanismus der Drehmomententstehung und -übertragung zwischen den Laufrädern scheinbar keinerlei Einfluß zu haben vermag, übt dieser in Wirklichkeit auf die genannten Vorgänge einen nicht geringen Einfluß aus, allerdings auf indirektem Wege. Der Einfluß macht sich insofern bemerkbar, als, falls die Kupplung nicht vollständig angefüllt ist und folglich außerhalb des Arbeitskreislaufs wirklich ein leerer Reserveraum zur Verfügung steht, die bei großem Schlupf vom Pumpenrad herausgeschleuderte Flüssigkeit in diesen Reserveraum hineinströmen kann, wodurch sich der innere Torus entsprechend entleert und einen *effektiven* wirklichen Füllungsgrad erreicht, der natürlich verschieden gegenüber dem sein muß, der für statische Verhältnisse (Schlupf $= 0$) gelten konnte und als *Nennfüllungsgrad* angenommen worden war.

Dieser Umstand führt, wie man sieht, zu einer Verfälschung der effektiv während des Betriebs vorhandenen Verhältnisse, da die Situation bezüglich der Flüssigkeitsverlagerung im Arbeitskreislauf infolge der dynamischen Einwirkungen während des Betriebs natürlich nicht mehr die gleiche sein kann wie sie für statische Zustände in Frage kommen konnte.

Wie leicht einzusehen ist, ergibt sich aus diesem Grunde die Notwendigkeit, daß auch bezüglich der äußeren Reserveraumformen die Ähnlichkeit zwischen Kupplungen einer gleichen Familie bewahrt werden muß, da diese Formen, wegen der indirekten Beeinflussung durch Verlagerung der Stromfäden innerhalb des eigentlichen Arbeitskreislaufs und dadurch bedingter teilweiser Entleerung einer Torushälfte, auf den Mechanismus der Drehmomentübertragung ausschlaggebend einwirken und somit die Kennkurve $\lambda - \eta$ der Strömungskupplung, insbesondere bei starkem Schlupf, grundsätzlich beeinflussen können.

Im folgenden wird gezeigt, wie unter Berücksichtigung der bisherigen Ausführungen eine der besten Lösungen gefunden wurde, die die Beeinflussung des Starrheitsgrads ϕ' sowie des Kupplungsgrads ϕ'' einer Strömungskupplung in gewolltem Sinne gleichzeitig mit der Veränderung von η bzw. von e mit einfachsten Mitteln erzielt. Von einer strengen Definition des „*Füllungsgrads* ϕ“ muß jedoch Abstand genommen werden, da diese notgedrungen einer gewissen Willkür überlassen bleiben muß.

Aus noch zu besprechenden Gründen sollen mit „*Füllungsgrad*“ zwei Verhältnisse benannt werden, die wir wie folgt bestimmen:

$$\phi = \frac{Q_F}{Q_{F\,\max}} = y\,\phi^*, \tag{188}$$

$$\phi^* = \frac{Q_F^*}{Q_{F\,\max}^*}. \tag{189}$$

Hierin bedeuten:

ϕ Füllungsgrad (allgemein);

ϕ^* optimaler Füllungsgrad (bei dem die Strömungskupplung ihre beste Arbeitsweise für eine bestimmte Anwendung ergibt — durch Versuch bestimmt);

Q_F effektiv enthaltene Flüssigkeitsmenge in der Kupplung [kg];

Q_F^* optimale Flüssigkeitsmenge (durch Versuch bestimmt);

$Q_{F\,\max}$ maximale Flüssigkeitsmenge, die in die Kupplung eingefüllt werden kann (durch die geometrischen Größen bestimmt und versuchsweise zu ermitteln) [kg];

y $Q_F/Q_F^* = \phi/\phi^*$ Verhältnis zwischen effektiver und optimaler Flüssigkeitsmenge.

Die Zweckmäßigkeit dieser Definitionen erkennt man, wenn man folgende Umstände in Betracht zieht.

1. In der Praxis erfolgt die endgültige Einstellung einer Strömungskupplung im Versuchswege durch probeweise Bestimmung der optimalen Flüssigkeitsmenge, die in das Gehäuse eingefüllt werden muß, um die beste Arbeitsweise im Festpunkt und bei niedrigen Motordreh-

zahlen zu ergeben (siehe Anomalie im Instabilitätsbereich S. 90). Diese optimale Menge wird in [kg] gemessen.

2. Die effektive Menge, die schließlich gewählt wird, ist ein aufgerundeter Wert, der künftig für die betrachtete Kupplung als Normalwert gelten wird.

3. Die maximale Flüssigkeitsmenge wird durch vollständiges Auffüllen der Strömungskupplung und darauffolgendes sorgfältiges, völliges Entleeren und Abwägen ermittelt.

4. Die Kennlinie $\lambda - \eta$ einer Strömungskupplung wird durch den Versuch am Prüfstand ermittelt, und zwar, was den Füllungsgrad anbelangt, unter statisch angenommen Verhältnissen. Da der Füllungsgrad ϕ in Gl. (65) nicht erscheint, ist es dann gleichgültig, ob der effektive, d. h. der wirkliche, in jedem Augenblick sich einstellende Füllungsgrad im Innern des eigentlichen Arbeitskreislaufs mit der Veränderung von η konstant bleibt oder nicht. Wichtig ist nur die Tatsache, daß bei der Aufnahme einer bestimmten Kennlinie $\lambda - \eta$ stets auf ein und denselben Ausgangsfüllungsgrad Bezug genommen wird, weil ja alles übrige dann implizit in der Kennkurve $\lambda - \eta$ selbst enthalten und mitberücksichtigt ist, nämlich dem Umstand zufolge, daß die Stromlinienformen bei gleichen Arbeitsbedingungen immer die gleiche Konfiguration annehmen und die durch diese bedingten hydrodynamischen Vorgänge somit stets exakt wiederholbar sind.

Es sei nun auf die Abb. 42 und 43 verwiesen. Diese stellen die gleiche Strömungskupplung unter vier verschiedenen Arbeitsbedingungen dar.

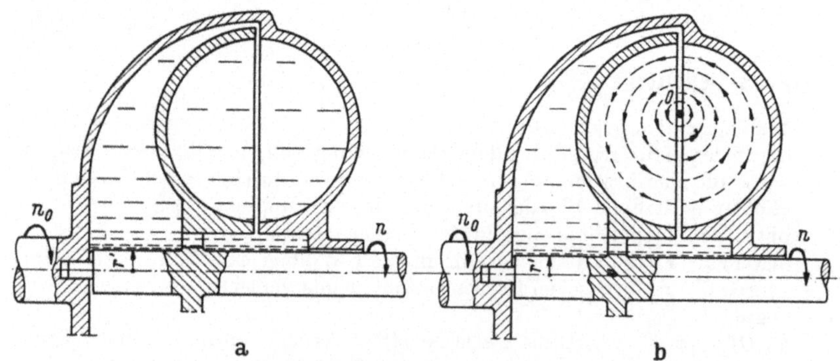

Abb. 42a u. b. Strömungskupplung, voll gefüllt (Füllungsgrad $\phi = 1$)
a) im Betriebszustand ohne jeglichen Schlupf ($\eta = 1$); b) im Betriebszustand mit Schlupf ($\eta < 1$). Der Arbeitskreislauf bleibt in allen Fällen immer voll gefüllt

Abb. 42a und b bei einem Füllungsgrad $\phi = 1$, hingegen Abb. 43a und b bei einem Füllungsgrad $\phi < 1$, z. B. $= 0{,}75$. In beiden Abb. a ist der Betriebszustand $\eta = 1$ dargestellt. In diesem Falle kann im Arbeitskreislauf keinerlei Flüssigkeitsumlauf zustande kommen, weil die Flüssigkeit mit der Kupplung einfach mit der gleichen Drehzahl umläuft und mit ihr eine einzige Masse bildet. Die innere Flüssigkeitsniveaufläche nimmt hierbei eine vollkommen zylindrische Form an, deren Abstand von der Drehachse den Wert r' besitzt und von der die Linie x–x eine Erzeugende darstellt.

In den Abb. b hingegen ist der Betriebszustand $\eta < 1$ dargestellt. In diesem Falle bildet sich zwischen den beiden Laufrädern um den

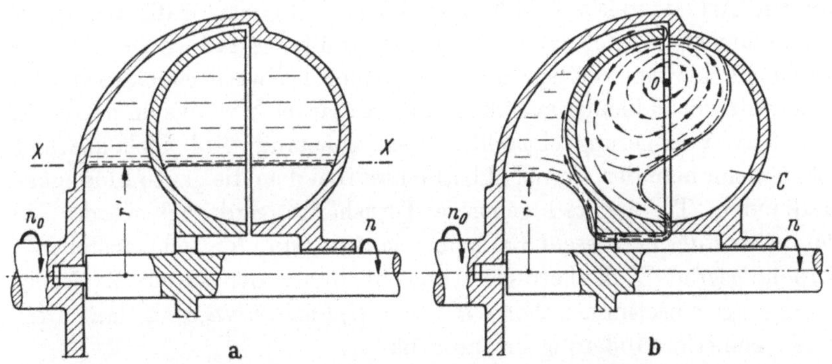

Abb. 43a u. b. Strömungskupplung, nur teilweise gefüllt (Füllungsgrad $\phi < 1$)
a) im Betriebszustand ohne jeglichen Schlupf ($\eta = 1$); b) im Betriebszustand mit Schlupf ($\eta < 1$)
Beide Arbeitskreislaufhälften sind nur teilweise mit Flüssigkeit gefüllt; während des Betriebs mit Schlupf verlagert sich diese ungleichförmig, wobei sich die Pumpentorushälfte weiter entleert und die Turbinentorushälfte sich weiter anfüllt. Das Verhältnis: leerer Raum C zum übrigbleibenden Flüssigkeitsvolumen in der gleichen Torushälfte verändert sich. Für die Drehmomentübertragung maßgebend bleibt das kleinere Flüssigkeitsvolumen des antreibenden (Pumpen-) Elements

neutralen Punkt O eine Zirkulation, die in nunmehr bekannter Weise Anlaß zur Drehmomentübertragung vom Pumpenrad zum Turbinenrad gibt.

Aus diesen Darstellungen kann man ersehen, welche Deformationen das innere Flüssigkeitsniveau bei Vorhandensein eines Schlupfes zwischen den beiden Laufrädern erfährt und in welcher Weise es sich im eigentlichen inneren Arbeitskreislauf verändert. Diese Deformation tritt ein infolge der Geschwindigkeitsunterschiede zwischen den beiden Laufrädern, wobei die in den Laufradkanälen der *Pumpe* wirkende Zentrifugalkraft natürlich überwiegen muß.

Es ist einleuchtend, daß die in den Kanälen des Arbeitskreislaufs effektiv umströmende Flüssigkeitsmenge $Q = x\,Q^*$ um so größer sein muß — bei gleich angenommenem Parameter η —, je größer der wirkliche augenblicklich vorhandene effektive Füllungsgrad $\phi_{\mathrm{Tor.eff}}$ im Innern dieses Arbeitsraums ist. Man sieht dabei aber auch, daß dieser wirkliche innere Füllungsgrad seinerseits veränderlich ist und von besonderen Umständen abhängt. Erstens von solchen, die infolge ihres dynamischen Charakters durch Herbeiführung einer unsymmetrischen Verlagerung der inneren Niveaufläche zwischen den beiden Laufrädern wirken; zweitens von der Form und Größe des Reserveraums selbst außerhalb des Arbeitskreislaufs, die die Aufnahme eines Teils der aus dem inneren Torus herausgeschleuderten Flüssigkeitsmasse gestatten und damit eine mehr oder weniger starke Entleerung des Arbeitskreislaufs ermöglichen, wodurch eine Verminderung des effektiven Füllungsgrads $\phi_{\mathrm{Tor.eff}}$ erreicht wird.

Das Maß der sich so einstellenden Niveauflächenverlagerung im inneren Arbeitskreislauf läßt nun leicht erkennen, daß, bei gleich angenommenem effektivem statischem Füllungsgrad dieses gleichen Kreislaufs, der Starrheitsgrad der Kupplung bei wachsendem Schlupf e seinerseits um so kleiner ausfallen muß, je stärker bzw. unsymmetrischer sich diese Verlagerung einstellt. Dieser Umstand wird noch anschaulicher, wenn man den Grenzfall betrachtet, bei dem die ganze Flüssigkeit in die dem Turbinenrad gehörige Torushälfte verdrängt würde. Die Pumpe würde in diesem Falle leer laufen und der sich einstellende Kupplungsgrad Null betragen, obwohl dabei der unter statischen Bedingungen bestimmte *Nominal-* oder *Optimalfüllungsgrad* laut Definition keinerlei Änderung erfahren hat.

Der Vergleich der Abb. 43a und b zeigt weiter, wie auch der Radius r' außerhalb des Arbeitsraums durch Übertreten von Flüssigkeit aus dem inneren Kreislauf beeinflußt wird. Diese Flüssigkeit kann dabei natürlich auch teilweise vom zentralen Teil der Turbine über die in ihrer Nabe oder in ihrem Befestigungsflansch vorgesehenen Verbindungs- bzw. Ausgleichsbohrungen übertreten.

Die sich so ergebende komplexe Situation irgendwie analytisch zu erfassen, wäre keine leichte Aufgabe. Wie jedoch bereits festgestellt wurde, besitzt man in den experimentell ermittelbaren Kennwerten λ der Strömungskupplung, in denen implizit sämtliche Faktoren die zur Erzeugung des Drehmoments in der Kupplung einen Einfluß ausüben, enthalten sind (so auch die, die von der Veränderlichkeit des effektiv sich einstellenden Füllungsgrads im engeren Arbeitskreislauf abhängen), dank dem Umstand, daß diese Werte bei Wiederkehr gleicher Betriebsbedingungen genau gleich sind, das zweckmäßigste und vollauf genügende Mittel, um sämtlichen Erfordernissen bei der Vorausberechnung zu genügen, die sich bei der Aufstellung eines Neuentwurfs einer Strömungskupplung einer gegebenen Familie ergeben können.

3. System mit Reserveraum

Im vorigen Abschnitt sind bereits bei der Beschreibung der Vorgänge, die sich bei der Entleerung der Kupplungsflüssigkeit aus dem Arbeitskreislauf einer Strömungskupplung ergeben, die Merkmale des Systems umrissen worden, das nun eingehender betrachtet werden soll. Es handelt sich um das System mit *Reservekammer*.

Eigentlich gehören sämtliche der hier bisher schematisch dargestellten und sonst in Betracht gezogenen Strömungskupplungen dem System mit Reserveraum an. Denn der zwischen Turbinenrückwand und Gehäuse befindliche freie Raum bildet in allen Fällen infolge des sich zum Zentrum hin erweiternden Gehäuses ein Volumen, das ohne weiteres imstande ist, einen Teil der vom Arbeitskreislauf austretenden Flüssigkeit aufzunehmen.

Der Zweck des Reserveraums ist in allen Fällen der, dem Öl (oder einer anderen Arbeitsflüssigkeit der Kupplung) zu ermöglichen, sich in einem geschlossenen mit dem inneren Kreislauftorus in Verbindung stehenden Ringraum zu sammeln und insbesondere im Zentrum der Kupplung einen zusätzlichen zylindrischen Hohlraum zu bilden. Der Hohlraum muß zur Aufnahme eines gewissen Teils des Arbeitsvolumens des inneren Kreislaufs geeignet sein, sobald infolge der beschriebenen hydrodynamischen Vorgänge bei starkem Schlupf die Arbeitsflüssigkeit aus dem eigentlichen Arbeitsraum zwischen den beiden Laufrädern herausgetrieben wird. Mit anderen Worten muß der zentrale Hohlraum der Kupplung zur Herbeiführung jener Vorgänge dienen, die eine automatische Änderung (Verminderung) des effektiven Füllungsgrads des Arbeitstorus während des Betriebs bewirken.

Aus diesen Gründen muß das Querschnittsprofil des Kupplungsgehäuses einen besonderen Umriß aufweisen. Es kommt dabei auf das Vorhandensein eines genügend großen freien Raums im zentralen Teil der Kupplung an, innerhalb dessen die Zentrifugalkräfte auch unbedeutend sind gegenüber denen am Außenrand oder in größeren radialen Abständen von der Drehachse.

Der Verlauf bzw. die axiale Ausdehnung des Gehäuseprofils ergibt sich aus dieser Bedingung, weshalb die Kupplung im Zentrum breit und am äußeren Rande schmal sein muß.

Eine Prinzipskizze, die den im Innern der Kupplung sich vollziehenden hydrodynamischen Vorgang deutlich machen soll, ist in Abb. 44a und b wiedergegeben. In der Abb. a ist der Betriebszustand $\eta = 1$ (Schlupf $e = 0$) und in der Abb. b der Betriebszustand $\eta < 1$ (mit erheblichem Schlupf) dargestellt. Die den Raum A des Gehäuses einnehmende Flüssigkeit kann in den Raum B übertreten, sobald sich ein Teil C des Arbeitstorus entleert. Bei dem dargestellten Beispiel wurde angenommen, daß ein optimaler Füllungsgrad $\phi = 0{,}9$ vorliegt (nach den vorangehenden Definitionen ist dieser Wert als ein gegebener Festwert der Strömungskupplung zu betrachten) und daß unter dieser Voraussetzung im inneren Arbeitstorus ein effektiver Füllungsgrad $\phi_{\text{Tor.eff}} = 1$ innerhalb des Betriebsfelds von $e = 0$ bis $e = 2 \div 3\%$ reichlich gesichert ist (Abb. 44a).

Was nun geschieht, wenn die Kupplung mit größeren Schlüpfen arbeitet, geht aus der schematischen Darstellung Abb. 44b hervor. Auch in diesem Falle wird natürlich $\phi = 0{,}9$ als unveränderbarer Festwert bestehenbleiben; dafür wird sich der augenblicklich einstellende effektive Füllungsgrad des Arbeitstorus ändern und nicht mehr den Wert 1 besitzen, sondern einen kleineren Wert, beispielsweise den Wert $\phi_{\text{Tor.eff}} = 0{,}8$.

Unter geeigneter Voraussetzung könnte es bei entsprechender Schlupfgröße gelingen, den Raum C der Pumpentorushälfte vollkommen zu entleeren, so daß für diesen Fall insbesondere im Festpunkt der Starrheitsgrad einen stark negativen und der Kupplungsgrad den Wert 0

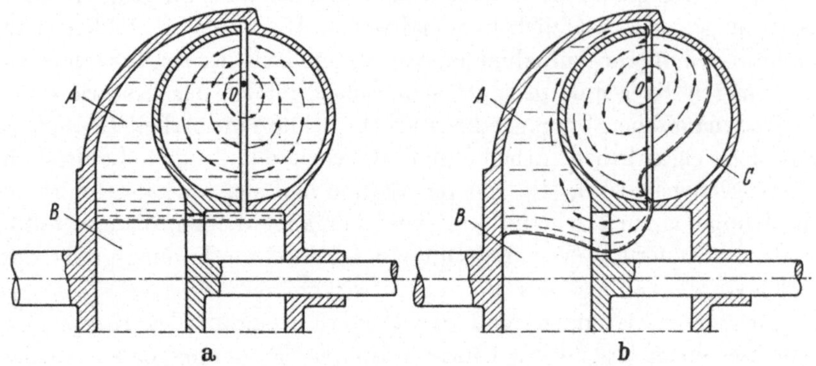

Abb. 44a u. b. Strömungskupplung mit Reserveraum A, deren Arbeitskreislauf bei kleinem Schlupf voll gefüllt bleibt ($\phi = 1$)
a) bei Betrieb mit kleinem Schlupf ($\phi^* = 0{,}9$) bis Schlupf Null; $\phi_{\text{Tor.eff}} = 1$, $\eta = 1$; b) bei Betrieb mit starkem Schlupf ($\phi^* = 0{,}9$; $\phi_{\text{Tor.eff}} = 0{,}8$), $\eta < 1$

erreichen würden. Die Strömungskupplung könnte jetzt aber kein Drehmoment mehr übertragen (Kurve *1* in Abb. 39), weshalb dieser Grenzfall für unsere Betrachtungen kein Interesse besitzt. Ein Fahrzeug, das mit einer solchen Kupplung versehen wäre, könnte von selbst überhaupt nicht anfahren.

4. System mit Prallscheibe

Die Änderung des effektiven augenblicklichen Füllungsgrads im Inneren des Arbeitstorus mit der Änderung von η kann auch mit anderen Mitteln erreicht werden. In diesem Abschnitt soll das System der Prallscheibe behandelt werden. Diese besteht aus einer Ringscheibe (E in Abb. 45), die am zentralen Teil im Spalt zwischen den beiden Laufrädern, und zwar an der Turbine selbst oder an der Pumpe befestigt ist. Diese Scheibe dient dazu, eine Unterbrechung des normalen Strömungsverlaufs im Arbeitskreislauf innerhalb des Torusrings zu bewirken und dadurch eine Verlagerung der Stromfädenkonformation herbeizuführen, wobei im inneren Pumpenraum infolge der Verdrängung der Flüssigkeit gegen den von der Prallscheibe gebildeten Turbinenhohlraum ein entsprechend leerer Raum C von der Form, wie bereits im vorigen Abschnitt beschrieben, entsteht.

Infolge der auf diese Weise bewirkten Vergrößerung des leeren Raums C in der Pumpe wird eine Verminderung des effektiven Füllungsgrads $\phi_{\text{Tor.eff}}$ gegenüber demjenigen des statisch bestimmten Werts (dem Nennfüllungsgrad) bei $e = 0\%$ erreicht.

Es ist klar, daß bei diesem System der äußere Durchmesser der Ringscheibe als innerer Radius r_i der Laufräder gelten muß, obwohl streng-

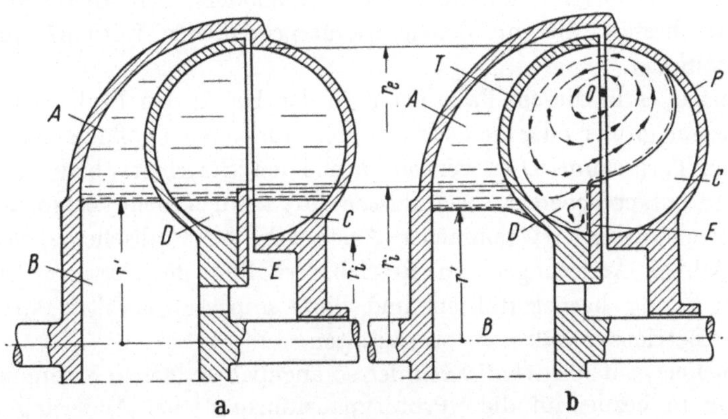

Abb. 45a u. b. Strömungskupplung mit Prellscheibe E
a) bei Betrieb mit kleinem Schlupf bis Schlupf Null, $\eta = 1$; b) bei Betrieb mit großem Schlupf. Leerer Raum C vergrößert sich, Raum D füllt sich an, $\eta < 1$

genommen, sobald der Füllungsgrad $\phi_{\text{Tor.eff}}$ unter den Wert 1 sinkt, auch dieser gleichzeitig mit dem Wert η veränderlich sein muß.

Aus praktischen Gründen ergibt sich stets die Zweckmäßigkeit, einen gewissen Reserveraum für die Arbeitsflüssigkeit in der Kupplung vorzusehen. Die in die Kupplung eingefüllte Menge wird deshalb in allen Fällen immer größer sein, als sie strenggenommen für die Drehmomentübertragung notwendig wäre. Ein Grund, warum die Flüssigkeitsmenge größer als die unbedingt notwendige sein soll, ist der Reibungswiderstand der Flüssigkeit im Raum zwischen Turbinenrückwand und Gehäusekupplung. Ein anderer Grund hierfür ist die Wärmekapazität der Kupplung, die so groß als möglich sein soll, um eine zu starke Erhitzung bei raschen Schlupfänderungen während des Betriebs zu vermeiden.

Es ergibt sich daraus, daß der effektive jeweils vorhandene Füllungsgrad $\phi_{\text{Tor.eff}}$, der ein bestimmender Faktor für den Starrheits- und den

Kupplungsgrad der Kupplung in Abhängigkeit des entsprechenden Betriebszustands darstellt, seinerseits abhängig sein muß — bei sonst gleich angenommenen Werten — von der Gesamtheit aller Verhältnisse, die sich in Abhängigkeit der nachstehend angeführten Größen ergeben:

1. Größe des Außendurchmessers der Prallscheibe E;
2. Optimaler Gesamtfüllungsgrad ϕ^*;
3. Reservevolumen im leeren Reserveraum B.

Daher scheint die gleichzeitige Anwendung der beiden in diesem und im vorangehenden Abschnitt behandelten Systeme äußerst vorteilhaft, weil diese Kombinationen das Maximum an Möglichkeiten im Hinblick auf die endgültige Einstellbarkeit einer Kupplung bzw. der Anpassung dieser an einen bestimmten Motor bietet, besonders, wenn dieser Motor Merkmale besitzt, die mit denen des ursprünglichen Entwurfs nicht übereinstimmen.

Man hat es in diesem Falle leicht in der Hand, den Prallscheibendurchmesser größer oder kleiner zu halten, um so die Größe des zu entleerenden Torusraums D zu verändern und den Starrheits- bzw. Kupplungsgrad entsprechend zu beeinflussen. Mit kleinen nicht kostspieligen Änderungen dieser Art (einfacher Austausch der Prallscheibe) ist es also möglich, Änderungen im Betriebsverhalten der fertigen Strömungskupplung herbeizuführen und diese anpassungsfähiger an geänderte Betriebsverhältnisse zu gestalten.

Natürlich geht die *Ähnlichkeit* der so angepaßten neuen Strömungskupplung in bezug auf die „Prototypausführung" bei Änderung des Prallscheibendurchmessers oder des Nennfüllungsgrads verloren, so daß für diese eine neue $\lambda - \eta$ Kennlinie aufzunehmen ist.

Diese beiden Systeme haben infolge ihrer Einfachheit und der billigen Anpassungsmöglichkeit in wirkungsvollster Weise dazu beigetragen, der Strömungskupplung nicht nur Eingang, sondern auch so große Verbreitung im Fahrzeug als Kraftübertragungsmittel für den Fahrbetrieb auf der Straße und auf der Schiene zu verschaffen, daß ihre weitere Verwendung auch auf anderen Gebieten des Maschinenbaus in immer stärkerem Maße vorausgesehen werden kann.

Inhaber und Lizenzgeber der Hauptpatente dieser beiden Systeme ist die englische Firma Vulcan-Sinclair.

5. Verschiedene Abmessungen der Pumpen- und Turbineninnendurchmesser

Eine weitere gute Lösung des Problems, die ihrem Wesen nach ähnlich der des vorangehenden Abschnitts ist, ist in Abb. 46 schematisch dargestellt.

An Stelle der Prallscheibe E des in Abb. 45 dargestellten Systems, deren grundsätzliche Aufgabe darin besteht, den effektiven Innenradius r_i der Turbine zu vergrößern und hinter ihr einen getrennten Reserveraum zu bilden, wird in diesem Falle die Pumpe gleich mit einem größeren Innenradius r_{iP} ausgestattet, während der Innenradius r_{iT} der Turbine dem Radius r_i' in Abb. 45 entspricht.

Bei der Berechnung wird natürlich im umgekehrten Sinne verfahren, da ja bei der Auslegung des Entwurfs von den effektiven Radien r_{iP} und r_e, die nötig sind, um die geforderte Nennleistung bei dem gegebenen

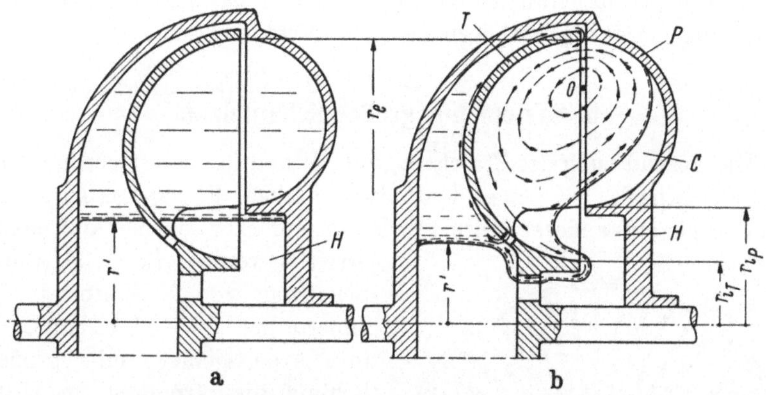

Abb. 46 a u. b. Strömungskupplung mit ungleich großen Innenradien r_{iT} und r_{iP} der Turbinen- bzw. Pumpenläufer

a) bei Betrieb mit kleinem Schlupf bis Schlupf Null (Arbeitstorus bleibt stets gefüllt, $\phi_{\text{Tor.eff}} = 1$), $\eta = 1$; b) bei Betrieb mit starkem Schlupf; Pumpentorushälfte entleert sich teilweise (Raum C), wodurch der Füllungsgrad $\phi_{\text{Tor.eff}}$ kleiner als 1 wird, $\eta < 1$

Nennschlupf übertragen zu können, ausgegangen werden muß. Der Innenradius r_{iT} der Turbine wird erst nachträglich um so viel kleiner als r_{iP} gemacht, als es zur Erreichung des gewünschten Effekts notwendig ist.

Der zwischen den Radien r_{iP} und r_{iT} der Laufräder entstehende Ringraum bildet als solcher bereits einen Teil des erforderlichen Reserveraums; doch kann durch die freie Stirnfläche zwischen diesen Radien zusätzlich auch noch jener Teil der Arbeitsflüssigkeit in den eigentlichen eventuell noch zusätzlich vorgesehenen Reserveraum H übertreten, der während des Betriebs bei starkem Schlupf aus dem inneren Arbeitsraum herausgedrängt wird.

Diese Lösung und andere ähnliche, die von dieser abgeleitet sein können, bilden Möglichkeiten, die wegen ihrer Einfachheit, der Material- und damit Gewichts- und Kostenersparnis als äußerst interessant und erfolgversprechend erscheinen.

Doch besitzt das System mit Prallscheibe gegenüber diesen und anderen Lösungen den grundsätzlichen Vorteil, wie schon gesagt, eine recht einfache Anpassung der Betriebsmerkmale der Kupplung an gegebene Verhältnisse bzw. Motorcharakteristiken zu ermöglichen, d. h. eine Einstellung der fertig vorliegenden Kupplung an besondere, von Fall zu Fall gegebene Arbeitsbedingungen zu gestatten, die durch bloße Veränderung des Prallscheibendurchmessers erreicht werden kann. Infolge der einfachen Aus- und Einbaumöglichkeiten dieser Scheibe stellt somit das Prallscheibensystem wohl das billigste, wirtschaftlichste Mittel dar, das zur Erreichung des gewollten Zwecks denkbar ist. Die nach Abb. 46 ausgeführten Laufräder lassen natürlich eine einfache Änderung der fertig vorliegenden Teile nicht mehr zu.

6. System mit großer Schaufelzahl

Die Veränderung des Starrheitsgrads ϕ' und des damit verbundenen Kupplungsgrads ϕ'' einer hydrodynamischen FÖTTINGER-Kupplung kann auch auf andere Weise mit Hilfe einfacher, elementarer Mittel erreicht werden. So z. B. durch Schaffung von Verhältnissen im Innern des Arbeitskreislaufs, die im Arbeitsgebiet mit großem Schlupf die Strömung im Übergangspunkt von einem Laufrad zum andern in höchstem Grade *instationär* gestaltet. Diese Wirkung wird erreicht durch Erzwingung einer unregelmäßig „pulsierenden" Strömung derartig hoher Frequenz und starker Wirbelbildung im Flüssigkeitsstrom an der Übergangsstelle zwischen Pumpen- und Turbinenrad, daß infolge Überwiegens der hierdurch entstehenden dynamischen Massenkräfte die Bildung einer Flüssigkeitszirkulation mit einer mittleren, sonst bei gleichem Schlupf erreichbaren und dem von den Rotationsverhältnissen der beiden Laufräder erzeugten Druckunterschied entsprechenden Strömungsgeschwindigkeit, verhindert wird.

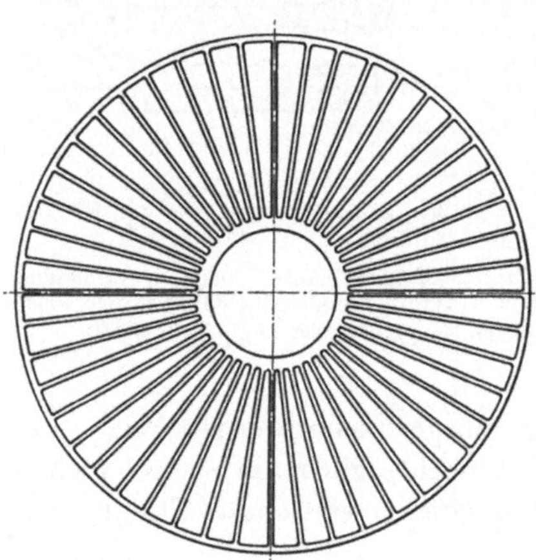

Abb. 47
Strömungskupplung mit großer Schaufelzahl

Dies kann in vorzüglicher Weise durch eine Vermehrung der Anzahl der Laufradschaufeln erreicht werden. Eine derartige Ausführung zeigt Abb. 47. Die hohe Frequenz, mit der sich die einzelnen Schaufeln der sich gegenüberstehenden Pumpen- und Turbinenräder vorbeibewegen, bewirkt einen *instationären* Fluß beim Übergang von einem Laufrad zum andern mit einer so rasch vor sich gehenden periodischen Veränderung der Stromfädenform, daß als Folge davon derart große Massenkräfte in der Flüssigkeit entstehen, die den Zentrifugalkräften selbst wirksam entgegentreten können und, wie bereits gesagt, verhindern, daß sich eine mittlere Geschwindigkeit einstellt, die sich sonst bei einer kleineren, durch eine kleinere Schaufelzahl bedingten Frequenz einstellen würde. Die dadurch verringerte Umlaufmenge der Flüssigkeit bewirkt eine entsprechende Verkleinerung des übertragenen Drehmoments, wodurch der gewollte Zweck in eleganter Weise erreicht ist.

Dieses System kann natürlich in zweckmäßiger Weise in Kombination mit den in früheren Abschnitten beschriebenen Anordnungen verwendet werden. Es geht aus dem hier Gesagten jedenfalls hervor, daß es wohl immer vorteilhaft sein wird, eine eher höhere Schaufelzahl für die Laufräder vorzusehen, sobald es darauf ankommt, eine Kennkurve $\lambda - \eta$ zu erhalten, die einen hohen Starrheitsgrad bei kleinem Schlupf, hingegen einen niedrigen Kupplungsgrad bei starkem Schlupf aufweisen soll.

7. System mit einziehbaren Schaufelwänden

Eine wirksame Kontrolle, die grundsätzlich sämtliche Möglichkeiten der Anpassung und der Regelung des Starrheits- bzw. des Kupplungsgrads einer Strömungskupplung mit kürzesten Einstellzeiten bietet, die aber andererseits nicht mehr jene elementare Einfachheit besitzt, die die bisher beschriebenen Systeme kennzeichnet, haben wir bei der Konstruktion mit einziehbaren Schaufeln. Einen Vorteil jedoch gegenüber den vorangehend betrachteten Lösungen besitzt dieses System insofern, als es nicht willkürlich unbeeinflußbar ist, sondern im Gegenteil, nach Belieben und in jedem Augenblick von Hand oder mittels Servogeräten den jeweiligen Betriebsverhältnissen angepaßt werden kann.

Diese Veränderlichkeit des Starrheits- und des Kupplungsgrads wird hier in strömungstechnischer Hinsicht durch gleichzeitiges Verändern der Radien r_i und r_e bewirkt, wobei auch die Schaufelwandflächen selbst, auf die die Flüssigkeitsmasse einwirkt, eine Veränderung erleiden. Die Flüssigkeitsmenge erfährt hierdurch natürlich ebenfalls eine Beeinflussung, da infolge der Verkleinerung der entsprechenden Geschwindigkeiten eine kleinere sekundliche Menge in Umlauf gesetzt wird.

Die Schaufeln lassen sich in diesem Falle in axialer Richtung parallel zu sich selbst durch eigens dafür im Laufradkörper angebrachte Schlitze nach außen in einen hierzu besonders vorgesehenen Raum herausziehen, wobei dieser Raum seinerseits als Speicher für die Arbeitsflüssigkeit zur Vermehrung der Wärmekapazität ausgewertet werden kann.

In der Lösung nach Abb. 48 sind die Schaufeln *1* radial an einer hülsenförmigen Nabe *2* befestigt, während die Nabe selbst auf der Pumpennabe axial und konzentrisch zu ihr verschiebbar angeordnet ist. Die Schaufeln ragen durch die radial angebrachten Schlitze *3* des Pumpenkörpers *P* in den Arbeitsraum hinein und folgen der Bewegung der Hülse *2*, sobald diese von außen in gewolltem Sinne verstellt wird.

In der Abb. 48 sind zwei Grenzstellungen eingezeichnet: im oberen Teil die Arbeitsstellung, im unteren die Ruhestellung.

In der Ausführung nach Abb. 49 hingegen sind die Schaufeln *1* einzeln an der besonders hierzu gestalteten Nabe der Pumpe direkt drehbar

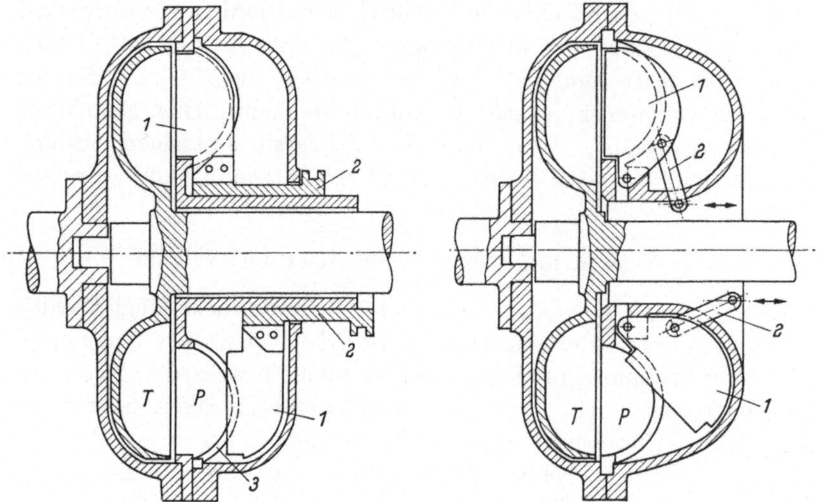

Abb 48. Strömungskupplung mit herausziehbaren Schaufeln

Abb. 49. Strömungskupplung mit herausschwenkbaren Schaufeln

angelenkt und können aus dem inneren Kreislaufraum nach außen geschwenkt werden. Dies z. B. mit Hilfe von Pleueln *2*, die einerseits an den Schaufeln selbst und andererseits an einer gemeinsamen axial verschiebbaren Betätigungshülse (in der Abbildung nicht gezeichnet) drehbar angelenkt sind. Auch in dieser Abbildung sind die zwei extremen Positionen der Schaufeln dargestellt: oben, in Arbeitsstellung; unten, in Ruhestellung.

8. System mit Irisblendendrosselung und drehbaren Schaufeln

Es gibt noch andere Mittel, um eine Veränderung des Starrheits- und des Kupplungsgrads einer Strömungskupplung in gewolltem Sinne und willkürlich zu beeinflussen. Wohl die meisten davon erfordern aber besondere Raumverhältnisse zu ihrer konstruktiven Ausbildung, die praktisch jedoch meist nicht vorliegen. Ein solches System besteht z. B. in der willkürlichen Behinderung des Arbeitskreislaufs durch Einschaltung von zweckmäßig gestalteten Blenden im Spalt zwischen den beiden Laufrädern, um so durch mehr oder weniger tiefes Hineinragen in den genannten Spalt und durch mehr oder weniger starkes Drosseln des Flüssigkeitsdurchgangs den gewünschten Effekt zu erreichen. Diese Blenden kann man sich verschieden ausgeführt denken, so z. B. nach Art der Irisverschlüsse oder in Schieberform.

Die Wirkungsweise beruht grundsätzlich auch hier auf einer Veränderung der effektiven Radien r_i oder r_e oder beider Radien zugleich sowie

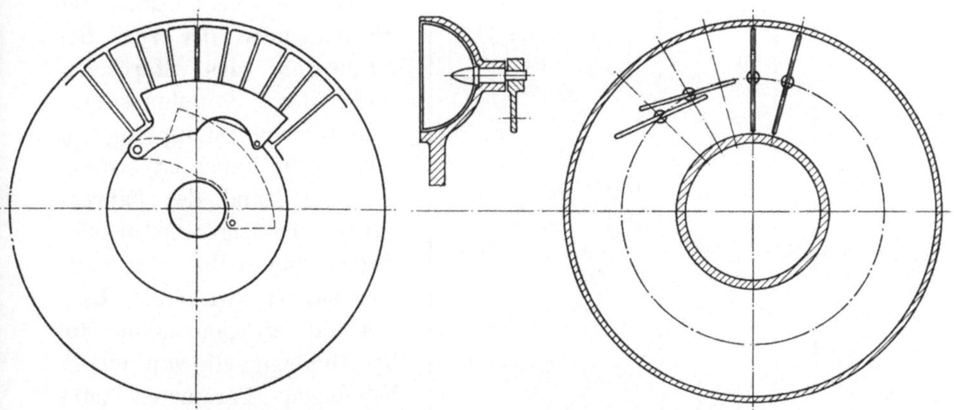

Abb. 50. Strömungskupplung mit „Iris"-Blendenregelung

Abb. 51. Strömungskupplung mit drehbaren Schaufeln

der damit verbundenen Veränderung der Durchgangsfläche und somit der Veränderung der von einem Laufrad zum andern durchfließenden Flüssigkeitsmasse (s. Abb. 50).

Es soll noch eine andere Lösung zur Beeinflussung des Starrheitsgrads einer Strömungskupplung kurz besprochen werden, bevor das Kapitel über Strömungskupplungen endgültig abgeschlossen wird. Es muß dabei betont werden, daß damit natürlich nicht alle theoretisch gegebenen Möglichkeiten erschöpft sind.

Und zwar seien hier die drehbar angeordneten Schaufeln erwähnt. Diese sind im Falle der Ausführung nach Abb. 51 an dem zentrisch im Arbeitstorus des Pumpenrads und parallel zur Drehachse der Kupplung gelagerten Bolzen befestigt und können um dessen Achse innerhalb bestimmter Grenzen gedreht werden.

Wenn die Schaufeln sich in der normalen Arbeitslage befinden, d. h. radial zum Laufrad stehen, können sie, da sie normale Kanäle bilden und somit Flüssigkeit zirkulieren kann, Leistung übertragen.

Werden die Schaufeln aber durch Verdrehen in eine andere Lage gebracht, so verlieren die Kanäle ihre eigentliche Form immer mehr, womit auch die Drehmomentübertragung selbst immer schwächer wird, bis der Grenzfall eintritt, in dem die Schaufeln durch gegenseitiges Anliegen eine Art geschichteten Ring im Torus bilden und somit jede Zirkulation in diesem unmöglich wird, also eine Drehmomentübertragung überhaupt nicht stattfinden kann.

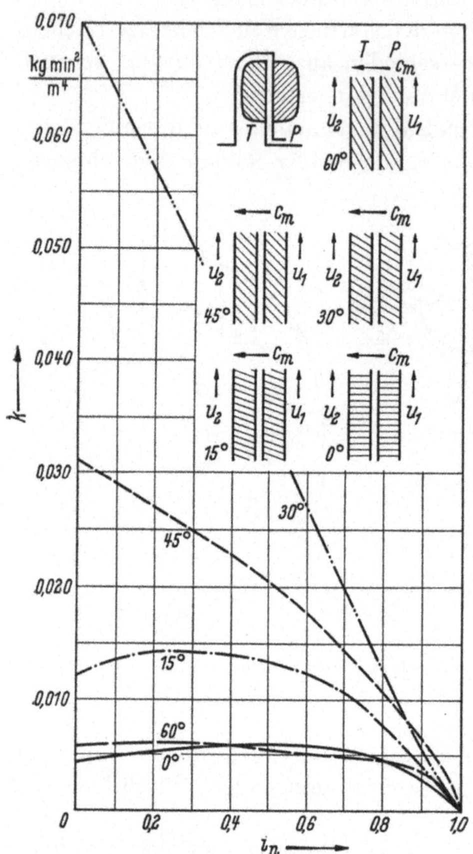

Abb. 52. Kupplungsfaktor für fünf verschiedene Schaufelwinkel (nach FÖRSTER)
c_m Meridiangeschwindigkeit; u_1 Umfangsgeschwindigkeit der Pumpe; u_2 Umfangsgeschwindigkeit der Turbine

Es ist klar, daß der Mechanismus, der zur Beeinflussung des Starrheits- und des Kupplungsgrads einer Strömungskupplung von außen erforderlich ist, sowohl von der Hand des Fahrers beliebig betätigt werden oder durch eine halb- oder vollautomatisch wirkende Einrichtung erfolgen kann, die in Abhängigkeit von einem beliebigen Parameter zum Ansprechen zu bringen ist. Als Parameter hierzu können herangezogen werden: die Zentrifugalkraft (Drehzahl), ein bestimmtes Geschwindigkeitsfeld des Fahrzeuges, Motordrehmoment usw.

Leider würde ein näheres Eingehen in dieses hier kurz berührte hochinteressante Gebiet der Regelung und der automatischen Schaltmöglichkeiten einen nicht unbedeutenden zusätzlichen Raum beanspruchen. Deshalb muß dieser Abschnitt über die Strömungskupplungen mit der Bemerkung abgeschlossen werden, daß es natürlich nicht möglich war, in der hier gebrachten kurzen Übersicht sämtliche Lösungen zu erwähnen, die bisher vorgeschlagen oder ausgeführt worden sind, um den Starrheits- und Kupplungsgrad einer Strömungskupplung in gewünschter Weise zu beeinflussen. Es sei daher jedem empfohlen, der sich mit diesen

Problemen näher zu befassen hat, Einsicht in die auf diesem Gebiete sehr zahlreich zur Verfügung stehende Patentliteratur zu nehmen.

In Ergänzung zu Abb. 39, die den grundsätzlichen Einfluß der Veränderlichkeit des relativen Füllungsverhältnisses $y = \frac{\phi}{\phi^*}$ auf die Kennlinie eines Strömungswandlers zeigt, sollen nachstehend noch die Abb. 52 und 53 nach FÖRSTER[1] betrachtet werden, aus denen klar hervorgeht, daß nicht nur die Umrißform des Kreislaufs einen Einfluß auf die Kennlinie der Strömungskupplung hat, sondern auch die Lage der Schaufeln selbst, d. h. ihre Neigung bezüglich der entsprechenden Axialebenen. Man hat es somit in der Hand, nicht nur durch entsprechende symmetrische oder unsymmetrische Formgestaltung des Außenprofils der beiden Torusringhälften oder durch Anwendung einer entsprechend großen Anzahl von Schaufeln die gewünschte Charakteristik der Kupplung zu erhalten, sondern diese auch durch entsprechende Winkelstellung der Schaufelflächen zu beeinflussen.

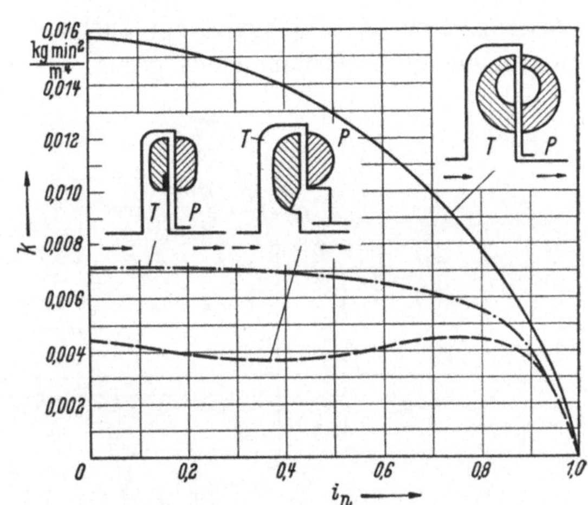

Abb. 53. Kupplungsfaktor für drei verschiedene Kreislaufarten (nach FÖRSTER)
P Pumpe; T Turbine; $k = \frac{M}{n^2 D^5}$

III. Strömungswandler

A. Mathematische Analyse der Strömungswandler

1. Allgemeines

In den ersten Abschnitten dieses Buches wurde gezeigt, daß ein hydrodynamisches System, das aus den zwei Elementen *Pumpe* und *Turbine* allein besteht, nur ein Drehmoment im Verhältnis 1 : 1 zu übertragen vermag, weil infolge Fehlens eines mit dem festen Maschinen-

[1] FÖRSTER, H. J.: FÖTTINGER-Wandler und -Kupplungen für Kraftfahrzeuge. Automobil-Industrie (April 1960) H. 8, S. 56.

gestell verbundenen Reaktionselements sämtliche inneren von der Flüssigkeitsbewegung hervorgerufenen Massenkräfte (Aktions- und Reaktionskräfte) sich derart auf die beiden Laufräder Pumpe und Turbine verteilen, daß sie untereinander als Resultante genau gleich groß ausfallen.

Um in einem derartigen hydrodynamischen System auch eine Momentenwandlung herbeiführen zu können, ist es deshalb nötig, ein drittes Element vorzusehen, welches imstande sein muß, das von den Massenkräften der Flüssigkeit am Turbinenaustritt herrührende Reaktionsmoment als Stützmoment gegen das feste Maschinengestell zu

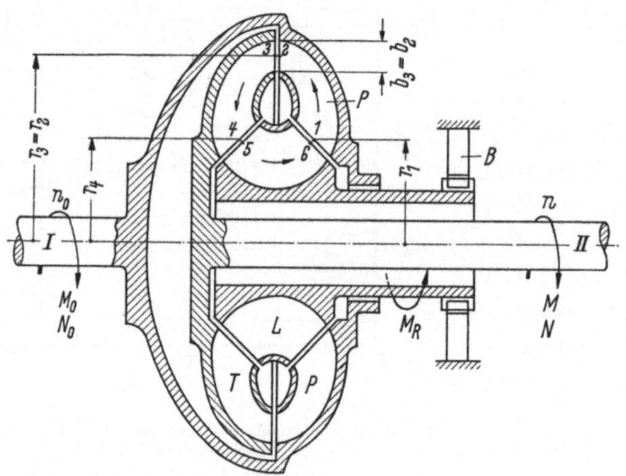

Abb. 54. Schematischer Aufbau eines Strömungswandlers

P Pumpenrad; *T* Turbinenrad; *L* Reaktionselement (Leitrad); *B* Verbindung mit dem festen Maschinengestell; M_0 vom Motor eingeleitetes (Antriebs-) Drehmoment; *M* von der Turbine abgeleitetes (Abtriebs-) Drehmoment; M_R Reaktionsdrehmoment = vom Leitrad an das Maschinengestell übertragenes Stützmoment

übertragen. Dieses Element wird gewöhnlich als „*Reaktionselement*“, als „*Stator*“ oder auch als „*Leitrad*“ bezeichnet.

Dieses dritte Element ist also das Element, das infolge seiner Stützwirkung eine einfache Strömungs*kupplung* in einen Momenten*wandler* verwandelt.

Um das Verständnis für das Arbeiten eines Strömungswandlers zu erleichtern, soll auch hier der Vergleich mit einem mechanischen Analogiesystem durchgeführt werden. Hierzu dienen die Abb. 54 und 55, von denen die erste einen hydrodynamischen Momentenwandler (in seinem einfachsten Aufbau), die zweite das äquivalente Analogiesystem darstellt. Wie man sieht, ist der Mechanismus nach Abb. 55 in Wirklichkeit nichts anderes als ein Planetengetriebe. In diesem besteht zwar Analogie in bezug auf die Momentenverteilung, nicht aber bezüglich der Wirkungsgrade und der Art und Weise wie die inneren Kräfte im

Strömungskreis zustande kommen. Ferner besteht im mechanischen Umlaufgetriebe — im Gegensatz zum Strömungsgetriebe — ein festes, von den Durchmessern (Zähnezahlen) der Getrieberäder *1* und *2* abhängiges Untersetzungsverhältnis, während, um auch in dieser Beziehung Analogie mit dem Strömungsgetriebe aufweisen zu können, dieses Untersetzungsverhältnis selbst stetig veränderbar sein müßte.

In diesem mechanischen Vergleichsgetriebe findet man insbesondere die *drei* Grundelemente eines Strömungswandlers:

1. Das Primärteil *P* (als Ersatz der *Pumpe* eines Strömungswandlers gedacht), mit der Primärwelle *I* verbunden.

2. Das Sekundärteil *T* (als Ersatz der *Turbine* eines Strömungswandlers gedacht), mit der Sekundärwelle *II* verbunden.

3. Das Reaktionsteil *L* (das hier als Planetenradträger für die Räder *1* und *2* dient und als Ersatz des Leitrads eines Strömungswandlers gedacht ist), mittels einer Kupplung *B* an das feste Maschinengestell angeschlossen.

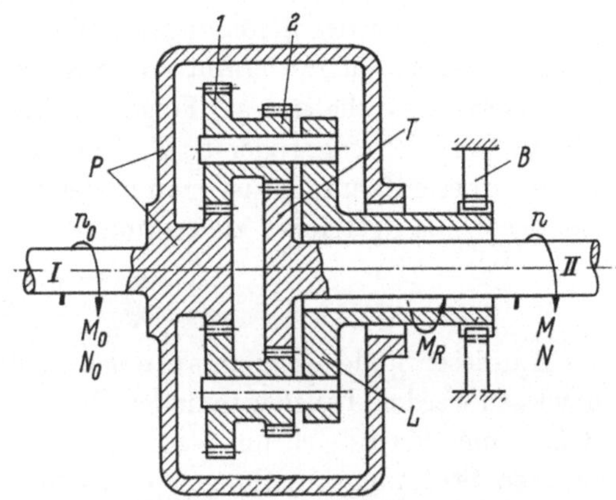

Abb. 55. Mechanisches Analogiemodell, an dem der Vorgang der Momentenverteilung zwischen den Elementen Pumpe–Turbine–Leitrad eines Wandlers anschaulich verfolgt werden kann

P Sonnenrad (entspricht der Pumpe, mit angeschlossenem Gehäuse), an dem das Motordrehmoment M_0 angreift; *T* Abtriebsrad (entspricht der Turbine); *1*, *2* Planetenräder, am Reaktionselement *L* gelagert; *B* Verbindung des Reaktionselements *L* mit dem festen Maschinengestell

Mit diesem Modell, das man sich von Fall zu Fall mit einem durch die Zahnräder *P*, *1*, *2*, *T* (mit den zugehörigen Radien r_P, r_1, r_2, r_T) bestimmten Untersetzungsverhältnis, das dem gerade in Betracht gezogenen Betriebszustand entspricht, verwirklicht denken kann, ist man in der Lage, recht anschaulich das Kräftespiel bzw. die Momentenverteilung zu verfolgen, die sich bei Änderung des Untersetzungsverhältnisses $i = n/n_0$ im System vollzieht.

Es geht somit aus der Betrachtung dieses Modells klar hervor, daß, falls nicht das Leitrad *L* vom Maschinengestell *B* festgehalten wird, es *keine* Möglichkeit gibt, ein Drehmoment von der Welle *I* auf die Welle *II* zu übertragen, *außer* im Verhältnis 1 : 1. Letzteres aber auch nur dann, wenn die einzelnen inneren Elemente des Planetengetriebes untereinander blockiert (Schlupf = 0) oder — um mit den Strömungskupplungen zu vergleichen — zwischen den treibenden und den angetriebenen Elementen eine nachgiebige Rutschkupplung eingebaut wäre, die einen Schlupf zuließe.

Das Untersetzungsverhältnis $i = n/n_0$ in einem Strömungswandler ergibt sich als Folge der Geschwindigkeitsänderungen zwischen Flüssigkeitsmasse und Laufradschaufeln an den ausgezeichneten Stellen des Strömungskreises, d. h. an den Übergangsstellen zwischen den drei Hauptelementen des Strömungswandlers: Pumpe, Turbine, Leitrad.

In Analogie hierzu ergibt sich im Vergleichsgetriebe das genannte Untersetzungsverhältnis als Folge der Geschwindigkeitsänderungen am Radumfang der Zahnräder *P*, *T*, *1* und *2*. Infolge geometrischer Bedingungen dieser Zahnräder ist man in der Lage, das Untersetzungsverhältnis des Umlaufgetriebes zu bestimmen, für das gelten muß:

$$i = \frac{n}{n_0} = \frac{r_P}{r_T} \frac{r_2}{r_1} . \tag{190}$$

An dieser Stelle muß nun auf einen wichtigen Umstand besonders hingewiesen werden, bevor man in den Betrachtungen weitergeht, und zwar, daß es hier (da es sich um Strömungs*wandler* handelt) nicht mehr wie bei den Strömungskupplungen möglich ist, das Untersetzungsverhältnis i einfach mit dem Wirkungsgrad η zu vertauschen, da, wie später noch zu sehen ist, der Wirkungsgrad nicht mehr in so einfacher Weise vom Drehzahlverhältnis zwischen Turbine und Pumpe abhängt.

Um die zwischen den einzelnen auf die drei Elemente des Systems wirkenden Aktions- und Reaktionsmomente und die zwischen diesen bestehenden Beziehungen bestimmen zu können, soll nun auf die Abb. 56a und b Bezug genommen werden.[1]

Aus dieser schematischen Darstellung kann man entnehmen, daß innerhalb eines Betriebsfelds für $i \leqq 1$ (Abb. 56a) das Aktionsmoment am Leitrad L gegensinnig zu dem des eingeleiteten Motordrehmoments an der Welle I ist; und daß, im Gegensatz hierzu, innerhalb des Betriebsfelds bei $i > 1$ (Abb. 56b) das Aktionsmoment am Leitrad L den Drehsinn umkehrt.

Analytisch bestehen hierbei folgende Zusammenhänge:

$$M = M_0 \frac{r_T}{r_P} \frac{r_1}{r_2} = \frac{M_0}{i} \tag{191}$$

oder

$$\frac{M}{M_0} = \frac{1}{i} , \tag{192}$$

wobei $i = \frac{r_P}{r_T} \frac{r_2}{r_1}$. Mit dieser Substitution erhält man:

$$M_R = \left(\frac{M_0}{r_P} - \frac{M}{r_T}\right) r_R = M_0 \left[\left(1 + \frac{r_1}{r_P}\right) - \frac{1}{i}\left(1 + \frac{r_2}{r_T}\right)\right]$$
$$= M_0 \left[1 - \frac{1}{i}\right] = M_0 - M , \tag{193}$$

[1] Die Abbildung entspricht dem Analogiemodell Abb. 55.

weil doch:
$$\frac{r_1}{r_P} = \frac{r_2}{i\, r_T}$$
oder
$$\frac{M_R}{M_0} = 1 - \frac{1}{i}. \tag{194}$$

Hierin bedeuten:

M an der Abtriebswelle II verfügbares Drehmoment;
M_0 an der Antriebswelle I angreifendes Drehmoment;
M_R Reaktionsmoment, am Leitrad einwirkend und von diesem an das feste Maschinengestell weitergeleitet.

Die obigen Beziehungen zeigen den Anstieg des Verhältnisses zwischen den Drehmomenten M und M_0 bei fallendem Drehzahlverhält-

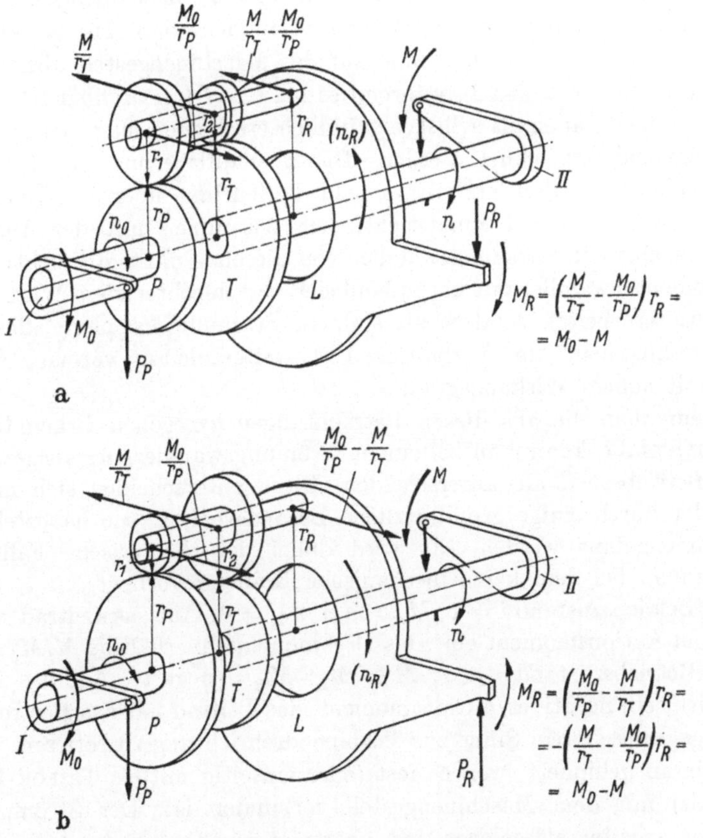

Abb. 56a u. b. Kräftespiel am mechanischen Analogiemodell
a) im Bereich der Übersetzungsverhältnisse $i = n/n_0 < 1$; M_R = positiv; b) im Bereich der Übersetzungsverhältnisse $i = n/n_0 > 1$; M_R = negativ
(L entspricht dem Leitrad)

nis i. Aus ihnen ist weiter zu sehen, daß beim Übergang des Wertes i von einer Größe <1 zu einem Werte >1 das auf das Leitrad einwirkende Reaktionsmoment seinen Drehsinn umkehrt.

Von diesem Umstande ist bei dem Trilok-Wandler in sinnreicher Weise Gebrauch gemacht und eine wichtige Konsequenz gezogen. Durch die Einführung der Freilauflagerung des Leitrads hat Trilok eine ausschlaggebende Verbesserung in der Arbeitsweise der Strömungswandler herbeigeführt.

Wie im nachfolgenden zu sehen ist, fällt der Wirkungsgrad eines Strömungswandlers nach Erreichung eines Maximums mit weiter ansteigendem Drehzahlverhältnis i im Betriebsfeld der Werte von $i > 1$ sehr stark ab, bis bei Erreichung der Durchgangsdrehzahl n_{Du} der Turbine der Wirkungsgrad überhaupt wieder Null wird.

Die Idee Triloks, das Leitrad mit dem festen Maschinengestell mittels eines Freilaufsystems derart zu verbinden, daß das Reaktionsmoment nur in einem Drehsinne auf das Maschinengestell übertragen werden kann, wenn $i < 1$, während es bei $i > 1$ frei drehbar ist, muß, wenn sie heute auch als selbstverständlich erscheinen mag, wirklich als hervorragend bezeichnet werden. Die Freilauflagerung des Leitrads bewirkt nämlich, daß letzteres, sobald die Turbine über ein Drehzahlverhältnis nahe $i = 1$ hinausgeht, sich zusammen mit der Turbine dreht, womit der Strömungswandler von diesem Punkte ab nicht mehr als Momentenwandler mit bis zu Null sich verschlechterndem Wirkungsgrad weiterarbeitet, sondern als einfache Strömungskupplung, die nur ein Drehmoment im Verhältnis 1 : 1 weiterzuleiten vermag, dafür aber mit hohem Wirkungsgrad.

Wenn man die aus diesen Betrachtungen gezogenen Erkenntnisse zusammenfaßt, kann man bei einem Strömungswandler *vier* ausgezeichnete Betriebszustände unterscheiden. Diese unterscheiden sich untereinander durch einige grundsätzliche Besonderheiten, die nachstehend zusammengefaßt werden. Es wird dabei der theoretische Fall angenommen, bei dem keine mechanische Reibung vorliegt.

1. Betriebszustand $i = 1$; $M = M_0$; $M_R = 0$. Auf das Leitrad wirkt keinerlei Aktionsmoment ein. Das Drehmomentenverhältnis $M/M_0 = 1$.

2. Betriebszustand $i < 1$; $M > M_0$; $M_R =$ negativ. Auf das Leitrad wirkt ein negatives Aktionsmoment, das Leitrad hat das Bestreben, in entgegengesetztem Sinne zur Turbinendrehrichtung zu rotieren, wird aber daran gehindert, weil es fest (oder einseitig mittels Trilok-Freilaufrads) mit dem Maschinengestell verbunden ist. Der Strömungswandler arbeitet als solcher und überträgt ein Drehmoment im Verhältnis $M/M_0 > 1$.

3. Betriebszustand $i > 1$; $M < M_0$; $M_R =$ positiv. Ein Trilok-Freilauf ist nicht vorgesehen. Auf das Leitrad wirkt ein positives Aktionsmoment ein, das Leitrad hat das Bestreben, im gleichen Sinne wie das Turbinenrad zu rotieren. Die Rotation ist aber infolge der festen Verbindung mit dem Maschinengestell verhindert. Der Strömungswandler

arbeitet als solcher und überträgt ein Drehmoment im Verhältnis $M/M_0 < 1$.

4. Betriebszustand $i > 1$; $M = M_0$; $M_R = 0$. TRILOK-Freilauflagerung des Leitrads ist vorgesehen. Auf das Leitrad wirkt ein positives Aktionsmoment, das dasselbe in Rotation versetzt, und zwar in gleichem Sinne wie das Turbinenrad selbst, so daß Leitrad und Turbine zusammen mit ungefähr derselben Drehzahl rotieren. Der Strömungswandler arbeitet als Strömungskupplung, das übertragene Drehmoment ist im Verhältnis $M/M_0 = 1$.

Die systematische Behandlung der Materie erfordert in erster Linie die Betrachtung des Problems in seinem grundsätzlichen funktionellen Aufbau, d. h. unter Zugrundelegung der einfachsten FÖTTINGER-Form eines Strömungswandlers, der nach den Abb. 3 und 54 aus den folgenden drei Grundelementen besteht:

1 Pumpe (einstufig), 1 Turbine (einstufig), 1 Leitrad (einstufig).

In einem weiteren Abschnitt wird gezeigt, welchen Einfluß besondere Einrichtungen mit mehrstufigen Elementen auf die Arbeitsweise der Maschine auszuüben vermögen, wie man mit deren Hilfe eine Verbesserung des Wirkungsgradverlaufs erreichen kann, wenn die Möglichkeit geschafft wird, Stoßverluste zu verringern, die sich einstellen, sobald sich der Betrieb vom Nennpunkt entfernt.

Die Arbeit je kg Arbeitsflüssigkeit des Arbeitskreislaufs, die von den beiden Laufrädern *Pumpe* und *Turbine* aufgenommen bzw. abgegeben wird, ist durch die Drehzahl derselben, durch die Geschwindigkeit der Flüssigkeit selbst und durch die Schaufelwinkel an den Ein- bzw. Austrittsstellen der Schaufelkanäle am mittleren Stromfaden des Strömungskreises bestimmt.

Da nun die Schaufelwinkel feststehende unveränderliche Werte darstellen (im normalen Falle bei festen, nicht drehbaren Schaufeln), gibt es nur ein einziges Drehzahlverhältnis zwischen Turbinen- und Pumpendrehzahl, bei dem der Übergang der Arbeitsflüssigkeit von einem Laufrad zum andern in der durch den Entwurf vorbestimmten Weise *stoßfrei* vor sich geht.

Dieses Drehzahlverhältnis entspricht dem „*Nennverhältnis*" des Systems und stellt eine grundsätzliche *Kenngröße* desselben dar, die als Erstes bei der Auslegung und beim Entwurf des Wandlers bestimmt wird und als unveränderliche *Charakteristik* der betreffenden Strömungsmaschine verbleibt. Ihre Wahl erfolgt nach Gesichtspunkten, die später erörtert werden sollen.

Die Zusammenhänge, die zwischen der Arbeit jeden Laufrads, seiner Geschwindigkeiten und Abmessungen bestehen, können leicht abgeleitet werden, wenn man — wie bereits auch in den vorangegangenen Kapiteln bezüglich der Strömungskupplungen geschehen — die Veränderungen der Bewegungsgröße der Arbeitsflüssigkeit innerhalb der beiden Laufräder längs des Strömungskreises verfolgt. Für die vorliegende Arbeit scheint vorerst die Verfolgung eines anderen Weges vorteilhafter, nämlich den, der die Veränderungen der in der Flüssigkeit enthaltenen Energie in den verschiedenen ausgezeichneten Punkten längs des Strömungskreises am mittleren Stromfaden berücksichtigt. Diese letztere Methode gestattet eine anschaulichere Verfolgung Punkt für Punkt der unter der Einwirkung bei veränderlichen Betriebsbedingungen der Laufräder im Flüssigkeitsstrom sich einstellenden Zustände und erlaubt eine ebenso anschauliche graphische Darstellung der Energiebilanz, bei der die einzelnen Verluste, seien sie durch Flüssigkeitsreibung oder durch Stoß bedingt, aufgezeigt werden.

2. Erste Bilanzaufstellung der hydraulischen Energie

Innerhalb des geschlossenen Strömungskreises, d. h. zwischen den Punkten *1* und *2* der Pumpe, *3* und *4* der Turbine, *5* und *6* des Leitrads (Abb. 54), stellt sich der Druckverlauf grundsätzlich, wie in Abb. 57 gezeigt, dar. Man gelangt zu dieser graphischen Darstellung, wenn man die Änderungen der Gesamtenergie und jene der einzelnen Komponenten in den bezeichneten Punkten des Strömungskreises verfolgt und sich

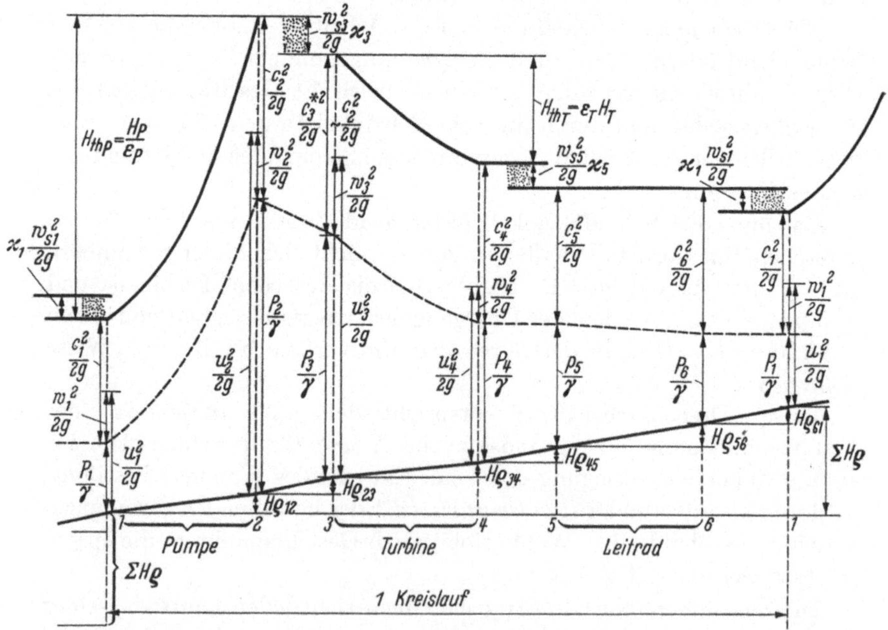

Abb. 57. Grundsätzlicher Verlauf der verschiedenen mittleren Drücke und der entsprechenden Verluste längs des Strömungskreises in einem Strömungswandler an den Punkten *1*, *2*, *3*, *4*, *5* und *6* des mittleren Stromfadens

hierzu der BERNOULLIschen Gleichungen bedient. Die dabei in Frage kommenden Zentrifugalkrafteinwirkungen müssen natürlich mit berücksichtigt werden.

Es leuchtet ohne weiteres ein, daß in der Energiebilanz die von der Turbine abgenommene Energie zuzüglich jener, die den inneren hydraulischen Verlusten entspricht (die mechanischen Verluste kommen hier nicht in Frage, sie werden später separat berücksichtigt), gleich groß sein muß der in die Pumpe hineingeleiteten Energie. Mit anderen Worten: um den Energiekreislauf zu schließen, muß gegenüber der von der Turbine abgenommenen Energie in die Pumpe so viel zusätzliche Energie eingeleitet werden, als sämtliche innerhalb des Strömungskreises sich ergebenden Verluste ausmachen.

Diese Verluste, in mkg je kg Arbeitsflüssigkeit ausgedrückt (mkg/kg = m Druckhöhe), sind zweierlei Art und machen sich als einen Druckverlust im Strömungskreis bemerkbar. Diese sind:

1. Verluste infolge Flüssigkeitsreibung, die mit H_ϱ bezeichnet werden sollen;

2. Stoßverluste, für die allgemein geschrieben werden kann:

$$H_s = \varkappa \frac{w_s^2}{2g}.$$

Die Stelle, auf die sich die Verluste beziehen, werden durch einen entsprechenden Index gekennzeichnet. Unter solchen Voraussetzungen kann für die Energiebilanz in den einzelnen ausgezeichneten Punkten des Strömungskreises geschrieben werden:

$$\left.\begin{aligned}
\frac{p_1}{\gamma} + \frac{w_1^2}{2g} - \frac{u_1^2}{2g} &= \frac{p_2}{\gamma} + \frac{w_2^2}{2g} - \frac{u_2^2}{2g} + H_{\varrho 12}\\
\frac{p_2}{\gamma} + \frac{c_2^2}{2g} &= \frac{p_3}{\gamma} + \frac{c_3^2}{2g} + \varkappa_3 \frac{w_{s3}^2}{2g} + H_{\varrho 23}\\
\frac{p_3}{\gamma} + \frac{w_3^2}{2g} - \frac{u_3^2}{2g} &= \frac{p_4}{\gamma} + \frac{w_4^2}{2g} - \frac{u_4^2}{2g} + H_{\varrho 34}\\
\frac{p_4}{\gamma} + \frac{c_4^2}{2g} &= \frac{p_5}{\gamma} + \frac{c_5^2}{2g} + \varkappa_5 \frac{w_{s5}^2}{2g} + H_{\varrho 45}\\
\frac{p_5}{\gamma} + \frac{c_5^2}{2g} &= \frac{p_6}{\gamma} + \frac{c_6^2}{2g} + H_{\varrho 56}\\
\frac{p_6}{\gamma} + \frac{c_6^2}{2g} &= \frac{p_1}{\gamma} + \frac{c_1^2}{2g} + \varkappa_1 \frac{w_{s1}^2}{2g} + H_{\varrho 61}.
\end{aligned}\right\} \tag{195}$$

Aus diesen sechs Gleichungen erhält man, falls man für $\varkappa_1 = \varkappa_3 = \varkappa_5 = \varkappa$ setzt, die nachstehende Gleichung:

$$\begin{aligned}
&\left[\frac{c_2^2 + u_2^2 - w_2^2}{2g} - \frac{c_1^2 + u_1^2 - w_1^2}{2g}\right]\\
&= \left[\frac{c_3^2 + u_3^2 - w_3^2}{2g} - \frac{c_4^2 + u_4^2 - w_4^2}{2g}\right] + \varkappa\left[\frac{w_{s1}^2}{2g} + \frac{w_{s3}^2}{2g} + \frac{w_{s5}^2}{2g}\right] + \sum H_\varrho,
\end{aligned} \tag{196}$$

in welcher der Ausdruck in der linken eckigen Klammer nichts anderes darstellt als die theoretische (geometrische) Druckhöhe der *Pumpe*, der Ausdruck in der ersten rechten eckigen Klammer das theoretische (geometrische) Druckgefälle der *Turbine*. Beide sind unter dieser Form als die sog. EULERschen oder *Hauptgleichungen* der Strömungsmaschinen bekannt. Man kann obige Gl. (196) folglich in nachstehender symbolischer und somit vereinfachter Form schreiben:

$$H_{\text{th}\,P} = H_{\text{th}\,T} + \sum \varkappa \frac{w_s^2}{2g} + \sum H_\varrho \tag{197}$$

oder in der für Strömungsmaschinen üblichen Weise [leicht aus Gl. (196) abzuleiten]:

$$\frac{1}{g}\left(c_{u_2} u_2 - c_{u_1} u_1\right) = \frac{1}{g}\left(c_{u_3} u_3 - c_{u_4} u_4\right) + \sum \varkappa \frac{w_s^2}{2g} + \sum H_\varrho. \tag{198}$$

Die zwei letzten Glieder rechts in dieser Gleichung sind dabei die sich beim Übergang der Arbeitsflüssigkeit von einem Laufrad zum andern einstellenden Stoßverluste und die allgemein durch Flüssigkeitsreibung entstehenden Verluste. Ebenso kann man sich in den beiden letzten Gliedern der Einfachheit halber auch die sonstigen, durch die Form der Schaufeln (endliche Anzahl) und deren endliche Dicke bedingten Verluste mitberücksichtigt denken.

Der Korrektionsfaktor $\varkappa$ ist derselbe, wie er bereits im Kapitel der Strömungskupplungen besprochen wurde. Sein wirklicher Wert hängt von den Verhältnissen ab, unter welchen sich der Stoß verwirklicht und besagt, daß nicht der ganze, den geometrischen Stoßgrößen entsprechende theoretische Energieanteil verlorengeht. Dies aus dem ebenfalls bereits erwähnten Grunde, daß nicht sämtliche Stromfäden beim Übergang von einem Querschnitt zum andern eine plötzliche, durch einen scharfen Knick gekennzeichnete Richtungsänderung erfahren, sondern im Gegenteil, der Übergang sich stets praktisch mit einer mehr oder weniger vollendeten Stetigkeit vollzieht.

Auch hier kann für $\varkappa$ der Wert 1 angenommen werden, und erst in einer späteren Diskussion soll der Einfluß untersucht werden, den eine Veränderlichkeit dieses Faktors auf den Arbeitsvorgang auszuüben vermag.

Bevor die Untersuchung weitergeführt wird, ist es vor allen Dingen zweckmäßig, daß man vorerst die allgemeine Situation hinsichtlich des hydraulischen Problems noch eingehender betrachtet und die Bezeichnungen der verschiedenen Druckhöhen festlegt, die in der detaillierten Energiebilanz des inneren geschlossenen Strömungskreises *Pumpe–Turbine–Leitrad* des Strömungswandlers vorkommen. Auch hier ist es angebracht, um das Verständnis für die hydraulischen Vorgänge in recht anschaulicher Weise zu erleichtern, zu einem Analogiemodell zu greifen; hierzu mögen die Abb. 58 und 59 dienen.

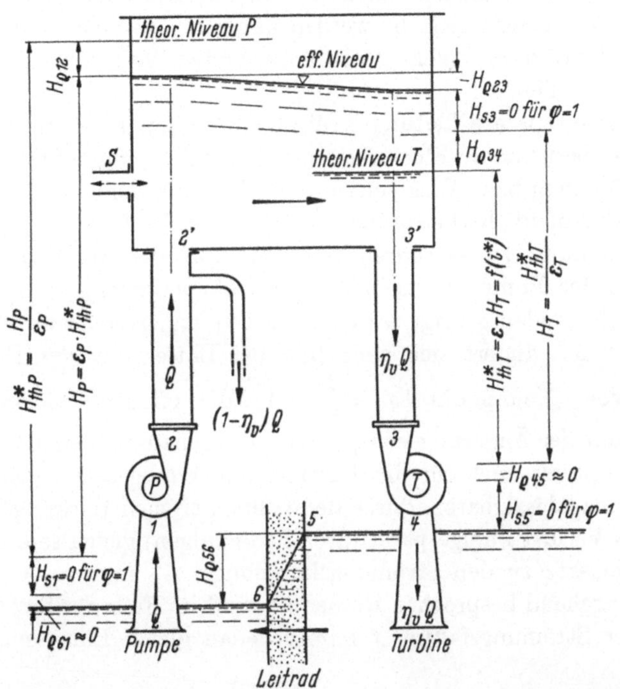

Abb. 58. Schematische Analogiedarstellung des Arbeitskreislaufs: Pumpe–Turbine–Leitrad zwecks klarer Definition der in Frage kommenden verschiedenen Druckhöhen

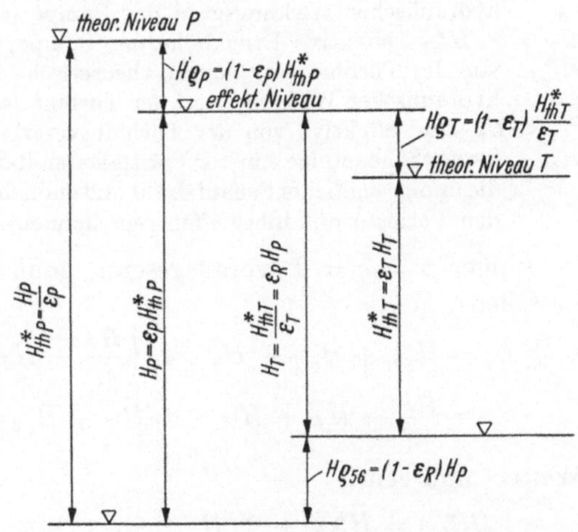

Abb. 59. Diagramm der laut Abb. 58 in Frage kommenden Druckhöhen; gilt für $\varphi = 1$

In der Darstellung nach Abb. 58 sind Pumpe und Turbine getrennt angeordnet. Während hierbei die Pumpe die Flüssigkeit in den oberen Behälter pumpt, entnimmt die Turbine aus diesem Flüssigkeit. Das obere Flüssigkeitsniveau ist dabei als freie Fläche gedacht und fällt leicht gegen den Turbineneinlauf infolge der Reibungsverluste ab, die zwischen den Punkten *2'* und *3'* (die mit den Punkten *2* und *3* an der Maschine selbst gleichgesetzt werden sollen) vorhanden ist. Die untere Niveaufläche ist ebenfalls als freie Fläche gedacht, aber in zwei Stufen unterteilt, deren Gefälle als durch den Widerstand einer porösen Zwischenwand verursacht gedacht werden kann, um so eine Analogie mit dem vom Leitrad in einem Strömungswandler verursachten Druckgefälle herzustellen.

Durch eine separate Leitung S sei überdies ein zusätzlicher Zu- und Abfluß einer bestimmten Flüssigkeitsmenge möglich, um auf diese Weise eine Vergrößerung bzw. Verkleinerung des Niveauunterschieds zwischen Zulauf und Ablauf herbeizuführen und so auch Analogie mit dem Strömungswandler zu bewahren in bezug auf die durch Drehzahländerungen der Pumpe verursachten Druckänderungen.

Wie im folgenden gezeigt wird, und wie es andererseits auch selbstverständlich ist, ändert sich auch hier bei Entfernung des Betriebszustands vom Nennpunkt $\left(\varphi = \frac{i}{i^*} = 1\right)$[1] die effektive Strommenge $Q = x\,Q^*$, mit der Änderung von φ, wobei die genannte Menge Q sowohl für die Pumpe als auch für die Turbine immer (abgesehen von einem kleinen, vernachlässigbaren, durch den volumetrischen Wirkungsgrad η_v abhängigen Verlust infolge parasitären Strömungen) gleich sein muß.

Im Gegensatz zu den Strömungskupplungen — und aus Gründen, die noch eingehend besprochen werden — muß im Falle der Strömungswandler der Strömungsfaktor x immer genau gleich Eins sein, wenn $\varphi = 1$!

Es ist also, für den Betriebszustand am *Nennpunkt*, bei dem $\varphi = x = 1$:

$H^*_{\text{th}\,P}$ von der Pumpe erzeugte theoretische (geometrische) Druckhöhe;
ε_P hydraulischer Wirkungsgrad der Pumpe (am Nennpunkt);
$H_P = \varepsilon_P\, H^*_{\text{th}\,P}$ effektive Druckhöhe der Pumpe;
$H^*_{\text{th}\,T}$ von der Turbine verarbeitete theoretische (geometrische) Druckhöhe;
ε_T hydraulischer Wirkungsgrad der Turbine (am Nennpunkt);
$H_T = H^*_{\text{th}\,T}/\varepsilon_T$ effektive von der Turbine verarbeitete Druckhöhe;
H_ϱ Verlusthöhe infolge innerer Flüssigkeitsreibung (in der näherungsweise auch die infolge endlicher Schaufelzahl und endlicher Schaufeldicke sich einstellenden Verluste mit inbegriffen sein können).

Immer $x = \varphi = 1$ vorausgesetzt, muß dann folgende Gleichheit bestehen:

$$\sum H_\varrho = H_{\varrho P} + H_{\varrho T} + H_{\varrho 56} = \left(\frac{H_P}{\varepsilon_P} - H_P\right) + (H_T - \varepsilon_T H_T) + H_{\varrho 56}$$
$$= \frac{H_P}{\varepsilon_P} - H_P + H_T - \varepsilon_T H_T + H_{\varrho 56}. \qquad (199)$$

Weiter muß sein:

$$H^*_{\text{th}\,P} = H^*_{\text{th}\,T} + \sum H_\varrho \qquad (200)$$

---

[1] Definition von φ s. S. 158.

oder:
$$\frac{H_P}{\varepsilon_P} = \varepsilon_T H_T + \left[\frac{H_P}{\varepsilon_P} - H_P + H_T - \varepsilon_T H_T + H_{\varrho 56}\right],$$

woraus sich ergibt:
$$H_P = H_T + H_{\varrho 56} \tag{201}$$

und
$$\frac{H_T}{H_P} = 1 - \frac{H_{\varrho 56}}{H_P}.$$

Der rechte Teil obiger Gleichung kann als hydraulischer Wirkungsgrad des Leitrads, bezogen auf die Pumpenarbeit, aufgefaßt werden (für $\varphi = 1$). Deshalb kann geschrieben werden:

$$\frac{H_T}{H_P} = 1 - \frac{H_{\varrho 56}}{H_P} = \varepsilon_R. \tag{202}$$

Schließlich ergibt sich in elementarer Weise, aus Gl. (200), für die Summe aller Reibungsverluste die einfache Beziehung:

$$\sum H_\varrho = H^*_{\text{th}\,P} - H^*_{\text{th}\,T}. \tag{203}$$

3. Allgemeine Definition der verschiedenen Wirkungsgrade

Außer den hydraulischen Verlusten innerhalb des eigentlichen Arbeitskreislaufs eines Strömungswandlers dürfen bei der Bestimmung des Gesamtwirkungsgrads eines solchen die mechanischen Verluste des Systems ebenfalls nicht unberücksichtigt bleiben. Das sind Verluste, die infolge mechanischer Reibung der verschiedenen gegeneinander gleitenden inneren und äußeren Teile, wie Lager, Dichtringe usw., entstehen. Ferner die Verluste, die durch die Flüssigkeitsreibung zwischen den Turbinenwänden und der sie benetzenden, außerhalb des eigentlichen Strömungskreises befindlichen „statischen" Flüssigkeit verursacht werden. Auch diese Verluste können unter die „mechanischen" Verluste aufgenommen werden, da sie, wie die Lagerreibung, durch einen direkt auf die Turbinenwelle wirkenden Bremswiderstand bedingt sind. Ein Bremswiderstand, der mit den Verlusten des inneren Arbeitskreislaufs in keinerlei Zusammenhang steht und folglich keinerlei Einfluß auf die in diesem Kreislauf sich einstellenden Druckhöhen ausüben kann.

In Abb. 60 ist schematisch ein Strömungswandler dargestellt, in dem, um die Situation anschaulicher zu gestalten, sämtliche inneren relativ gegeneinander mit Reibung gleitenden „mechanischen" Teile symbolisch durch eine Reibungskupplung dargestellt sind. Wie gesagt, soll in dem von dieser Reibungskupplung versinnbildlichten Widerstandsdrehmoment auch die durch die Flüssigkeitsreibung zwischen Turbinenwand und äußerer „statischen“ Flüssigkeit gegebene Widerstand mit inbegriffen sein.

Diese symbolische Reibungskupplung besteht aus einem Reibungsring mit mittlerem Radius r, auf den die Summe der beiden Einzelmomente M_r und M_ϱ einwirken. Das Moment M_r ist durch die innere „mechanische“ Reibung zwischen Pumpen- und Reaktionselementen, wie Lager, Dichtringe usw., bedingt, während das Moment M_ϱ das durch die viskose Flüssigkeitsreibung zwischen Turbinenwand und statischer

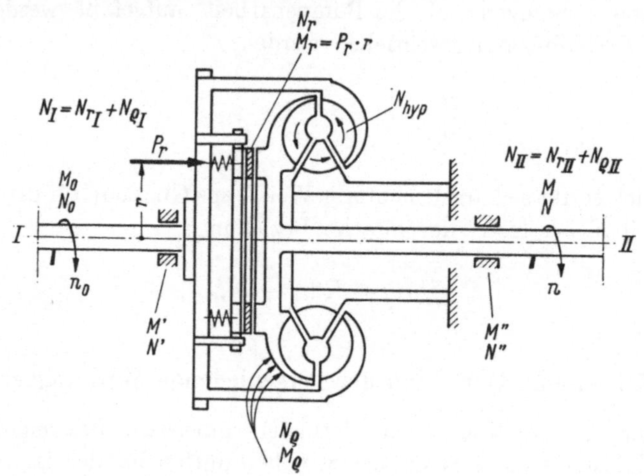

Abb. 60. Darstellung der mechanischen Reibungswiderstände, die in einem Strömungswandler in Betracht kommen. Die eingezeichnete Reibungskupplung versinnbildlicht die Reibungswiderstände zwischen den Turbinen- und Pumpenelementen. Je nachdem, ob sich die Turbine langsamer, gleich schnell oder schneller als die Pumpe dreht, stellen die Reibungswiderstände ein Antriebs-, ein Null- oder ein Bremsmoment dar und sind als solche in die Rechnung einzusetzen. (Näheres im Text)

äußeren Flüssigkeit außerhalb des Strömungskreises verursachte Widerstandsdrehmoment darstellt.

Sowohl das Drehmoment M_r als auch das Drehmoment M_ϱ suchen den Sekundärteil (die Turbine) anzutreiben und stellen somit für diesen ein Antriebsmoment dar, aber nur so lange, wie die Drehzahl der Turbinenwelle n kleiner ist als die der Pumpe n_0. Im Gegensatz hierzu suchen diese Drehmomente den Primärteil (Pumpe) anzutreiben, wenn die Abtriebs- (Turbinen-) Drehzahl n größer ist als die der Pumpe.

Das gesamte Widerstandsdrehmoment, durch die Summe der beiden Momente $M_r + M_\varrho$ gegeben, erfordert, um überwunden zu werden, von seiten des Primärteils eine Leistung N_I, die von der Pumpendrehzahl n_0 abhängt; hingegen eine Leistung N_{II} von seiten des Sekundärteils, die ihrerseits von der Turbinendrehzahl n abhängt, sobald diese größer als die der Pumpe wird.[1]

Die äußeren Lager verbrauchen eine Leistung, die wie folgt bezeichnet werden:

N' vom äußeren Lager (motorseitig) aufgezehrte Leistung;
N'' vom äußeren Lager (turbinenseitig) aufgezehrte Leistung.

Wenn nun diese Leistungen auf die hydraulische Nennleistung der Pumpe $N^*_{\mathrm{hy}P}$ bezogen werden, so können dafür folgende Beziehungen geschrieben werden:

$$N' = \left(\frac{1}{\eta'} - 1\right) N^*_{\mathrm{hy}\,P} = \left(\frac{1}{\eta'} - 1\right) \frac{Q^*}{75} H^*_{\mathrm{th}\,P} \tag{204}$$

und

$$N'' = \left(\frac{1}{\eta''} - 1\right) \varphi\, i^* N^*_{\mathrm{hy}\,P} = \left(\frac{1}{\eta''} - 1\right) \varphi\, i^* \frac{Q^*}{75} H^*_{\mathrm{th}\,P}. \tag{205}$$

Das Widerstandsdrehmoment M_r ist bei unveränderlichem Reibwert μ als fester Wert anzusehen. Es besteht keinerlei Abhängigkeit vom Betriebszustand des Systems, d. h., M_r ist unabhängig von der Turbinendrehzahl, besser, vom Verhältnis- (oder Zustands-) Wert φ.

Unter diesen Voraussetzungen kann für die Leistung des Primärteils unter Bezugnahme auf die Nennleistung $N^*_{\mathrm{hy}P}$ (mit η_r als *inneren* mechanischen Wirkungsgrad) geschrieben werden:

$$N_{rI} = \frac{M_r}{716{,}2}\, n_0 = N^*_{\mathrm{hy}\,P}\left(\frac{1}{\eta_r} - 1\right) \tag{206}$$

und für die Leistung des Sekundärteils, dessen Betriebszustand hingegen vom Wert φ abhängt:

$$N_{rII} = \frac{M_r}{716{,}2}\, n = \frac{M_r}{716{,}2}\, n_0\, \varphi\, i^* = N_{rI}\, \varphi\, i^*. \tag{207}$$

Die durch das Widerstandsdrehmoment M_ϱ bedingten Verluste sind ihrerseits natürlich vom Zustandswert φ abhängig, weil ihre Größen, wie gleich zu sehen ist, in besonderer Weise von der Drehzahldifferenz Δn zwischen Primär- und Sekundärteil abhängen; hingegen ist es für dessen Größe nicht von Bedeutung, ob im Arbeitskreislauf ein Flüssigkeitsumlauf stattfindet oder nicht; mit anderen Worten, dem Strömungsfaktor x kommt in dieser Beziehung keinerlei Bedeutung zu. M_ϱ ist

[1] Es sei hier bemerkt, daß, im Gegensatz zu den Strömungskupplungen, in einem Strömungswandler der Sekundärteil sich auch schneller drehen kann als der Primärteil, ohne daß deshalb die Turbine zum treibenden Teil für den Motor wird. Die Turbine beginnt erst dann als treibender Teil für den Motor zu werden, wenn sie ihre eigene Durchgangsdrehzahl überschreitet (falls kein Trilok-Freilauf vorgesehen ist! Hier nimmt man aber vorerst das Leitrad als feststehend an, um die Arbeitsweise des Strömungswandlers innerhalb seines gesamten natürlichen Arbeitsfeldes untersuchen zu können).

nämlich Null, wenn die Turbine gleiche Drehzahl besitzt wie die Pumpe, d. h. wenn $i = i_0$ und wächst mit steigender Drehzahldifferenz $\Delta n = n_0 - n$.

Da die durch M_ϱ bedingten Verluste äußere Verluste sind, können sie auf die Bilanz bezüglich der inneren Strömungskreis-Druckhöhensituation keinerlei Einfluß haben und müssen deshalb gesondert mit den mechanischen Reibungsverlusten N_{rI} und N_{rII} zusammengefaßt werden.

Um jede Komplikation zu vermeiden, soll auch die sich durch das Widerstandsdrehmoment M_ϱ ergebende Verlustleistung als Anteil der Nennleistung der Pumpe im Nennbetriebszustand für $\varphi = 1$ angesetzt werden, und zwar nimmt man dabei an, daß die betreffende Verlustleistung bei feststehender Turbine, also bei $\varphi = 0$ bzw. wenn der Drehzahlunterschied einen ausgezeichneten Größtwert besitzt, also dem Wert $N_{\varrho I} = \varrho_\omega N^*_{\text{th}P}$ entsprechen möge. Mit anderen Worten nimmt man an, daß der infolge Flüssigkeitsreibung sich einstellende Verlust ϱ_ω mal der Nennleistung $N^*_{\text{th}P}$ der Pumpe sei, wenn ein Schlupf zwischen Pumpe und Turbine besteht, der dem bei stillstehender Turbine entspricht. Wir können also für die Berechnung dieser Leistung von folgender Beziehung ausgehen:

$$N_{\varrho I} = \frac{M_\varrho n_0}{716{,}2}, \tag{208}$$

worin bedeuten:

$N_{\varrho I}$ Verlustleistung (auf die Pumpe bezogen), die nötig ist, um das durch die Flüssigkeitsreibung infolge Relativdrehung zwischen Turbine und Pumpe existierende Widerstandsdrehmoment M_ϱ zu überwinden.

M_ϱ Widerstandsdrehmoment infolge viskosen Reibungswiderstands zwischen Turbinenwand und umgebender „statischen" Flüssigkeit.

Das Widerstandsdrehmoment M_ϱ läßt sich dabei durch folgenden Ausdruck angeben:

$$M_\varrho = k_\varrho n_{\text{rel}}^2 = k_\varrho (n_0 - n)^2 = k_\varrho n_0^2 (1 - \varphi i^*)^2, \tag{209}$$

wobei bedeuten:

k_ϱ ein konstanter Faktor;

$n_{\text{rel}} = (n_0 - n) = n_0(1 - \varphi i^*)$ relative Drehzahl zwischen Turbine und Pumpe.

Durch Einführen der Gl. (209) in Gl. (208) erhält man:

$$N_{\varrho I} = \frac{k_\varrho}{716{,}2} n_0^2 (1 - \varphi i^*)^2 n_0 = \frac{k_\varrho}{716{,}2} n_0^3 (1 - \varphi i^*)^2. \tag{210}$$

Wenn man jetzt, wie vorher schon gesagt, diese Leistung gleich $\varrho_\omega N^*_{\text{hy}P}$ setzt für den Betriebszustand am Festpunkt $\varphi = 0$, dann kann man für Gl. (210) schreiben:

$$N_{\varrho I(\varphi=0)} = \frac{k_\varrho}{716{,}2} n_0^3 (1 - 0) = \frac{k_\varrho}{716{,}2} n_0^3 = \varrho_\omega N^*_{\text{hy}P}, \tag{211}$$

wobei für den Betriebszustand bei $\varphi \neq 0$ wird:

$$N_{\varrho I} = \varrho_\omega N^*_{\text{hy}\,P}(1 - \varphi\, i^*)^2 = \varrho_\omega \frac{Q^*}{75} \frac{u_2^2}{g} \left[\zeta - \tau\left(\frac{r_1}{r_2}\right)^2\right](1 - \varphi\, i^*)^2. \quad (212)$$

In dieser letzteren bedeutet, wie ebenfalls schon angedeutet:

ϱ_ω Anteil der Verlustleistung am Festpunkt für $\varphi = 0$, bezogen auf die Nennleistung der Pumpe, durch Flüssigkeitsreibung zwischen Turbine und umgebender statischer Flüssigkeit außerhalb des Strömungskreises verursacht.

Bezüglich der Turbine ist die entsprechene Verlustleistung $N_{\varrho II}$ wie folgt abgeleitet:

$$N_{\varrho II} = \frac{M_\varrho\, n}{716{,}2} = \frac{M_\varrho\, \varphi\, i^*\, n_0}{716{,}2}. \quad (213)$$

Durch Ersetzen von M_ϱ nach Gl. (209) erhält man:

$$N_{\varrho II} = \frac{k_\varrho\, n_0^2 (1 - \varphi\, i^*)^2\, \varphi\, i^*\, n_0}{716{,}2}. \quad (214)$$

Auch hier ist für den Wert $\frac{k_\varrho\, n_0^3}{716{,}2}$ der Leistungsanteil $\varrho_\omega N^*_{\text{hy}\,P}$ einzusetzen, und man erhält:

$$N_{\varrho II} = \varrho_\omega N^*_{\text{hy}\,P}\, \varphi\, i^* (1 - \varphi\, i^*)^2 = \varrho_\omega \frac{Q^*}{75} \frac{u_2^2}{g} \left[\zeta - \tau\left(\frac{r_1}{r_2}\right)^2\right] \varphi\, i^* (1 - \varphi\, i^*)^2$$
$$= \varphi\, i^*\, N_{\varrho I}. \quad (215)$$

Im Koeffizienten ϱ_ω kann man auch die Flüssigkeitsreibung und die Wirbelverluste als mitberücksichtigt denken, die sich an den Frontseiten der Laufräder infolge des gegenseitigen Schlupfes einstellen und die in den späteren Ableitungen zur Bestimmung der Stoßverluste nicht besonders berücksichtigt werden.

Nachdem somit die Verlustleistungen N_{rI}, N_{rII} sowie $N_{\varrho I}$ und $N_{\varrho II}$ bekannt sind, kann man ihre Summe bilden und so die „mechanischen" Gesamtverluste N_I bzw. N_{II} aufschreiben, für die gelten müssen:

$$N_I = N_{rI} + N_{\varrho I} \quad (216)$$

bzw.

$$N_{II} = N_{rII} + N_{\varrho II}. \quad (217)$$

Wenn jetzt sowohl N_I als auch N_{II} durch die in die Pumpe am Nennbetriebspunkt für $\varphi = x = 1$ hineingeleitete hydraulische Leistung $N^*_{\text{hy}\,P}$ ausgedrückt wird, so erhält man für beide Verlustleistungen folgende Gleichungen:

$$N_I = N_{rI} + N_{\varrho I} = N^*_{\text{hy}\,P}\left(\frac{1}{\eta_r} - 1\right) + N^*_{\text{hy}\,P}\, \varrho_\omega (1 - \varphi\, i^*)^2$$
$$= N^*_{\text{hy}\,P}\left[\frac{1}{\eta_r} - 1 + \varrho_\omega (1 - \varphi\, i^*)^2\right]$$
$$= \frac{Q^*}{75} H^*_{\text{th}\,P}\left[\frac{1}{\eta_r} - 1 + \varrho_\omega (1 - \varphi\, i^*)^2\right], \quad (218)$$

$$N_{II} = N_{rII} + N_{\varrho II} = N^*_{\text{hy}\,P}\, \varphi\, i^* \left(\frac{1}{\eta_r} - 1\right) + N^*_{\text{hy}\,P}\, \varphi\, i^*\, \varrho_\omega (1 - \varphi\, i^*)^2$$
$$= N^*_{\text{hy}\,P}\, \varphi\, i^* \left[\frac{1}{\eta_r} - 1 + \varrho_\omega (1 - \varphi\, i^*)^2\right] = \varphi\, i^*\, N_I. \quad (219)$$

Für den Betrieb am Nennpunkt, für den also $\varphi = 1$ ist, können die entsprechenden Verlustleistungen folgendermaßen geschrieben werden:

$$N_I^* = N_{rI} + N_{\varrho I}^*,$$

$$N_{II}^* = N_{rII} + N_{\varrho II}^*,$$

wobei

$$N_{\varrho II}^* = i^* N_{\varrho I}^* = i^* \varrho_\omega (1 - i^*)^2 N_{\mathrm{hy}P}^*. \tag{220}$$

Wie bereits erwähnt, hängt der Drehsinn der Reibungsmomente M_r und M_ϱ davon ab, ob das Drehzahlverhältnis i kleiner oder größer als Eins ist. In der Aufstellung der Gleichungen für die Berechnung der Gesamtwirkungsgrade des Strömungswandlers wird man diesem Umstande Rechnung tragen und infolgedessen zwei Betriebszustände unterscheiden müssen, die folgendermaßen gekennzeichnet sind:

Erster Betriebszustand: für $i = \varphi\, i^* \leqq 1$ (die Turbine besitzt eine kleinere — höchstens gleiche — Drehzahl wie die Pumpe);

Zweiter Betriebszustand: für $i = \varphi\, i^* > 1$ (die Turbine besitzt eine höhere Drehzahl als die Pumpe).

Im ersten Fall stellen M_r und M_ϱ Widerstandsdrehmomente für den Primärteil, und Antriebs- (Schlepp-) Momente für den Sekundärteil dar; im zweiten Fall werden M_r und M_ϱ Antriebs- (Schlepp-) Momente für den Primärteil, und Widerstands- (Brems-) Momente für den Sekundärteil, während, wie ebenfalls schon gesagt, die äußeren Reibungsverlustleistungen N' und N'' stets von einem Widerstandsdrehmoment gegeben sind.

Auf Grund der nun klargelegten Situation kann man jetzt zur Aufstellung der Gleichungen für die Berechnung der Wirkungsgrade des Strömungswandlers unter Bezugnahme auf die beiden erwähnten Sonderfälle kommen.

Fall a: für $i = \varphi\, i^* \leqq 1$. Eine schematische Darstellung des Energieflusses von der Primär- (Motor- bzw. Pumpen-) Welle zur Sekundärwelle (Turbinen- bzw. Abtriebs-) Welle im Betriebszustand für $\varphi = 1$ ist in Abb. 61 wiedergegeben, während eine ähnliche Darstellung für den Betriebszustand $i = \varphi\, i^* < 1$ in Abb. 62 zu sehen ist.

Zusammenfassend sollen für den allgemeinen Betriebszustand $\varphi \neq 1$ folgende Bezeichnungen gelten:

N_0 die gesamte in die Primär- (Pumpen-) Welle eingeleitete Motorleistung;
N die an der Sekundär- (Turbinen-) Welle verfügbare Nutzleistung;
$N_{\mathrm{hy}P}$ die von der Pumpe aufgenommene hydraulische Leistung;
$N_{\mathrm{hy}T}$ die an der Turbine verfügbare hydraulische Leistung.

Da sich in dem hier behandelten „Fall a" die Sekundärwelle mit einer geringeren Geschwindigkeit dreht als die Primärwelle und folglich die Widerstandsdrehmomente M_r und M_ϱ für diese bremsende Wider-

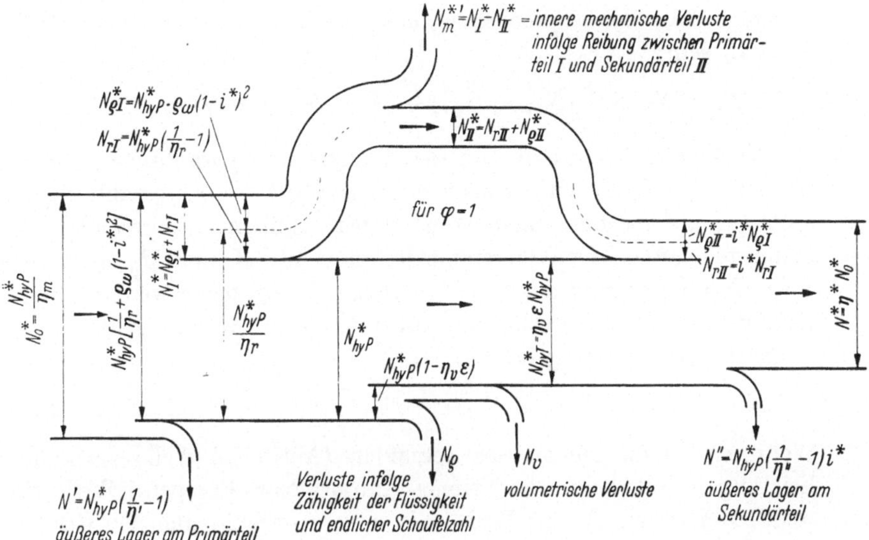

Abb. 61. Schematische Darstellung des Energieflusses (Energiebilanz) durch einen Strömungswandler bei Betrieb im *Nennzustand* bei $\varphi = 1$ (bzw. $n = n^*$)

standsmomente darstellen, muß der Motor in die Welle I eine um so größere Leistung einleiten, als für den Ausgleich der durch die genannten

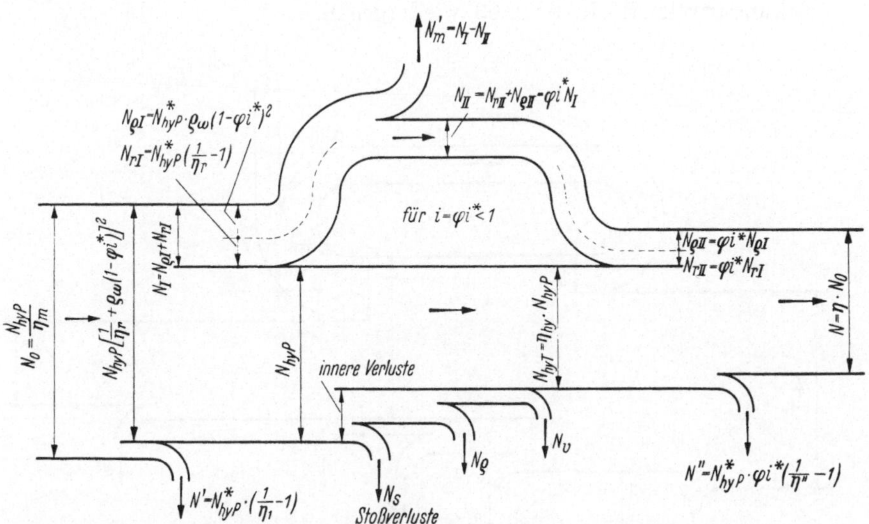

Abb. 62. Schematische Darstellung des Energieflusses (Energiebilanz) durch einen Strömungswandler bei Betrieb innerhalb des Betriebsfeldes $i = \varphi i^* < 1$

Widerstandsdrehmomente bedingte Verlustleistung erforderlich ist. Also muß die vom Motor in die Pumpenwelle eingeleitete Leistung der Summe nach gleich sein der Pumpenleistung zuzüglich der Verlustleistung infolge der besprochenen „mechanischen" Reibungswiderstände. Es muß sein:

$$N_0 = N_{\mathrm{hy}\,P} + (N_{rI} + N_{\varrho I}) + N' = N_{\mathrm{hy}\,P} + N_I + N'. \qquad (221)$$

Die Turbine selbst erhält von der Pumpe die hydraulische Leistung $N_{\mathrm{hy}\,T}$ $(= \eta_{\mathrm{hy}}\, N_{\mathrm{hy}\,P})$, zu der noch die Leistung N_{II} hinzugezählt werden muß, die auf mechanischem Wege (innere Reibungswiderstände) vom Primärteil infolge der Widerstandsdrehmomente M_r und M_ϱ übertragen wird. Von dieser muß dann die Leistung N'' abgezogen werden, die als Lagerwärme im entsprechenden äußeren Lager „verlorengeht".

Es muß hier also gelten:

$$N = N_{\mathrm{hy}\,T} + (N_{rII} + N_{\varrho II}) - N'' = N_{\mathrm{hy}\,T} + N_{II} - N''. \qquad (222)$$

Wenn man jetzt die an der Sekundär- (Abtriebs-) Welle verfügbare Leistung N mit der in die Primär- (Motor- bzw. Pumpen-) Welle eingeleitete Leistung N_0 ins Verhältnis setzt, so erhält man den Gesamtwirkungsgrad des Systems, für den man schreiben kann:

$$\eta = \frac{N}{N_0} = \frac{N_{\mathrm{hy}\,T} + (N_{rII} + N_{\varrho II}) - N''}{N_{\mathrm{hy}P} + (N_{rI} + N_{\varrho I}) + N'} = \frac{N_{\mathrm{hy}\,T} + N_{II} - N''}{N_{\mathrm{hy}P} + N_I + N'}. \qquad (223)$$

Fall b: für $i = \varphi\, i^* > 1$. Der Energiefluß von der Primär- zur Sekundärwelle ist in Abb. 63 wiedergegeben.

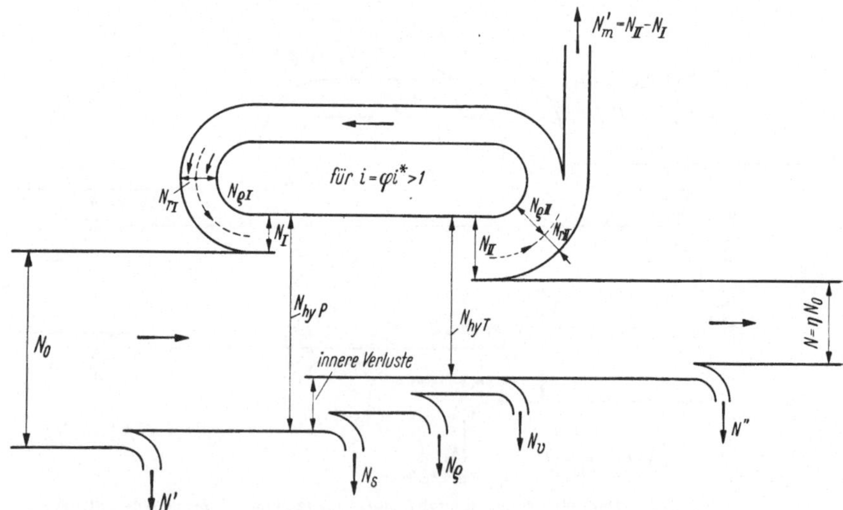

Abb. 63. Schematische Darstellung des Energieflusses (Energiebilanz) durch einen Strömungswandler bei Betrieb innerhalb des Betriebsfelds $i = \varphi\, i^* > 1$

Durch analoge Betrachtungen wie für „Fall a", jedoch dem Umstand Rechnung tragend, daß jetzt die Momente M_r und M_ϱ Antriebs-

(Schlepp-) Momente für den Primärteil und Widerstands- (Brems-) Momente für den Sekundärteil bedeuten, während N' und N'' auch hier stets von einem Widerstandsdrehmoment herrühren, können folgende Beziehungen aufgestellt werden:

$$N_0 = N_{\text{hy}\,P} - (N_{r\,I} + N_{\varrho\,I}) + N' = N_{\text{hy}\,P} - N_I + N' \tag{224}$$

und

$$N = N_{\text{hy}\,T} - (N_{r\,II} + N_{\varrho\,II}) - N'' = N_{\text{hy}\,T} - N_{II} - N''. \tag{225}$$

Wenn man auch hier die Leistungen N und N_0 ins Verhältnis setzt, erhält man für den Gesamtwirkungsgrad des „Falls b" den folgenden Ausdruck:

$$\eta = \frac{N}{N_0} = \frac{N_{\text{hy}\,T} - (N_{r\,II} + N_{\varrho\,II}) - N''}{N_{\text{hy}\,P} - (N_{r\,I} + N_{\varrho\,I}) + N'} = \frac{N_{\text{hy}\,T} - N_{II} - N''}{N_{\text{hy}\,P} - N_I + N'}. \tag{226}$$

Der Energiefluß stellt sich dar, wie in den Abb. 61 bis 63 gezeigt, von denen die Abb. 61 sich auf den Betriebszustand $\varphi = 1$, die Abb. 62 für den Betriebszustand $\varphi\, i^* < 1$, die Abb. 63 auf den Betriebszustand $\varphi\, i^* > 1$ bezieht.

Unter Bezugnahme auf diese Darstellungen sollen nun nachstehend zur besseren Übersicht, teilweise bereits angegebene Größen wiederholend, die verschiedenen zur Lösung der Aufgabe benötigten Leistungen und Wirkungsgrade zusammengefaßt werden. Es ist also:

N_0 effektive vom Motor in die Primärwelle des Strömungswandlers eingeleitete Leistung für einen beliebigen Betriebszustand $\varphi \neq 1$;

N_0^* effektive Motorleistung wie oben, für den Nennbetriebszustand $\varphi = 1$;

N effektive von der Sekundärwelle abgegebene Nutzleistung im beliebigen Betriebszustand für $\varphi \neq 1$;

N^* effektive Turbinenleistung wie oben, am Nennbetriebspunkt mit $\varphi = 1$;

$N_{\text{hy}\,P} = \frac{Q}{75} H_{\text{th}\,P}$ die von der Pumpe aufgenommene hydraulische Leistung im beliebigen Betriebszustand für $\varphi \neq 1$ ($x \neq 1$; $Q = x\,Q^*$);

$N_{\text{hy}\,P}^* = \frac{Q^*}{75} H_{\text{th}\,P}^*$ hydraulische Pumpenleistung wie oben, für $\varphi = 1$ ($x = 1$);

$N_{\text{hy}\,T} = \frac{\eta_v\, Q}{75} H_{\text{th}\,T}$ die von der Turbine verbrauchte hydraulische Leistung bei beliebigem Betriebszustand mit $\varphi \neq 1$ ($x \neq 1$);

$N_{\text{hy}\,T}^* = \frac{\eta_v\, Q^*}{75} H_{\text{th}\,T}^* = \eta_v\, \varepsilon\, \frac{Q_P^*}{75} H_{\text{th}\,P}^*$ hydraulische Turbinenleistung wie oben, für $\varphi = 1$ ($x = 1$);

$N' = N_{\text{hy}\,P}^* \left(\frac{1}{\eta'} - 1\right)$ die vom äußeren motorseitigen Lager (wenn vorhanden) aufgezehrte Leistung;

$N_{r\,I} = \frac{M_r}{716{,}2}\, n_0$ Verlustleistung infolge innerer mechanischer Reibung zwischen gegenseitig gleitenden Elementen;

N_s Verlustleistung infolge der durch Wirbel erzeugten Wärme (Flüssigkeitsübergang von einem Laufrad zum andern mit Stoß);

N_ϱ hydraulische Verlustleistung infolge viskoser Reibungswiderstände im inneren Strömungskreis (Schaufelkanäle) und endlicher Schaufelzahl;

N_v Verlustleistung infolge eines volumetrischen Wirkungsgrads $\eta_v < 1$;

$N_{\varrho I} = \frac{M_\varrho}{716{,}2} n_0$ die durch viskose Reibung zwischen Turbine und umgebender Flüssigkeit außerhalb des Strömungskreises bei der relativen Bewegung zwischen Turbine und Pumpengehäuse bedingte Verlustleistung.

$N_{\varrho II} = \frac{M_\varrho}{716{,}2} n$ die von der Primärwelle an die Sekundärwelle abgegebene, durch die Flüssigkeitsreibung infolge der Relativbewegung zwischen Pumpe und Turbine bedingte Leistung;

$N_I = N_{rI} + N_{\varrho I}$ gesamte zusätzliche in die Primärwelle eingeleitete Leistung zur Überwindung der mechanischen Widerstände;

$N_{II} = N_{rII} + N_{\varrho II}$ gesamte zusätzliche von der Sekundärwelle abgegebene Schleppleistung infolge „mechanischer" Widerstände;

$N'_m = N_I - N_{II}$ gesamte Verlustleistung infolge „mechanischer" Widerstände;

$N'' = N^*_{\text{hy}P}\left(\frac{1}{\eta''} - 1\right)$ die vom äußeren Lager (turbinenseitig) aufgezehrte Leistung;

η' mechanischer Wirkungsgrad bezogen auf die äußeren Lagerstellen (motorseitig und auf der Gegenseite), falls zur eventuellen Unterstützung des Pumpengehäuses vorhanden (Drehzahl $= n_0$);

η'' mechanischer Wirkungsgrad bezogen auf das äußere Lager (turbinenseitig);

η_r mechanischer Wirkungsgrad bezogen auf die mit Reibung gegeneinander laufenden inneren Teile;

$\eta_v = Q_T/Q_P = \eta_v Q/Q$ volumetrischer Wirkungsgrad;

$\eta_{\text{hy}} = N_{\text{hy}\,T}/N_{\text{hy}\,P} = \frac{\eta_v H_{\text{th}\,T}}{H_{\text{th}\,P}}$ hydraulischer Gesamtwirkungsgrad für den allgemeinen Betriebszustand $\varphi \neq 1$;

$\eta^*_{\text{hy}} = N^*_{\text{hy}\,T}/N^*_{\text{hy}\,P} = \frac{\varepsilon\,\eta_v\,N^*_{\text{hy}\,P}}{N^*_{\text{hy}\,P}} = \varepsilon\,\eta_v$ hydraulischer Gesamtwirkungsgrad für $\varphi = 1$ (am Nennpunkt);

$\varepsilon = H^*_{\text{th}\,T}/H^*_{\text{th}\,P}$ hydraulischer Wirkungsgrad ($\eta_v = 1$ angenommen) am Nennpunkt ($\varphi = 1$);

$\eta_m = N^*_{\text{hy}\,P}/N^*_0$ partieller „mechanischer" Wirkungsgrad (s. Abb. 61) für $\varphi = 1$;

$\eta^* = N^*/N^*_0$ Gesamtwirkungsgrad des Systems am Nennpunkt für $\varphi = 1$;

$\eta = N/N_0$ allgemeiner Gesamtwirkungsgrad für $\varphi \lesseqgtr 1$.

Nun existieren folgende Beziehungen, die leicht aus der Betrachtung des entsprechenden Energiebilanzdiagramms entnommen werden können:

$$N^*_0 = \frac{N^*_{\text{hy}\,P}}{\eta_m} = \frac{Q^*_P}{75\,\eta_m} H^*_{\text{th}\,P}, \tag{227}$$

wobei η_m seinerseits sich wie folgt aus den nachstehenden Beziehungen ableiten läßt:

$$\begin{aligned} N^*_0 &= \frac{N^*_{\text{hy}\,P}}{\eta_m} = N^*_{\text{hy}\,P} + N^*_I + N' \\ &= N^*_{\text{hy}\,P} + N^*_{\text{hy}\,P}\left(\frac{1}{\eta_r} - 1\right) + N^*_{\text{hy}\,P}\,\varrho_\omega(1 - i^*)^2 + N^*_{\text{hy}\,P}\left(\frac{1}{\eta'} - 1\right) \\ &= N^*_{\text{hy}\,P}\left[\frac{1}{\eta_r} + \frac{1}{\eta'} - 1 + \varrho_\omega(1 - i^*)^2\right]. \end{aligned} \tag{228}$$

Für den „mechanischen“ Wirkungsgrad des Strömungswandlers ergibt sich daraus folgender Ausdruck:

$$\eta_m = \frac{1}{\frac{1}{\eta_r} + \frac{1}{\eta'} - 1 + \varrho_\omega (1 - i^*)^2}, \tag{229}$$

der natürlich nur für den Betriebszustand am Nennpunkt für $\varphi = 1$ gilt.

In ähnlicher Weise ergibt sich:

$$N^* = N_0^* \, \eta^*, \tag{230}$$

wobei η^* den Gesamtwirkungsgrad des Systems am Nennpunkt ($\varphi = 1$) darstellt. Dieser Wert η^* wird seinerseits wie folgt abgeleitet. Es gilt zunächst die nachstehende Gleichung:

$$N^* = N_0^* - N_{\mathrm{hy}\,P}^* \left(\frac{1}{\eta'} - 1\right) - \left[N_{\mathrm{hy}\,P}^* \left(\frac{1}{\eta_r} - 1\right) + N_{\varrho I}\right] -$$

$$- N_{\mathrm{hy}\,P}^* (1 - \eta_v \, \varepsilon) - N_{\mathrm{hy}\,P}^* \, i^* \left(\frac{1}{\eta''} - 1\right) + N_{\mathrm{hy}\,P}^* \, i^* \left(\frac{1}{\eta_r} - 1\right) + N_{\varrho II}.$$

Wenn man in dieser Gleichung N_0^* durch die nachstehende Substitution ersetzt (s. Abb. 61):

$$N_0^* = N_{\mathrm{hy}\,P}^* + N_{\mathrm{hy}\,P}^* \left(\frac{1}{\eta'} - 1\right) + N_{\mathrm{hy}\,P}^* \left(\frac{1}{\eta_r} - 1\right) + N_{\varrho I}^*,$$

so erhält man:

$$N^* = N_{\mathrm{hy}\,P}^* \left(1 - 1 + \eta_v \, \varepsilon - \frac{1}{\eta''} + i^* + \frac{i^*}{\eta_r} - i^*\right) + N_{\varrho II}$$

$$= N_{\mathrm{hy}\,P}^* \left[\eta_v \, \varepsilon + i^* \left(\frac{1}{\eta_r} - \frac{1}{\eta''}\right)\right] + N_{\varrho II}$$

$$= N_{\mathrm{hy}\,P}^* \left[\eta_v \, \varepsilon + i^* \left(\frac{1}{\eta_r} - \frac{1}{\eta''}\right) + \varrho_\omega \, i^* (1 - i^*)^2\right]$$

und aus dieser, da $N_{\mathrm{hy}\,P}^* = N_0^* \, \eta_m$ ist:

$$\eta^* = \frac{N^*}{N_0^*} = \eta_m \left[\eta_v \, \varepsilon + i^* \left(\frac{1}{\eta_r} - \frac{1}{\eta''}\right) + \varrho_\omega \, i^* (1 - i^*)^2\right]$$

$$= \eta_m \left\{\eta_v \, \varepsilon + i^* \left[\frac{1}{\eta_r} - \frac{1}{\eta''} + \varrho_\omega (1 - i^*)^2\right]\right\}. \tag{231}$$

Hierin ist η_m durch den Ausdruck nach Gl. (229) gegeben.

Wie schon erwähnt, bezieht sich der Wirkungsgrad η_v auf Flüssigkeitsverluste, die durch eine parasitäre Strömung im System verursacht werden, insofern, als nicht die ganze von der Pumpe geförderte Flüssigkeitsmenge auf dem normalen vom Strömungskreise vorgeschriebenen Weg über die Turbine und das Leitrad zur Pumpe zurückkehrt, sondern ein geringer (wohl vernachlässigbarer) Teil davon auf Umwegen, ohne dabei die Turbine zu passieren, zu ihr zurückfindet. Dies hat natürlich eine verringerte Leistung der Turbine zur Folge, die eine Herabsetzung des hydraulischen Gesamtwirkungsgrads mit sich bringt.

Wenn man jetzt die theoretischen Druckhöhen durch die entsprechenden effektiven Druckhöhen ausdrückt, so erhält man die Beziehungen:

$$\eta_{\mathrm{hy}}^{*} = \eta_v \frac{H_{\mathrm{th}\,T}^{*}}{H_{\mathrm{th}\,P}^{*}} = \eta_v \frac{\varepsilon_T H_T}{\dfrac{H_P}{\varepsilon_P}} = \eta_v \, \varepsilon_T \, \varepsilon_P \frac{H_T}{H_P},$$

und wenn man in diese für H_T/H_P den durch Gl. (202) gegebenen Ausdruck einsetzt und weiter für das Produkt der einzelnen hydraulischen Wirkungsgrade $\varepsilon_R \, \varepsilon_T \, \varepsilon_P = \varepsilon$ als Gesamtwirkungsgrad einführt, erhält man die endgültige Beziehung für den *hydraulischen* Wirkungsgrad am Nennpunkt für $\varphi = 1$:

$$\eta_v \, \varepsilon = \eta_{\mathrm{hy}}^{*} = \eta_v \frac{H_{\mathrm{th}\,T}^{*}}{H_{\mathrm{th}\,P}^{*}} \tag{232}$$

in Übereinstimmung mit den bisher besprochenen und schematisch dargestellten Situationsbildern.

Beispiel. Angenommen: $i^* = 0{,}6$; $\varepsilon = 0{,}9$; $\eta_v = 0{,}98$; $\eta_r = 0{,}95$; $\eta' = \eta'' = 0{,}98$; $\varrho_\omega = 0{,}1$:

$$\eta^* = \frac{1}{\dfrac{1}{0{,}95} + \dfrac{1}{0{,}98} - 1 + 0{,}1\,(1 - 0{,}6)^2} \times$$

$$\times \left[0{,}98 \cdot 0{,}9 + 0{,}6\left(\frac{1}{0{,}95} - \frac{1}{0{,}98}\right) + 0{,}1 \cdot 0{,}6\,(1 - 0{,}6)^2\right] = 0{,}837\,.$$

Dieser Wert stimmt mit den im Mittel sich ergebenden größten Wirkungsgraden überein, die nach amerikanischen Veröffentlichungen über Strömungswandlern des hier betrachteten Typs praktisch erreicht werden.[1]

Nach dieser eindeutigen Bestimmung und der damit verbundenen Klarstellung der verschiedenen in Betracht kommenden Größen wird die Analyse fortgesetzt.

4. Definition einiger Verhältnisgrößen als Kennwerte in Funktion von φ

Um zu einer allgemeinen Behandlung des Problems zu gelangen und die Möglichkeit zu haben, den Einfluß der verschiedenen den Arbeitsvorgang des Systems oder einzelner Teile davon bestimmenden Größen zu verfolgen, ist es zweckmäßig, einige adimensionale Größen einzuführen, die von den Verhältnissen einiger bestimmten charakteristischen Geschwindigkeiten abgeleitet werden können. Als Bezugspunkt soll dabei immer Punkt *2* am Pumpenlaufrad genommen werden, womit

[1] Letzthin werden auch höhere Wirkungsgrade erreicht, s. S. 176.

die Ausgangs- bzw. Bezugsgeschwindigkeit die Tangentialgeschwindigkeit dieses Punktes *2* am Radius r_2, entsprechend dem mittleren Stromfaden am Pumpenkanalaustritt, sein wird.

Die Geschwindigkeitsverhältnisse an den Schaufeln des Pumpen- und des Turbinenrads für den Betriebszustand am Nennpunkt für $\varphi = 1$ (und gestrichelt für $\varphi < 1$) sind in Abb. **64** dargestellt. Unter

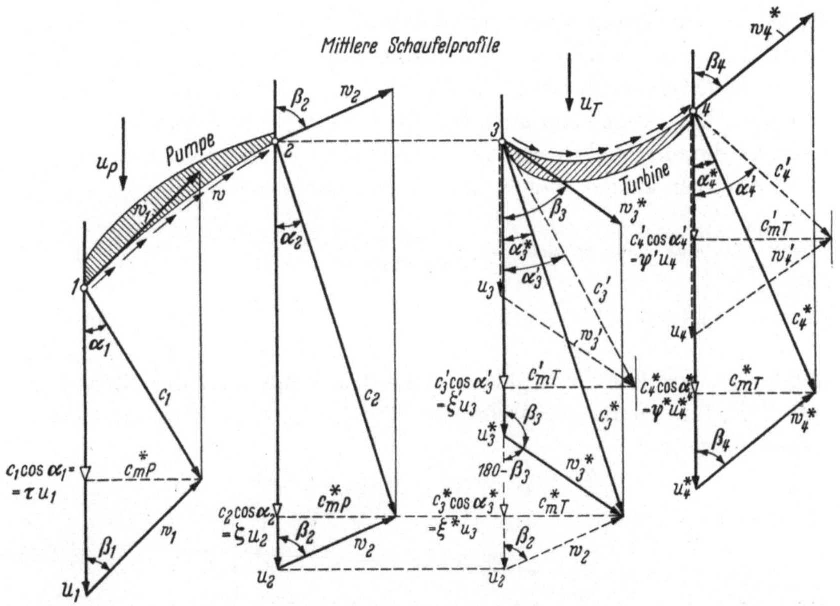

Abb. 64. Geschwindigkeitsverhältnisse (Geschwindigkeitsdreiecke) bezogen auf die dem mittleren Stromfaden entsprechenden Ein- und Austrittskanten der Pumpen- und Turbinenradschaufeln. Die mit einem Stern * bezeichneten Lettern beziehen sich auf die im *Nennpunkt* herrschenden Verhältnisse

Bezugnahme auf die hier abgebildeten Geschwindigkeitsdreiecke werden die oben angedeuteten adimensionalen Größen wie folgt definiert:

$$\left.\begin{aligned} \tau &= \frac{c_1 \cos \alpha_1}{u_1} = \frac{c_{u1}}{u_1}, && \text{(a)} \\ \zeta &= \frac{c_2 \cos \alpha_2}{u_2} = \frac{c_{u2}}{u_2}, && \text{(b)} \\ \xi &= \frac{c_3 \cos \alpha_3}{u_3} = \frac{c_{u3}}{u_3}, && \text{(c)} \\ \psi &= \frac{c_4 \cos \alpha_4}{u_4} = \frac{c_{u4}}{u_4}. && \text{(d)} \end{aligned}\right\} \tag{233}$$

Diese stellen, wie man sieht, das Verhältnis zwischen der tangentialen Komponente der Absolutgeschwindigkeit der Flüssigkeit im betrachteten Punkt und der tangentialen Geschwindigkeit des betrachteten Schaufelpunkts selbst dar. Die Größen (a) und (b) hängen, wie man sich auch leicht überzeugen kann, nicht vom relativen Verhältniswert (Zustandswert) φ, sondern allein vom Strömungsfaktor x ab, während die Größen (c) und (d) sowohl vom Zustandswert φ als auch vom Strömungsfaktor x abhängen.

Das besondere (ausgezeichnete) Untersetzungsverhältnis (Nennverhältnis) des Strömungswandlers, d. h. jenes Verhältnis zwischen Turbinendrehzahl und Pumpendrehzahl am Nennpunkt (bei dem der Flüssigkeitsübergang von einem Laufrad zum andern — einschließlich Leitrad — stoßfrei erfolgt), wird, weil es eine Kenngröße von grundsätzlicher Wichtigkeit darstellt, auch hier mit einem Stern (*) gekennzeichnet. Das gleiche soll auch für alle anderen Werte gelten, sobald sie sich auf diesen gleichen charakteristischen Betriebspunkt beziehen.

Zusammenfassend mögen also insbesondere gelten:

$$i^* = \frac{n^*}{n_0} \text{ als das } \textit{Nennverhältnis} = \frac{\text{Nenndrehzahl der Turbine}}{\text{Nenndrehzahl der Pumpe}}, \quad \text{(a)}$$

$$i = \frac{n}{n_0} \text{ als das } \textit{allgemeine} \text{ Verhältnis} = \frac{\text{allgemeine Turbinendrehzahl}}{\text{Nenndrehzahl der Pumpe}}. \quad \text{(b)} \qquad (234)$$

Weiter das *relative* Drehzahlverhältnis (Zustandswert) des Strömungswandlers, für das die nachstehenden Beziehungen bzw. Zusammenhänge gelten mögen:

$$\varphi = \frac{n}{n^*} = \frac{i\,n_0}{i^*\,n_0} = \frac{i}{i^*} \quad \text{(a)}$$

und daraus folgend:

$$i = \frac{n}{n_0} = \varphi\, i^*, \quad \text{(b)} \qquad (235)$$

$$i^* = \frac{n^*}{n_0} = \frac{i}{\varphi}. \quad \text{(c)}$$

Infolge dieser Definitionen können nun die an den Punkten *3* und *4* der Laufräder herrschenden Tangentialgeschwindigkeiten wie folgt angegeben werden:

$$u_3 = i\,u_2 = \varphi\,u_3^* = \varphi\,i^*\,u_2, \quad \text{(a)}$$

$$u_4 = \left(\frac{r_4}{r_3}\right) u_3 = \left(\frac{r_4}{r_3}\right) i\,u_2 = \varphi\,i^* \left(\frac{r_4}{r_3}\right) u_2 \quad \text{(b)}$$

und am Nennpunkt für $\varphi = 1$: $\qquad (236)$

$$u_3^* = i^*\,u_2, \quad \text{(c)}$$

$$u_4^* = i^* \left(\frac{r_4}{r_3}\right) u_2. \quad \text{(d)}$$

Bevor die Betrachtungen weitergeführt werden, muß jetzt noch ein Umstand berücksichtigt werden. Wie bereits bei der Behandlung des „Paradoxon“ im Falle der Strömungskupplungen gezeigt wurde, erfolgt auch hier bei Änderung der Turbinendrehzahl, oder allgemein: bei Änderung des Drehzahlverhältnisses $i = \varphi\,i^*$ zwischen Turbine und

Pumpe, bei Änderung des Turbinenpotentials bzw. des Spaltdruckunterschieds zwischen den beiden Punkten *2* und *3* der beiden Läufer, eine Änderung der Durchflußmenge $Q = x\,Q^*$. Damit ändert sich auch die im Strömungskreis als Arbeitsmenge sekundlich durch jeden Querschnitt durchfließende Flüssigkeitsmenge.

Mit der Menge Q ändern sich naturgemäß auch die absoluten Geschwindigkeiten der Flüssigkeit und als Folge davon auch ihre Tangentialkomponenten c_u an den ausgezeichneten Ein- und Austrittsstellen der Räder. Dieser Umstand muß berücksichtigt und dabei Rechnung getragen werden, daß, während im Falle der Strömungskupplungen im Nennbetriebspunkt bei $\varphi = 1$ der Strömungsfaktor $x = Q/Q^*$ niemals

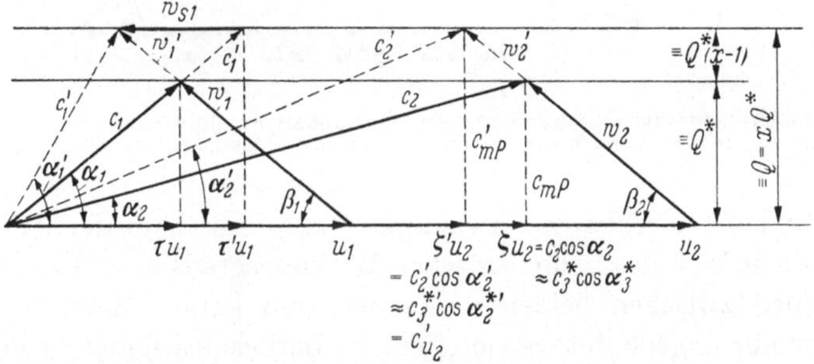

Abb. 65. Geschwindigkeitsverhältnisse an den Ein- und Austrittsstellen der Pumpenkanäle. Entstehung der Stoßkomponente w_{s1} am Pumpeneintritt infolge Anwachsens der Durchströmungsmenge $Q = x\,Q^*$

den Wert 1 annehmen kann, im Falle der Strömungswandler für $i = i^*$ bzw. bei $\varphi = 1$ der Strömungsfaktor x gerade den Wert 1 erreicht.

Dies infolge des Umstands, daß sich, im Gegensatz zu den Kupplungen, bei denen keine besondere Flüssigkeitsführung vorgesehen ist und deshalb immer die Bedingung $M = M_0$ gilt, bei den Wandlern am Auslegungspunkt für $\varphi = 1$ die vorgeschriebene Umlaufmenge Q^* zwangsläufig einstellen *muß*, da die Strömungsbedingungen entsprechend den Geschwindigkeitsdreiecken sowie die nach diesen ausgelegten Schaufelwinkel derart festgelegt sind, daß die Flüssigkeit im Betriebszustand $\varphi = 1$ prinzipiell nicht anders als stoßfrei von einem Laufrad zum andern übertreten kann.

Die entsprechenden beispielsweisen Geschwindigkeitsdreiecke sind in den Abb. 65 bis 67 dargestellt.

Da die Schaufelwinkel β feste Werte darstellen, können die Richtungen der Relativgeschwindigkeiten w selbst in keinem Falle mit der Änderung der Strommenge Q bzw. mit der Änderung des Strömungsfaktors x eine Änderung erfahren. Die neuen Werte der Absolutgeschwindigkeiten c werden also durch Verlängern des Relativgeschwindigkeitsvektors w erhalten, bis die neue Meridiankomponente c_m erhalten wird, die dem neuen Wert Q der neuen Strommenge entspricht.

In dieser Beziehung müßte, strenggenommen, unterschieden werden zwischen der Meridiangeschwindigkeit c_{mP} innerhalb der Pumpen-

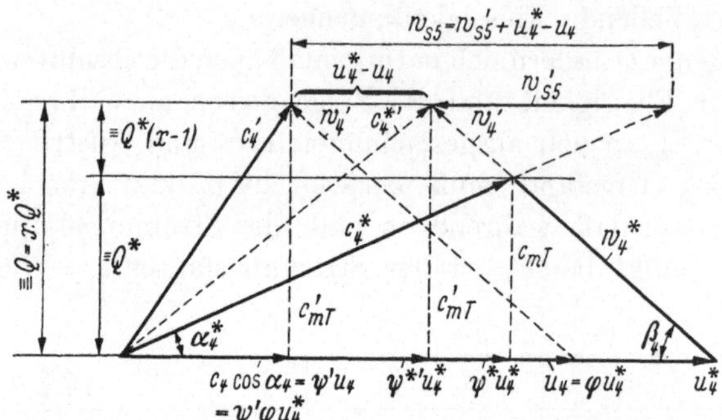

Abb. 66. Geschwindigkeitsverhältnisse am Turbinenradaustritt. Entstehung der Stoßkomponente w_{s5} infolge Anwachsens der durchströmenden Flüssigkeitsmenge $Q = x Q^*$

kanäle und der Meridiangeschwindigkeit c_{mT} innerhalb der Turbinenkanäle, da infolge des volumetrischen Wirkungsgrads $\eta_v < 1$ ein kleiner Unterschied zwischen beiden vorhanden sein kann. Dieser Umstand wird hier nur angedeutet. Seine effektive Berücksichtigung ist dadurch möglich, daß man einfach in den Diagrammen die Meridiangeschwin-

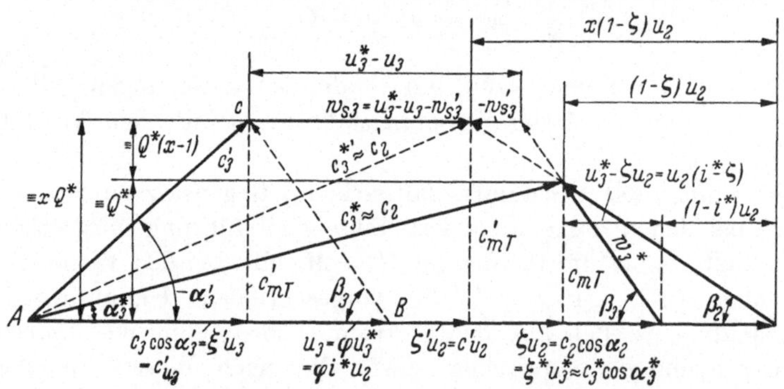

Abb. 67. Geschwindigkeitsverhältnisse am Turbinenradeintritt. Entstehung der Stoßkomponente w_{s3} infolge Anwachsens der durchströmenden Flüssigkeitsmenge $Q = x Q^*$

digkeit c_{mT} entsprechend dem volumetrischen Wirkungsgrad η_v kleiner als c_{mP} zeichnet. Im Beispiel lt. Abb. 91 (S. 214) ist das geschehen. In der Abhandlung, die nun folgt, wird jedoch der Einfachheit halber für den volumetrischen Wirkungsgrad η_v der Wert 1 angenommen. Demzufolge muß also sein: $c_{mT} \cong c_{mP} \cong c_m$.

Die verschiedenen Größen, welche die von der *Pumpe* je kg Flüssigkeit aufgenommene Arbeit beeinflussen, hängen geometrisch nicht vom

Zustandswert φ, sondern nur vom Strömungsfaktor x ab. Dagegen sind jene Größen, die die von der *Turbine* je kg Flüssigkeit geleistete Arbeit beeinflussen, geometrisch sowohl vom Wert x als auch vom Wert φ abhängig. Es ist daher nötig, um Undeutlichkeiten bei der Bezeichnung der verschiedenen Betriebszustände zu vermeiden, für die angewandten Symbole zusätzliche Zeichen zu verwenden, die folgenden Bestimmungen entsprechen mögen:

1. Bei der Beschreibung der *Pumpe* werden jene Größen mit einem Strich (′) versehen, die sich auf einen Betriebszustand für $x \neq 1$ beziehen; ohne Strich verbleiben jene Größen, die sich auf den Nennbetriebspunkt für $x = 1$ (bei dem auch $\varphi = 1$) beziehen.

2. Hinsichtlich der *Turbine* werden allein jene Werte mit einem Stern (*) bezeichnet, die sich auf den Nennpunkt für $\varphi = 1$ (und folglich $x = 1$) beziehen; mit einem Stern *und* einem Strich (*′) jene Größen, die sich auf einen Betriebszustand für $x \neq 1$, jedoch *ohne* Stoß ($\varphi \lesseqgtr 1$) beziehen. Mit einem Strich (′) allein werden jene Größen bezeichnet, die für den allgemeinen Fall gelten, für den $\varphi \neq 1$ und $x \neq 1$ ist.

Mit diesen Voraussetzungen ist man in der Lage, aus Abb. 65, in der die Geschwindigkeitsdreiecke der Pumpe eines Strömungswandlers dargestellt sind, mit x als alleiniger Veränderlichen folgende Beziehungen abzuleiten:

$$\frac{c'_{mP}}{c_{mP}} \approx \frac{c'_m}{c_m} = \frac{Q}{Q^*} = x. \tag{237}$$

Laut vorangegangener Definition muß sein:

$$\tau' = \frac{c'_1 \cos\alpha'_1}{u_1}$$

oder

$$\tau' u_1 = c_1 \cos\alpha'_1 = c_{u1} = x\,\tau\,u_1,$$

so daß sein muß:

$$\tau' = x\,\tau. \tag{238}$$

Weiter kann aus der Gleichheit:

$$u_2 - \zeta' u_2 = (u_2 - \zeta u_2)\,x$$

der Wert ζ' entnommen werden zu:

$$\zeta' = 1 - x(1 - \zeta), \tag{239}$$

so daß, da nach früherer Definition auch sein muß:

$$\zeta' = \frac{c'_2 \cos\alpha'_2}{u_2},$$

für die Tangentialkomponente der Wert gelten muß:

$$c'_2 \cos\alpha'_2 = c'_{u2} = u_2[1 - x(1 - \zeta)]. \tag{240}$$

Aus Abb. 66, die den Betriebszustand am Turbinenaustritt im Punkt *4* darstellt, wird die Größe ψ' in Abhängigkeit der Werte x und φ

analog wie für Gl. (233) wie folgt abgeleitet:

$$\psi' = \frac{c_4' \cos\alpha_4'}{u_4} = \frac{c_4' \cos\alpha_4'}{\varphi\, u_4^*} = \frac{c_4' \cos\alpha_4'}{\varphi\, i^* \left(\frac{r_4}{r_3}\right) u_2}. \tag{241}$$

Aus dieser ergibt sich:

$$c_4' \cos\alpha_4' = \psi'\, u_4 = \psi'\, \varphi\, u_4^* = \varphi\, i^* \left(\frac{r_4}{r_3}\right) \psi'\, u_2. \tag{242}$$

Aus der Abbildung ist die Gleichheit ersichtlich:

$$(u_4^* - \psi^*\, u_4^*)\, x = u_4 - \psi'\, u_4 = \varphi\, u_4^* - \psi'\, \varphi\, u_4^*.$$

Hieraus ist zu entnehmen:

$$\psi' = 1 - \frac{x}{\varphi}(1 - \psi^*). \tag{243}$$

Führen wir diesen Wert in Gl. (242) ein, so erhalten wir:

$$c_4' \cos\alpha_4' = c_{u4}' = u_2\, i^* \left(\frac{r_4}{r_3}\right) [\varphi - x(1 - \psi^*)]. \tag{244}$$

Jetzt kann man aus Abb. 67, in der der Betriebszustand am Pumpenaustritt und am Turbineneintritt dargestellt ist, die Größe des Wertes ξ' entnehmen, der definitionsmäßig [analog zur Gl. (233c)] sein muß:

$$\xi' = \frac{c_3' \cos\alpha_3'}{u_3} = \frac{c_3' \cos\alpha_3'}{\varphi\, u_3^*} = \frac{c_3' \cos\alpha_3'}{\varphi\, i^*\, u_2^*} \tag{245}$$

und daraus:

$$c_3' \cos\alpha_3' = \xi'\, u_3 = \xi'\, \varphi\, i^*\, u_2. \tag{246}$$

Es muß weiter aber auch die Gleichheit bestehen:

$$u_3 - \xi'\, u_3 = u_3^* (1 - \xi^*)\, x = u_2 (i^* - \zeta)\, x,$$

aus der der Wert ξ' zu entnehmen ist als:

$$\xi' = 1 - \frac{x}{\varphi}(1 - \xi^*) = 1 - \frac{x}{\varphi}\left(1 - \frac{\zeta}{i^*}\right). \tag{247}$$

Führt man diesen in Gl. (246) ein, so erhält man schließlich:

$$c_3' \cos\alpha_3' = u_2\, i^* [\varphi - x(1 - \xi^*)] = u_2\, i^* \left[\varphi - x\left(1 - \frac{\zeta}{i^*}\right)\right]. \tag{248}$$

Aus den obigen Ausdrücken läßt sich bereits die strenge Abhängigkeit entnehmen, die zwischen den beiden Größen ξ^* und ζ existiert; diese zeigt sich aber auch, wenn man direkt von der Definitionsgleichung für ξ [Gl. (233c)] ausgeht und berücksichtigt, daß die Tangentialkomponente der Absolutgeschwindigkeit c_3 identisch ist mit der Absolutgeschwindigkeit c_2 (wenn man von einem kleinen durch $\eta_v \lessapprox 1$ bedingten Unterschied absieht). Es läßt sich somit ableiten:

$$\xi^* = \frac{c_3^* \cos\alpha_3^*}{u_3^*} \simeq \frac{c_2 \cos\alpha_2}{i^*\, u_2} = \frac{\zeta\, u_2}{i^*\, u_2} = \frac{\zeta}{i^*}. \tag{249}$$

Wie man sich leicht überzeugen kann, werden die allgemeingültigen Werte τ', ζ', ξ' und ψ' im Nennpunkt für $\varphi = x = 1$ automatisch zu τ, ζ, ξ^* und ψ^*. Es ist deshalb verständlich, daß die ersteren in den weiteren Ableitungen in Betracht gezogen werden müssen, weshalb sie nachstehend noch einmal geordnet zusammengefaßt sind:

$$\left.\begin{aligned}
&c_1' \cos\alpha_1 = x\,\tau\,u_1 = c_{u1}. && \text{(a)}\\
&c_2' \cos\alpha_2' \approx c_3^{*\prime} \cos\alpha_3^{*\prime} = [1 - x(1-\zeta)]\,u_2 = c_{u2}, && \text{(b)}\\
&c_3' \cos\alpha_3' = [\varphi - x(1-\xi^*)]\,i^*\,u_2 = \left[\varphi - x\left(1 - \frac{\zeta}{i^*}\right)\right] i^*\,u_2, && \text{(c)}\\
&c_4' \cos\alpha_4' = [\varphi - x(1-\psi^*)]\,i^*\left(\frac{r_4}{r_3}\right) u_2. && \text{(d)}
\end{aligned}\right\} \quad (250)$$

Für die Definition der Grundwerte τ, ζ, ξ^* und ψ^* für $x = \varphi = 1$ bewahren die Gln. (233) immer Gültigkeit.

5. Bestimmung der Druckhöhe der Pumpe und des Druckgefälles der Turbine. Das Kreislauf-Gesetz

a) Pumpe. Wie bereits früher gezeigt wurde, gilt für die theoretische (geometrische) Druckhöhe der Pumpe die nachstehende Gleichung:

$$H_{\text{th}\,P} = \frac{1}{g}\,(c_{u2}\,u_2 - c_{u1}\,u_1) \qquad \text{[s. Gl. (198)]}.$$

Werden in dieser c_{u2} und c_{u1} durch die Gl. (250a und b) ersetzt, so erhält man:

$$H_{\text{th}\,P} = \frac{u_2^2}{g}\left\{x\left[\zeta - \tau\left(\frac{r_1}{r_2}\right)^2\right] + 1 - x\right\}. \tag{251}$$

Für $x = \varphi = 1$, d. h. für den Betriebszustand am Nennpunkt, erhält man für die theoretische Druckhöhe dieses Betriebszustands:

$$H_{\text{th}\,P}^* = \frac{u_2^2}{g}\left[\zeta - \tau\left(\frac{r_1}{r_2}\right)^2\right]. \tag{252}$$

b) Turbine. Hier ist das Problem naturgemäß nicht mehr so einfach. Wenn man das Geschwindigkeitsdiagramm bezüglich Punkt *3* am Turbineneintritt für einen beliebigen Betriebszustand $n = \varphi\,n^*$, d. h. für $\varphi \neq 1$, aufzeichnet (Abb. 67 — Dreieck *A–B–C*), so läßt sich ohne weiteres daraus ersehen, daß infolge der Unveränderlichkeit des Schaufeleintrittswinkels β_3 der Vektor der Absolutgeschwindigkeit c_3' gegenüber dem Geschwindigkeitsvektor c_3^* am Nennpunkt (für $\varphi = 1$) sowohl die Größe als auch die Richtung ändert. Demnach muß auch die Tangentialkomponente der Geschwindigkeit c_3' eine entsprechende Änderung erfahren. Es geht daraus hervor, daß für jeden Betriebszustand, d. h. für jeden beliebigen Wert von φ, ein eigener Wert c_3' und eine entsprechende Tangentialkomponente c_{u3}' vorliegen muß.

Im ersten Augenblick könnte man nun versucht sein, in der Druckhöhengleichung für $H_{\text{th}\,T}$ für die Komponente c_{u3} [Gl. (198)] den mit φ veränderlichen Wert $\xi' u_3$ nach Gl. (246) einzuführen, da dieser Wert laut obigem doch der Tangentialkomponente c_3' entspricht. Dies wäre aber falsch, wie im folgenden gezeigt wird.

In der Druckhöhengleichung der Turbine

$$H_{\text{th}\,T} = \frac{1}{g}\,(c_{u3}\,u_3 - c_{u4}\,u_4) \qquad \text{[s. Gl. (198)]}$$

hängt das erste Glied $c_{u3} = c_3^{*\prime} \cos\alpha_3^{*\prime}$ von der Absolutgeschwindigkeit c_2 (bzw. c_2') ab, die doch von der *Pumpe* erzeugt wird. Mit dieser Geschwindigkeit strömt die Flüssigkeitsmasse die Turbine an. *Ihre* Tangentialkomponente ist es also, die für das Zustandekommen des von der Turbine verarbeiteten Druckgefälles maßgebend ist. Die in Betracht kommende Tangentialkomponente der Absolutgeschwindigkeit der Flüssigkeit kann deshalb grundsätzlich nicht von der Zustandsgröße φ abhängen, sondern nur von dem Strömungsfaktor x beeinflußt sein.

Es ist daher klar, daß hier an Stelle der Komponente c_{u3} nur die Komponente c_{u2} bzw. c_{u2}' in Frage kommen kann, weshalb man für die erstere schreiben muß:

$$c_{u3} = c_3^{*\prime} \cos\alpha_3^{*\prime} \approx c_2' \cos\alpha_2' = \zeta' u_2 = u_2\,[1 - x(1 - \zeta)]\,. \qquad (253)$$

Mit diesem Wert ergibt sich für das der Turbine zur Verfügung stehende theoretische Druckgefälle $H_{\text{th}\,T}$ die Beziehung:

$$\begin{aligned} H_{\text{th}\,T} &= \frac{1}{g}\left\{c_2' \cos\alpha_2'\, u_3 - c_4' \cos\alpha_4'\, u_4\right\} \\ &= \frac{1}{g}\left\{u_2\,[1 - x\,(1 - \zeta)]\, u_3 - u_2\, i^* \left(\frac{r_4}{r_3}\right) [\varphi - x(1 - \psi^*)]\, u_4\right\} \\ &= \frac{u_2^2}{g}\left\{\varphi\, i^*\,[1 - x(1 - \zeta)] - \varphi^2 i^{*2} \left(\frac{r_4}{r_3}\right)^2 \left[1 - \frac{x}{\varphi}\,(1 - \psi^*)\right]\right\}. \qquad (254) \end{aligned}$$

Zu dieser Erkenntnis gelangt man mit voller Evidenz, wenn das theoretische Druckgefälle $H_{\text{th}\,T}$ [s. Gl. (198)] nach dem Impulssatz abgeleitet wird. Der vom Pumpenrad im Spalt zwischen Pumpe und Turbine erzeugte Drall (gegeben vom Produkt: Tangentialgeschwindigkeit der Flüssigkeitsmasse mal Radialabstand in den Punkten *2—3* im Strömungskreis) muß vom Turbinenrad auf den im Spalt zwischen Turbine und Leitrad (Punkte *4—5* des Strömungskreises) existierenden Drall gebracht werden. Während nun letzterer von der *Turbinen*drehzahl abhängt, hängt der erstere allein von den Arbeitsbedingungen der *Pumpe* ab. Der Drall im Spalt zwischen Pumpe und Turbine muß somit grundsätzlich *unabhängig* vom Wert φ sein, während dieser, wie bereits gesagt, nur vom Strömungsfaktor x beeinflußt werden kann. Seine Größe ist eben durch das Produkt $c_2' \cos\alpha_2'\, r_2$ bestimmt.

Am *Nennpunkt*, für $\varphi = x = 1$, ergibt sich aus Gl. (254) für das der Turbine zur Verfügung stehende theoretische Druckgefälle

$$H^*_{\text{th}\,T} = \frac{u_2^2}{g}\left[\zeta\, i^* - i^{*2}\left(\frac{r_4}{r_3}\right)^2 \psi^*\right]. \tag{255}$$

Man kann nun laut Definition nach Gl. (232) für den hydraulischen Wirkungsgrad ε (bei Annahme von $\eta_v \approx 1$) nach Substitution durch die Gln. (255) und (252) schreiben:

$$\varepsilon = \frac{H^*_{\text{th}\,T}}{H^*_{\text{th}\,P}} = \frac{\dfrac{u_2^2}{g}\left[\zeta\, i^* - i^{*2}\left(\dfrac{r_4}{r_3}\right)^2 \psi^*\right]}{\dfrac{u_2^2}{g}\left[\zeta - \tau\left(\dfrac{r_1}{r_2}\right)^2\right]}. \tag{256}$$

Der Wert ψ^* herausgehoben, wird:

$$\psi^* = \frac{\zeta\, i^* - \varepsilon\left[\zeta - \tau\left(\dfrac{r_1}{r_2}\right)^2\right]}{i^{*2}\left(\dfrac{r_4}{r_3}\right)^2} = \frac{\tau\,\varepsilon\left(\dfrac{r_1}{r_2}\right)^2 - \zeta\,(\varepsilon - i^*)}{i^{*2}\left(\dfrac{r_4}{r_3}\right)^2}. \tag{257}$$

Dieser Wert ψ^* stellt eine wichtige Beziehung dar, die anzeigt, daß derselbe *nicht* willkürlich gewählt werden kann, sondern an die Grundgrößen $\tau, i^*, \zeta, \frac{r_1}{r_2}, \frac{r_4}{r_3}$ gebunden ist. Diese sind zwar ihrerseits bei der Auslegung des Entwurfs der Strömungsmaschine frei wählbar, jedoch nach besonderen, noch zu erörternden Gesichtspunkten festzulegen. Gl. (257) ist somit eine *Bedingungsbeziehung* von grundsätzlicher Wichtigkeit und stellt das *Kreislauf-Gesetz* eines Strömungswandlers dar, das genau eingehalten werden muß, wenn man erreichen will, daß die Energiebilanz ausgeglichen und das System wirklich nach den gemachten Voraussetzungen arbeiten soll.

Dieses Kreislauf-Gesetz muß also berücksichtigt und deshalb in Gl. (254), an Stelle von ψ^*, der Bedingungs-*Hauptwert* nach Gl. (257) eingesetzt werden. Man erhält somit für das der Turbine zur Verfügung stehende Druckgefälle die endgültige Beziehung:

$$\begin{aligned} H_{\text{th}\,T} = \frac{u_2^2}{g}\Bigg\{&\varphi\, i^* - \varphi\, x\, i^*(1-\zeta) - \varphi^2 i^{*2}\left(\frac{r_4}{r_3}\right)^2 + \\ &+ \varphi\, x\, i^{*2}\left(\frac{r_4}{r_3}\right)^2\left[1 - \frac{\zeta\, i^* - \varepsilon\left[\zeta - \tau\left(\dfrac{r_1}{r_2}\right)^2\right]}{i^{*2}\left(\dfrac{r_4}{r_3}\right)^2}\right]\Bigg\} \\ = \frac{u_2^2}{g}\Bigg\{&\varphi\, x\left[\varepsilon\left[\zeta - \tau\left(\frac{r_1}{r_2}\right)^2\right] + i^{*2}\left(\frac{r_4}{r_3}\right)^2 - i^*\right] + \varphi\, i^* - \varphi^2 i^{*2}\left(\frac{r_4}{r_3}\right)^2\Bigg\}. \end{aligned} \tag{258}$$

Am *Nennpunkt*, für $\varphi = 1$, ergibt sich für dieses theoretische Druckgefälle die spezielle Beziehung:

$$H^*_{\text{th}\,T} = \varepsilon\,\frac{u_2^2}{g}\left[\zeta - \tau\left(\frac{r_1}{r_2}\right)^2\right] = \varepsilon\, H^*_{\text{th}\,P} \tag{259}$$

in vollkommener Übereinstimmung mit den Ergebnissen und Definitionen in den vorangegangenen Abschnitten.

6. Bestimmung der Stoßverluste

a) Stoßverluste am Pumpenradeintritt (Punkt *1*). Da bei der Analyse des Arbeitsverhaltens des Strömungswandlers unter verschiedenen Drehzahlverhältnissen, d. h. bei Veränderung der Turbinendrehzahl, vorerst von der Annahme konstanter Pumpendrehzahl ausgegangen wird, kann die vom Leitrad (Punkt *6* des Strömungskreises) herausströmende Flüssigkeit in die Pumpe am Punkt *1* nur dann mit Stoß eintreten, wenn die Betriebsbedingungen andere sind als die, die für den Nennpunkt vorgesehen wurden, d. h. *nur*, wenn der Strömungsfaktor $x = Q/Q^*$ vom Wert 1 verschieden ist. Aus Abb. 65 läßt sich folgende Proportion entnehmen:

$$\frac{w_{s1}}{Q^*(x-1)} = \frac{u_1}{Q^*},$$

weshalb sich für die *Stoßgeschwindigkeit* w_{s1} die Beziehung ergibt:

$$w_{s1} = u_1(x-1) = u_2\left(\frac{r_1}{r_2}\right)(x-1). \tag{260}$$

Für $x = 1$ wird $w_{s1} = 0$, wie vorausgesetzt wurde.

b) Stoßverluste am Turbinenradeintritt (Punkt *3*). Da es sich um die *Turbine* handelt, ist es offensichtlich, daß die Stoßgeschwindigkeit sowohl von x als auch von φ abhängen muß. Aus Abb. 67 ist zu entnehmen, daß, falls nur x veränderlich wäre und φ konstant gleich Eins bleiben würde, die Stoßgeschwindigkeit einfach durch die horizontale Komponente w_{s3} gegeben wäre. Ihre Größe läßt sich aus der Identität der nachstehenden Verhältnisse (für $\varphi = 1$) ermitteln:

$$\frac{-w'_{s3}}{Q^*(x-1)} = \frac{u_2(1-i^*)}{Q^*}.$$

Hieraus folgt:

$$w'_{s3} = -u_2(1-i^*)(x-1). \tag{261}$$

Für $\varphi \neq 1$ wird der allgemeine Wert der Stoßgeschwindigkeit w_{s3}:

$$w_{s3} = u_3^* - u_3 - w'_{s3} = i^* u_2 - \varphi\, i^* u_2 - u_2(1-i^*)(x-1)$$

oder

$$w_{s3} = u_2[(1-x) + i^*(x-\varphi)]. \tag{262}$$

Für $\varphi = x = 1$ ist $w_{s3} = 0$, wie vorausgesetzt.

c) Stoßverluste am Eintritt in das Leitrad (Punkt *5*). Unter Bezugnahme auf die Abb. 66 läßt sich auch hier leicht die Stoßgeschwindigkeit

w'_{s5} für x veränderlich und $\varphi = 1$ als konstant angenommen, ermitteln. Aus der Identität der beiden Verhältnisse:

$$\frac{w'_{s5}}{Q^*(x-1)} = \frac{u_4^*}{Q^*}$$

folgt für w'_{s5}:

$$w'_{s5} = u_4^*(x-1) = i^*\left(\frac{r_4}{r_3}\right) u_2(x-1). \tag{263}$$

Für den allgemeinen Fall $\varphi \neq 1$ hingegen folgt für die Stoßgeschwindigkeit w_{s5}:

$$w_{s5} = w'_{s5} + u_4^* - u_4 = u_2 i^* \left(\frac{r_4}{r_3}\right)(x-\varphi). \tag{264}$$

Am Nennpunkt für $\varphi = 1$ wird auch hier voraussetzungsgemäß $w_{s5} = 0$.

d) Gesamte Stoßverluste. Bei Annahme untereinander gleichwertiger Korrekturfaktoren ($\varkappa_1 \sim \varkappa_3 \sim \varkappa_5 \sim \varkappa$) erhält man für die von den verschiedenen Stoßgeschwindigkeiten bedingten Energieverluste, in mkg/kg bzw. in m ausgedrückt, die folgenden Ausdrücke:

$$\left.\begin{aligned} H_{s1} &= \varkappa_1 \frac{w_{s1}^2}{2g} = \frac{u_2^2}{g}\,\frac{\varkappa}{2}\left(\frac{r_1}{r_2}\right)^2 (x-1)^2, && \text{(a)}\\ H_{s3} &= \varkappa_3 \frac{w_{s3}^2}{2g} = \frac{u_2^2}{g}\,\frac{\varkappa}{2}\,[(1-x) + i^*(x-\varphi)], && \text{(b)}\\ H_{s5} &= \varkappa_5 \frac{w_{s5}^2}{2g} = \frac{u_2^2}{g}\,\frac{\varkappa}{2}\, i^{*2}\left(\frac{r_4}{r_3}\right)^2 (x-\varphi)^2. && \text{(c)} \end{aligned}\right\} \tag{265}$$

Die Summe dieser Verluste ist dann:

$$\begin{aligned} \sum H_s = \frac{u_2^2}{g}\,\frac{\varkappa}{2}\Big\{&(1-x)^2\left(\frac{r_1}{r_2}\right)^2 + (\varphi - x)^2 i^{*2}\left(\frac{r_4}{r_3}\right)^2 + \\ &+ [(1-x) + i^*(x-\varphi)]^2\Big\}. \end{aligned} \tag{266}$$

Für $\varphi = x = 1$ wird $\sum H_s = 0$, wie es nach Voraussetzung für den Betrieb im Nennpunkt sein muß.

7. Berechnung der gesamten Verluste durch Flüssigkeitsreibung im Strömungskreis, in Abhängigkeit des Strömungsfaktors $x = Q/Q^*$

Auch die infolge viskoser innerer Flüssigkeitsreibung verursachten Verluste können, wie bereits im entsprechenden Abschnitt der Strömungskupplungen erörtert, als abhängig vom Quadrat der mittleren relativen Geschwindigkeit in den von der Flüssigkeit durchströmten Kanälen angenommen werden. Wenn man den Betriebszustand im Nennpunkt als Bezugszustand betrachtet, bei dem also $\varphi = x = 1$ ist und demnach

$$H_{\text{th}\,T}^* = \varepsilon\, H_{\text{th}\,P}^* \qquad \text{[s. Gl. (259)]}$$

gilt, so läßt sich der in diesem besonderen Betriebszustand sich einstellende gesamte viskose Reibungsverlust im inneren Strömungskreis als Anteil der Nennleistung der Pumpe in folgender Form ausdrücken:

$$H_\varrho^* = H_{\mathrm{th}\,P}^* - H_{\mathrm{th}\,T}^* = H_{\mathrm{th}\,P}^*(1-\varepsilon). \qquad (267)$$

Daraus geht hervor, daß für den allgemeinen Fall, für diese Verluste gelten muß:

$$H_\varrho = x^2 H_\varrho^* = x^2(1-\varepsilon)\,H_{\mathrm{th}\,P}^* = x^2(1-\varepsilon)\frac{u_2^2}{2g}\left[\zeta - \tau\left(\frac{r_1}{r_2}\right)^2\right], \qquad (268)$$

weil die Flüssigkeitsgeschwindigkeit ja proportional zu x ist und die Verluste selbst proportional mit dem Quadrat der Geschwindigkeit wachsen.

8. Aufstellung der Abhängigkeitsgleichung zwischen x und φ

Die Gesetze, nach denen die einzelnen Druckhöhen von der Stromstärke Q bzw. vom Strömungsfaktor x und dem Zustandswert φ abhängen, sind somit bekannt. Es ist hier zweckmäßig, den besonderen (hypothetischen) Fall zu untersuchen, was im Strömungskreis geschehen würde, wenn sich nur x bei einem beliebig angenommenen konstanten Zustandswert φ ändert.

Ein Umstand liegt hierbei in jedem Fall als feste Tatsache vor: eine Flüssigkeitsbewegung im Strömungskreis *Pumpe–Turbine–Leitrad* kann nur dann vorhanden sein, wenn ein Gesamtdruckgefälle zwischen den beiden Laufrädern *Pumpe* und *Turbine* besteht. Dieses Gesamtdruckgefälle muß dem von der Turbine verarbeiteten theoretischen Druckgefälle $H_{\mathrm{th}\,T}$ zuzüglich der Verlusthöhen der von der Pumpe erzeugten theoretischen Druckhöhe $H_{\mathrm{th}\,P}$ entsprechen.

Die Beziehung, die die verschiedenen Druckhöhen untereinander bindet, ist die nachstehende:

$$H_{\mathrm{th}\,T} = H_{\mathrm{th}\,P} - x^2 H_\varrho^* - \sum H_s. \qquad (269)$$

Die beiden ersten Glieder der rechten Seite dieser Gleichung hängen nur von x ab, das dritte von x und φ. Diese Beziehung läßt sich graphisch darstellen, wenn man die Kurven $H_{\mathrm{th}\,T}$ in Funktion von x für verschiedene konstant angenommene Parameter φ zeichnet.

Es entsteht auf diese Weise das in Abb. 68 gezeigte Diagramm, in dem die Kurve P die Druckhöhe der Pumpe nach Gl. (251), die Kurve H_ϱ den Druckhöhenverlust nach Gl. (268), die Kurven φ die Druckhöhenverluste $\sum H_s$ nach Gl. (266) darstellen. Die Kurve T entspricht somit der Druckhöhe der Turbine nach Gl. (254). Sie ergibt sich, wenn man die anderen Kurven laut Gl. (269) algebraisch unter Berücksichtigung des Vorzeichens addiert.

Diese graphische Darstellung nach Abb. 68 bietet eine klare Übersicht über die das hydraulische Verhalten des Systems bestimmenden Größen als Funktion des Strömungsfaktors $x = Q/Q^*$. Sie gestattet insbesondere den Einfluß der verschiedenen hydraulischen Widerstände auf das theoretische Turbinendruckgefälle in Abhängigkeit von x und φ

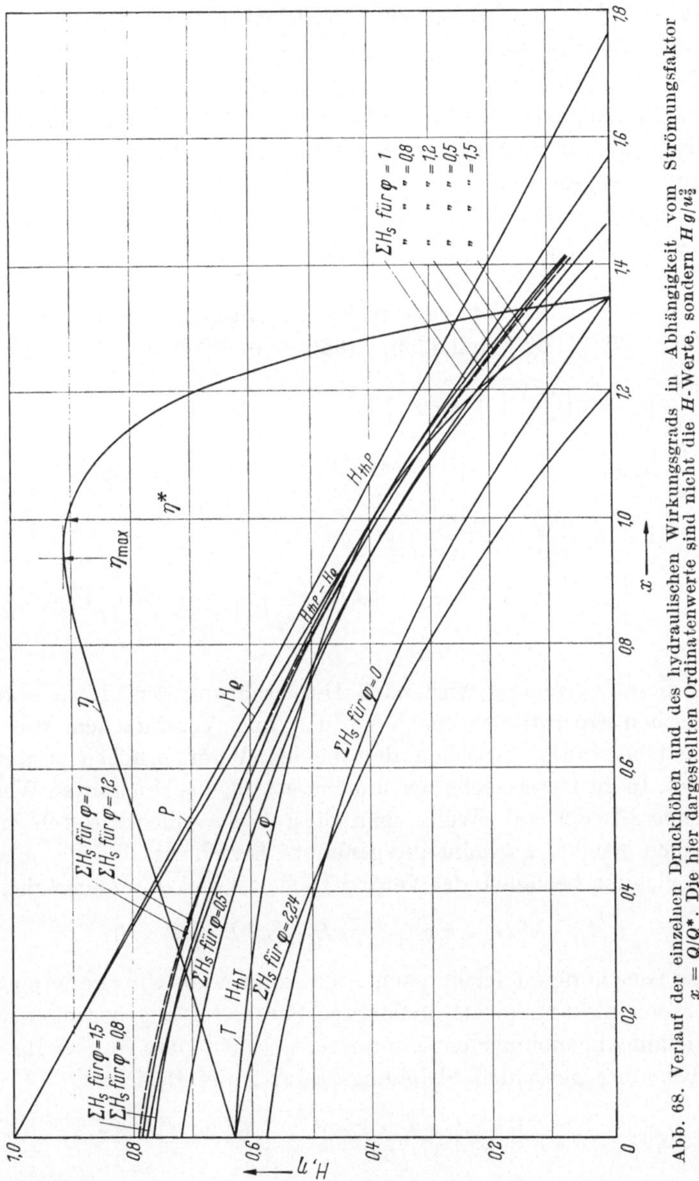

Abb. 68. Verlauf der einzelnen Druckhöhen und des hydraulischen Wirkungsgrads in Abhängigkeit vom Strömungsfaktor $x = Q/Q^*$. Die hier dargestellten Ordinatenwerte sind nicht die H-Werte, sondern $H\,g/u_2^2$

zu verfolgen. Aus diesem Diagramm geht aber noch keineswegs die Gesetzmäßigkeit hervor, nach der der Strömungsfaktor x vom Zustandswert φ abhängt.

Um diese Abhängigkeit zu bestimmen, muß wiederum von der Energiebilanz des hydraulischen Systems ausgegangen werden. Aus der Beziehung, die man aus ihr erhält, lassen sich die entsprechenden Verhältniswerte, d. h. die beiden Veränderlichen x und φ errechnen. Der hierzu erforderliche Rechnungsgang ist wegen des nicht einfachen Aufbaus der einzelnen in Frage kommenden Ausdrücke etwas umständlich. Aus Platzmangel wird hier nur die Aufstellung der Grundgleichung angeführt und, unter Weglassung aller Zwischenoperationen, nur das Endresultat angegeben.

Die innere Energiebilanz des Systems läßt sich nach Gl. (269) schreiben:

$$H_{\mathrm{th}\,P} - H_{\mathrm{th}\,T} - x^2 H_\varrho^* - \sum H_s = 0. \tag{270}$$

Durch Einführen der entsprechenden Substitutionen nach den Gln. (251), (258), (268) und (266) erhält man explizite:

$$\begin{aligned} 0 = {} & \frac{u_2^2}{g}\left\{x\left[\zeta - \tau\left(\frac{r_1}{r_2}\right)^2\right] + 1 - x\right\} - \\ & - \frac{u_2^2}{g}\left\{\varphi\, x\left[\varepsilon\left[\zeta - \tau\left(\frac{r_1}{r_2}\right)^2\right] + i^{*2}\left(\frac{r_4}{r_3}\right)^2 - i^*\right] + \varphi\, i^* - \varphi^2 i^{*2}\left(\frac{r_4}{r_3}\right)^2\right\} - \\ & - x^2(1-\varepsilon)\frac{u_2^2}{g}\left[\zeta - \tau\left(\frac{r_1}{r_2}\right)^2\right] - \\ & - \frac{u_2^2}{g}\,\frac{\varkappa}{2}\left\{(1-x)^2\left(\frac{r_1}{r_2}\right)^2 + (\varphi - x)^2 i^{*2}\left(\frac{r_4}{r_3}\right)^2 + [(1-x) + i^*(x-\varphi)]^2\right\}. \end{aligned} \tag{271}$$

Aus dieser Gleichung wird nach Durchführung der hierzu nötigen algebraischen Operationen, nach Ordnen und Vereinfachen, die Abhängigkeitsbeziehung zwischen den beiden Veränderlichen x und φ berechnet. In ihr treten sechs zusammengesetzte, aus konstanten Werten bestehende Glieder auf. Wenn man diese sechs Glieder durch große Buchstaben ersetzt, erscheint die genannte Beziehung als eine quadratische Gleichung bezüglich der Veränderlichen x und φ in nachstehender Form:

$$x A - x^2 B - x\varphi C - \varphi D + \varphi^2 E + F = 0. \tag{272}$$

Diese Gleichung ist leicht nach einer der beiden Unbekannten auflösbar, wenn die andere als konstanter Parameter angenommen wird. Bei konstant angenommenem Parameter φ erhält man hierbei für den als Unbekannte geltenden Strömungsfaktor x die Beziehung:

$$x = f(\varphi) = \frac{A - \varphi C}{2B} \pm \sqrt{\left[\frac{A - \varphi C}{2B}\right]^2 - \left[\frac{\varphi D - \varphi^2 E - F}{B}\right]}. \tag{273}$$

Im partikulären Fall für $\varphi = 0$ (Betriebszustand am Festpunkt) nimmt x den Wert an:

$$x_{(\varphi = 0)} = \frac{A}{2B} \pm \sqrt{\left[\frac{A}{2B}\right]^2 + \frac{F}{B}}. \tag{274}$$

Bei konstant angenommenem Parameter x hingegen erhält man für den Zustandswert φ als Unbekannte die Beziehung:

$$\varphi = f(x) = \frac{x\,C + D}{2E} \pm \sqrt{\left[\frac{x\,C + D}{2E}\right]^2 + \left[\frac{x^2 B - x\,A - F}{E}\right]}. \tag{275}$$

Im Sonderfall, in dem $x = 0$ ist, nimmt φ den Wert an:

$$\varphi_{(x=0)} = \frac{D}{2E} \pm \sqrt{\left[\frac{D}{2E}\right]^2 - \frac{F}{E}}. \tag{276}$$

Die hier benützten Buchstaben haben dabei folgende Bedeutung:

$$\left.\begin{aligned}
A &= \left[\zeta - \tau\left(\frac{r_1}{r_2}\right)^2\right] - 1 + \varkappa\left[1 + \left(\frac{r_1}{r_2}\right)^2 - i^*\right], && \text{(a)}\\
B &= (1-\varepsilon)\left[\zeta - \tau\left(\frac{r_1}{r_2}\right)^2\right] + \frac{\varkappa}{2}\left\{\left[1 + \left(\frac{r_1}{r_2}\right)^2\right] - 2i^* + i^{*2}\left[1 + \left(\frac{r_4}{r_3}\right)^2\right]\right\}, && \text{(b)}\\
C &= \varepsilon\left[\zeta - \tau\left(\frac{r_1}{r_2}\right)^2\right] + i^{*2}\left(\frac{r_4}{r_3}\right)^2 - i^* - \varkappa i^*\left\{i^*\left[1 + \left(\frac{r_4}{r_3}\right)^2\right] - 1\right\}, && \text{(c)}\\
D &= i^*(1-\varkappa), && \text{(d)}\\
E &= i^{*2}\left\{\left(\frac{r_4}{r_3}\right)^2 - \frac{\varkappa}{2}\left[1 + \left(\frac{r_4}{r_3}\right)^2\right]\right\}, && \text{(e)}\\
F &= 1 - \frac{\varkappa}{2}\left[1 + \left(\frac{r_1}{r_2}\right)^2\right]. && \text{(f)}
\end{aligned}\right\} \tag{277}$$

In einem gegebenen Entwurf stellen die Konstanten A, B, C, D, E und F bekannte, gegebene Größen dar. Diese hängen jedoch vom Berichtigungsfaktor $\varkappa$ ab, der seinerseits den Grad angibt, mit dem sich der Stoßverlust gegenüber seinem theoretischen (geometrisch darstellbaren) Gesamtwert verwirklicht.

Wird Gl. (273) oder (275) graphisch dargestellt, so erhält man für verschieden angenommene $\varkappa$-Werte verschiedene Kurven. Abb. 69 zeigt hierfür ein Beispiel.

Der Verlauf dieser Kurven gestattet es, sich ein Bild darüber zu machen, welchen Einfluß der Korrekturfaktor $\varkappa$ auf den Arbeitsablauf des Systems ausübt. Es ist anzunehmen, daß, wie schon früher an anderer Stelle erwähnt, auch $\varkappa$ mit φ veränderlich ist, so daß für jede *Familie* von Strömungswandlern eine bestimmte Kurve A^* existieren wird, von der man dann umgekehrt für die verschiedenen Zustandswerte φ in den Schnittpunkten mit den verschiedenen $\varkappa$-Konstantkurven die entsprechenden $\varkappa$-Werte ablesen kann. In Abb. 69 ist die Kurve A^* als Beispiel gestrichelt und nur teilweise eingezeichnet, um das Diagramm nicht undeutlich werden zu lassen. Kurve A^* würde also in diesem Falle die effektive Abhängigkeit darstellen zwischen den beiden Werten x und φ bei veränderlich angenommenem Korrektionsfaktor $\varkappa$.

Wenn man von einer Kurve $\varkappa = \text{const}$ des Diagramms in Abb. 69 die zugehörigen Wertepaare x und φ abliest und diese auf den zugehörigen φ-Kurven in Abb. 68 an den entsprechenden x-Stellen einträgt, so erhält man durch Verbindung dieser Punkte die Kurve T, die die effektiv der Turbine zur Verfügung stehende Druckhöhe $H_{\text{th}\,T}$ nach Gl. (258) darstellt. Durch jeden Punkt dieser Kurve T geht dann eine bestimmte $\varphi = \text{const}$-Kurve, von der sie noch an einer zweiten Stelle geschnitten

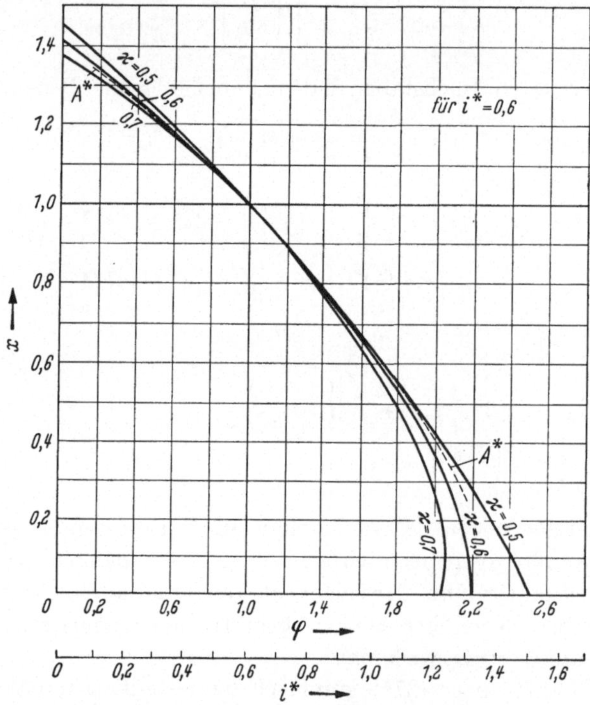

Abb. 69. Verlauf des Strömungsfaktors $x = Q/Q^*$ in Abhängigkeit vom relativen Drehzahlverhältnis $\varphi = i/i^*$ für verschiedene Korrekturfaktoren $\varkappa$. Die Kurven gelten für ein bestimmtes Beispiel, in dem $i^* = 0{,}6$

wird, ausgenommen die Kurve $\varphi = 1$, die sie natürlicherweise nur in einem einzigen Punkt berührt. Wie man sieht, ist auch durch die graphische Darstellung der Abb. 68 die gegenseitige Abhängigkeit von x und φ in Zusammenhang mit dem Betriebszustand des betrachteten Strömungswandlers bzw. in Zusammenhang mit der von der Pumpe erzeugten theoretischen (geometrischen) Druckhöhe $H_{\text{th}\,P}$ und dem der Turbine zur Verfügung stehenden Druckgefälle $H_{\text{th}\,T}$ schließlich klar zum Ausdruck gebracht.

Diese Darstellung ermöglicht aber auch noch eine weitere wichtige Tatsache klarzulegen: Der größte hydraulische Wirkungsgrad $\eta_{\text{hy}_{\max}}$ entspricht nicht dem Wirkungsgrad η^* am Nennpunkt.

Demzufolge stimmt der Nennpunkt des Systems gar nicht mit dem Punkt optimalen Wirkungsgrads überein. Er ist nach links versetzt gegen einen Wert von x, der kleiner als 1 ist, d. h. gegen einen Betriebszustandswert φ größer als 1. Der Beweis hierfür läßt sich leicht an Hand der Abb. 70 durchführen.

Abb. 70 stellt das gleiche Diagramm wie Abb. 68 dar, nur daß hier, um die Zeichnung nicht unnötigerweise zu komplizieren, die verschiedenen φ = const-Kurven weggelassen sind mit Ausnahme einer einzigen, die für den Nennzustand $\varphi = 1$ gilt.

Wenn man in diesem Diagramm durch den Schnittpunkt A der Linie $H_{\text{th}\,P}$ mit der x-Achse eine Linie $t'-t'$ derart hindurchlegt, daß

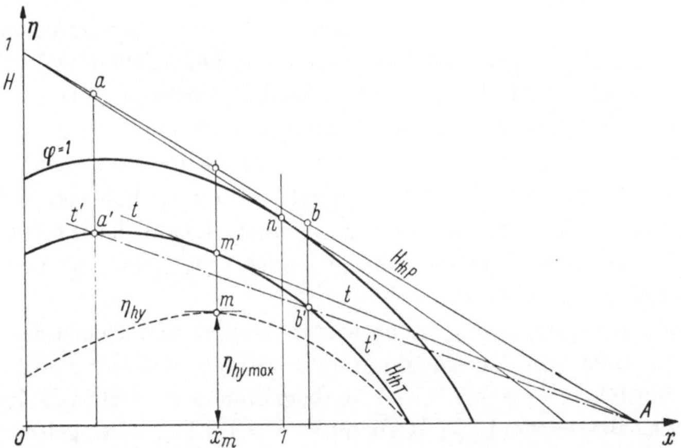

Abb. 70. Vereinfachte Darstellung nach Abb. 68 zur Beweisführung, daß der maximale hydraulische Wirkungsgrad nicht am Nennpunkt für $x = 1$ ($\varphi = 1$) ist, sondern an einer anderen Stelle für $x < 1$ ($\varphi > 1$)

diese die $H_{\text{th}\,T}$-Kurve in den zwei Punkten a' und b' schneidet, dann muß offensichtlich aus geometrischen Gründen an beiden Stellen das gleiche Verhältnis $H_{\text{th}\,T}/H_{\text{th}\,P}$, d. h. der gleiche hydraulische Wirkungsgrad η_{hy}, bestehen.

Der größte Wert dieses Verhältnisses und somit der größte Wirkungsgrad $\eta_{\text{hy}_{\max}}$ ergibt sich für den Grenzfall, bei dem die Linie $t'-t'$ Tangente an die $H_{\text{th}\,T}$-Kurve wird (Linie $t-t$) und die beiden Punkte a', b' zu einem einzigen Punkt m' zusammenschrumpfen. Dabei entspricht die durch m' gehende Ordinate einem Abszissenwert $x_m < 1$, der links von der Ordinate durch den Nennpunktwert $x = 1$ liegt, und diesem x_m-Wert entspricht eben der größte hydraulische Wirkungsgrad $\eta_{\text{hy}_{\max}}$ des Systems. Die gestrichelt gezeichnete Kurve in der Abbildung stellt die hydraulischen Wirkungsgrade $\eta_{\text{hy}} = H_{\text{th}\,T}/H_{\text{th}\,P}$ dar, und der Scheitelpunkt m ist folglich der Punkt des höchsten Wirkungsgrads $\eta_{\text{hy}_{\max}}$.

9. Aufstellung der Gleichungen des Gesamtwirkungsgrads

Für die Ableitung der Beziehungen für die Gesamtwirkungsgrade eines Strömungswandlers müssen wir von unseren Grundgleichungen (223) bzw. (226) der beiden Fälle a und b ausgehen. Diese beiden Fälle, die sich, wie gesagt, auf die Betriebsfelder für $i = \varphi\, i^* \leqq 1$ und $i = \varphi\, i^* > 1$ beziehen, sind bereits im vorangegangenen Abschnitt 3 definiert worden.

Strenggenommen müßten hierbei noch je zwei Sonderfälle der Fälle a und b unterschieden werden, weil in der Arbeitsweise des Strömungswandlers ein geringer (vernachlässigbarer) Unterschied besteht, je nachdem, ob der Sonderbetriebszustand für $i = 1$ von einem Betriebszustand von $i < 1$, d. h. bei wachsender Turbinendrehzahl, ausgeht oder von einem Betriebszustand von $i > 1$, der bei abfallender Turbinendrehzahl erreicht wird. Dieser Unterschied ist bedingt durch die Veränderlichkeit des mechanischen Reibungskoeffizienten, dem das Element „Leitrad" (wenn es auf einem Trilok-Freilauf gelagert ist) unterliegt. Der Reibungskoeffizient geht von einem höheren Wert der Ruhe zu einem kleineren der Bewegung über, sobald das Leitrad vom Stillstand aus seine Rotation beginnt, oder umgekehrt, wenn es von der Rotation zum Stillstand gelangt.

Um den Rechnungsgang nicht weiter — und unnötigerweise — zu erschweren, wird von der Annahme ausgegangen, daß der „Fall a" für das Betriebsfeld $i = 0$ bis $i = 1$ einbegriffen gilt, während für den „Fall b" das Betriebsfeld $i \geqq 1$, ebenfalls $i = 1$ inbegriffen, gelten möge. Weiter wird in diesem Abschnitt noch der Einfachheit halber angenommen, daß der volumetrische Wirkungsgrad $\eta_v = 1$ sei. In der Folge kann dieser Umstand besonders berücksichtigt werden, wenn in den betreffenden Beziehungen auch der volumetrische Wirkungsgrad $\eta_v < 1$ eingeführt wird. Nach Festlegung dieser Voraussetzungen kann jetzt die Behandlung der einzelnen Fälle vorgenommen werden.

Fall a: für den Betriebszustand $i = \varphi\, i^* \leqq 1$. Hier muß man von der Gl. (223) ausgehen, in der die verschiedenen Leistungen durch die betreffenden Substitutionen, wie bereits ermittelt, zu ersetzen sind. Für den Wirkungsgrad η dieses „Falles a" erhalten wir dann:

$$\eta = \frac{N}{N_0} = \frac{N_{\mathrm{hy}\,T} + N_{II} - N''}{N_{\mathrm{hy}\,P} + N_I + N'}$$

$$= \frac{N_{\mathrm{hy}\,T} + N^*_{\mathrm{hy}\,P}\,\varphi\, i^* \left[\frac{1}{\eta_r} - \frac{1}{\eta''} + \varrho_\omega (1 - \varphi\, i^*)^2\right]}{N_{\mathrm{hy}\,P} + N^*_{\mathrm{hy}\,P}\left[\frac{1}{\eta_r} + \frac{1}{\eta'} - 2 + \varrho_\omega (1 - \varphi\, i^*)^2\right]}. \qquad (278)$$

Weil nun, wie weiter vorn gezeigt, geschrieben werden kann:

$$N_{\mathrm{hy}\,T} = \frac{Q}{75} H_{\mathrm{th}\,T} = \frac{x\,Q^*}{75} H_{\mathrm{th}\,T} \tag{279}$$

und

$$N_{\mathrm{hy}\,P} = \frac{Q}{75} H_{\mathrm{th}\,P} = \frac{x\,Q^*}{75} H_{\mathrm{th}\,P}, \tag{280}$$

wird, nach Einsetzen in Gl. (278):

$$\eta = \frac{\varphi\,x^2\left[\varepsilon\left[\zeta - \tau\left(\frac{r_1}{r_2}\right)^2\right] + i^*\left(\frac{r_4}{r_3}\right)^2 - i^*\right] + \varphi\,x\left[i^* - \varphi\,i^{*2}\left(\frac{r_4}{r_3}\right)^2\right] + \varphi\,i^*\left[\zeta - \tau\left(\frac{r_1}{r_2}\right)^2\right]\left[\frac{1}{\eta_r} - \frac{1}{\eta''} + \varrho_\omega(1-\varphi\,i^*)^2\right]}{x^2\left[\zeta - \tau\left(\frac{r_1}{r_2}\right)^2\right] + x(1-x) + \left[\zeta - \tau\left(\frac{r_1}{r_2}\right)^2\right]\left[\frac{1}{\eta_r} + \frac{1}{\eta'} - 2 + \varrho_\omega(1-\varphi\,i^*)^2\right]} \tag{281}$$

oder, wenn wir für die konstanten Glieder die nachstehenden Substitutionen einführen:

$$\left.\begin{aligned}
A_1 &= \left[\varepsilon\left[\zeta - \tau\left(\frac{r_1}{r_2}\right)^2\right] + i^{*2}\left(\frac{r_4}{r_3}\right)^2 - i^*\right], && \text{(a)}\\
B_1 &= i^{*2}\left(\frac{r_4}{r_3}\right)^2, && \text{(b)}\\
C_1 &= \left[\zeta - \tau\left(\frac{r_1}{r_2}\right)^2\right], && \text{(c)}\\
D_1 &= \frac{1}{\eta_r} - \frac{1}{\eta''}, && \text{(d)}\\
E_1 &= \frac{1}{\eta_r} + \frac{1}{\eta'} - 2, && \text{(e)}
\end{aligned}\right\} \tag{282}$$

in einfacher Schreibweise:

$$\eta = \frac{\varphi\,x^2 A_1 + \varphi\,x\,(i^* - \varphi\,B_1) + \varphi\,i^*\,C_1[D_1 + \varrho_\omega(1-\varphi\,i^*)^2]}{x(1-x) + C_1[x^2 + E_1 + \varrho_\omega(1-\varphi\,i^*)^2]}. \tag{283}$$

Am Nennpunkt für $\varphi = x = 1$ ergibt sich somit der *Nenn*wirkungsgrad (nicht der maximale!) zu:

$$\eta^* = \eta_m\left\{\varepsilon + i^*\left[\frac{1}{\eta_r} - \frac{1}{\eta''} + \varrho_\omega(1-i^*)^2\right]\right\} \tag{284}$$

in völliger Übereinstimmung mit Gl. (231) für $\eta_v = 1$.

Fall b: für den Betriebszustand $i = \varphi\,i^* > 1$. Die Ausgangsformel, die für diesen Fall in Betracht kommt, ist die Gl. (226). Durch Einsetzen der entsprechenden Substitutionen erhält man:

$$\begin{aligned}
\eta_1 = \frac{N}{N_0} &= \frac{N_{\mathrm{hy}\,T} - N_{II} - N''}{N_{\mathrm{hy}\,P} - N_I + N'}\\
&= \frac{N_{\mathrm{hy}\,T} - N^*_{\mathrm{hy}\,P}\,\varphi\,i^*\left[\frac{1}{\eta_r} + \frac{1}{\eta''} - 2 + \varrho_\omega(1-\varphi\,i^*)^2\right]}{N_{\mathrm{hy}\,P} - N^*_{\mathrm{hy}\,P}\left[\frac{1}{\eta_r} - \frac{1}{\eta'} + \varrho_\omega(1-\varphi\,i^*)^2\right]}
\end{aligned} \tag{285}$$

oder, nach Einsetzen der expliziten Werte:

$$\eta_1 = \frac{\varphi x^2\left[\varepsilon\left[\zeta - \tau\left(\frac{r_1}{r^2}\right)^2\right] + i^{*2}\left(\frac{r_4}{r_3}\right)^2 - i^*\right] + \varphi x\left[i^* - \varphi i^{*2}\left(\frac{r_4}{r_3}\right)^2\right] - \left[\zeta - \tau\left(\frac{r_1}{r_2}\right)^2\right]\varphi i^*\left[\frac{1}{\eta_r} + \frac{1}{\eta''} - 2 + \varrho_\omega(1-\varphi i^*)^2\right]}{x^2\left[\zeta - \tau\left(\frac{r_1}{r_2}\right)^2\right] + x(1-x) - \left[\zeta - \tau\left(\frac{r_1}{r_2}\right)^2\right]\left[\frac{1}{\eta_r} - \frac{1}{\eta'} + \varrho_\omega(1-\varphi i^*)^2\right]}. \quad (286)$$

Auch hier werden an Stelle der konstanten Glieder die nachstehenden Substitutionen eingeführt:

$$\left.\begin{aligned}
A_2 &= \left[\varepsilon\left[\zeta - \tau\left(\frac{r_1}{r_2}\right)^2\right] + i^{*2}\left(\frac{r_4}{r_3}\right)^2 - i^*\right], && \text{(a)}\\
B_2 &= i^{*2}\left(\frac{r_4}{r_3}\right)^2, && \text{(b)}\\
C_2 &= \left[\zeta - \tau\left(\frac{r_1}{r_2}\right)^2\right], && \text{(c)}\\
D_2 &= \frac{1}{\eta_r} + \frac{1}{\eta''} - 2, && \text{(d)}\\
E_2 &= \frac{1}{\eta_r} - \frac{1}{\eta'}, && \text{(e)}
\end{aligned}\right\} \quad (287)$$

wodurch in vereinfachter Schreibweise der Ausdruck erhalten wird:

$$\eta_1 = \frac{\varphi x^2 A_2 + \varphi x(i^* - \varphi B_2) - \varphi i^* C_2[D_2 + \varrho_\omega(1-\varphi i^*)^2]}{x(1-x) - C_2[E_2 + \varrho_\omega(1-\varphi i^*)^2 - x^2]}. \quad (288)$$

Am Nennpunkt für $x = \varphi = 1$ nimmt obiger Ausdruck die nachstehende Form an:

$$\eta_1^* = \frac{\varepsilon - i^*\left[\frac{1}{\eta_r} + \frac{1}{\eta''} - 2 + \varrho_\omega(1-i^*)^2\right]}{1 - \left[\frac{1}{\eta_r} - \frac{1}{\eta'} + \varrho_\omega(1-i^*)^2\right]}. \quad (289)$$

Mit den auf S. 156 für das angeführte Beispiel angenommenen Daten erhält man für die Wirkungsgrade η^* und η_1^* laut obenstehenden Formeln (für $\eta_v = 1$) die nachstehenden Werte:

$$\eta^* = 0{,}919\{0{,}9 + 0{,}6[1{,}052 - 1{,}020 + 0{,}016]\} = 0{,}853$$

und

$$\eta_1^* = \frac{0{,}9 - 0{,}6\left[\frac{1}{0{,}95} + \frac{1}{0{,}98} - 2 + 0{,}1(1-0{,}6)^2\right]}{1 - \left[\frac{1}{0{,}95} - \frac{1}{0{,}98} + 0{,}1(1-0{,}6)^2\right]} = 0{,}890.$$

Beide ins Verhältnis gesetzt, ergeben:

$$\frac{\eta^*}{\eta_1^*} = \frac{0{,}853}{0{,}890} = 0{,}959.$$

Der Wirkungsgrad η_1^* am Nennpunkt ist also etwas größer als η^*. Dies ist nach den vorangegangenen Betrachtungen (wonach die Schleppmomente infolge mechanischer und flüssiger Reibung umlaufender „Scheiben" positiv oder negativ relativ zur Abtriebswelle ausfallen, je nachdem, ob das Turbinenrad schneller oder langsamer als das Pumpenrad umläuft) auch einleuchtend.

10. Diskussion der Wirkungsgradformeln

Um die Wirkungsgradkurve eines Strömungswandlers zeichnen zu können, müssen also die Werte von η in Abhängigkeit von x und φ nach den eben abgeleiteten Formeln (283) und (288) berechnet werden. Dies setzt jedoch die Kenntnis der Abhängigkeit der Werte x und φ voneinander voraus. Vor allem muß deshalb die Kurve $\varphi - x$ vorliegen,

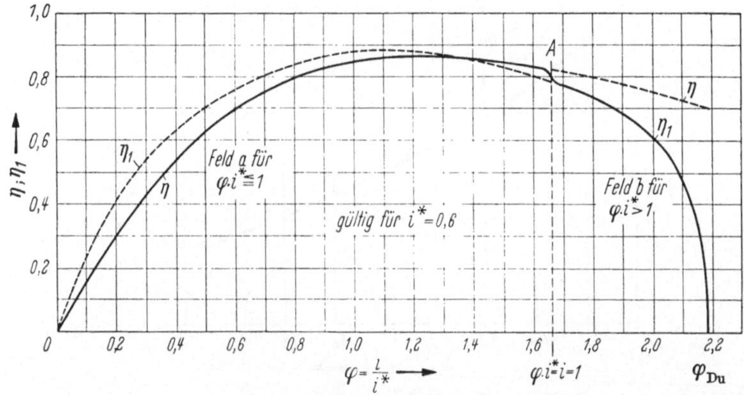

Abb. 71. Wirkungsgradkurven eines Strömungswandlers mit festem Reaktionselement. Gültig für ein Beispiel, in dem $i^* = 0,6$

η Wirkungsgrade innerhalb des Betriebsfelds von $\varphi = 0$ bis $\varphi i^* = 1$; η_1 Wirkungsgrade innerhalb des Betriebsfelds von $\varphi i^* = 1$ bis φ_{Du}; A Unstetigkeitsstelle, in der das Widerstandsdrehmoment M_r (s. S. 146) für das Turbinenrad vom treibenden zum bremsenden wird

aus der eine der beiden Veränderlichen entnommen werden kann, wenn die andere als Bekannte in die Gleichung eingesetzt werden soll. Die $\varphi - x$-Kurven für verschiedene Parameter $\varkappa$ sind ihrerseits nach der Gl. (273) bzw. (275) zu berechnen (s. Abb. 69). In Abb. 71 ist solch ein Diagramm gezeichnet. Es ist klar, daß von beiden Kurven die erste nur innerhalb des Betriebsfelds $i \leqq 1$, die zweite nur innerhalb des Betriebsfelds $i > 1$ gelten kann.

Zur Unterscheidung dieser beiden Felder sind die gültigen Kurventeile voll, die ungültigen gestrichelt gezeichnet. Wie aus der Abbildung zu erkennen ist, geht die Kurve des effektiven Wirkungsgrads im Punkt $i = \varphi i^* = 1$ (bzw. $\varphi = i/i^* = 1/i^*$), Punkt A, sprunghaft von einem Teil zum andern über. Dies entspricht der Unstetigkeit im Betriebsverhalten des Strömungswandlers in jenem Betriebspunkt, in dem das Drehzahlverhältnis von $i < 1$ zu einem solchen von $i > 1$, oder umgekehrt, übergeht.

In Wirklichkeit wird die Unstetigkeitsstelle A nicht immer genau dem Betriebspunkt $i = 1$ entsprechen, sondern eine leichte Versetzung nach links oder rechts erleiden, je nachdem — wie bereits erwähnt —, ob das Drehzahlverhältnis $i = 1$ bei sinkender Drehzahl n der Turbine oder bei steigender Drehzahl derselben erreicht wird. Dies aus dem Grunde, weil die mit Relativbewegung gegeneinander gleitenden Elemente am Betriebspunkt $i = 1$, wenn sie also relativ zueinander stillstehen, sich infolge mechanischer Reibung sozusagen gegenseitig „blockieren". Vor

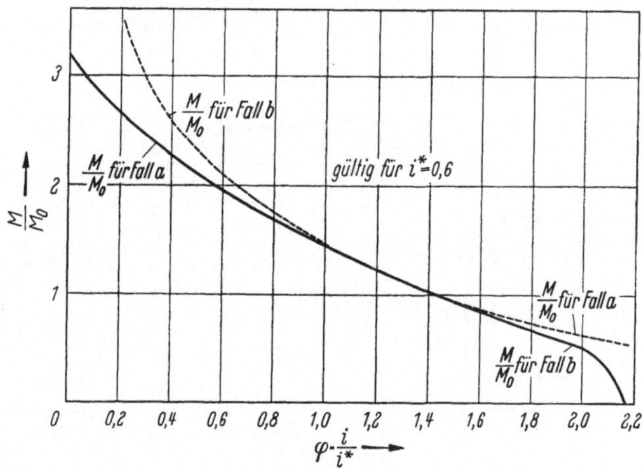

Abb. 72. Verlauf der Drehmomentenverhältnisse M/M_0 eines Strömungswandlers in Abhängigkeit des relativen Drehzahlverhältnisses $\varphi = i/i^*$

dem neuerlichen Loslösen müssen sie einen Reibungswiderstand der Ruhe überwinden, der, weil größer als der der Bewegung, innerhalb des entsprechenden Drehzahlverhältnisintervalls die eben angedeutete Verschiebung verursacht.

In Wirklichkeit wird sich diese Unstetigkeit an der Übergangsstelle der beiden Kurven natürlich nicht durch einen klar ausgeprägten Sprung kennzeichnen, da infolge der Veränderlichkeit der im Spiel stehenden Reibungswerte dieser Übergang an und für sich ziemlich stetig verlaufen muß.

Der wirkliche Verlauf ist aus Abb. 73 ersichtlich.

Der Übergang der beiden Kurvenäste an dieser Unstetigkeitsstelle der Wirkungsgradkurve muß um so unmerklicher ausfallen, je unbedeutender die mechanischen Reibungsverluste im Vergleich zur Nennleistung des Strömungswandlers sind. Vielleicht ist es diesem Umstande zuzuschreiben, daß — soweit festgestellt wurde — in der Fachliteratur über diesen Sachverhalt keinerlei Notiz erschienen ist. An einigen experimentell aufgenommenen Wirkungsgradkurven, so wie sie seinerzeit im Fachschrifttum anläßlich der Beschreibung eines bestimmten Strömungswandlers veröffentlicht worden sind, konnte man aber erkennen, daß diese Kurven im Gebiet für $i \approx 1$ eine buckelförmige Verformung aufwiesen, die kaum anders hätte ausgelegt werden können, wenn nicht als Bestätigung des dargestellten Sachverhalts beim Übergang vom Betriebsfall a) zum Betriebsfall b) oder umgekehrt.

Um die beiden Wirkungsgradkurven vollständig bzw. einen oder beide der in Betracht kommenden und deshalb allein interessierenden Äste

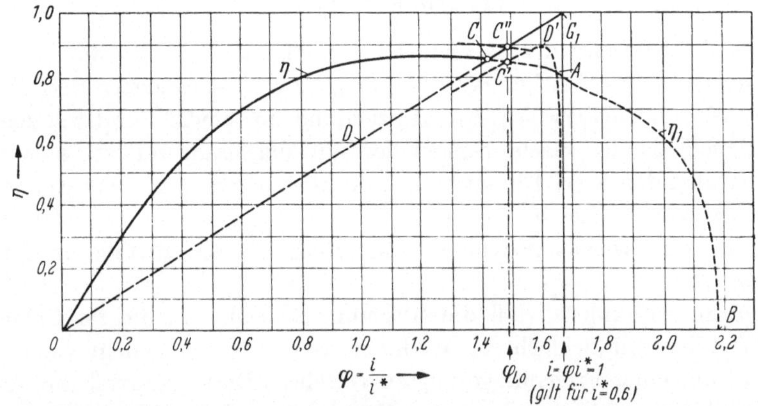

Abb. 73. Wirkungsgradkurve eines Strömungswandlers mit TRILOK-Freilauf. Leitrad auf Freilauf gelagert, stützt das Reaktionsmoment gegen das feste Maschinengestell nur in einer Richtung ab; im Punkt C wird diese Fessel gelöst, und das Reaktionselement kann sich bei steigendem Wert φ unbehindert in der anderen Richtung, d. h. gleichsinnig mit der Turbine, drehen. Der Strömungswandler arbeitet dann vom Punkt C ab als Strömungskupplung, und die Wirkungsgradkurve müßte mit der Diagonale D zusammenfallen. Wegen der äußeren Reibungswiderstände jedoch ist die Kurve D' der hierbei in Betracht kommende Kurventeil. Kurve η_1 existiert in diesem Falle nicht mehr. (Der Deutlichkeit halber übertrieben abweichend von D gezeichnet)

des „Falles a und b" berechnen zu können (je nachdem, ob das Leitrad auf TRILOK-Freilauf gelagert oder fest mit dem Maschinengestell verbunden ist), ist es vor allem nötig, die gegenseitige Abhängigkeit der beiden Werte x und φ zu kennen. Dies wurde bereits festgestellt. Würde man hierbei den rein analytischen Weg gehen und in Gl. (283) bzw. (288) an Stelle des Werts x die entsprechende Substitution nach Gl. (273) einsetzen, um aus dem so erhaltenen neuen Ausdruck η bzw. η_1 in Funktion von φ direkt zu erhalten, so würde dies wegen der umständlichen Formeln, die sich ergeben würden, eine unannehmbare Komplikation mit sich bringen. Das läßt sich umgehen.

Es ist nämlich viel einfacher, gesondert zuerst die entsprechenden Kurven $\varphi - x$, womöglich für verschiedene Werte von $\varkappa$, nach Gl. (273) bzw. (275), und erst nachträglich die Wirkungsgradkurven η nach den Gln. (283) und (288) zu berechnen, wobei die jeweils erforderlichen

Wertpaare x und φ aus der entsprechenden Tabelle oder der graphisch dargestellten Kurve entnommen werden können.

Dieser letzte Weg ist der zweckmäßigere, weil hierbei durch die einzelnen graphischen Darstellungen ein umfassender Überblick über den Verlauf der einzelnen untereinander abhängigen Größen gewonnen wird und gleichzeitig eine wertvolle Kontrolle beim Rechnungsgang gegeben ist. Dieser ist natürlich stets methodisch durchzuführen, d. h. ausgehend von der Berechnung der in Frage kommenden Tabellen.

11. Trilok-Freilauf

Die Arbeitsweise des Strömungswandlers innerhalb des durch den abfallenden Ast der Wirkungsgradkurve η_1 für $\varphi > 1$ gegebenen Betriebsfelds wäre normalerweise bei Anwendung in einem Kraftfahrzeug unrationell, da das rasche Sinken der Wirkungsgrade mit steigendem φ-Wert über den Wert 1 hinaus eine zwecklose Vergeudung von Energie bedeuten würde. Dies um so mehr, als ja eine Erhöhung der Abtriebsdrehzahl mit wirtschaftlicheren und natürlicheren Mitteln erreicht werden kann.

Um zu verhindern, daß die Strömungsmaschine in diesem Gebiet als Wandler mit schlechtem Wirkungsgrad arbeitet, genügt es, das Leitrad mit einer Freilauflagerung zu versehen. Diese gestattet ihm die freie Rotation zusammen mit der Flüssigkeit, sobald das infolge der Änderung des Drehsinns des auf das Leitrad einwirkenden Aktionsmoments es in der freien Drehrichtung mitzunehmen sucht.

Von diesem Zeitpunkt ab arbeiten die beiden Laufräder Pumpe und Turbine dann nicht mehr unter verschiedenen Momenten, sondern unter den genau gleichen Bedingungen wie bei einer Strömungskupplung. Die Wirkungsgrade innerhalb dieses neuen Betriebsfelds sind dann auch nicht mehr jene des Strömungswandlers, sondern wie bei der Strömungskupplung einfach durch das Drehzahlverhältnis $i = n/n_0$ oder $i' = 1/i = n_0/n$, d. h. dem reziproken Wert des konventionellen Drehzahlverhältnisses i gegeben, je nachdem, ob die Strömungskupplung als antreibendes oder bremsendes, von den Rädern auf den Motor Leistung übertragendes Element arbeitet.

Graphisch stellt sich die theoretische Wirkungsgradkurve in diesem Fall (falls mechanische Reibungsverluste nicht berücksichtigt werden) als die Diagonale D durch den Ursprung O des Diagramms dar (Abb. 73), wobei sich der Wert $\eta = 1$ für das Drehzahlverhältnis $i = \varphi\, i^* = 1$ ergibt. Aus Gründen, die bereits im betreffenden Abschnitt der Strömungskupplungen erläutert worden sind, weicht jedoch die effektive Wirkungsgradkurve etwas von der theoretischen Diagonale D ab. Sie deckt sich mit dieser fast vollkommen im unteren Bereich der Verhältniswerte i und rückt erst gegen den Wert $i = 1$ stärker von ihr ab, um knapp *vor* dem genauen Wert $i = 1$ und im weiteren Betriebsfeld für $i > 1$ in den Bereich negativer Werte überzugehen. In Abb. 73 ist diese mit D' bezeichnete Kurve der Deutlichkeit halber übertrieben abweichend eingezeichnet.

Die negativen η-Werte im Bereich von $i \geqq 1$ ergeben sich offenbar aus dem Umstand, daß die Turbine zum antreibenden Element (Pumpe) wird, während die Pumpe als angetriebenes Element die Funktion der Turbine übernimmt. Praktisch ist dieser Umstand natürlich sehr wertvoll, weil dadurch der als Strömungskupplung arbeitende Wandler Leistung von den Rädern des Fahrzeugs an den nun als Bremse dienenden Motor übertragen kann. Das Fahrzeug wird z. B. in langen Talfahrten wirksam abgebremst, wodurch die eigentliche Bremsanlage geschont werden kann.

Der Schnittpunkt C zwischen der Kurve η und der „Diagonale“ D' entspricht dem „Lösungspunkt“ des Leitrads und stellt ebenfalls eine Unstetigkeit im Verlauf der Wirkungsgradkurve des Strömungswandlers dar.

Wie die Unstetigkeitsstelle A stellt auch die Unstetigkeitsstelle C keinen wirklich festliegenden Punkt dar und unterliegt ebenfalls einer

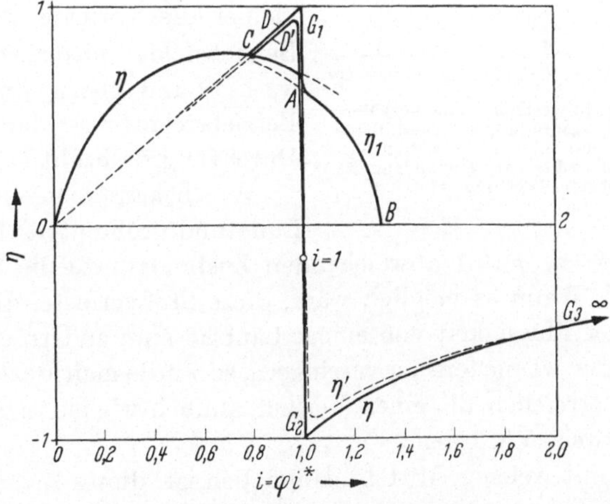

Abb. 74. Wirkungsgradverlauf über das gesamte Betriebsfeld für $i = 0 - 1$ (Antrieb) und für $i > 1$ (Abbremsung). Im letzteren Falle arbeitet die Turbine als Pumpe, da diese mit größerer Drehzahl als der Motor rotiert und von den Fahrzeugrädern her angetrieben wird. Der Motor wirkt dann als Bremse

leichten Verlagerung nach links oder nach rechts, je nachdem, ob dieser „Lösungspunkt“ bei steigender oder fallender Turbinendrehzahl erreicht wird. Der Grund hierzu ist immer durch die Veränderlichkeit bzw. durch den Übergang des Reibungskoeffizienten vom Wert der Bewegung zu dem der Ruhe und umgekehrt gegeben, dem das Leitrad infolge seiner Lagerung unterliegt. Praktisch können jedoch beide Punkte C und A als fest angenommen werden, weshalb für die weiteren Formeln, die noch abzuleiten sind, der Vereinfachung halber von dieser Annahme ausgegangen werden soll.

Für einen Strömungswandler mit auf Trilok-Freilauf gelagertem Leitrad besteht daher der interessierende und deshalb besonders in Betracht zu ziehende Teil der Wirkungsgradkurve aus dem ersten ansteigenden Parabelast und dem anschließenden Teil der Kurve D', genauer aus dem Kurvenzug O–C–G_1–G_2–G_3 (Abb. 74).

Nur bei Strömungswandlern ohne Trilok-Freilauf sind die beiden vollständigen Parabeläste O–A–B von Bedeutung.

Ein Strömungswandler hat ferner eine um so wirtschaftlichere Arbeitsweise, je flacher die Kurve η im Bereich der besten Wirkungsgrade verläuft, d. h. je größer die Ordinaten η innerhalb einer möglichst großen Ausdehnung links und rechts vom Scheitelpunkt verbleiben.

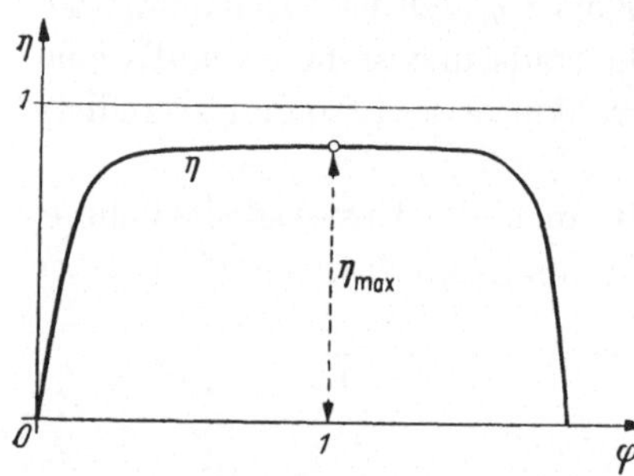

Abb. 75. Idealer (angestrebter, flacher) Verlauf der Wirkungsgradkurve eines Strömungswandlers innerhalb eines weiten Bereichs links und rechts vom Zustandspunkt des höchsten Wirkungsgrads

Es ist weiter klar, daß diese Bedingung um so eher erfüllt wird, je kleiner die Verluste innerhalb des Betriebsfelds niedriger Zustandswerte φ und ebenso innerhalb des Betriebsfeldes in der Nähe der Durchgangsdrehzahl sein werden.

Wie bekannt ist, sind in erster Linie und größtenteils für diese bei stark vom Wert $\varphi = 1$ abweichenden Zustandswerte die Stoßverluste die Ursache. Wenn es möglich wäre, diese Stoßverluste, die sich beim Übergang der Flüssigkeit von einem Laufrad zum andern einstellen, zu beseitigen oder wenigstens zu verringern, so würde man ideale Wirkungsgradkurven erreichen, die einen Verlauf, ähnlich wie sie in Abb. 75 dargestellt, aufweisen würden.

Ob und mit welchen Mitteln es möglich ist, dieses Ziel zu erreichen bzw. anzustreben, wird in einem nächsten Abschnitt besprochen werden.

12. Bestimmung der verschiedenen ausgezeichneten Arbeitsverhältnisse eines Strömungswandlers

a) Durchgangsdrehzahl. Wenn bei konstant gehaltener Antriebsdrehzahl n_0 des Motors die Turbinenwelle völlig entlastet und die Turbine somit vollkommen sich selbst überlassen wird, so wird die Geschwindigkeit der letzteren steigen und einem Maximalwert zustreben, sie wird „durchgehen". Die höchste Drehzahl die sie dabei erreichen kann, heißt die „*Durchgangsdrehzahl*". Dieser Durchgangsdrehzahl n_{Du} entspricht natürlich ein ganz bestimmter Zustandswert $\varphi_{\mathrm{Du}} = i_{\mathrm{Du}}/i^*$, für den der Wirkungsgrad offenbar Null sein muß.

Aus dieser Bedingung läßt sich der Durchgangszustandswert φ_{Du} errechnen, wenn Gl. (286) einfach Null gesetzt wird. Wir erhalten somit:

$$0 = \varphi\, x^2 \left\{\varepsilon\left[\zeta - \tau\left(\frac{r_1}{r_2}\right)^2\right] + i^{*2}\left(\frac{r_4}{r_3}\right)^2 - i^*\right\} + \varphi\, x\left[i^* - \varphi\, i^{*2}\left(\frac{r_4}{r_3}\right)^2\right] -$$
$$- \varphi\, i^*\left[\zeta - \tau\left(\frac{r_1}{r_2}\right)^2\right]\left[\frac{1}{\eta_r} + \frac{1}{\eta''} - 2 + \varrho_\omega (1 - \varphi\, i^*)^2\right]$$

und daraus:

$$\varphi_{\mathrm{Du}} = \frac{i^* C_2\, \varrho_\omega - x\,\dfrac{B_2}{2\,i^*}}{i^{*2} C_2\, \varrho_\omega} \pm \sqrt{\left[\frac{i^* C_2\, \varrho_\omega - x\,\dfrac{B_2}{2\,i^*}}{i^* C_2\, \varrho_\omega}\right]^2 + \frac{x + x^2\,\dfrac{A_2}{i^*} - C_2 (D_2 + \varrho_\omega)}{i^{*2} C_2\, \varrho_\omega}}\,. \tag{290}$$

Den Buchstaben A_2, B_2, C_2 und D_2 kommt hierbei die gleiche Bedeutung zu wie den Werten nach den Gln. (287).

Es ist verständlich, daß der Betrieb auch bei vollem Leerlauf der Turbine bei ihrer Durchgangsdrehzahl infolge der mechanischen und hydraulischen Verluste nicht aufrechterhalten werden kann, wenn nicht in die Pumpe eine entsprechende Leistung eingeleitet wird, die zur Ausgleichung dieser Verluste dient. Diese Leistung kann aber nur dadurch gegeben sein, daß ein bestimmter Flüssigkeitsstrom Q im Strömungskreis aufrechterhalten bleibt. Das bedeutet, daß der Strömungsfaktor $x = Q/Q^*$ am „*Durchgangspunkt*" niemals Null sein kann. Die Schwierigkeit für die Lösung der Gl. (290) liegt jetzt darin, den genauen Wert von x zu kennen, bei dem sich eben der Durchgangszustandswert φ_{Du} einstellt.

Die Abhängigkeit des Zustandswerts φ_{Du} von x für verschiedene Werte von i^* (als festgehaltene Parameter) und bei sonst gleich angenommenen Größen ist graphisch mit den Kurven A in Abb. 76 dargestellt.

Analytisch läßt sich φ_{Du} durch Gleichsetzen der beiden Gln. (290) und (273) bestimmen. Dieser Weg ist aber wegen der dabei sich ergebenden unnötigen Komplizierung der Formeln praktisch zu umständlich und zeitraubend. Es wird deshalb auch hier wiederum zur graphischen Lösung gegriffen. Die graphische Methode gestattet auch hier, innerhalb bestimmter, sinnvoll gesetzter Genauigkeitsgrenzen, den Verlauf der verschiedenen untereinander abhängigen Werte zu verfolgen. Dies ermöglicht ein besseres Urteil und eine leichtere Entschlußfassung, wie sie eine bloße analytische Darstellung, insbesondere bei einem komplizierten Aufbau, nicht mit gleicher Anschaulichkeit gestattet.

Wenn also die nach Gl. (273) berechneten $\varphi - x$-Kurven für verschiedene Werte von $\varkappa$ und i^* in einem Diagramm gezeichnet werden

(Kurven B in Abb. 76; in dieser Abbildung sind jedoch die Kurven nur für einen einzigen Wert $i^* = 0{,}6$ gezeichnet), so stellen die Schnittpunkte mit den entsprechenden Kurven $i^* = \text{const}$ [nach Gl. (290) berechnet] die gesuchte Lösung dar. Die so ermittelten φ-Werte sind dann die gesuchten Durchgangszustandswerte φ_{Du}.

Wie aus Abb. 76 ersichtlich, sind die φ_{Du}-Werte innerhalb eines praktisch Bedeutung besitzenden Bereichs von i^*-Verhältnissen nicht stark voneinander verschieden. Wenn man annimmt, daß die $\varkappa$-Werte

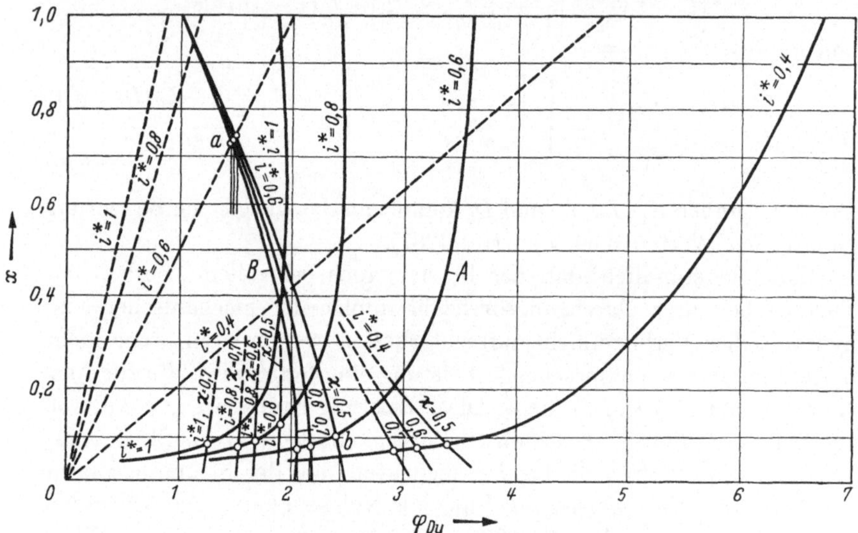

Abb. 76. Diagramm zur graphischen Ermittlung der Durchgangsverhältniszahl $\varphi_{Du} = n_{Du}/n^*$ in Abhängigkeit des Strömungsfaktors x

ihrerseits innerhalb der Grenzen $0{,}5 \div 0{,}7$ variieren können, so stellt sich in bezug auf die Grenzwerte heraus, daß der Durchgangszustandswert φ_{Du} seinerseits innerhalb der Grenzen $1{,}2 - 3{,}4$ liegen muß. Dies bedeutet praktisch, daß im Falle durchgehender Turbine ihre maximale Drehzahl niemals über einen Höchstwert, die 3,4fache Pumpendrehzahl, ansteigen kann, und dies im Extremfall für $i^* = 1$, der praktisch keine Bedeutung besitzt.

Der Durchgangszustandswert φ_{Du} ist andererseits auch insofern durch den Verlauf der Wirkungsgradkurve η selbst bestimmt, als ja der Punkt, in dem der abfallende Kurvenast die Abszissenachse (bei $\varphi > 1$) schneidet, für den also $\eta_1 = 0$ ist, notgedrungen dem Durchgangspunkt φ_{Du} entsprechen muß.

Bei Anwendung des ersteren Verfahrens ergibt sich jedoch der Vorteil, daß die graphisch gegebenen Kurven einen übersichtlicheren Einblick über die untereinander abhängigen Größen gestattet und eine willkommene zusätzliche Kontrolle für die Rechnungen bilden.

b) Drehmomentenverhältnisse im allgemeinen Betriebszustand. Die Grundbeziehung, die zwischen dem an der Abtriebswelle verfügbaren Drehmoment und dem in die Antriebswelle eingeleiteten Drehmoment in Abhängigkeit des Drehzahlverhältnisses $i = \varphi\, i^*$ sowie des Wirkungsgrads η besteht, ist die folgende:

$$\frac{M}{M_0} = \frac{716{,}2\, N/n}{716{,}2\, N_0/n_0} = \frac{N}{N_0}\,\frac{n_0}{n} = \frac{\eta N_0}{N_0}\,\frac{1}{i} = \frac{\eta}{i} = \frac{\eta}{\varphi\, i^*}. \tag{291}$$

Es genügt also, die Ausdrücke für den Wirkungsgrad η nach den Gln. (281) und (286) durch $i = \varphi\, i^*$ zu dividieren, um das gesuchte Drehmomentenverhältnis zu erhalten. Natürlich wird man auch hier die beiden Fälle a und b (je nachdem, ob $i \gtrless 1$) unterscheiden müssen und deshalb jeden derselben gesondert für sich behandeln.

Fall a: Betriebszustand $i = \varphi\, i^* \leqq 1$. Das Betriebsfeld eines Strömungswandlers mit TRILOK-Freilauflagerung des Leitrads, das interessiert, ist in diesem „Fall a" enthalten. Fall b existiert hier nicht, weil innerhalb desselben der Strömungswandler ja als Strömungskupplung arbeitet.

Um das allgemeine Drehmomentenverhältnis dieses Falls in Funktion des Zustandswerts φ zu erhalten, muß also der Ausdruck für η nach Gl. (281) durch den Wert $i = \varphi\, i^*$ dividiert werden. Man erhält:

$$\frac{M}{M_0} = \frac{\eta}{\varphi\, i^*} = \frac{x^2\left[\frac{\varepsilon}{i^*}\left[\zeta - \tau\left(\frac{r_1}{r_2}\right)^2\right] + i^*\left(\frac{r_4}{r_3}\right)^2 - 1\right] + x\left[1 - \varphi\, i^*\left(\frac{r_4}{r_3}\right)^2\right] + \left[\zeta - \tau\left(\frac{r_1}{r_2}\right)^2\right]\left[\frac{1}{\eta_r} - \frac{1}{\eta''} + \varrho_\omega (1 - \varphi\, i^*)^2\right]}{x^2\left[\zeta - \tau\left(\frac{r_1}{r_2}\right)^2\right] + x(1-x) + \left[\zeta - \tau\left(\frac{r_1}{r_2}\right)^2\right]\left[\frac{1}{\eta_r} + \frac{1}{\eta'} - 2 + \varrho_\omega (1 - \varphi\, i^*)^2\right]}. \tag{292}$$

Fall b: Betriebszustand $i = \varphi\, i^* > 1$. In diesem Falle, in dem das Leitrad als ständig fest mit dem Maschinengestell verbunden vorausgesetzt wird, müssen wir zu Gl. (286) zurückgreifen. Diese, durch den Wert $i = \varphi\, i^* > 1$ dividiert und analog zu oben entsprechend vereinfacht, ergibt für das Drehmomentenverhältnis in Funktion von φ die Beziehung:

$$\frac{M}{M_0} = \frac{\eta_1}{\varphi\, i^*} = \frac{x^2\left\{\frac{\varepsilon}{i^*}\left[\zeta - \tau\left(\frac{r_1}{r_2}\right)^2\right] + i^*\left(\frac{r_4}{r_3}\right)^2 - 1\right\} + x\left[1 - \varphi\, i^*\left(\frac{r_4}{r_3}\right)^2\right] - \left[\zeta - \tau\left(\frac{r_1}{r_2}\right)^2\right]\left[\frac{1}{\eta_r} + \frac{1}{\eta''} - 2 + \varrho_\omega (1 - \varphi\, i^*)^2\right]}{x^2\left[\zeta - \tau\left(\frac{r_1}{r_2}\right)^2\right] + x(1-x) - \left[\zeta - \tau\left(\frac{r_1}{r_2}\right)^2\right]\left[\frac{1}{\eta_r} - \frac{1}{\eta'} + \varrho_\omega (1 - \varphi\, i^*)^2\right]}. \tag{293}$$

Wenn man obigen Ausdruck gleich Null setzt für den Fall der „durchgehenden“ (leer laufenden) Turbine, bei dem diese keinerlei nützliches Moment abgeben kann und somit $N = 0$ und $M = 0$ sein muß und daraus den entsprechenden x-Wert errechnet, so muß diesem der gleiche φ_{Du}-Wert wie dem aus Gl. (290) errechneten entsprechen, da ja beide Gleichungen in diesem Falle identisch sind.

c) Maximales Drehmomentenverhältnis am Festpunkt. Von größter Wichtigkeit ist die Kenntnis des größten Drehmomentenverhältnisses M/M_0, das bei einer bestimmten Familie von Strömungswandlern im Betriebszustand bei festgebremster Turbine erreicht wird.

Dieser Betriebszustand liegt z. B. beim Anfahren eines Fahrzeugs vor. Hierbei stehen die Räder und die mit ihnen durch das Übertragungsgetriebe verbundene Turbine des Strömungswandlers still, während der Antriebsmotor und die mit ihm verbundene Pumpe des Wandlers eine Drehzahl besitzen.

Das in diesem Betriebszustand in Frage kommende Arbeitsfeld des Wandlers ist durch den „Fall a“ gekennzeichnet. Wir müssen also in Gl. (292) für φ den Wert Null und für x den entsprechenden aus der Kurve nach Abb. 69 entnommenen Wert einsetzen, wodurch man die nachstehende Beziehung erhält:

$$\frac{M}{M_0}\max = \frac{x^2\left\{\frac{\varepsilon}{i^*}\left[\zeta - \tau\left(\frac{r_1}{r_2}\right)^2\right] + i^*\left(\frac{r_4}{r_3}\right)^2 - 1\right\} + x + \left[\zeta - \tau\left(\frac{r_1}{r_2}\right)^2\right]\left[\frac{1}{\eta_r} - \frac{1}{\eta'} + \varrho_\omega\right]}{x^2\left[\zeta - \tau\left(\frac{r_1}{r_2}\right)^2\right] + x(1-x) + \left[\zeta - \tau\left(\frac{r_1}{r_2}\right)^2\right]\left[\frac{1}{\eta_r} + \frac{1}{\eta'} - 2 + \varrho_\omega\right]}. \tag{294}$$

Hierin entspricht der Wert x dem für $\varphi = 0$ aus Gl. (273) bzw. (274) errechneten Wert.

Wenn es keinerlei Verluste im Strömungskreis gäbe, so müßte in diesem Falle $M/M_{0\,\max} = 1/\varphi\, i^*$ für $\varphi = 0$ gleich $1/0 = \infty$ sein, entsprechend einem mechanischen Untersetzungsgetriebe mit $\eta_m = 1$ und $i = n/n_0 = 1/\infty = 0$. Doch würde in einem solchen Falle beim Strömungsgetriebe die Leistung N_0 ebenfalls Null sein, so daß das eingeleitete Drehmoment Null und das Verhältnis M/M_0, also $0/0$, ein unbestimmter Wert werden müßte, der natürlich auch den Wert ∞ einschließt.

Sehr nützlich erweist sich die graphische Darstellung der obigen Gleichung für die Festlegung der Grundeigenschaften eines Strömungswandlers bei der ersten Entwurfsauslegung. Abb. 77 zeigt ein solches Diagramm, in dem als Beispiel drei Kurven $i^* - M/M_{0\,\max}$ (für $\varphi = 0$) für drei verschiedene $\varkappa$-Werte eingetragen sind.

Zweckmäßig erscheint die Vervollständigung eines derartigen Diagramms mit weiteren Kurven, die einer ausgedehnteren Reihe von

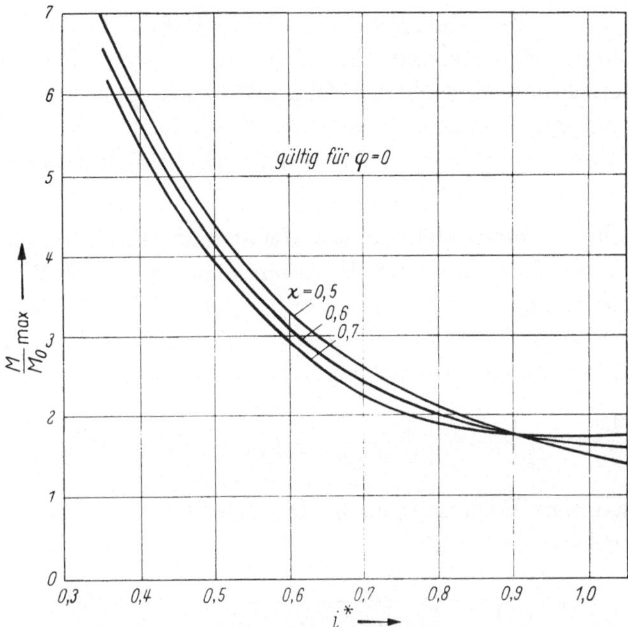

Abb. 77. Verlauf der Drehmomentenverhältnisse $\frac{M}{M_0}$ max am Festpunkt ($\varphi = 0$) in Abhängigkeit des Nennverhältnisses $i^* = n^*/n_0$. Einfluß des Korrekturfaktors $\varkappa$ für die 3 Werte 0,5–0,6–0,7

$\varkappa$-Werten entsprechen müßten. So würde man eine bessere Übersicht über die möglichen Abhängigkeiten, die bei der Festlegung der Grundwerte beim Entwurf maßgebend sein können, erhalten. Strenggenommen gelten natürlich die Kurven nur für die zugrunde gelegte *Familie* des Strömungswandlers; doch lassen sich daraus auch Schlüsse ziehen, die allgemeinere Gültigkeit haben können.

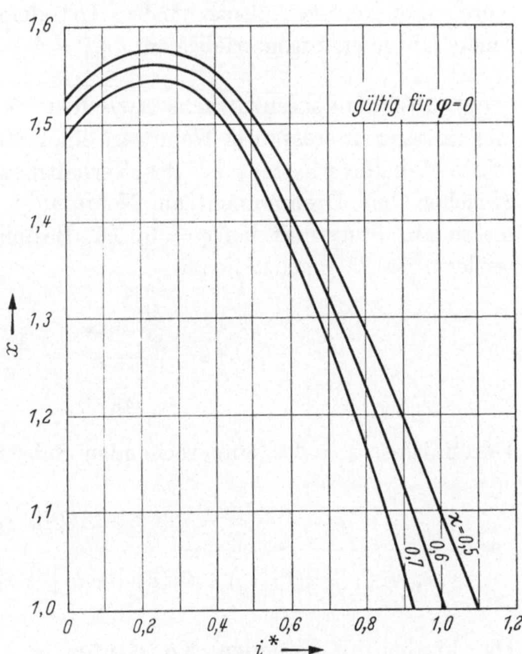

Abb. 78. Einfluß des Korrekturfaktors $\varkappa$ auf den Verlauf der $x - i^*$-Kurven für 3 Werte von $\varkappa$

Bei der Berechnung der Kurve $M/M_{0\,\max}$ ist zwecks besserer Übersicht die vorangehende

Kenntnis des vollständigen Verlaufs der x-Werte in Funktion vom Nennverhältnis i^* vorteilhaft, da bei Änderung der i^*-Werte auch die Konstanten A und B nach den Gln. (277) eine Änderung erfahren. Abb. 78 zeigt ein Diagramm, in dem eine $i^* - x$-Kurve eines bestimmten Falls für drei verschiedene $\varkappa$-Werte nach Gl. (274) berechnet worden ist.

d) Drehmomentenverhältnis am Nennpunkt. Das Drehmomenten-Verhältnis am Nennpunkt M^*/M_0 erhält man aus Gl. (292) unter der Berücksichtigung, daß in diesem Falle $\varphi = 1$ ist. Bei $\varphi = 1$ ist natürlich auch $x = 1$, so daß man durch Einsetzen dieser Werte in die genannte Gleichung für diesen *Nenn*betriebszustand das Nennverhältnis erhält:

$$\frac{M^*}{M_0} = \eta_m \left\{ \frac{\varepsilon}{i^*} + \left[\frac{1}{\eta_r} - \frac{1}{\eta''} + \varrho_\omega (1 - i^*)^2 \right] \right\} = \frac{\eta^*}{i^*}. \tag{295}$$

Der mechanische Wirkungsgrad η_m in obiger Gleichung wurde bereits früher abgeleitet und lautet:

$$\eta_m = \frac{1}{\frac{1}{\eta_r} + \frac{1}{\eta'} - 1 + \varrho_\omega (1 - i^*)^2} \qquad \text{[Gl. (229)]}.$$

Wenn $\eta^* = 1$ wäre, also keinerlei Verluste im System existieren würden, würde das Nennverhältnis $\eta^*/i^* = 1/i^*$ dem eines normalen mechanischen Untersetzungsgetriebes mit $\eta_m = 1$ entsprechen.

e) Drehmomentenzuwachs zwischen Nennpunkt und Festpunkt. Ein weiterer interessanter Kennwert eines Strömungswandlers bezüglich seines Arbeitsverhaltens ist der Verhältniswert ϱ^* als das Verhältnis zwischen dem Drehmoment am Nennpunkt bei $\varphi = 1$ und dem maximalen am Festpunkt bei $\varphi = 0$. Die Beziehung, die diesen Kennwert festlegt, ist die nachstehende:

$$\varrho^* = \frac{\frac{M}{M_0}\max}{\frac{M^*}{M_0}} = \frac{M_{\max}}{M^*}. \tag{296}$$

Durch Einsetzen der entsprechenden Substitutionen erhält man:

$$\varrho^* = \frac{x^2 \frac{A_1}{i^*} + x + C_1 (D_1 + \varrho_\omega)}{\eta_m [x^2 C_1 + x(1 - x) + C_1 (E_1 + \varrho_\omega)] \left[\frac{\varepsilon}{i^*} + D_1 + \varrho_\omega (1 - i^*)^2 \right]}. \tag{297}$$

Die hierbei auftretenden Konstanten $A_1 - C_1 - D_1 - E_1$ sind die gleichen wie die in den Gln. (282).

f) Maximales Reaktionsmoment am Leitrad. Das größte Reaktionsmoment am Leitrad ergibt sich offenbar bei Betrieb am Festpunkt, bei dem der Strömungswandler im Zustand $\varphi = 0$ und $x_{\max}$ arbeitet. Dieser Zustand ist, wie bereits an anderer Stelle erwähnt, beispielsweise beim Anfahren eines Fahrzeugs gegeben.

Soll zugunsten der Sicherheit vorgegangen werden, also unter Vernachlässigung aller mechanischen Reibungswiderstände (unter welchen auch diejenigen der in der Flüssigkeit rotierenden Außenwände der Räder gemeint sind), so ergibt sich aus Gl. (193) für das am Leitrad einwirkende Drehmoment am Festpunkt:

$$M_R^\Delta = M_0^\Delta - M^\Delta. \tag{298}$$

Das Zeichen Δ soll eben den Betriebszustand am Festpunkt kennzeichnen.

M_0 und M sind nunmehr bekannte Werte, die lt. Vorangegangenem für jeden beliebigen Betriebspunkt berechnet werden können. Obige Beziehung nach Gl. (298) gilt natürlich nur, solange das Leitrad des Strömungswandlers fest mit dem Maschinengestell verbunden ist, d. h. solange der eventuell vorgesehene Trilok-Freilauf nicht zur Wirkung kommt. Ist dagegen ein Trilok-Freilauf vorgesehen (was praktisch fast immer der Fall ist), so gilt obige Beziehung nach Erreichung des Lösungspunkts bei $\varphi_{\text{Lö}}$ nicht mehr, da von diesem Punkte ab (bei steigender Drehzahl n) infolge Umkehrung des Drehsinns des Flüssigkeitswirbels am Turbinenaustritt das Leitrad vom Flüssigkeitsstrom einfach mitgerissen wird und deshalb keinerlei Reaktionsmoment mehr auf das feste Gestell übertragen kann.

g) Lösungspunkt des Leitrads. Von besonderem Interesse ist der Wert $\varphi_{\text{Lö}}$, der jenem ausgezeichneten Betriebszustand des Strömungswandlers entspricht, bei dem sich das auf Trilok-Freilauf gelagerte Leitrad aus seiner Sperre löst und, vom Flüssigkeitsstrom mitgenommen, im gleichen Sinne wie die Turbine zu drehen beginnt. Dies trifft in jenem Augenblicke zu, in dem das auf das Leitrad einwirkende Aktionsmoment der Flüssigkeitsmasse seinen Drehsinn umkehrt, d. h., wenn dieses Moment von seinem negativen Wert (bei dem das gehemmte Leitrad das Bestreben hat, gegensinnig zur Turbine zu rotieren) zu einem positiven Wert umschlägt. In diesem Augenblick wird das Verhältnis $M_{\text{hy}\,T}/M_{\text{hy}\,P} = 1$, und der Wandler beginnt als Strömungskupplung zu arbeiten. Zur Vereinfachung der Rechnung soll hier Reibungslosigkeit der Leitradlagerung vorausgesetzt sein, was wohl in Anbetracht der unbedeutenden Größe des Reibmoments, das diese Lagerung im Verhältnis zum übertragenen Moment besitzt, als ohne weiteres zulässig erscheint.

Die hier in Frage kommende Beziehung ist also die folgende:

$$\frac{M_{\mathrm{hy}\,T}}{M_{\mathrm{hy}\,P}} = \frac{716{,}2\,N_{\mathrm{hy}\,T}/n}{716{,}2\,N_{\mathrm{hy}\,P}/n_0} = \frac{\frac{Q}{75}\,H_{\mathrm{th}\,T}}{\frac{Q}{75}\,H_{\mathrm{th}\,P}}\,\frac{n_0}{n} = \frac{H_{\mathrm{hy}\,T}}{H_{\mathrm{hy}\,P}}\,\frac{1}{\varphi\, i^*} = 1\,,$$

so daß nach Einsetzen der entsprechenden Substitutionen erhalten wird:

$$1 = \frac{1}{\varphi\, i^*}\;\frac{\varphi\, x\left\{\varepsilon\left[\zeta - \tau\left(\frac{r_1}{r_2}\right)^2\right] + i^{*2}\left(\frac{r_3}{r_4}\right)^2 - i^*\right\} + \varphi\, i^* - \varphi^2 i^{*2}\left(\frac{r_4}{r_3}\right)^2}{x\left[\zeta - \tau\left(\frac{r_1}{r_2}\right)^2\right] + 1 - x}\,. \tag{299}$$

Der gesuchte Wert φ ergibt sich damit zu:

$$\varphi_{\mathrm{Lö}} = x\left\{\left[\zeta - \tau\left(\frac{r_1}{r_2}\right)^2\right]\frac{\varepsilon - i^*}{i^{*2}\left(\frac{r_4}{r_3}\right)^2} + 1\right\} = f(x)_{i^*}\,. \tag{300}$$

Im letzten Ausdruck tritt noch die Unbekannte x auf, während, wie gesagt, der Reibungswiderstand der Leitradlagerung als vernachlässigbar nicht berücksichtigt wurde.

Zur Bestimmung des Werts $\varphi_{\mathrm{Lö}}$ wendet man wiederum das graphische Verfahren an. Hierbei wird von der Betrachtung ausgegangen, daß es ein bestimmtes Wertepaar von φ und x geben muß, das auch die obige Gl. (300) befriedigt, da die beiden Werte nach Gl. (273) voneinander abhängen. Die Gl. (300) stellt eine Gerade dar und ist symbolisch mit $\varphi_{\mathrm{Lö}} = f(x)_{i^*}$ bezeichnet. Für verschiedene konstant gedachte Parameter i^* ergeben sich sodann verschiedene Geraden, die in das Diagramm nach Abb. 76 einzuzeichnen sind. Die Schnittpunkte dieser $i^* = \mathrm{const}$-Geraden mit den zugehörigen Kurven $\varphi = f(x)$ nach Gl. (273) sind Punkte gleicher φ-Werte, die die gesuchten $\varphi_{\mathrm{Lö}}$-Werte des „Lösungspunkts" darstellen.

Die $i^* = \mathrm{const}$-Geraden können leicht in das Diagramm eingetragen werden. Man braucht hierzu für jede Gerade nur einen $\varphi_{\mathrm{Lö}}$-Wert für $x = 1$ zu berechnen und diesen Punkt dann mit dem Ursprung O des Achsenkreuzes zu verbinden. In Abb. 76 sind vier solche Geraden eingezeichnet, die für die Werte $i^* = 0{,}4$, $0{,}6$, $0{,}8$, 1 gelten.

Vor Abschluß dieses Abschnitts wird noch, um Fehler zu vermeiden, besonders auf den wichtigen Umstand hingewiesen, daß beim Umgang mit den verschiedenen Kurven diese nicht untereinander verwechselt werden und stets jene in Betracht zu ziehen sind, die sich auf die gleichen geometrischen Konstanten und die gleichen Werte ε, $\varkappa$, i^*, ϱ_ω, η', η'', η_r usw. beziehen. So kommen z. B. nur jene Schnittpunkte zwischen den Kurven A und B in Abb. 76 in Frage, die sich auf Kurven gleicher i^*-Werte beziehen usw.

13. Axialschübe auf die Laufräder und Reaktionskräfte auf das Leitrad

Zur Berechnung der auf die Laufräder eines Strömungswandlers in den verschiedenen Betriebszuständen einwirkenden Axialschübe geht man in ähnlicher Weise vor, wie es im betreffenden Abschnitt der Strömungskupplungen erörtert worden ist. Nur daß hier berücksichtigt werden muß, daß der Winkel des Geschwindigkeitsvektors in der Meridianebene mit der Achsenrichtung des Wandlers am Eintritt in die Pumpe sowie am Austritt aus der Turbine bzw. am Eintritt und Austritt des Leitrads normalerweise verschieden von $0°$ bzw. $180°$ ist.

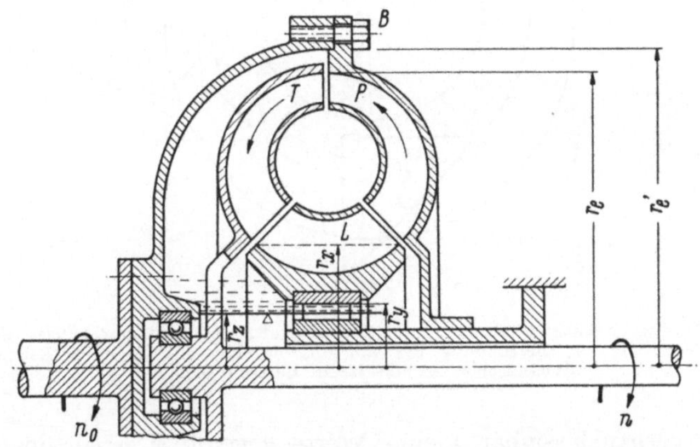

Abb. 79. Geometrische Größen zur Berechnung der in einem Strömungswandler auftretenden Axialschübe

Zur Bestimmung der Axialschübe soll hier ein Normalfall zugrunde gelegt werden, bei dem das Leitrad symmetrisch ist. Dieses Beispiel ist in Abb. 79 gezeichnet und in Abb. 80 schematisiert dargestellt.

Weiter wird mit genügender Genauigkeit (jedenfalls zugunsten der Sicherheit) angenommen, daß der volumetrische Wirkungsgrad $\eta_v = 1$ ist, wodurch die Meridiangeschwindigkeiten $c_{m\,P}$ der Pumpe, $c_{m\,T}$ der Turbine und $c_{m\,R}$ des Leitrads alle untereinander gleich groß ausfallen. Da nun die absoluten Ein- und Austrittsgeschwindigkeiten der Flüssigkeit an den jeweils zugehörigen Stellen der Laufräder bzw. des Strömungskreises gleich groß sind, können die Punkte *6* und *1*, *2* und *3*, *4* und *5* praktisch zur Deckung gebracht werden, wodurch das vereinfachte Schema, Abb. 80, entsteht. Für die Berechnung der sich durch die statischen Drücke ergebenden Teilkräfte soll auf die Abb. 79 Bezug genommen werden. Man wird weiter keinen merklichen Fehler begehen, wenn man bei der Bestimmung dieser statischen Drücke die wirklich und effektiv hierbei in Betracht kommenden Stirnflächen der entsprechenden Laufräder unbeachtet läßt, d. h. den zentralen Teil der Rotationsachse mit dem Radius r_z einschließt, da doch der Radius r_z der der inneren zylindrischen Niveaufläche ist, der mit der vierten Potenz in die Rechnung eingeht,

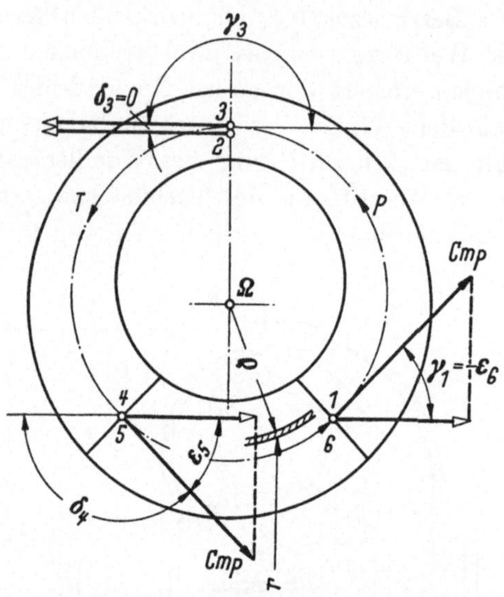

Abb. 80. Geschwindigkeitsverhältnisse im Meridianschnitt des Strömungskreises eines Strömungswandlers, die zur Berechnung der auf die einzelnen Laufräder wirkenden hydrodynamischen Axialkräfte in Betracht kommen

und die vernachlässigbar kleine Werte gegenüber jenen des größten Außenradius r_e' ergibt.

a) Pumpe. In analoger Weise zur Strömungskupplung kann hier für den gesamten von den statischen Drücken und den dynamischen Massenkräften herrührenden und auf die entsprechende Pumpenwand einwirkenden Axialschub die Summe geschrieben werden:

$$P_P = P_{\mathrm{st}\,P} + P_d \qquad [\text{Gl. (138)}].$$

In dieser Gleichung bedeutet $P_{\mathrm{st}\,P}$ die vom hydrostatischen Druck infolge der Zentrifugalkraft bedingte, P_d die hydrodynamisch durch die Ablenkung der durch die Kanäle hindurchströmenden Flüssigkeitsmasse erzeugte Axialkraft.

Für die erstere besteht die Beziehung (bei Nichtberücksichtigung der Potentialströmung):

$$P_{\mathrm{st}\,P} = \frac{\gamma}{g}\,\omega_0^2\,\pi\int\limits_0^{r_e} r^3\,d\,r + \frac{\gamma}{g}\,\omega_{\mathrm{fl}}^2\,\pi\int\limits_{r_e}^{r_e'} r^3\,d\,r$$

$$= \frac{\gamma}{g}\,\frac{\pi}{4}\,\omega_0^2\left\{r_e^4\left[1-\left(\frac{1+\varphi\,i^*}{2}\right)^2\right] + r_e'^4\left(\frac{1+\varphi\,i^*}{2}\right)^2\right\}. \qquad (301)$$

Für die zweite, wenn man wiederum den Impulssatz zu deren Bestimmung heranzieht:

$$P_d = m(c_{mP}\cos\gamma_1 - c_{mP}\cos\gamma_2) = \frac{Q}{g}\,c_{mP}(\cos\gamma_1 - \cos\gamma_2)$$
$$= \frac{x\,Q^*}{g}\,c_{mP}(1 + \cos\gamma_1), \tag{302}$$

wobei c_{mP} gegeben ist durch:

$$c_{mP} = x\,\zeta\,u_2^*\tan\alpha_2. \tag{303}$$

Die gesamte pumpenseitig auf das Wandlergehäuse einwirkende Axialkraft, die die mit der notwendigen Sicherheit dimensionierten Schrauben B des äußeren Pumpenkörperflansches aufnehmen müssen, beträgt somit:

$$\left.\begin{aligned} P_P &= P_{stP} + P_d = \frac{\gamma}{g}\,\frac{\pi^3 n_0^{*2}\varphi'^2}{3600}\times\\ &\times\left\{r_e^4\left[1-\left(\frac{1+\varphi i^*}{2}\right)^2\right] + r_e'^4\left(\frac{1+\varphi i^*}{2}\right)^2\right\} + \frac{x\,Q^*}{g}\,c_{mP}(1+\cos\gamma_1), \quad (a)\\ &= \frac{\gamma' n_0^{*2}\varphi'^2}{113{,}8\cdot 10^9}\left\{r_e^4\left[1-\left(\frac{1+\varphi i^*}{2}\right)^2\right] + r_e'^4\left(\frac{1+\varphi i^*}{2}\right)^2\right\} +\\ &+ \frac{x^2 Q^*\,\zeta\,n_0^*\,r_2\tan\alpha_2(1+\cos\gamma_1)}{9380}. \quad (b) \end{aligned}\right\} \tag{304}$$

In der obigen Gl. (a) ist als Dimension für den Halbmesser r [m], in der Gl. (b) hingegen [cm] einzuführen.

Wenn der Strömungswandler bei der höchsten Drehzahl $n_{0\,\max}$, bei gelöstem Leitrad und größter Turbinendrehzahl $n_{\max}$ arbeitet, so wird die auf die Pumpenwand einwirkende bzw. die Schrauben B beanspruchende Axialkraft nur durch den statischen Druck bewirkt (der Strömungsfaktor x kann dabei bis auf Null herabsinken), so daß die Beziehung für $P_{st\,\max}$ in diesem Falle sich folgendermaßen darstellt:

$$\left.\begin{aligned} P_{st\,\max} &\approx \frac{\gamma}{g}\,\omega_0^2\,\pi\int_0^{r_e'} r^3\,dr = \frac{\gamma}{g}\,\frac{\pi}{4}\,\omega_0^2\,r_e'^4 = \frac{\gamma}{g}\,\frac{\pi^3 n_{0\,\max}^2}{3600}\,r_e'^4, \quad (a)\\ &= \frac{\gamma\, r_e^4\, n_{0\,\max}^2}{113{,}8\cdot 10^9}. \quad (b) \end{aligned}\right\} \tag{305}$$

Auch hier ist in Formel (a) die Dimension für r gleich [m], in der Formel (b) hingegen [cm].

b) Turbine. Die gesamte Axialkraft, die auf dem Schulterlager der Turbine lastet, ist hier gleich der Summe:

$$P_T = (P_{st\,e} - P_{st\,i}) - P_d \qquad \text{[Gl. (139)]}.$$

In dieser stellt $(P_{st\,e} - P_{st\,i})$ die Differenz der durch die Zentrifugalkraft hervorgerufenen, auf die Turbine einwirkenden, hydrostatischen Kräfte dar, während P_d die durch die Ablenkung der Flüssigkeitsmasse in den Kanälen hervorgerufene hydrodynamische Kraft bedeutet. Durch Einsetzen der entsprechenden Substitutionen erhält man die totale Axialkraft P_T:

$$P_T = (P_{st\,e} - P_{st\,i}) - P_d = \frac{\gamma}{g}\omega_{fl}^2 \pi \int_0^{r_e} r^3\,dr - \frac{\gamma}{g}\omega^2\pi\int_0^{r_e} r^3\,dr -$$

$$- m(c_{m\,P}\cos\delta_3 - c_{m\,P}\cos\delta_4) = \frac{\gamma}{g}\,\frac{\pi^3 n_0^2}{3600}\,r_e^4\left[\left(\frac{1+\varphi i^*}{2}\right)^2 - \varphi^2 i^{*2}\right] -$$

$$\left.\begin{aligned} &- \frac{x Q^*}{g}\,c_{m\,P}(1-\cos\delta_4), \qquad \text{(a)}\\ \text{bzw.}\\ P_T &= \frac{\gamma\, n_0^{*2}\varphi'^2 r_e^4}{113{,}8\cdot 10^9}\left[\left(\frac{1+\varphi i^*}{2}\right)^2 - \varphi^2 i^{*2}\right] -\\ &- \frac{x^2 Q^* \zeta\, n_0^*\, r_2 \tan\alpha_2(1-\cos\delta_4)}{9300}, \qquad \text{(b)} \end{aligned}\right\} \qquad (306)$$

Dimensionen: Gl. (a): r in [m]; Gl. (b): r in [cm], wobei $\varphi' = \omega_0/\omega_0^*$ (s. S. 199).

c) Leitrad. In analoger Weise läßt sich für die gesamte auf das Leitrad einwirkende Axialkraft schreiben:

$$P_R = (P_{st\,T} - P_{st\,P}) + P_d. \qquad (307)$$

Auch hier bedeutet der Wert in der Klammer die Differenz der durch die Zentrifugalkraft infolge der Rotation der beiden Läufer mit den zugehörigen Winkelgeschwindigkeiten $\omega_{fl\,T}$ und $\omega_{fl\,P}$ hervorgerufenen statischen Druckkräfte, während P_d die durch die Massenablenkung in den Leitradkanälen bewirkte hydrodynamische Axialkraft darstellt.

Für den Fall, daß das Leitrad symmetrisch ist, also $r_5 = r_6$ und $\varepsilon_5 = \varepsilon_6$, gilt:

$$P_R = \frac{\gamma}{g}\omega_{fl\,T}^2\pi\int_{r_y}^{r_x} r^3\,dr - \frac{\gamma}{g}\omega_{fl\,P}^2\pi\int_{r_y}^{r_x} r^3\,dr + m\left[c_{m\,P}\cos\varepsilon_5 + c_{m\,P}\cos(-\varepsilon_6)\right]$$

$$\left.\begin{aligned} &= \frac{\gamma}{g}\,\frac{\pi^3 n_0^2}{4900}\,\frac{\varphi^2 i^{*2}-1}{4}(r_x^4 - r_y^4) + 0, \qquad \text{(a)}\\ &= \frac{\gamma}{g}\,\frac{n_0^{*2}\varphi'^2(\varphi^2 i^{*2}-1)(r_x^4 - r_y^4)}{4{,}56\cdot 10^{12}} \qquad \text{(b)} \end{aligned}\right\} \qquad (308)$$

Wiederum ist in Gl. (a) für r die Dimension [m], in Gl. (b) für r die Dimension [cm] einzusetzen.

Um den gesamten Verlauf der resultierenden Kräfte P_P, P_T, P_R innerhalb des ganzen Arbeitsfelds des Strömungswandlers verfolgen zu können und so die Maximalwerte, die sich in bestimmten Betriebszuständen ergeben, bestimmen zu können, ist es wiederum zweckmäßig, in einem einzigen Diagramm die genannten Werte nach den Gln. (304), (306), (308) in Abhängigkeit des Zustandswerts φ aufzutragen und zu Kurven zu vervollständigen, wie es als Beispiel in Abb. 81 gezeigt wird.

Bezüglich des Leitrads herrschen die strengsten Betriebsbedingungen natürlich im Betriebszustand $\varphi = 0$, da dann der Strömungsfaktor x seinen Höchstwert erreicht. In diesem Zustande rotiert jedoch das Leitrad nicht, ein eventuell vorhandenes Schulterlager wird nur im Ruhezustand belastet. Wenn das Leitrad sich im Lösungspunkt aus der Freilaufsperre löst, ist der auf das Leitrad wirkende Axialdruck vernachlässigbar klein, da dieser in der Hauptsache von der Differenz der statischen turbinen- und pumpenseitig wirkenden Drücke herrührt, Drücke, die wegen der Kleinheit der Radien der entsprechenden wirksamen Flächen nicht stark voneinander verschieden sind.

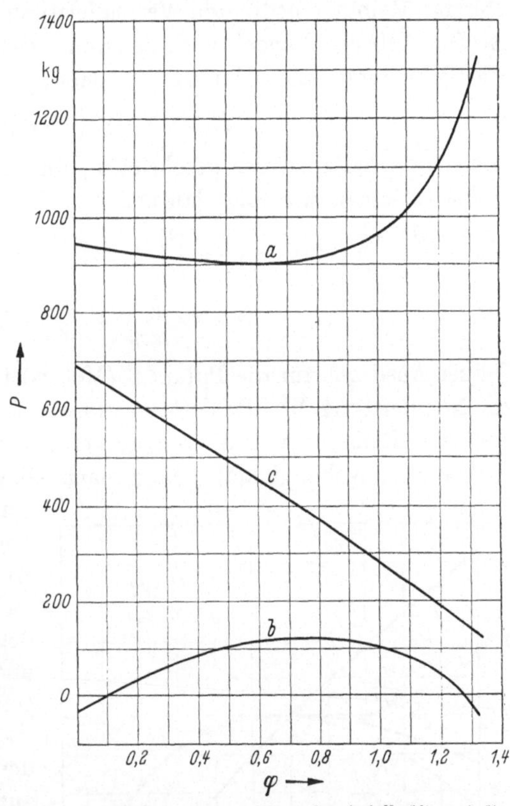

Abb. 81. Verlauf der resultierenden Axialkräfte auf die drei Hauptelemente eines Strömungswandlers Kurve a: P_P auf den Pumpendeckel; Kurve b: P_T auf das Turbinenrad; Kurve c: P_R auf das Leitrad

Die Gln. (301) bis (308) geben [kg] als Dimension an, wenn für γ, g und Q^* die Dimensionen eingeführt werden:

$$\gamma\,[\text{kg/m}^3]; \quad g = 9{,}81\,[\text{m/sek}^2]; \quad Q^*\,[\text{kg/sek}].$$

B. Zusammenarbeit eines Verbrennungsmotors mit einem Strömungswandler

Das praktisch in Frage kommende und deshalb interessierende Arbeitsgebiet eines Strömungswandlers ist durch „Fall a" für $i = \varphi\, i^* \leqq 1$ gekennzeichnet, da infolge des auf TRILOK-Freilauf gelagerten Leitrads (sofern ein solcher Freilauf vorgesehen ist), „Fall b" nicht existiert.

Vom Motor her muß also in die Pumpenwelle des Strömungswandlers eine Gesamtleistung N_0 eingeleitet werden, die gleich der Summe der hydraulischen Leistung $H_{\text{hy}\,P}$ der Pumpe, der durch mechanische und flüssige Reibung bedingten Verlustleistung N_I und der durch Reibung in den äußeren Lagern verbrauchten Leistung N' ist. Es muß somit die Beziehung nach Gl. (221) bestehen:

$$N_0 = N_{\text{hy}\,P} + N_I + N',$$

die, in expliziter Weise geschrieben, durch Einsetzen der zugehörigen Substitutionen, wie folgt lautet:

$$N_0 = \frac{Q^*}{75}\,\frac{u_2^2}{g}\left\{x^2\left[\zeta - \tau\left(\frac{r_1}{r_2}\right)^2\right] + x(1-x) + \left[\zeta - \tau\left(\frac{r_1}{r_2}\right)^2\right] \times \right.$$
$$\left. \times \left[\frac{1}{\eta_r} + \frac{1}{\eta'} - 2 + \varrho_\omega(1 - \varphi i^*)^2\right]\right\}. \qquad (309)$$

Dieser Ausdruck für die Pumpen- (Motor-) Leistung, jedoch noch durch die Nennleistung N_0^* dividiert, ist numerisch für ein bestimmtes Beispiel für eine Reihe von φ-Werten ausgerechnet worden. Die zugehörigen x-Werte in Abhängigkeit von φ nach Gl. (273) wurden aus der entsprechenden $\varphi - x$-Kurve entnommen und graphisch in Abb. 82 dargestellt. Diese Darstellung ist unabhängig von der Drehzahl der Pumpe, und die Kurve nimmt allgemeinere Gültigkeit an.

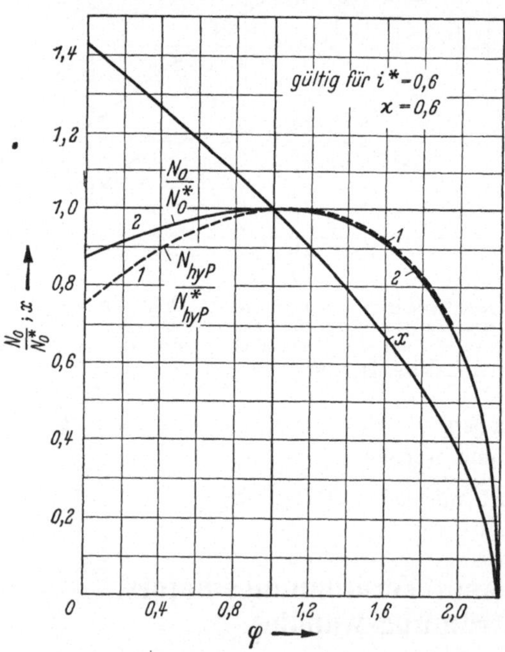

Abb. 82. Veränderlichkeit der Motor- (Pumpen-) Leistung in Abhängigkeit des Strömmungsfaktors x bei konstanter Motordrehzahl n_0 (Verhältniswerte bezogen auf den Nennpunkt)

Kurve *1* unter Berücksichtigung der reinen hydraulischen Leistung; Kurve *2* unter Berücksichtigung der mechanischen Reibungsverluste

Aus Zweckmäßigkeitsgründen und zur Vervollständigung der graphischen Darstellung ist in diesem Diagramm auch noch die x-Kurve eingezeichnet worden, so daß eine komplette Übersicht über die Abhängigkeit der Pumpenleistung N_0 sowohl vom Zustandswert φ als auch vom Strömungsfaktor x geschaffen ist.

Aus diesem Diagramm geht deutlich hervor, daß am Festpunkt (bei $\varphi = 0$) die Leistung N_0 einen anderen Wert als am Nennpunkt (bei $\varphi = 1$) besitzt; daraus ergibt sich die Tatsache, daß der Motor, falls dieser nicht mit einem Isodromregler besonders ausgestattet ist, um bei jeder Belastung auf konstante Drehzahl geregelt zu werden, infolge der geänderten Leistung seine Drehzahl konform ändern muß. Der ungeregelte Motor wird sich also in jedem Betriebszustand den sich ergebenden neuen Betriebsbedingungen anpassen müssen. Er wird die jeweils entsprechende neue Drehzahl n_0 annehmen und dabei das dieser Drehzahl entsprechende neue Drehmoment M_0 entwickeln.

Für die Bestimmung dieser neuen Gleichgewichtsbedingungen mögen nun die folgenden Erwägungen vorausgehen.

Bei der Bestimmung der hydraulischen Stoßverluste am Pumpeneintritt (beim Übergang der Flüssigkeit vom Leitrad zur Pumpe) wurde von der Voraussetzung ausgegangen, daß der Betrieb des Strömungswandlers bei konstanter Motordrehzahl vor sich geht, d. h. daß die Drehzahl der Pumpe n_0 konstant bleibt.

Unter dieser Voraussetzung konnte dann als alleinige Ursache für eine Gleichgewichtsstörung des Durchflußzustands im Strömungskreis nur eine Änderung von $x = Q/Q^*$ in Frage kommen, derzufolge eine freie Tangentialkomponente w_s entstehen mußte, eben die „Stoßkomponente" (bzw. Stoßgeschwindigkeit). Diese, als Überzählige in das Geschwindigkeitsdreieck hinzugekommen, gestattet nicht mehr, die Bedingung $\bar{c}_1 = \bar{w}_1 + \bar{u}_1$ zu erfüllen.

Es soll jetzt untersucht werden, was geschieht, wenn die Drehzahl n_0 bzw. die Umfangsgeschwindigkeit u_1 der Pumpe am Eintrittspunkt eine Änderung erfährt, und ob diese Änderung allein einen Einfluß, und zwar welchen, auf den Stoßverlust an dieser Stelle auszuüben vermag. Zu diesem Zweck wird n_0 veränderlich, dabei aber der Zustandswert $\varphi = 1$ konstant angenommen, bei Voraussetzung eines sonst beliebigen festen Nennverhältnisses i^*.

Hierbei ist vor allem zu berücksichtigen, daß das Leitrad ein innerhalb des mit „Fall a" gekennzeichneten Betriebsfelds festgehaltenes Element ist. Es dient als „Geradrichtungselement" für den aus der Turbine kommenden Flüssigkeitsstrom, um zu bewirken, daß dieser in stets gleicher, durch den Winkel $\beta_6 = \alpha_1$ gegebener Richtung in die Pumpe einströmt und daß somit die Stromfäden des Strömungskreises im Punkt *1* stets die gleiche Richtung besitzen, gleich, welche Drehzahl die Pumpe auch hat. Dies könnte auf den ersten Blick den Anschein erwecken, daß, da doch der Winkel α_1 unveränderlich ist, bei Änderung von u_1 eine Stoßkomponente entsteht, die, ähnlich wie in einem anderen Abschnitt behandelt, in Funktion der Veränderlichen x, jedoch bei festgehaltenen Werten c_1 und w_1, berechnet werden könnte. Das wäre natürlich grundsätzlich falsch. Denn es ist zu berücksichtigen, daß bei Veränderung der Pumpendrehzahl n_0 im Verhältnis zu dieser auch die

Fördermenge Q^* der Pumpe sich ändert und somit gleichzeitig mit u_1 in gleichem Verhältnis auch die Absolutgeschwindigkeiten c_1 und w_1 der Flüssigkeit eine Änderung erfahren. Das Geschwindigkeitsdreieck $\bar{c}_1 = \bar{u}_1 + \bar{w}_1$ ändert sich dabei zwar in seiner Größe, bleibt aber immer sich selbst ähnlich und geschlossen. Eine freie Komponente in Richtung der Umfangsgeschwindigkeit, eine Stoßgeschwindigkeit, entsteht also hierbei nicht.

Diese Überlegung gilt nun natürlich innerhalb des gesamten Arbeitsgebiets des Strömungswandlers (bzw. der Pumpe) nicht streng, kann aber innerhalb der praktisch in Frage kommenden Betriebsgrenzen, die in der Rechnung erfaßt werden sollen, als genau genug zutreffend erachtet werden. Vollkommen exakt würde der hier vorausgesetzte Tatbestand nur dann sein, wenn bei Änderung der Pumpendrehzahl nicht nur die Strömung ihren turbulenten Charakter beibehielte, sondern auch die in Frage kommende Reynoldssche Zahl unverändert bleiben würde. Von diesen zwei Bedingungen kann die erstere in allen Fällen ohne weiteres als vollkommen erfüllt angesehen werden; von der zweiten hingegen kann nur (doch mit genügender Approximation) angenommen werden, daß sie innerhalb der in Frage kommenden Grenzen des analytisch zu erfassenden, uns interessierenden Betriebsbereichs in genügend genauer Weise erfüllt ist, da die dabei auftretende geringe Änderung des R_e-Werts auf die Strömungsverhältnisse noch keinen merklichen Einfluß ausüben kann. Die Geschwindigkeiten c_1 und w_1 erfahren somit eine zu u_1 verhältnisgleiche Änderung, die Geschwindigkeitsdreiecke bleiben sich immer ähnlich, eine Stoßkomponente kann sich nicht bilden und Stoßverluste kommen folglich nicht in Frage (s. Abb. 83).

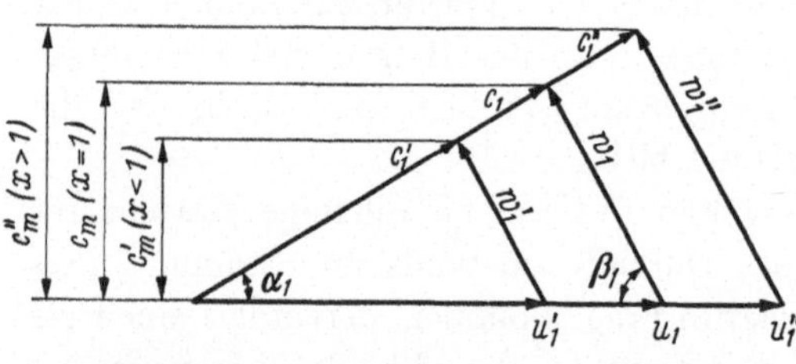

Abb. 83
Geschwindigkeitsdreiecke bezogen auf den Eintrittspunkt im Pumpenrad. Der Strömungsfaktor x hat keinen Einfluß auf den Winkel α_1, da die Ähnlichkeit der Dreiecke innerhalb des hier in Frage kommenden Betriebsbereiches, in dem die Reynoldssche Zahl nicht übermäßig variiert, bewahrt bleibt. Die Strommenge ist also proportional der Drehzahl n_0 bzw. der Umfangsgeschwindigkeit u_1, eine Stoßkomponente stellt sich nicht ein

Aus diesen Betrachtungen geht somit der wichtige (eigentlich offensichtliche) Umstand hervor, daß sich der Strömungsfaktor x bei Änderung der mit der Pumpendrehzahl n_0 verhältnisgleichen Strommenge Q^* nicht ändert und daß folglich eine Änderung von n_0 an und für sich nicht Ursache von Stoßverlusten sein kann, weil die Geschwindigkeitsdreiecke $\bar{c}_1 = \bar{u}_1 + \bar{w}_1$ ihre Ähnlichkeit bewahren.

Eine Änderung der Nennstrommenge Q^* hat jedoch infolge der Änderung der Absolutgröße der Relativgeschwindigkeit w_1 innerhalb des Strömungskreises sowie infolge der Änderung der Rotationsgeschwindigkeiten der benetzten inneren Flächen eine Änderung der viskosen Reibungsverluste zur Folge, zu denen natürlich die zu der Pumpendrehzahl verhältnisgleichen mechanischen Reibungsverluste der äußeren Lagerung des Strömungswandlers hinzukommen.

Hierbei kann man, ausgehend von einem Zustandswert $\varphi = 1$, für die Verluste $N^*_{\varrho I}$ am „Auslegungs"-Nennpunkt schreiben [s. Gl. (210)]:

$$N^*_{\varrho I} = \frac{k_\varrho}{716{,}2} n_0^{*3}(1 - i^*)^2 = \varrho_\omega N^*_{\text{hy}\,P}(1 - i^*)^2, \qquad (310)$$

weshalb bei einer geänderten Pumpendrehzahl von $n_0 \neq n_0^*$, jedoch immer bei $\varphi = 1$, gelten muß:

$$N_{\varrho I} = \frac{k_\varrho}{716{,}2} n_0^3(1 - i^*)^2. \qquad (311)$$

Diese beiden Beziehungen ins Verhältnis gebracht, ergeben:

$$\frac{N_{\varrho I}}{N^*_{\varrho I}} = \frac{\frac{k_\varrho}{716{,}2} n_0^3 (1 - i^*)^2}{\frac{k_\varrho}{716{,}2} n_0^{*3}(1 - i^*)^2} = \left(\frac{n^0}{n_0^*}\right)^3 = (\varphi')^3. \qquad (312)$$

Hierin soll mit φ' der „*Betriebswert*" der bei *nicht* mit Nenndrehzahl arbeitenden Pumpe bezeichnet werden, unter dem also das Verhältnis zwischen einer *beliebigen* Drehzahl der *Pumpe* zur eigenen *Nenndrehzahl* verstanden werden soll. Es gelten die folgenden Definitionen:
*Auslegungs*nennpunkt, wenn bei Zustandswert $\varphi = 1$ auch der Betriebswert $\varphi' = 1$ ist;
Relativer Nennpunkt, wenn bei Zustandswert $\varphi = 1$ der Betriebswert $\varphi' \neq 1$, d. h. beliebig ist.

Aus obigem folgt also:

$$N_{\varrho I} = \varphi'^3 N^*_{\varrho I} \qquad (313)$$

und bei Substitution von $N^*_{\varrho I}$ durch Gl. (212), der allgemeingültige Ausdruck:

$$N_{\varrho I} = \varphi'^3 \varrho_\omega N^*_{\text{hy}\,P}(1 + \varphi i^*)^2 = \varphi'^3 \varrho_\omega \frac{Q^*}{75} \frac{u_2^{*2}}{g} \left[\zeta - \tau\left(\frac{r_1}{r_2}\right)^2\right](1 - \varphi i^*)^2. \qquad (314)$$

Diese Beziehung gilt natürlich auch für $\varphi \neq 1$, was leicht einzusehen ist, wenn man bedenkt, daß bei festgehaltenem beliebigem Wert $n_0 \neq n_0^*$ diese jedenfalls für $\varphi = 1$ gelten muß. Bei Änderung des Werts φ kann sich dann $N_{\varrho I}$ nicht anders ändern als in der durch Gl. (314) angegebenen Weise (siehe hierzu Ableitung von $N_{\varrho I}$ auf S. 148ff.).

Die Verlustleistungen N' und N_{rI}, die durch die mechanische Reibung in der äußeren Lagerung des Strömungswandlers und in den inneren gegeneinander gleitenden Teilen gegeben sind, sind bei Voraussetzung konstanter Reibungswerte verhältnisgleich den Gleitgeschwindigkeiten selbst und somit auch zu den in Betracht kommenden Drehzahlen. Für diese Verluste läßt sich somit schreiben:

$$N_{rI} = \varphi' N^*_{rI} \qquad \text{[Gl. (206)]} \tag{315}$$

und

$$N' = \varphi' N'^* \qquad \text{[Gl. (204)]}. \tag{316}$$

Als Folge erhalten wir in Abhängigkeit der Drehzahländerung der Pumpe für die vom Motor an die Welle des Strömungswandlers abzugebende Gesamtleistung, als Summe der obigen Einzelleistungen, die nachstehende Beziehung:

$$\begin{aligned} N_0 = f(\varphi') &= \varphi'^3 N_{\text{hy}P} + \varphi'^3 N^*_{\varrho I} + \varphi' N^*_{rI} + \varphi' N' \\ &= \varphi'^3 N_{\text{hy}P} + \varphi'^3 N^*_{\text{hy}P}\,\varrho_\omega (1 - \varphi i^*)^2 + \varphi' N^*_{\text{hy}P}\left(\frac{1}{\eta_r} - 1\right) + \\ &\quad + \varphi' N^*_{\text{hy}P}\left(\frac{1}{\eta'} - 1\right) \\ &= \varphi'^3 N_{\text{hy}P} + N^*_{\text{hy}P}\left[\varphi'^3 \varrho_\omega (1 - \varphi i^*)^2 + \varphi'\left(\frac{1}{\eta_r} + \frac{1}{\eta'} - 2\right)\right], \end{aligned} \tag{317}$$

die durch Einsetzen der Substitutionen nach den Gln. (251) und (252) für Fall a wird:

$$\begin{aligned} \underset{(\varphi'\,\text{Fall a})}{N_0} &= \frac{Q^*}{75}\,\frac{u_2^{*2}}{g} \times \\ &\times \left\{\varphi'^3 \left[\left[\zeta - \tau\left(\frac{r_1}{r_2}\right)^2\right][x^2 + \varrho_\omega (1 - \varphi i^*)^2] + x(1 - x)\right] + \right. \\ &\left. + \varphi'\left[\zeta - \tau\left(\frac{r_1}{r_2}\right)^2\right]\left(\frac{1}{\eta_r} + \frac{1}{\eta'} - 2\right)\right\}. \end{aligned} \tag{318}$$

In dieser ist φ' veränderlich, φ und x hingegen jeweils als feste Parameter anzusehen.

Für das Betriebsfeld des Falls b, für das $\varphi\, i^* > 1$, erhält man bei analogem Vorgehen:

$$\begin{aligned} \underset{(\varphi'\,\text{Fall b})}{N_0} &= \frac{Q^*}{75}\,\frac{u_2^{*2}}{g} \times \\ &\times \left\{\varphi'^3 \left[\left[\zeta - \tau\left(\frac{r_1}{r_2}\right)^2\right][x^2 - \varrho_\omega (1 - \varphi i^*)^2] + x(1 - x)\right] - \right. \\ &\left. - \varphi'\left[\zeta - \tau\left(\frac{r_1}{r_2}\right)^2\right]\left(\frac{1}{\eta_r} - \frac{1}{\eta'}\right)\right\}. \end{aligned} \tag{319}$$

In diesen Gleichungen ist $u_2^* = \pi\, n_0^*\, r_2/30$ die Umfangsgeschwindigkeit bei der Auslegungsnenndrehzahl n_0^*, r_2 der Radius am Punkt *2* des Strömungskreises, mit [m] als Dimension.

Man ist jetzt in der Lage, mit Hilfe der Gl. (318) verschiedene Kurven N_0 zu zeichnen, von denen jede einem konstant angenommenen Zustandswert φ entsprechen muß. Diese werden in ein Diagramm eingezeichnet, wie es beispielsweise in Abb. 84 für nur drei ausgezeichnete Werte von $\varphi = 0$, $\varphi = 1$ und $\varphi = \varphi_{\text{Du}}$ durchgeführt worden ist. Wenn nun in diesem Diagramm, in dem die Ordinaten die Leistung, die Abszissen den Betriebswert φ' darstellen, auch die in Betracht kommende Motorkurve N_{Mot} eingetragen wird, so ergibt sich in evidenter Weise, daß an den Schnittpunkten der N_0-Parabeln des Strömungswandlers mit

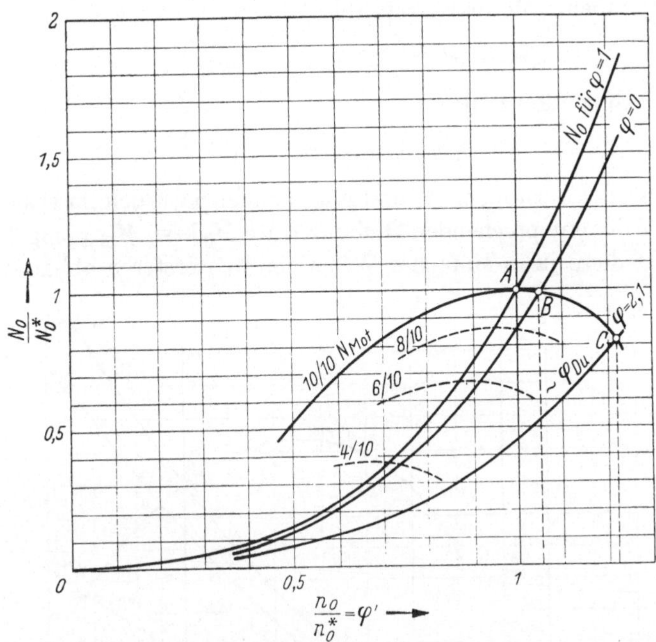

Abb. 84. Diagramm zur graphischen Ermittlung der Motordrehzahl n_0 in Abhängigkeit der Abtriebsdrehzahl n bzw. in Abhängigkeit des Motordrehzahlverhältnisses $\varphi' = n_0/n_0^*$ und in Abhängigkeit des Turbinendrehzahlverhältnisses $\varphi = n/n_0$

$A, B, C \ldots$ Schnittpunkte der N_0-Kurven mit der Motorkurve N_{Mot}; n_0^* Motornenndrehzahl; n_0 beliebige Motordrehzahl; n Turbinendrehzahl

der N_{Mot}-Kurve des Motors als Punkte gleicher Leistung nicht nur die gemeinsame Betriebsdrehzahl von Pumpe und Motor, sondern insbesondere auch die entsprechenden Zustandswerte φ des Wandlers entnommen werden können, bei denen allein die Voraussetzungen für das Zustandekommen der Gleichgewichtsbedingungen für die mögliche Zusammenarbeit zwischen dem betrachteten Motor und dem hier in Frage stehenden Strömungswandler erfüllt sind.

Es ist hierbei zu beachten, daß auf der Abszissenachse bezüglich des Motors nicht seine Drehzahl, sondern das Verhältnis derselben zu einer ausgezeichneten „Nenndrehzahl“ einzutragen ist. Auf die ausgezeichnete „Nenndrehzahl“ $n_M^* = n_0^*$ des Motors, als eine besonders wichtige und passend zu wählende Betriebsgröße desselben, wird im folgenden noch näher eingegangen.

Auf einer zweiten Abszissenachse parallel zur ersten und unterhalb dieser kann natürlich auch in entsprechendem Maßstab die Motordrehzahl direkt und zusätzlich aufgetragen werden, so daß diese unmittelbar an ihr abgelesen werden kann. Anderenfalls errechnet sich die Motordrehzahl sowie jene der Turbine leicht aus den Definitionsgleichungen selbst, so daß für die genannten Drehzahlen gelten muß:

Für die Pumpen- (Motor-) Drehzahl:

$$n_0 = \varphi' n_0^*, \quad \text{(a)}$$

Für die Turbinendrehzahl:

$$n = \varphi \varphi' n_0^* = \varphi n_0. \quad \text{(b)} \qquad (320)$$

An Stelle der Leistungen N_0 und N_{Mot} können natürlich im Diagramm die Kurven der entsprechenden Drehmomente M_0 bzw. M_{Mot} eingetragen werden, da diese ja in einfacher Weise von den ersteren abhängen.

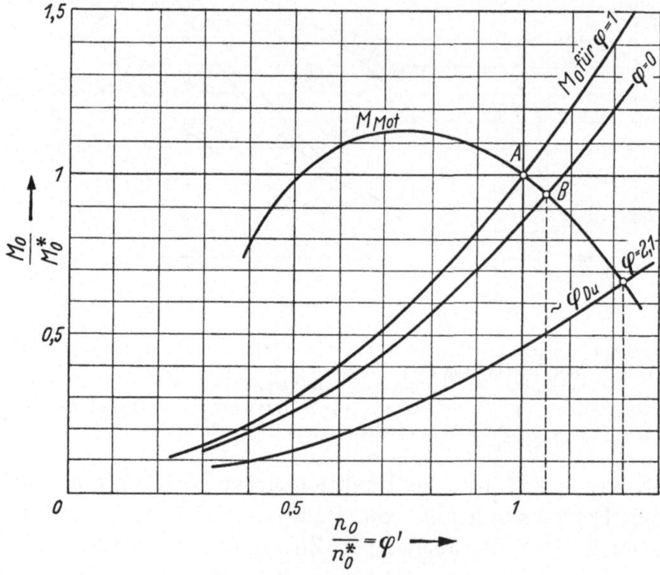

Abb. 85. Wie Abb. 84, nur daß an Stelle der Leistungskurven hier die Momentenkurven eingezeichnet sind

Für die Drehmomente ist also zu schreiben:

$$M_0 = 71\,620 \frac{N_0}{n_0} \quad [\text{cm kg}] \qquad (321)$$

bzw.

$$M_{\text{Mot}} = 71\,620 \frac{N_{\text{Mot}}}{n_0} \quad [\text{cm kg}]. \qquad (322)$$

Ein entsprechendes Diagramm zeigt Abb. 85.

Die nach diesem Vorgang errechneten Ergebnisse werden systematisch in Tabellen eingetragen, von denen die zwei folgenden Schemata (Tab. 8 und 9) als Beispiele dienen mögen. Außer den n_0-, N_0-, M_0-Werten können weiter auch die Verhältniswerte n_0/n_0^*, N_0/N_0^*, M_0/M_0^* eingetragen werden, um die Tabellen soweit wie möglich mit die Rechnung interessierenden Daten zu vervollständigen.

Tabelle 8. *Für die Berechnung der Wandlerparabeln N_0 nach Gl. (318) in Funktion von φ' für verschiedene festgehaltene Parameterwerte φ*

Fall a: für $i = \varphi i^* \leqq 1$

Pos.	φ'	$\varphi=0$		$\varphi=0,2$		$\varphi=0,4$		$\varphi=\ldots$ bis $\varphi=1/i^*$	
		n_0	N_0	n_0	N_0	n_0	N_0	n_0	N_0
1	0								
2	0,2								
3	0,4								
4	0,6								
.	.								

Fall b: für $i = \varphi i^* \geqq 1$

Pos.	φ'	$\varphi=1/i^*$		$\varphi=\ldots$ bis $\varphi=\varphi_{Du}$
		n_0	N_0	n_0
1	0			
2	0,2			
3	0,4			
4	0,6			
.	.			

Tabelle 9. *Zusammenstellung der aus den Diagrammen der Abb. 82, 84 und 85 entnommenen Werte*

Pos.	φ'	φ	x	n_0	N_0	M_0	N_0/N_0^*	M_0/M_0^*	N_M/N_M^*	M_M/M_M^*
1										
2										
3										
4										
.										

Schließlich ist noch das Diagramm der Abb. 86 sehr wichtig, in dem im oberen Quadranten die beiden Kurven N_M/N_M^* und M_M/M_M^* sowie die Kurve N_0/N_0^* des Wandlers in Abhängigkeit des Betriebswerts $\varphi' = n_0/n_0^*$ eingetragen wurden, während im unteren Quadranten die Zustandswerte φ in Abhängigkeit der Betriebswerte φ' erscheinen. Aus der hierbei entstandenen Kurve *A–B–C* ist das effektive Betriebsverhalten des Motors in Zusammenarbeit mit dem Strömungswandler ersichtlich.

Dabei ist zu beachten, daß der Kurvenabschnitt A–B aus den Daten des „Falls a", der Kurvenabschnitt A–C aus jenen des „Falls b" (wenn

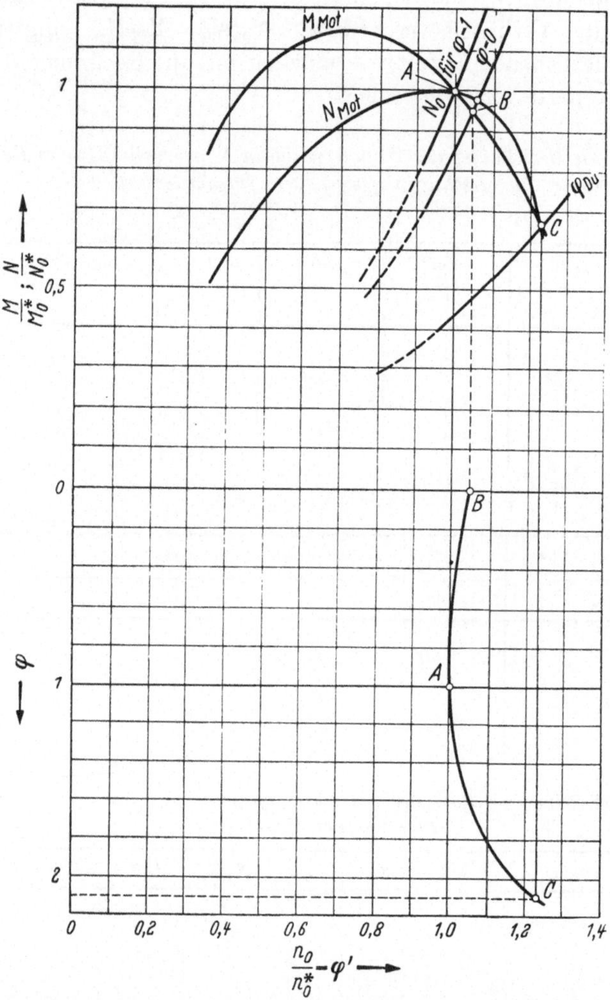

Abb. 86. Graphische Darstellung des Verlaufs des Turbinendrehzahlverhältnisses $\varphi = n/n_0$ in Abhängigkeit des Motordrehzahlverhältnisses $\varphi' = n_0/n_0^*$. In diesem Beispiel und nach dieser Darstellung ergibt sich, daß der Motor beim Abbremsen der Abtriebswelle des Strömungsgetriebes seine Drehzahl zuerst verringert (Bereich C—A), um dann wieder ein wenig zu steigern (Bereich A—B). Im Festpunkt ist also die Drehzahl n_0 kleiner als bei der Durchgangsdrehzahl der Abtriebswelle, jedoch etwas größer als im Nennpunkt bei $\varphi = 1$

ein Trilok-Freilauf nicht vorhanden ist) oder nach den (λ — η)-Werten des als Strömungskupplung arbeitenden Wandlers zu berechnen ist.

Vor Abschluß dieses Abschnitts muß nun noch auf einen besonderen Umstand hingewiesen werden, der sich auf die Lage des Punkts A in den Diagrammen der Abb. 84 bis 86 bezieht.

Im (Auslegungs-) Nennpunkt bei $\varphi' = 1$ ist nämlich die Leistung des Strömungswandlers N_0^* als *Nennleistung* genau definiert und bestimmt. Nicht so dagegen die *Nennleistung* des Motors, wenn man das Verhältnis N_M/N_M^* desselben bilden will. Aber um welche „*Nennleistung*" soll es sich in diesem Fall handeln, wo doch das gesamte Arbeitsfeld des Motors hierzu in Frage kommen kann? Eine genaue definitive Antwort auf diese Frage läßt sich allgemein mit Sicherheit und von vornherein nicht angeben, denn sie hängt von den jeweils vorhandenen Betriebsbedingungen ab. Es wird immer die Aufgabe des Berechnungsingenieurs sein, nach Durchrechnung von verschiedenen möglichen Kombinationen und Aufzeichnung der in Frage kommenden Kurven, durch Vergleich der sich ergebenden Diagramme, die beste Lösung zur Erfüllung der für die jeweils vorgegebenen Betriebsbedingungen nötigen Voraussetzungen einer wirtschaftlichen Zusammenarbeit zwischen dem gegebenen Motor und dem ebenfalls gegebenen Strömungswandler auszuwählen. Um diese Aufgabe jedoch lösen zu können, sind vorher noch weitere Überlegungen sehr wichtig, die im nächsten Abschnitt folgen sollen.

Hier soll noch über die grundsätzlich möglichen Lagen des Leitapparats im Strömungskreis eines hydraulischen Momentenwandlers gesprochen werden. Wie aus Abb. 87 hervorgeht, gibt es davon fünf:

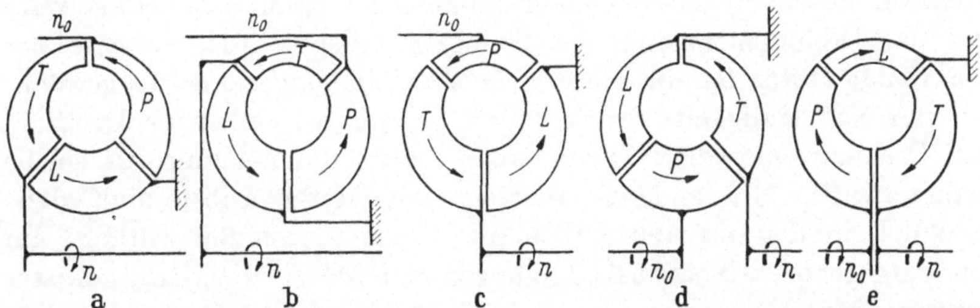

Abb. 87a—e. Mögliche Anordnungen des Leitapparats im Strömungskreis eines Wandlers (Typ *e* ist in dieser schematisierten einfachen Auslegung nicht brauchbar)

Typ a, bei dem der Leitapparat L innen liegt; Typ b, bei dem der Leitapparat L seitlich liegt; Typ c, mit seitlichem Leitapparat und außen liegender Axialpumpe; Typ d, mit innen liegender Pumpe und seitlichem Leitrad; Typ e, mit außen liegendem Leitapparat. Diese grundsätzlichen Bauarten lassen selbstverständlich vielseitige weitere Varianten zu, die in den mannigfaltigen Ausführungen der Praxis ihren Ausdruck finden. Hier soll jedoch nicht näher über die Besonderheiten dieser fünf Grundtypen eingegangen werden, sondern die Erwähnung genügen, daßsie im wesentlichen gleichwertig sind.[1] Es hängt von der konstruk-

[1] Abgesehen von der Länge der Leitradkanäle, die prinzipiell so kurz wie möglich sein sollen, um die Reibungsverluste so klein wie möglich zu halten.

tiven Ausgestaltung der Varianten ab, welcher von ihnen der Vorzug zu geben ist. So z. B., wenn verstellbare Schaufeln verlangt werden oder wenn mehr Stufen beim Leitapparat oder einem anderen Arbeitsrad angewendet werden sollen usw. Hier sei auf eine Arbeit von DIEDERICHS[1] verwiesen, in der über den Einfluß von drei verschiedenen Radlagen im Strömungskreis berichtet wird, deren Verhalten auch in Diagrammform dargestellt wurde.

C. Auslegung eines Strömungswandlers und allgemeiner Rechnungsgang

1. Vorbemerkungen

Wie bekannt ist, ändert sich das Drehmoment eines Verbrennungsmotors mit der Änderung seiner Drehzahl. Und zwar bewirkt eine Abbremsung der Motorwelle durch das Ansteigen des an ihr angreifenden Nutzwiderstands einen Drehzahlabfall, dem ein entsprechender Drehmomentenzuwachs entsprechen muß. Bei der Betrachtung der sich dabei einstellenden Lastzustände soll von der Vollastkurve des Motors ausgegangen werden.

Normalerweise wird das nutzbare Arbeitsfeld des Motors derart gewählt, daß bei sinkender Drehzahl (ausgehend von der maximalen Drehzahl desselben) das Drehmoment ansteigt. Wenn das nicht so wäre und das Drehmoment mit der Drehzahl fallen würde, so wäre der betreffende Motor für die meisten Betriebsfälle ungeeignet, da gewöhnlich die Notwendigkeit vorliegt, daß gerade bei sinkender Drehzahl das Drehmoment steigt (auch wenn dabei die Leistung als solche kleiner wird). Mit anderen Worten, der Motor selbst muß diesbezüglich in den meisten Fällen als Momentenwandler wirken, um den vorgegebenen Betriebsbedingungen von selbst innerhalb gewisser Grenzen gerecht zu werden. So ein Betriebsfall liegt insbesondere beim Fahrzeugbetrieb vor. Sollte ein Fahrzeug beim Erreichen seiner größten Motorleistung (bei seiner größten Drehzahl) beispielsweise in der Ebene gerade die Höchstgeschwindigkeit erreicht haben, und sollte unter diesen Umständen jetzt auch nur eine kleine Steigung zu befahren sein, so könnte das Fahrzeug diese nur dann überwinden, wenn der Motor bei abnehmender Geschwindigkeit ein größeres, dem neuen Widerstand entsprechendes Drehmoment herzugeben imstande wäre. Würde dies nicht zutreffen, so müßte das Fahrzeug zum Stehen kommen, falls nicht sofort ein kleinerer Getriebegang zwecks Anpassung der Drehmomentverhältnisse zwischen Triebwerk und Motor eingeschaltet würde.

[1] DIEDERICHS, M.: Die Berechnung und Beurteilung von hydrodynamischen FÖTTINGER-Wandlern für Kraftfahrzeuge. Automobilindustrie (April bis September 1960) H. 8 u. 9. — Siehe auch Fußn. 1, S. 133.

So ein Motor würde, weil er völlig „unelastisch" wäre, für diese Betriebsbedingungen gänzlich ungeeignet sein.

Nur in Sonderfällen, wie z. B. für den Antrieb von Schiffspropellern, für den Antrieb von Pumpen für die Wasserversorgung oder für den Antrieb anderer Nutzmaschinen, die einen konstanten oder mit der Drehzahl wachsenden bzw. fallenden Abtriebswiderstand bieten, könnte ein Motor mit konstantem oder gar mit der Drehzahl direkt proportionalem Drehmoment zugelassen werden.

Es ergibt sich daraus, daß vor allen Dingen, bevor noch an den Strömungswandler gedacht wird, die geforderten Arbeitsbedingungen der Arbeitsmaschine bekannt sein und in allen Einzelheiten klar vorliegen müssen, um auf Grund dieser sich über den in Frage kommenden Motor und sein hierfür bestgeeignetes Arbeitsfeld entscheiden zu können.

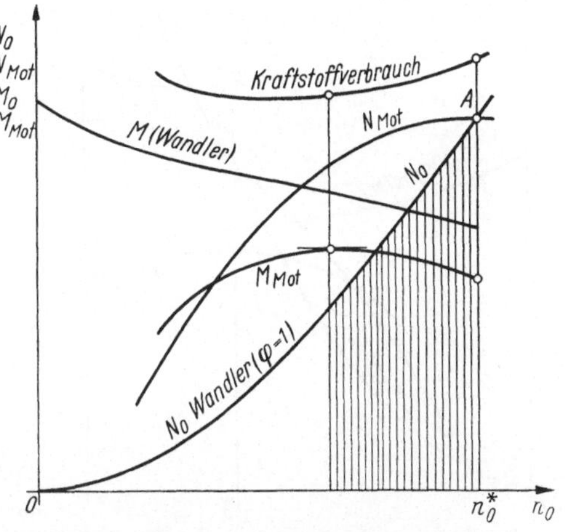

Abb. 88. Auslegung des Strömungswandlers für Nennpunkt ($\varphi = 1$) und Nenndrehzahl (n_0^*) bei größter Motorleistung (Fall *1*)

Die Wahl des für die Zusammenarbeit mit einem gegebenen Motor geeigneten Strömungswandlers muß also unter Berücksichtigung von Gesichtspunkten erfolgen, die von Fall zu Fall den gegebenen Betriebsverhältnissen Rechnung tragen. Die hierbei in Frage kommenden Überlegungen sind verschiedener Art. Eine allgemeine Regel kann dabei aber leider nicht angegeben werden. Grundsätzlich lassen sich zwei Lösungen als „Extremmöglichkeiten" angeben, die wie folgt festgelegt werden können:

Fall 1: Strömungswandler derart ausgelegt, daß sein Auslegungs-*nennpunkt*[1] bei der Höchstdrehzahl des Motors liegt (s. Abb. 88).

Fall 2: Strömungswandler derart ausgelegt, daß sein Auslegungs-*nennpunkt* bei der Drehzahl des größten Drehmomentes des Motors liegt (s. Abb. 89).

Im *Fall 1* erreicht der Strömungswandler seine vorgesehene Nennleistung bei der Höchstdrehzahl des Motors, wenn also auch der Motor seine größte Leistung hergibt.

Beide Maximalleistungen fallen hier mit der gemeinsamen Maximaldrehzahl (Punkt *A* in Abb. 88) zusammen, so daß bei sinkender Motor-

[1] Definition des „*Auslegungs-*" und des „*relativen*" Nennpunktes s. S. 199.

drehzahl und festgehaltenem Zustandswert φ des Wandlers die Leistung des letzteren, dem Verlauf der eigenen N_0-Parabel folgend, viel rascher als die Leistung des Motors fallen muß und somit die Motorleistung bei der Drehzahl des größten Drehmoments, bei dem man gewöhnlich den geringsten Kraftstoffverbrauch und folglich die wirtschaftlichsten Betriebsverhältnisse hat, nicht ausgenützt werden kann.

Im *Fall 2* hingegen erreicht der Strömungswandler den Nennbetriebspunkt und somit die eigene Nennleistung bei der relativ niedrigen Drehzahl des größten Drehmoments des Motors, d. h. im Betriebszustand geringsten Kraftstoffverbrauchs bzw. der größten Wirtschaftlichkeit (z. B. im Punkt B im Diagramm der Abb. 89), wobei die Motorleistung noch weit von seiner Maximalleistung liegen kann. Die N_0-Parabel des Wandlers besitzt natürlich (Konstanthaltung von $\varphi = 1$ vorausgesetzt) nur im Betriebsfeld links vom Punkt B Gültigkeit, d. h. für Drehzahlen unterhalb jener des maximalen Motordrehmoments, während das übrige Betriebsfeld im höheren Drehzahlgebiet bis zur Höchstleistung des Motors von den Arbeitsbedingungen des Strömungswandlers nach Gl. (319) (s. Abb. 84) bei eingeschränkter Leistungsabgabe bzw. jenen des als Strömungskupplung arbeitenden Wandlers abhängt.

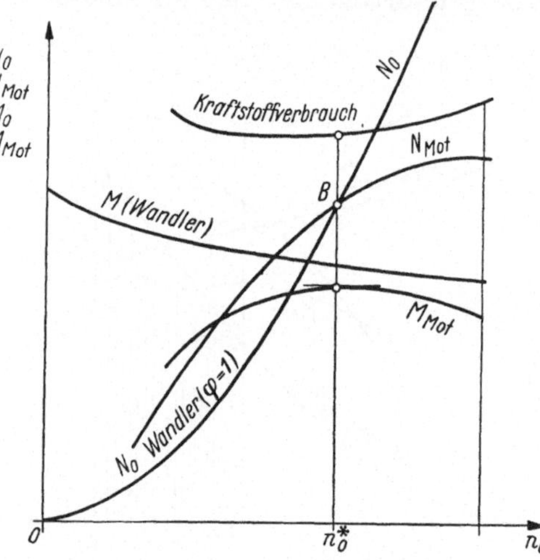

Abb. 89. Auslegung des Strömungswandlers für Nennpunkt ($\varphi = 1$) und Nenndrehzahl (n_0^*) bei größtem Motordrehmoment und ≈ geringstem Kraftstoffverbrauch (Fall 2)

Bei der Anwendung eines Strömungswandlers im Fahrzeugbetrieb kommt von den beiden Fällen offenbar der zweite in Betracht. Und dies aus dem einfachen Grunde, weil ja sonst der Motor (des Falls 1) größtenteils bei seiner höchsten Drehzahl und unter Vollast arbeiten müßte und sein Arbeitsgebiet geringsten spezifischen Kraftstoffverbrauchs nicht ausgenutzt werden könnte.

Bei *Fall 2* gibt es jedenfalls die Möglichkeit, das Betriebsfeld des Motors von Punkt B ab bis zu seiner größten Drehzahl dadurch auszunützen, daß eine direkte (starre) Verbindung zwischen Motor und Getriebe vorgesehen wird, die bei Fahrt in direktem Gang die Ausschaltung des Strömungswandlers bewirkt. Dies kann z. B. durch den Einbau einer mechanisch, hydraulisch oder elektrisch betätigten Reibungskupplung zwischen Pumpe und Turbine erreicht werden, wodurch nach

Blockierung der letzteren an die erstere die direkte Leistungsübertragung vom Motor zur Getriebewelle hergestellt wird. An Stelle einer starren Kupplung kann auch die Trilok-Lösung selbst in Frage kommen. Man erhält in beiden Fällen, daß damit die ganze Motorkurve (rechts von Punkt B, Abb. 89), natürlich bei Übertragung des Drehmoments und der Drehzahl innerhalb des Wandlers selbst nur im Verhältnis $1:1$, ausgenützt werden kann, bis sich bei neu einstellendem Bedarf der Strömungswandler durch Ausschalten der Kupplung (bzw. Eingreifen der Freilaufblockierung des Leitrads) für den Betrieb mit Momentenwandlung umstellt.

Da die Lage der Schnittpunkte A, B und C der N_0-Parabel des Strömungswandlers mit der M_M-Kurve des Motors vom Zustandswert φ abhängt und die Entfernung dieser Schnittpunkte das eigentliche Arbeitsfeld des (vollbeaufschlagten) Motors begrenzt, erscheint es klar, daß man im voraus nicht mit Bestimmtheit die genaue Lage des Punkts A (nach Fall 1 oder 2) festlegen kann. Es wird vielmehr darauf ankommen, verschiedene Möglichkeiten in Erwägung zu ziehen und durchzurechnen, um erst nach Beurteilung aller in Betracht gezogenen Lösungen durch den Vergleich der zugehörigen Diagramme die für den gegebenen Betriebsfall bestgeeignete auswählen zu können.

Strömungswandler mit auf Trilok-Freilaufrad gelagertem Leitrad besitzen keine „Durchgangsdrehzahl“, denn die sich selbst überlassene Turbine kann in diesem Falle höchstens die Drehzahl der Pumpe (des Motors) annehmen. Der Punkt C im Diagramm der Abb. 86 ist also in diesem Falle nicht vorhanden, d. h., das Arbeitsfeld hat eine engere Begrenzung.

Die hier angestellten Betrachtungen gelten natürlich grundsätzlich auch dann, wenn man an Stelle der Vollastmotorkurven N_M bzw. M_M die entsprechenden Teillastkurven als Grundlage nimmt (s. Abb. 84). Man kann sich auf diese Weise ein genaues Bild über das Betriebsverhalten des Strömungswandlers in Zusammenarbeit mit dem zugehörigen Motor nicht nur unter Vollastbedingungen verschaffen, sondern auch bei Teillast, die zweckmäßig in der Größenordnung von $^8/_{10}$, $^6/_{10}$, $^4/_{10}$ der „Nennleistung“ und der „Nenndrehzahl“ zu wählen ist. Dazu müssen jedoch die entsprechenden im Versuch aufgenommenen Motorkurven vorliegen, denn diese empirischen Kurven aus der $^{10}/_{10}$-Motorkurve auf analytischem Wege ableiten zu wollen, wäre ein zu unbestimmtes Vorgehen.

2. Rechnungsgang

Es wird hier vorausgesetzt, daß die Nenngrößen, wie Drehzahl n_0^*, Leistung N_0^* und folglich das von diesen abhängige Drehmoment M_0^*, bereits nach den oben erläuterten Gesichtspunkten bestimmt wurden, daß sie also als gegeben vorliegen.

Es handelt sich jetzt darum, die Abmessungen der Grundelemente: Pumpe, Turbine und Leitrad und ferner die Ein- und Austrittswinkel der Beschaufelung dieser Räder zu berechnen. Dabei geht man am besten folgendermaßen vor:

Zuerst wird der Fundamentalwert $i^* = n^*/n_0$ bestimmt, der als Nennverhältnis des Strömungswandlers das grundlegende betriebliche Verhalten desselben festlegt. Die Wahl erfolgt auf Grund des maximalen Drehmomentverhältnisses $M/M_{0\,\max}$ am Festpunkt bei $\varphi = 0$.

Dazu kann man sich des in Abb. 77 dargestellten Diagramms bedienen, das vorher zweckmäßigerweise durch weitere Kurven $\varkappa = \text{const}$ zu vervollständigen wäre. Man kennt zwar, wie an anderer Stelle bereits gesagt, den insbesonders bei $\varphi = 0$ wirksamen genauen Wert von $\varkappa$ nicht, doch wird durch diese Kurvenschar der Bereich begrenzt, innerhalb dessen sich mit genügender Sicherheit das gesuchte Verhältnis $M/M_{0\,\max}$ befinden muß. Seine Bestimmung ist dadurch erleichtert.

Hier muß noch, falls ein zusätzlich zuschaltbares ein- oder mehrstufiges Untersetzungsgetriebe (wie in der Mehrheit der Fälle) vorgesehen werden soll, ein Umstand in Erwägung gezogen werden, und zwar daß dieses ebenfalls mit seinen eigenen Untersetzungsverhältnissen für die Wahl des Festpunktverhältnisses $M/M_{0\,\max}$ des Wandlers mitbestimmend ist.

Bei der Aufzeichnung der Diagramme darf nicht außer acht gelassen werden, daß die jedem dieser Getriebegänge entsprechenden Fahreigenschaften des Fahrzeugs bei jeder der in Betracht gezogenen Getriebestufe eine eigene Geschwindigkeitsskala erforderlich machen, da die durch diese Untersetzungsverhältnisse erzielten Momentensteigerungen offenbar von einer gleichzeitigen Verkleinerung der Fahrgeschwindigkeiten begleitet sind, die sich reziprok zu den jeweils zugeschalteten Getriebeverhältnissen verhalten. Nach diesen Voraussetzungen kann man jetzt zur Berechnung des Wandlers als solchen übergehen.

Das Verhältnis i^* wird laut vorangegangenem also als bekannt vorausgesetzt, und man kann nun an die Bestimmung der Laufradverhältnisse r_1/r_2 und r_4/r_3 gehen. Obwohl hierzu in gewissem Sinne theoretisch alle Möglichkeiten offenstehen, ist es praktisch doch ratsam, sich hierbei möglichst an bereits bekannte, bewährte Konstruktionen zu halten. Nur wenn dies nicht möglich ist, oder wenn besondere Gründe vorliegen, wird man durch eigene Skizzen versuchen, unter Berücksichtigung aller wesentlichen Einzelheiten die gewünschten Verhältnisse festzulegen. Man wird dabei Sorge tragen, die Dimensionierung von Wellen, Hohlachsen, Freilaufrädern, Dichtringen usw. so klein wie möglich zu halten. Für die Wellen ist hochwertiger Stahl zu verwenden, denn sie müssen so wenig Raum wie nur möglich beanspruchen. Dies unter Berücksichtigung der meist erforderlichen Bohrungen für das Öl und den hierzu erforderlichen Abdichtungen, die ihrerseits wiederum Raum benötigen.

Nach Festlegung der Verhältnisse r_1/r_2 und r_4/r_3 schreitet man zur Bestimmung der Werte τ, ζ und ψ^* (s. S. 157), die laut Gl. (257) (S. 165) zusammenhängen.

Diese Werte sind am besten durch Probieren festzulegen, wofür man sich aber einer bequemen Methode bedienen kann, die weiter unten angegeben werden soll und systematisch zum Ziel führt.

Bei der Bestimmung der Geschwindigkeitsdreiecke ist besonders darauf zu achten, daß womöglich die Bedingungen erfüllt werden:

$$w_2 \geqq w_1, \qquad w_4^* \geqq w_3^* .$$

Dies aus dem Grunde, um hydraulische Verluste zu vermeiden, die sich in viel stärkerem Maß einstellen, wenn die Flüssigkeit in einem Kanal verzögert wird, als wenn sie in demselben eine Beschleunigung erfährt. Man wird deshalb danach trachten, wenn möglich, nur konstante relative Strömungsgeschwindigkeiten in den Kanälen zu erhalten.

Um nun ohne Schwierigkeiten die in Frage kommenden Geschwindigkeitsdreiecke zeichnen zu können, die zwangsweise sämtliche gestellten

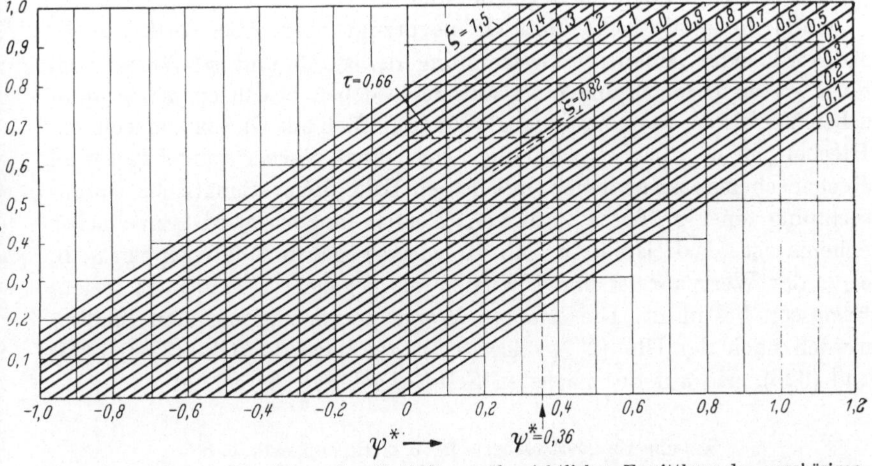

Abb. 90. Graphische Darstellung der Gl. (323) zur übersichtlichen Ermittlung der zugehörigen Werte ψ^*, τ, ζ (für ein bestimmtes Beispiel gültig)

Bedingungen zur Erreichung des bei den angenommenen Wirkungsgraden erwarteten hydraulischen Effekts erfüllen, ist vorher das Aufzeichnen eines Hilfsdiagramms von größtem Nutzen, in dem die Abhängigkeit zwischen den Größen τ, ζ und ψ^* untereinander in übersichtlicher Weise zur Darstellung kommt. Ein solches Diagramm ist, für ein bestimmtes Beispiel durchgerechnet, in Abb. 90 wiedergegeben.

Zu diesem Zweck kann Gl. (257), nachdem die konstanten Werte derselben bekannt sind, in folgender Form geschrieben werden:

$$\psi^* = \tau \left[\frac{\varepsilon \left(\frac{r_1}{r_2}\right)^2}{i^{*2} \left(\frac{r_4}{r_3}\right)^2} \right] - \zeta \left[\frac{\varepsilon - i^*}{i^{*2} \left(\frac{r_4}{r_3}\right)^2} \right]. \tag{323}$$

Da diese Gleichung eine Gerade darstellt, ist es leicht, für eine ganze Reihe von ζ-Werten als fest angenommene Parameter, für eine ebenso abgestufte Reihe von τ-Werten, die entsprechenden ψ^*-Werte auszurechnen und in das Diagramm einzutragen.

Zum Einzeichnen dieser $\zeta = \text{const}$-Geraden genügt es, für jede einzelne derselben zwei Punkte allein von ψ^* für die Extremwerte $\tau = 1$ und $\tau = 0$ auszurechnen und einzutragen. Durch Verbinden dieser beiden Punkte ergibt sich dann die Gerade für den hierbei in Rechnung gestellten $\zeta = \text{const}$-Wert. Es ist zweckmäßig, sich hierbei für die ζ-Werte der folgenden Reihe zu bedienen: $\zeta = 0 - 0{,}05 - 0{,}1 - 0{,}15 - \ldots - 1{,}4 - 1{,}45 - 1{,}5$. Auf diese Weise erhält man ein genügend dicht mit Linien besetztes Feld, das auch eine genauere Interpolation für Zwischenwerte ermöglicht, falls die gesuchten Werte nicht direkt auf die Linien zu liegen kommen.

Falls die analytische Methode bevorzugt wird, aber auch zwecks Kontrolle oder genauerer Bestimmung der τ-, ζ- und ψ^*-Werte nach einer ersten Orientierung etwa mit dem soeben beschriebenen graphischen Verfahren, kann man die ψ^*-Werte einfach aus Gl. (323) errechnen. Hierbei ist es aber zweckmäßig, sich eines vorher zurechtgelegten Rechenschemas zu bedienen, mit dessen Hilfe die systematische Durchrechnung einer größeren Zahl von Werten möglich wird. Ein solches Schema ist als Beispiel in Tab. 10 wiedergegeben. Die Gruppen a, b, c ... der Wertpaare τ und ζ werden als gegebene Werte nach freiem Ermessen bestimmt. Die anderen Werte der nebenstehenden Spalten werden nach den Gln. (257) oder (323) bzw. nach den Gln. (324), (325) und (326), wie auf der nächsten Seite abgeleitet, berechnet.

Tabelle 10. *Rechenschema für 3 Wertegruppen a, b, c*

Pos.	a					b					c				
	τ	ζ	ψ^*	$\frac{w_2}{w_1} \geqq 1$	$\frac{w_4^*}{w_3^*} \geqq 1$	τ	ζ	ψ^*	$\frac{w_2}{w_1} \geqq 1$	$\frac{w_4^*}{w_3^*} \geqq 1$	τ	ζ	ψ^*	$\frac{w_2}{w_1} \geqq 1$	$\frac{w_4^*}{w_3^*} \geqq 1$
1	0,9	0,9				0,85	0,9				0,8	0,9			
2	0,85	0,85				0,8	0,85				0,75	0,85			
3	0,8	0,8				0,75	0,8				0,7	0,8			
4	0,75	0,75				0,7	0,75				0,65	0,75			
.	.	.				.	.				.	.			

Die Verhältniswerte zwischen den Relativgeschwindigkeiten $\frac{w_2}{w_1} \geqq 1$ und $\frac{w_4^*}{w_3^*} \geqq 1$ leitet man unter Bezugnahme auf Abb. 64 wie folgt ab:

$$\frac{w_2}{w_1} \geqq 1 \leqq \frac{\sqrt{c_{mP}^2 + (u_2 - \zeta\, u_2)^2}}{\sqrt{c_{mP}^2 + (u_1 - \tau\, u_1)^2}} = \sqrt{\frac{(\zeta \tan\alpha_2)^2 + (1-\zeta)^2}{(\zeta \tan\alpha_2)^2 + \left(\frac{r_1}{r_2}\right)^2 (1-\tau)}}. \tag{324}$$

Um unmittelbar zu den Grenzwerten zu gelangen, die einer Optimallösung entsprechen können, bei der $\frac{w_2}{w_1} = 1$ und $\frac{w_4^*}{w_3^*} = 1$ entsprechen, braucht man nur in obige Beziehungen diese Werte einzusetzen, und man erhält:

$$\tau = \left[1 - \frac{1-\zeta}{\left(\frac{r_1}{r_2}\right)}\right], \tag{325}$$

$$\psi^* = \left[1 + \frac{\zeta - i^*}{i^* \left(\frac{r_4}{r_3}\right)}\right]. \tag{326}$$

Es ist zweckmäßig, zuerst ζ als Ausgangswert zu bestimmen. Dieser ist durch den Tangenswert des Winkels zwischen Absolutgeschwindigkeit der Flüssigkeit am Austrittspunkt *2* der Pumpe und der Umfangsgeschwindigkeit der Pumpe selbst in diesem Punkte bestimmt. Liegen keine besonderen Gründe vor, nach denen eine andere Lösung als vorteilhafter erscheinen könnte, so kann man für die Größe $\tan\alpha_2$ Werte wählen, die innerhalb der Grenzen 0,1 bis 0,4 liegen oder innerhalb des praktisch noch vollauf genügenden eingeschränkteren Bereiches von 0,2 bis 0,3.

Die Nennleistung N_0^* hängt nach Gl. (333) direkt vom Wert $\tan\alpha_2$ ab. Besteht irgendein fremder, äußerer Zusammenhang zwischen der Leistung des Motors und den Abmessungen des Strömungswandlers, beispielsweise Anpassungsbedingungen an festgesetzte Baugrößen, etwa an r_e, so wird man den Wert $\tan\alpha_2$ natürlich so wählen müssen, daß dieser Zusammenhang bzw. die übrigen gestellten Bedingungen berücksichtigt bleiben.

Auch in diesem Falle ist es vorteilhaft, durch Aufzeichnen eines Diagramms die Abhängigkeit von r_2 in Funktion des Werts $\tan\alpha_2$ nach Gl. (334) — die später noch abgeleitet wird — den Verlauf der Kurve graphisch darzustellen, um so aus dem gesamten, praktisch in Frage kommenden Bereich das passendste Wertepaar leichter auswählen zu können.

Ist der Wert $\tan\alpha_2$ festgelegt, so kann man zur Konstruktion der Geschwindigkeitsdreiecke übergehen. Man zeichnet hierzu (s. Abb. 91) ein Einheitsdiagramm, in dem vor allem die Vektoren der Umfangsgeschwindigkeiten $u_2 \equiv 1$ und $u_1 = u_2\, r_1/r_2$ eingetragen werden. Unterhalb dieses Einheitsdiagramms wird in gleichem Maßstab ein zweites gezeichnet, in dem die Vektoren $u_3^* = i^* \, u_2$ und $u_4^* = u_3^* \, \frac{r_4}{r_3}$ einzutragen sind.

Parallel und oberhalb zu u_2 zeichnet man sodann im Abstand $\zeta \tan\alpha_2 \approx c_{mP}$ eine Gerade als geometrischen Ort aller möglichen von

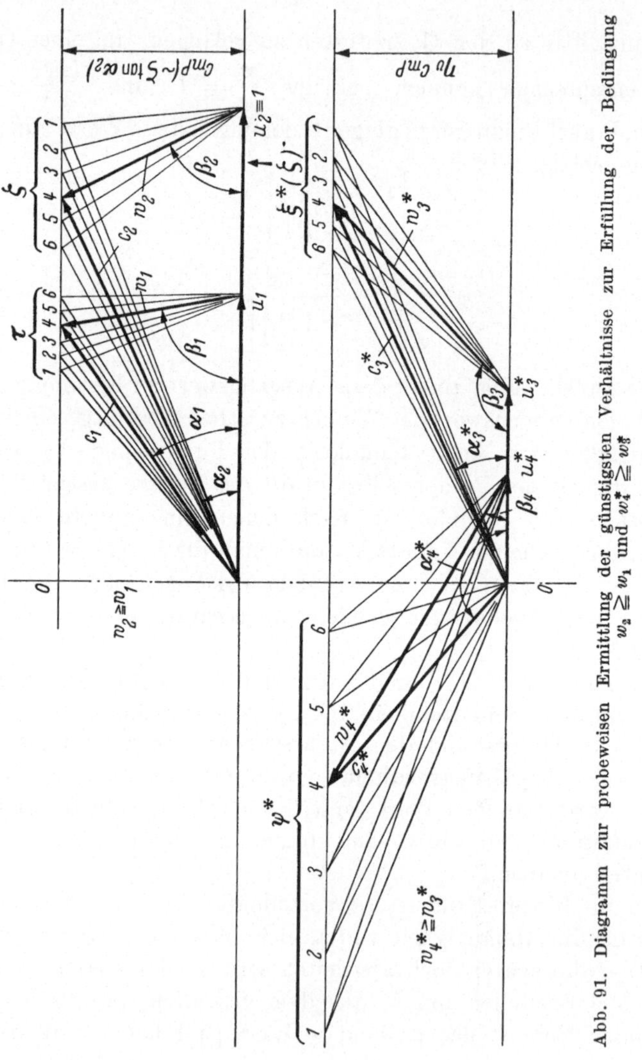

Abb. 91. Diagramm zur probeweisen Ermittlung der günstigsten Verhältnisse zur Erfüllung der Bedingung $w_2 \geqq w_1$ und $w_4^* \geqq w_3^*$

den Geschwindigkeiten $c_1 - w_1$ und $c_2 - w_2$ gebildeten Dreiecksspitzen und ebenso über u_3^* im Abstand $\eta_v \, \zeta \tan\alpha_2 \approx \eta_v \, c_{mP}$ eine Parallele als geometrischen Ort aller möglichen von den Geschwindigkeiten $c_3^* - w_3^*$ bzw. $c_4^* - w_4^*$ gebildeten Dreiecksspitzen. Die Abstände $\zeta \tan\alpha_2$ und

$\eta_v \zeta \tan\alpha_2$ entsprechen dabei den Meridiangeschwindigkeiten der Flüssigkeit c_{mP} in der Pumpe und c_{mT} in der Turbine.

Die Dreiecke werden dann auf Grund der in Tab. 10 enthaltenen Werte vervollständigt, wobei jede zugehörige Lösung zur Vermeidung von Verwechslungen mit einer entsprechenden Nummer (an der Dreiecksspitze angetragen) versehen wird.

Von den so erhaltenen verschiedenen Lösungen kann man jene auswählen, die die Bedingungen laut Gl. (323) am besten erfüllt. Sollten die sich ergebenden Lösungen nicht voll befriedigen, so werden alle gewünschten Zwischenlösungen nachträglich in das vorhandene oder in ein neues Diagramm eingezeichnet, bis das gewünschte Resultat erreicht wird.

Die Diagramme in Abb. 91 sind unter der Voraussetzung entworfen worden, daß sowohl am Eintritt als auch am Austritt aus den Laufrädern die Meridiangeschwindigkeiten c_m die gleichen sind. Dies läßt sich in der Praxis erreichen und ist sogar erwünscht, um Beschleunigungen und Verzögerungen des Flüssigkeitsstroms im Strömungskreis möglichst zu vermeiden. Sollte dies aus besonderen Gründen nicht möglich sein, so wird man wenigstens versuchen müssen, eher Beschleunigungen als Verzögerungen zuzulassen; d. h., man wird danach trachten, durch Angleichung des Verhältnisses c_{m2}/c_{m1} zu dem gewünschten oder erträglichen Verhältnis w_2/w_1 zu gelangen.

Sind einmal die Geschwindigkeitsdreiecke festgelegt, so kann man den Radius r_2 des Pumpenrads des Strömungswandlers aus der Beziehung errechnen, die zwischen den einzelnen geometrischen Größen und seiner Nennleistung besteht.

Zu dieser Beziehung gelangt man durch die folgenden Überlegungen.

Die Leistung eines Strömungswandlers wird für die Betriebsverhältnisse am Nennpunkt festgelegt, für den also gilt: $i = i^*$ und $\varphi = 1$. Es gelten hierbei die nachfolgenden Beziehungen (s. Abb. 61):

$$N_0^* = \frac{N_{\mathrm{hy}\,P}^*}{\eta_m} = N_{\mathrm{hy}\,P}^* + N_{\mathrm{hy}\,P}^*\left(\frac{1}{\eta'} - 1\right) + N_{\mathrm{hy}\,P}^*\left(\frac{1}{\eta_r} - 1\right) +$$
$$+ N_{\mathrm{hy}\,P}^*\,\varrho_w (1 - i^*)^2 = N_{\mathrm{hy}\,P}^*\left[\frac{1}{\eta_r} + \frac{1}{\eta'} - 1 + \varrho_w (1 - i^*)^2\right]$$
$$= \frac{Q^*}{75} H_{\mathrm{th}\,P}^* \frac{1}{\eta_m}.$$

Da die eckige Klammer in diesem Ausdruck dem reziproken Wert des mechanischen Wirkungsgrads η_m des Strömungswandlers laut Gl. (229) entspricht, ergibt sich für die Nennleistung des Wandlers der Ausdruck:

$$N_0^* = \frac{Q^*}{75} \frac{1}{\eta_m} \frac{u_2^{*2}}{g} \left[\zeta - \tau \left(\frac{r_1}{r_2}\right)^2\right] \quad [\mathrm{PS}]. \tag{327}$$

Die im Nennpunkt umströmende Flüssigkeitsmenge ergibt sich aus den geometrischen Größen der Radkanäle sowie aus den im Geschwindigkeitsdiagramm festgelegten Geschwindigkeiten unter Berücksichtigung der Tatsache, daß dann $\varphi = x = 1$ sein muß. Hierfür gilt die nachstehende Beziehung:

$$Q^* = c_2^* \sin\alpha_2 \, 2 r_2 \pi \, b_2 \, \gamma \, \sigma \quad \left[\frac{\text{kg}}{\text{sek}}\right]. \tag{328}$$

Da nun c_2^* und b_2 durch die Substitution [Gl. (233b)] bzw. laut den auf S. 27 festgelegten Definitionen ausgedrückt werden können, kann geschrieben werden:

$$c_2^* = \frac{\zeta \, u_2^*}{\cos\alpha_2} \tag{329}$$

und

$$b_2 = \zeta_b \, r_2 \,. \tag{330}$$

Daraus erhält man für die im Strömungskreis umlaufende Flüssigkeitsmenge:

$$Q^* = \zeta \, u_2^* \tan\alpha_2 \, 2 r_2 \pi \, \zeta_b \, r_2 \, \gamma \, \sigma. \tag{331}$$

Diese in Gl. (327) eingesetzt, ergibt für die Nennleistung N_0^* des Strömungswandlers den Ausdruck:

$$N_0^* = \frac{\zeta \tan\alpha_2 \, 2\pi \, \sigma \, \gamma \, r_2^2 \, \zeta_b \, u_2^{*3} \left[\zeta - \tau \left(\frac{r_1}{r_2}\right)^2\right]}{75 \, \eta_m \, g} \quad [\text{PS}]. \tag{332}$$

Die hierin vorkommenden Bezeichnungen bedeuten:

γ spezifisches Gewicht der Arbeitsflüssigkeit [kg/m³];
σ Verengungsfaktor für den Durchgangsquerschnitt infolge endlicher Schaufelzahl und Schaufeldicke; $\sigma = [1 - (z\,\delta)/2\pi\, r_2]$, wobei z Schaufelzahl; δ Schaufeldicke in [m];
r_2 Radius am Austrittspunkt 2 der Pumpe [m];
g 9,81 Erdbeschleunigung [m/sek²].

Will man für r_2 als Dimension [cm] einführen und an Stelle von u_2 die Drehzahl n_0, so erhält die Gl. (332) nachstehende endgültige Fassung:

$$N_0^* = \frac{\zeta \tan\alpha_2 \, \zeta_b \, \sigma \, \gamma \, r_2^5 \, n_0^{*3} \left[\zeta - \tau \left(\frac{r_1}{r_2}\right)^2\right]}{1{,}02 \cdot 10^{15} \cdot \eta_m} \quad [\text{PS}]. \tag{333}$$

Aus dieser Beziehung für die *Nennleistung* des Strömungswandlers läßt sich der Radius r_2 der Pumpe am mittleren Stromfaden an der Austrittsstelle ausrechnen:

$$r_2 = \left[\frac{N_0^* \, \eta_m \, 1{,}02 \cdot 10^{15}}{\sigma \, \zeta_b \, \gamma \, n_0^{*3} \, \zeta \tan\alpha_2 \left[\zeta - \tau \left(\frac{r_1}{r_2}\right)^2\right]}\right]^{\frac{1}{5}} \quad [\text{cm}]. \tag{334}$$

Die Strommenge Q^* in Abhängigkeit von der Leistung N_0^* sowie von der Umfangsgeschwindigkeit u_2^* am Nennpunkt ergibt sich aus Gl. (327) zu:

$$Q^* = \frac{N_0^* \, \eta_m \, 75 g}{u_2^{*2} \left[\zeta - \tau \left(\frac{r_1}{r_2}\right)^2\right]} \quad \left[\frac{\text{kg}}{\text{sek}}\right], \tag{335}$$

und die Nennleistung der Turbine N^* muß dem Wert entsprechen:

$$N^* = \eta^* N_0^* \quad [\mathrm{PS}]. \tag{336}$$

Hierin stellt η^* den Gesamtwirkungsgrad des Systems am Nennpunkt dar laut Gl. (231).

Die Arbeitsflüssigkeit fließt im Strömungskreis mit Geschwindigkeiten, deren Komponenten im Meridianschnitt die Größen besitzen:

in der Pumpe:

$$c_{mP} = \zeta\, u_2^* \tan\alpha_2, \tag{337}$$

in der Turbine:

$$c_{mT} = \eta_v c_{mP}. \tag{338}$$

3. Konstruktion der Umrißlinien des Meridianschnittes des Strömungskreises

Gewöhnlich wird die äußere Umrißlinie des Arbeitsströmungskreises der Einfachheit halber als Kreislinie angenommen (K in Abb. 92). Die Begrenzungslinie des inneren Kernrings B ergibt sich dann aus der Bedingung, daß die mittlere Strömungsgeschwindigkeit c_m längs der Mittellinie des Kanals sich stetig nach einem vorbestimmten Gesetz ändert und daß weiter in jedem Punkt die Kontinuitätsgleichung erfüllt ist. Es ist vorteilhaft, wenn man annimmt, daß c_m in jedem Punkt der Mittellinie konstant bleibt. Unter dieser Voraussetzung ist genügend genau:

$$2 r_x \pi\, b_x c_m \cong Q^*, \tag{339}$$

aus der sich für b_x ergibt:

$$b_x \cong \frac{Q^*}{2 r_x \pi\, c_m} = \frac{\text{Konstante}}{r_x} = \frac{r_2 b_2}{r_x} \tag{340}$$

bzw. für ϱ_x:

$$\varrho_x \cong \frac{b_x}{2} = \frac{r_2 b_2}{2 r_x}. \tag{341}$$

Hierin bedeutet b_x ungefähr die Breite des Kanals im Punkt x oder den Durchmesser des mit Radius ϱ_x am Radius r_x eingezeichneten Kreises R_x. Der Mittelpunkt von R_x muß mit der äußeren Profillinie K tangieren. Der geometrische Ort aller R_x-Kreismittelpunkte bildet die Mittellinie des Stromkreises im Meridianschnitt. Im Beispiel Abb. 92 ist der Pumpenkanal behandelt, und die strichpunktierte Linie 1–2 ist die diesem entsprechende Mittellinie.

Die R_x-Kreise sind in genügend dichter Folge zu zeichnen, damit die innere Umrißlinie B leicht als umhüllende dieser Kreise mit der erforderlichen Genauigkeit eingetragen werden kann. Die Zeichnung ist deshalb in genügend großem Maßstab auszuführen, je nach den Umständen im Maßstab 5 : 1 bis 10 : 1. Schließlich wird man versuchen, die sich als unregelmäßige Kurve ergebende Innenlinie durch 2 oder 3 möglichst geschickt angepaßte Kreisbogen zu ersetzen, die maßstäblich genau festzulegen sind.

Bei der systematischen Einzeichnung der R_x-Kreise geht man auch hier geordnet vor. In einer Tabelle (s. Tab. 11) werden, ausgehend vom äußersten Radius (im Beispiel Abb. 92 und Tab. 11), vom Radius r_2,

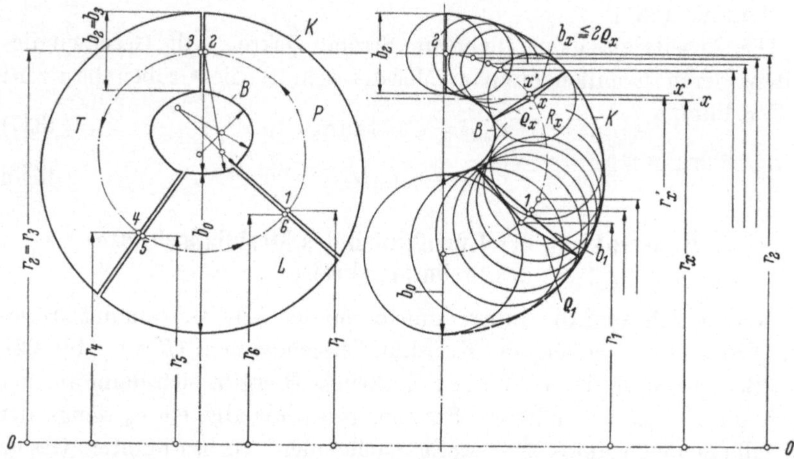

Abb. 92. Geometrische Konstruktionsunterlagen für das Aufzeichnen des Meridianprofils des Strömungswandlers

für eine größere Anzahl von Radien, mit 1 mm abgestuft, die entsprechenden Radien $\varrho_x = b_x/2$ nach Gl. (341) errechnet und eingetragen. An die parallel zur Achse verlaufenden Hilfslinien $x - x$, die im Abstand r_x von der Drehachse 0–0 eingezeichnet werden, werden dann die betreffenden Kreise durch Probieren an die Außenkurve K tangierend angelegt. Die Umhüllende B wird dann zuerst sorgfältig mit freier Hand eingezeichnet (auf darübergelegtes Transparentpapier) und nachher durch passende Kreiskurven ersetzt.

Tabelle 11. (*Beispiel*)

r_x	b_x	$\varrho_x \leqq \frac{b_x}{2}$
$r_2 = 127{,}5$	$b_2 = 32$	$\varrho_2 = 16$
$r_x = 127$	$b_x = .$	$\varrho_x = .$
. 126	. .	. .
. 125	. .	. .
. .	. .	. .
. .		
. .		
84		
82		
80		
76		
74		
$r_1 = 70{,}5$		

Dem Umstand, daß $b_x \leqq 2\varrho_x$ ist, kann durch passende Korrektion in der Tab. 11 Rechnung getragen werden. In den Gln. (339 bis 341) sind zu diesem Zweck an Stelle der Radien r_x die entsprechend größeren Radien r'_x einzusetzen, die durch den Schnittpunkt der Linie b_x mit der Mittellinie bestimmt sind.

Nach Durchführung dieser Operationen ist der Strömungswandler in seinen geometrischen Hauptgrößen festgelegt, und man kann zu der Bestimmnng der Schaufelwinkel und der Schaufelform übergehen.

D. Schaufelwinkel am Ein- und Austritt der Laufradkanäle

Unter der Voraussetzung, daß die im mittleren Stromfaden herrschenden Meridiangeschwindigkeiten c_m an jeder Ein- und Austrittsstelle der Laufräder sowie des Leitrads gleich groß sind, lassen sich für die Schaufelwinkel leicht die Beziehungen angeben, durch die sie an die sonstigen geometrischen Größen sowie an die Umfangsgeschwindigkeit u und die Strommenge Q^* des Nennzustands gebunden sind. Nachstehend folgt eine Aufstellung von Formeln, die sich leicht unter Hinweis auf die Abb. 93a und b ableiten lassen.

$$\left.\begin{aligned}
\tan\alpha_2^* &= \tan\alpha_2 = \frac{Q^*}{\gamma A_2 \zeta u_2^*} = \frac{c_{m\,P}}{\zeta u_2^*}, && \text{(a)}\\
\tan\alpha_1^* &= \tan\alpha_1 = \frac{\zeta \tan\alpha_2^*}{\tau\left(\frac{r_1}{r_2}\right)} = \frac{c_{m\,P}}{\tau u_1^*}, && \text{(b)}\\
\tan\beta_1 &= \frac{\zeta\tan\alpha_2^*}{(1-\tau)\left(\frac{r_1}{r_2}\right)} = \frac{c_{m\,P}}{u_1^* - \tau u_1^*}, && \text{(c)}\\
\tan\beta_2 &= \frac{\zeta\tan\alpha_2^*}{1-\zeta} = \frac{c_{m\,P}}{u_2^* - \zeta u_2^*}, && \text{(d)}\\
\tan\beta_3 &= \frac{\eta_v \zeta \tan\alpha_2^*}{i^* - \eta_v \zeta} = \frac{c_{m\,T}}{u_3^* - \eta_v u_3^* \frac{\zeta}{i^*}}, && \text{(e)}\\
\tan\beta_4 &= \frac{\eta_v \zeta \tan\alpha_2^*}{i^*(1-\psi^*)\left(\frac{r_4}{r_3}\right)} = \frac{c_{m\,T}}{u_4^* - \psi^* u_4^*}, && \text{(f)}\\
\tan\beta_5 &\approx \tan\alpha_4^* = \frac{c_{m\,T}}{i^* \psi^* u_2^* \left(\frac{r_4}{r_3}\right)} = \frac{c_{m\,T}}{\psi^* u_4^*}, && \text{(g)}\\
\tan\beta_6 &\approx \tan\alpha_1, && \text{(h)}\\
\tan\alpha_3^* &= \eta_v \tan\alpha_2^* = \frac{c_{m\,T}}{\zeta u_2^* \eta_v} = \frac{c_{m\,T}}{u_2^* \frac{\zeta}{i^*}\eta_v}. && \text{(i)}
\end{aligned}\right\} \quad (342)$$

Wie bereits gesagt, gelten diese Winkel für die am mittleren Stromfaden durch Indizes bestimmten Stellen des Strömungskreises. Der mittlere Stromfaden wird dabei mit genügender Genauigkeit als durch den

Mittelpunkt der Schaufelbreiten b hindurchgehend gedacht, so daß die dort herrschenden mittleren Strömungsgeschwindigkeiten als jene angenommen werden können, die die gewollten hydrodyna-

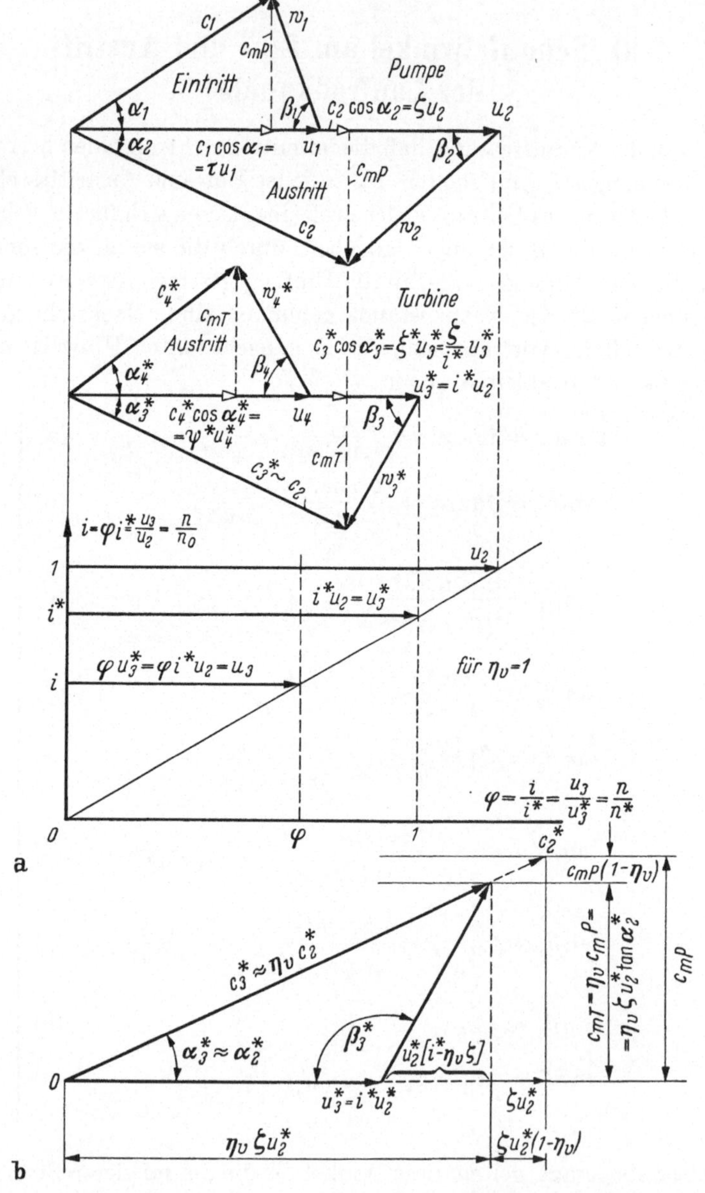

Abb. 93a u. b. Geschwindigkeitsdreiecke bezogen auf die Ein- und Austrittsstellen der Pumpe und der Turbine im Nennbetriebszustand ($\varphi = 1$). Abhängigkeit zwischen den Absolutgeschwindigkeiten c und den Winkeln α und β (β Schaufelwinkel)

mischen Effekte, d. h. die erwartete effektive Leistungsentwicklung, bewirken.[1]

Will man die durch die endliche Schaufelzahl bedingte Minderleistung der Pumpe nach PFLEIDERER[2] berücksichtigen, so kann dies durch eine entsprechende *Winkelübertreibung* an den Schaufelenden geschehen. Dabei ist insbesondere das Schaufelende am Punkt *2* zu beachten, während für den Eintrittswinkel der weiter oben ermittelte Wert [Gl. (342c)] ungeändert belassen werden kann.

Im Falle der Turbine kann eine diesbezügliche *Winkelübertreibung* überhaupt ganz vernachlässigt werden, da eine solche bereits im Winkel β_4 als „verkappte“ Winkelübertreibung enthalten ist, und zwar, weil die sich saugseitig in der beschleunigten Gitterströmung einstellende Totraumbildung am Turbinenschaufelende eine Verkleinerung der Umfangskomponente c_{u4} bewirkt, die eine entsprechende, die Leistungsminderung ungefähr aufhebende Leistungssteigerung der Turbine zur Folge hat.

Beim Leitrad könnte man am Austritt eine Winkelübertreibung in Erwägung ziehen, zur zusätzlichen Gewähr für die Einhaltung des Strömungswinkels $\beta_6 = \alpha_1$ am Pumpeneintritt. Für die neuen Winkel am mittleren Stromfaden an den Punkten *2* und *6* des Strömungskreises gelten dann:

Schaufelwinkel am Pumpeneintritt:

$$\tan\beta_2' = \frac{\zeta \tan\alpha_2^*}{1 - \zeta \dfrac{\tan\alpha_2^*}{\tan\alpha_2'}} \qquad \text{[an Stelle von Gl. (342d)]}, \qquad (342\text{k})$$

wobei, immer nach PFLEIDERER, für $\tan\alpha_2'$ gilt:

$$\tan\alpha_2' = (1 + p)\tan\alpha_2^*. \qquad (342\text{l})$$

Hierin bedeuten:

$p = \psi' \dfrac{r_2^2}{z\,S}$;

$\psi' = 0{,}55 \div 0{,}68 + 0{,}6 \sin\beta_2$;

S statisches Moment der mittleren Flußlinie 1—2 $\left[= \int_{r_1}^{r_2} r\,dl\right]$;

z Schaufelzahl.

Schaufelwinkel am Leitapparataustritt:

$$\tan\beta_6' = \frac{\tan\beta_6}{1 + p} \qquad \text{[an Stelle von Gl. (342h)]} \qquad (342\text{m})$$

mit p analog wie oben.

Die Diagramme (Geschwindigkeitsdreiecke) in Abb. 64 behalten ihre Gültigkeit natürlich bei, da ja nur eine „*Schaufel*winkelkorrektur“ statt-

---

[1] Bei starken Verhältnissen $\frac{b_1}{r_1}$, $\frac{b_4}{r_4}$, ..., wäre es richtiger an Stelle des arithmetischen Mittels $r_m = \frac{1}{2}(r_a + r_i)$ das geometrische Mittel $r_m = \sqrt{\frac{1}{2}(r_a^2 + r_i^2)}$ zu nehmen. In diesem letzteren Falle teilt r_m den Massenstrom Q in zwei gleiche Teilströme $Q_1 = Q_2 = Q/2$.

[2] PFLEIDERER, C.: Die Kreiselpumpen für Flüssigkeiten und Gase, 4. Aufl., Berlin/Göttingen/Heidelberg: Springer 1955.

gefunden hat, die das Zutreffen der auf anderem Wege im voraus festgesetzten Geschwindigkeitsdreiecke sichern soll.

In der Gl. (342a) stellt A_2 die effektive Durchgangsfläche für die Flüssigkeit in [m²] dar, die sich im Querschnitt am Radius r_2 mit Breite b_2 in [m], als Pumpenaustritt, ergibt.

$$A_2 = 2 r_2 \pi b_2 \sigma \quad [\mathrm{m}^2]. \tag{343}$$

Da sich die Winkel β nach den Gln. (342) auf die mit den entsprechenden Indizes bezeichneten Punkte an den ausgezeichneten Radien $r_1, r_2, r_3, r_4, r_5, r_6$ am *mittleren* Stromfaden beziehen und deshalb durch die an diesen Stellen herrschenden ausgezeichneten Umfangsgeschwindigkeiten u_1, u_2, u_3, u_4 $(u_5 = u_6 = 0)$ sowie den entsprechenden Meridiangeschwindigkeiten c_m (die hier als Mittelwert gleich groß für alle sechs Punkte angenommen werden) bestimmt sind, ist es leicht einzusehen, daß diese Winkel für andere Stellen des gleichen Ein- und Austritts, die sich ober- oder unterhalb der genannten ausgezeichneten Punkte befinden, nicht mehr gelten können. Die effektive Verteilung der Geschwindigkeiten c_m längs der Schaufelkanten ist nicht konstant, sondern erfolgt nach einer besonderen Gesetzmäßigkeit. Für einen beliebigen Punkt an einem beliebigen Radius r, längs den Ein- und Austrittskanten der Schaufeln, wird man also diesen Umstand besonders berücksichtigen und die Winkel β den tatsächlichen Geschwindigkeiten entsprechend in Abhängigkeit des Radialabstands r ausdrücken müssen.

Diese Abhängigkeit ist leider nicht einfach darzustellen, da sie von dem effektiven Strömungsbild des Wandlers abhängt, durch dessen genaue Kenntnis allein die effektive Verteilung der Absolutgeschwindigkeiten c bzw. der entsprechenden Meridiankomponenten c_m sowie der Umfangskomponenten c_u längs jeden Kanalaustritts (und somit jeden gegenüberliegenden Kanaleintritts) berücksichtigt werden kann.

Da bei reibungsfreier Arbeitsflüssigkeit eine Potentialströmung vorliegt, müßte sich die Tangentialkomponente c_u nach der Gesetzmäßigkeit konstanten Dralls ($c_u r = \text{const}$) reziprok zu r ändern. Da sich andererseits aber die Umfangsgeschwindigkeit u im Verhältnis zu r ändert, ergeben sich bei einer idealen reibungsfreien Flüssigkeit an einem beliebigen Radialabstand r einer Schaufelkante die neuen Winkel α und β laut Abb. 94a und b. In diesen Abbildungen sind die am mittleren Radius existierenden Nenngrößen mit einem Stern (*) gekennzeichnet, die anderen, für beliebige Radien r gültigen Größen, mit einem oder mehreren Strichen ($''$) bezeichnet.

Weil aber durch das Vorhandensein einer nichtidealen, also mit Reibung behafteten Flüssigkeit die Voraussetzungen für eine reine Potentialströmung nicht vorliegen, wird der Verlauf der c_u-Kurve und der c_m-Kurve etwas vom theoretischen abweichen. Die hier erforderlichen von Fall zu Fall vorzunehmenden Korrekturen sind Erfahrungssache. Vollkommen bestimmt ist nur die geometrische Abhängigkeit der Umfangsgeschwindigkeit u vom Radialabstand r. Wenn man in einer näherungsweisen Lösung nur die Veränderlichkeit von u exakt in Rechnung stellen würde, dabei die Meridiangeschwindigkeit c_m als wenig ver-

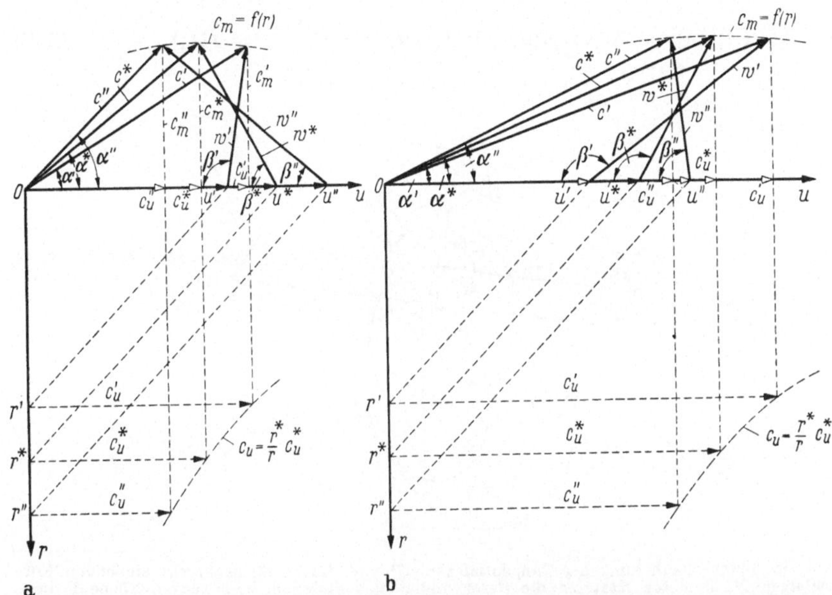

Abb. 94a u. b. Geschwindigkeitsdreiecke zur Ermittlung der Schaufelwinkel β am beliebigen Radius r. Die mit einem Stern * bezeichneten Größen sind die Nenngrößen am mittleren Stromfaden des Strömungskreises (Punkte *1*, *2*, *3*, *4*, *5* und *6*). Zu jedem Radius r gehört eine eigene Größe c_u, c_m und u, die durch die waagerechten, senkrechten und schrägen Hilfslinien des Diagramms bestimmt ist. Die Kurve c_m ist aus dem Strömungsbild des Wandlerströmungskreises zu ermitteln[1]
a) an der Pumpe; b) an der Turbine

änderlich oder gar konstant annehmen und die Umfangskomponente c_u nach dem Gesetz konstanten Dralls berücksichtigen wollte, so ergäben sich die neuen Winkel β der jeweilig betrachteten Schaufelkante in Abhängigkeit vom Radius r wie folgt:

1. Am Pumpeneintritt: $$\tan\beta_1 = \frac{\zeta \tan\alpha_2^*}{\frac{r}{r_1} - \frac{r_1}{r}\frac{r_1}{r_2}\tau} = f(r_1). \qquad (344)$$

2. Am Pumpenaustritt: $$\tan\beta_2 = \frac{\zeta \tan\alpha_2^*}{\frac{r}{r_2} - \zeta\frac{r_2}{r}} = f(r_2). \qquad (345)$$

3. Am Turbineneintritt: $$\tan\beta_3 = \frac{\eta_v \zeta \tan\alpha_2^*}{\frac{r}{r_2} i^* - \frac{r_2}{r}\eta_v \zeta} = f(r_3). \qquad (346)$$

[1] Siehe Fußn. 2, S. 221.

4. Am Turbinenaustritt: $$\tan\beta_4 = \frac{\eta_v\,\zeta\tan\alpha_2^*}{\frac{r}{r_3}\,i^* - \frac{r_4}{r}\,\frac{r_4}{r_3}\,i^*\,\psi^*} = f(r_4). \qquad (347)$$

5. Am Leitradeintritt: $$\tan\beta_5 = \tan\alpha_4 = \frac{\eta_v\,\zeta\tan\alpha_2^*}{\frac{r_4}{r}\,\frac{r_4}{r_3}\,i^*\,\psi^*} = f(r_5). \qquad (348)$$

6. Am Leitradaustritt: $$\tan\beta_6 = \tan\alpha_1 = \frac{\zeta\tan\alpha_2^*}{\frac{r_1}{r}\,\frac{r_1}{r_2}\,\tau} = f(r_6). \qquad (349)$$

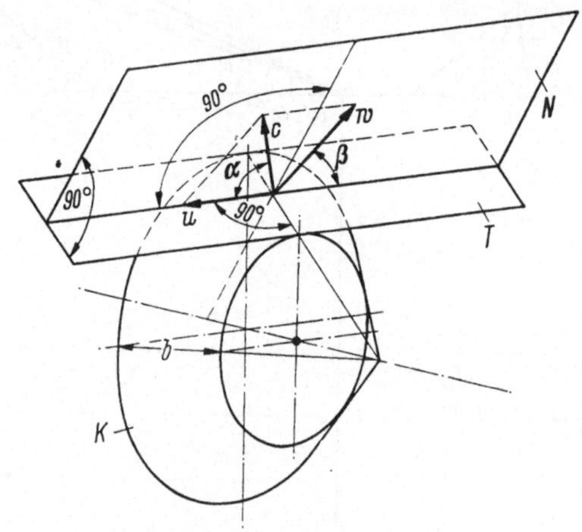

Abb. 95 Veranschaulichung der Tangentialebene T und der zu ihr senkrecht stehenden Normalebene N, in welch letzteren die Geschwindigkeitsvektoren u, c, w liegen. Ebene T liegt tangential an der Konusfläche K, die als Trennfläche zwischen Leitrad und Pumpe oder zwischen Turbine und Leitrad aufzufassen ist[1]

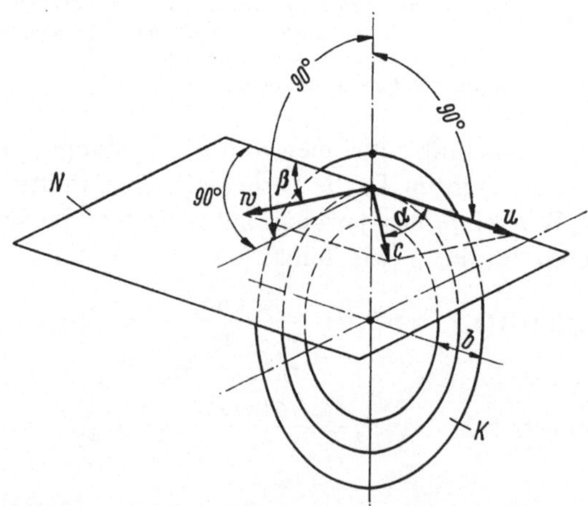

Abb. 96. Veranschaulichung der zur Kreisfläche K senkrecht stehenden Normalebene N, in der die Geschwindigkeitsvektoren u, c, w liegen. Kreisfläche K ist als Trennfläche zwischen den Elementen Turbine und Pumpe aufzufassen[1]

[1] Gilt für einen Strömungskreislauf, z. B. nach Abb. 87a.

Diese Winkel β liegen alle in Ebenen, die senkrecht zu den Erzeugenden der (ebenen oder konischen) Trennflächen stehen (zwischen den

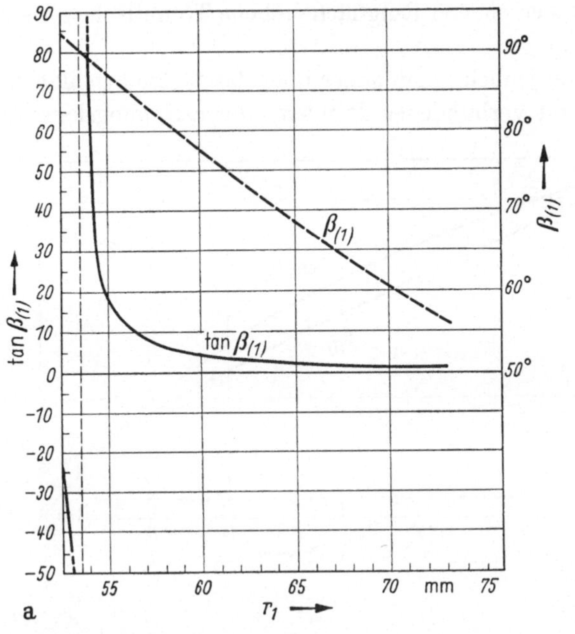

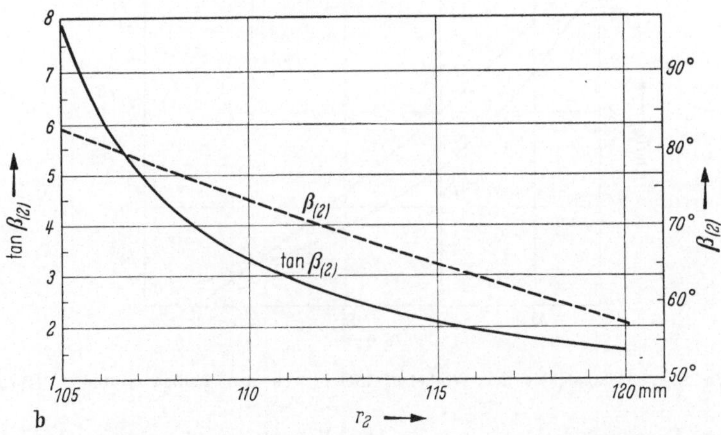

Abb. 97a u. b. Abhängigkeit der Winkel β_1 und β_2 von den Radien r_1 und r_2 (Beispiel)

einzelnen Läufern, Leitrad inbegriffen), d. h. an den Ein- und Austrittsquerschnitten, in denen die Vektoren der Tangential- (Umfangs-) Geschwindigkeit u sowie der Absolut- und Relativgeschwindigkeit c bzw. w der Flüssigkeit liegen. In den Abb. 95 und 96 sind diese Ebenen der

Deutlichkeit halber für sich allein eingezeichnet und stellen dar: Abb. 95, an einer Erzeugenden eines Kegels (konische Trennfläche zwischen Leitrad und Pumpe oder Turbine); Abb. 96, an einer Erzeugenden einer ebenen Ringfläche (ebene Trennfläche zwischen Pumpe und Turbine).

Hier kann jedoch nicht näher über das Strömungsbild des Wandlers und die damit verbundenen Probleme der Strömungslehre eingegangen

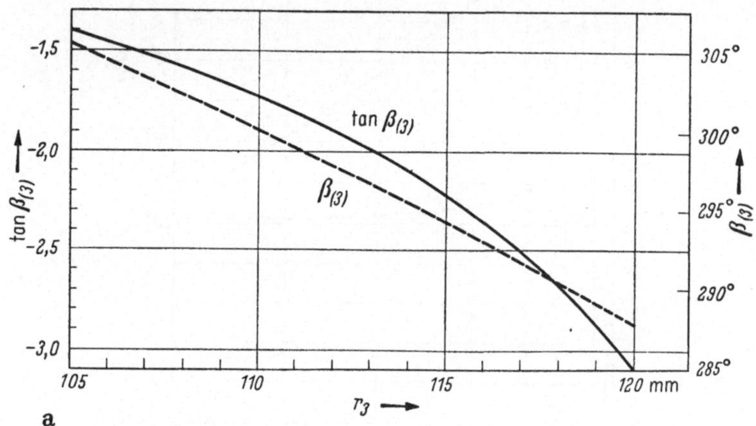

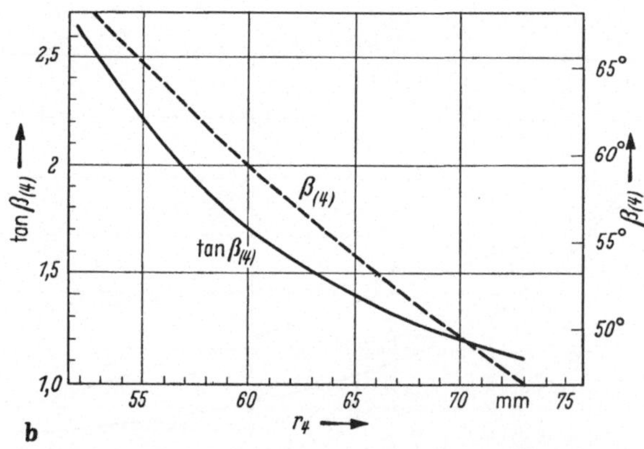

Abb. 98a u. b. Abhängigkeit der Winkel β_3 und β_4 von den Radien r_3 und r_4 (Beispiel)

werden. Diesbezüglich sei auf die Fachliteratur und im besonderen auf das Werk von PFLEIDERER[1], in dem auch sonstige wertvolle bibliographische Angaben enthalten sind, verwiesen.

Es sei zunächst das möglichst genaue Strombild des nach den Anweisungen des in Kap. C ausgelegten Wandlers als gegeben voraus-

[1] Siehe Fußn. 2, S. 221.

gesetzt. Sind die Winkel β für die verschiedenen Punkte ermittelt, so werden diese in einer Tabelle zusammengefaßt und am besten in Diagrammform in Abhängigkeit des Radius r dargestellt, so wie es beispielsweise die Abb. 97 und 98 zeigen.

E. Festlegung der Schaufelprofile und Schaufelkonstruktion

Das Verfahren, das hier für die Konstruktion der Schaufeln angegeben wird, läßt sich für jede beliebige Stromkreisform (im Meridianschnitt betrachtet) anwenden, doch soll der Einfachheit halber hier das Verfahren an einem Beispiel erläutert werden, in dem das äußere Meridianprofil eine einfache Kreisform besitzt, so wie es auch in fast allen Abbildungen dieses Buches angenommen worden ist und wie es auch tatsächlich meist aus Gründen der Zweckmäßigkeit in der Praxis ausgeführt wird.

Die Schaufeln, die nach Vorangegangenem an jedem Punkt der beiden Ein- und Austrittskanten eine bestimmte Neigung besitzen müssen — um so den Bedingungen stoßfreien Eintritts bzw. bestimmter Richtungen der Absolutgeschwindigkeit am Austritt gerecht werden zu können und damit die Voraussetzungen zu erfüllen, die zur Erreichung eines vorbestimmten, der Rechnung zugrunde gelegten Energiekreislaufs im System unbedingt erforderlich sind, — sind krumme Flächen. Diese sind an sich nicht einfach anschaulich darzustellen, besonders nicht in bezug auf ihre Bemessung. Um so weniger, als die Bedingung erfüllt sein muß, daß die an jedem Kantenpunkt in einer bestimmten Richtung angelegte Tangente einen ebenso bestimmten, mit dem Abstand r von der Rotationsachse des Systems veränderlichen Winkel β mit einer ebenso bestimmten Bezugsebene einschließen muß.

Wie läßt sich so eine räumliche Fläche, die genau den vorgegebenen Bedingungen entsprechen muß, geometrisch einwandfrei bestimmen und zeichnerisch darstellen? Diesbezüglich kann prinzipiell auf die im Pumpen- und Turbinenbau übliche Methode der Abwicklung einer konischen oder zylindrischen Ebene zurückgegriffen und das Verfahren durch Anpassen an die speziellen Bedürfnisse entsprechend vervollkommnet werden.

Wie bereits im vorigen Kapitel vorausgesetzt, nehmen wir hier das Strömungsbild des Stromkreises als gegeben an. Sämtliche Winkel α und β in Funktion von r für jede Schaufelkante sind also bekannt und entweder graphisch in Kurvenform dargestellt oder liegen in einer Tabelle als Zahlenwerte zu jedem in Betracht kommenden Punkt der verschiedenen Schaufelkanten vor.

Der Verlauf der Strombahnen jedes Flüssigkeitsteilchens innerhalb des Kanals unterliegt keiner vorgeschriebenen Gesetzmäßigkeit. Es muß nur die Gewähr gegeben sein, daß die Ablenkung der Flüssigkeit überall in der stetigsten und sanftesten Weise erfolgt und die Ein- und Austrittswinkel an den Schaufelkanten den vorgeschriebenen Werten entsprechen. Es ist also nicht nötig, sich bei der jetzt für die Schaufeldarstellung erforderlichen Unterteilung der Schaufelfläche der Stromlinien selbst zu bedienen. Man kann hierzu einfacher vorgehen und den Meridianschnitt durch eine Anzahl anderer Linien unterteilen, die einfach gleichen Abstand voneinander aufweisen. In Abb. 99 sind der Deutlichkeit halber

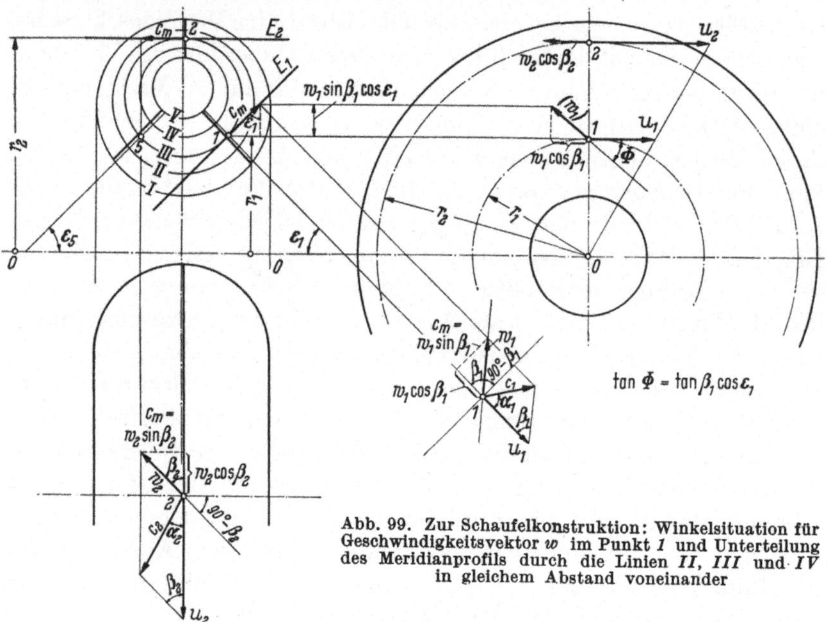

Abb. 99. **Zur Schaufelkonstruktion: Winkelsituation für Geschwindigkeitsvektor** w **im Punkt** *1* **und Unterteilung des Meridianprofils durch die Linien** *II*, *III* **und** *IV* **in gleichem Abstand voneinander**

schematisch nur drei solcher Linien eingezeichnet, die mit *II*, *III* und *IV* bezeichnet worden sind. Die Linien *I* und *V* sind dabei die Umrißlinien des Meridianprofils des Kreislaufs selbst.

In Wirklichkeit wird man, um genügend genaue Resultate zu erzielen, zweckmäßigerweise 8 solcher Linien einzeichnen, wobei die Zeichnung selbst in einem vergrößerten Maßstabe, etwa 2,5 : 1 oder 5 : 1, anzufertigen ist.

Natürlich können zur Schaufeldarstellung bzw. Konstruktion auch die Stromlinien selbst herangezogen werden (bzw. eine ausgesuchte Anzahl derselben, möglichst in gleichem Abstand voneinander), was manchmal bei größeren Ausführungen aus anderen Gründen auch vorteilhaft sein kann. Hier möge jedoch zur Erläuterung des Verfahrens der Einfachheit halber das erste angewendet werden, das wohl praktisch in den meisten Fällen ausreichen wird.

In Abb. 100 ist rechts eine *Pumpenschaufel S* in Vorderansicht eingezeichnet. Die Linien *1, 2, 3, 4* und *5* an dieser Schaufel sind die räumlichen Schnittlinien zwischen der Schaufelfläche und den Torusflächen *I**, *II**, *III**, *IV** und *V**, wobei die Linien *1* und *5* die Seitenbegrenzungslinien der Schaufel selbst sind. Die von den Punkten $A_I - A_V$

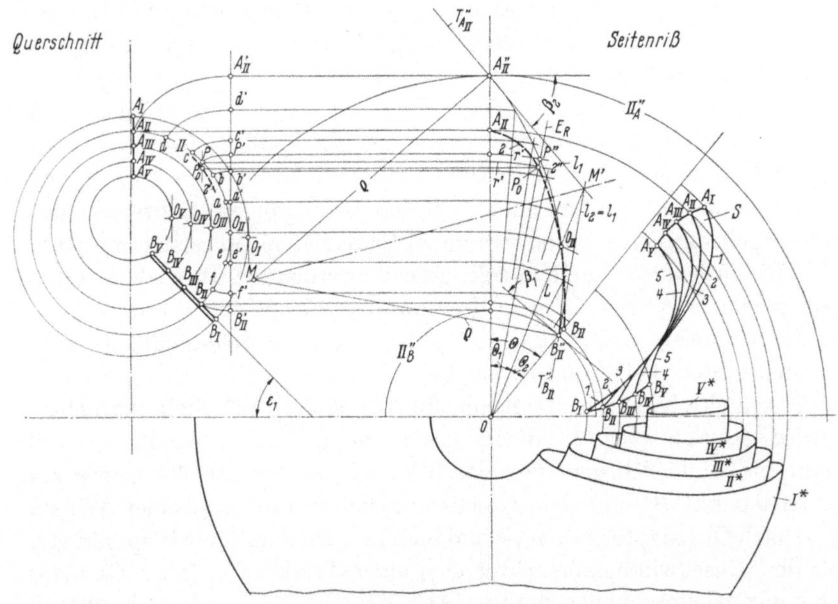

Abb. 100. Schaufelkonstruktion (Erläuterungen im Text)

gebildete Linie ist dabei die Austrittskante, $B_I - B_V$ die Eintrittskante der Schaufel.

Es handelt sich jetzt darum, die Linien *1, 2, 3, 4* und *5* zeichnerisch zu ermitteln. Diese legen die Form der Schaufel fest, und mit deren Hilfe wird es möglich sein, die zur Herstellung von Schablonen nötigen weiteren Schnitte zu erhalten.

Die Ermittlung der Linien *1, 2, 3, 4* und *5* erfolgt punktweise und stufenweise, da jede der Torusflächen *I**, *II**, *III**, *IV** und *V** getrennt für sich zu behandeln ist. Liegen einmal sämtliche Linien *1* bis *5* vor, so wird durch Überlagerung derselben die endgültige Schaufel so dargestellt, daß die Endpunkte zweckmäßig geformte Eintritts- und Austrittskantenkurven bilden.

Zur Erläuterung des Verfahrens wird auf das Beispiel der Abb. 100 Bezug genommen und nur eine Stufe beschrieben, wobei die Torusfläche *II** gewählt wird, die allein zur punktweisen Konstruktion der Linie *2* (strichliert gezeichnet) dient. Genauso wie mit dieser

Torusfläche ist dann natürlich mit den übrigen Ringflächen zu verfahren. Liegen schließlich alle diese getrennt voneinander ermittelten Linien vor, so werden sie entweder gefühlsmäßig oder nach einem sonstigen begründeten Gesichtspunkt, das von Fall zu Fall Bedeutung haben könnte, übereinandergelegt. Dies geschieht am besten, indem jede Kurve einzeln auf Transparentpapier gezeichnet wird und jedes Blatt geordnet derart übereinandergelegt und mit einer Nadel im Drehpunkt O festgehalten wird, daß eine Drehung der Blätter um diesen Punkt möglich ist. Die weitere Aufgabe besteht dann darin, die Endpunkte A_I, A_{II}, A_{III}, A_{IV} und A_V in eine solche Lage zueinander zu bringen, daß sie eine stetige Austrittskantenkurve, die Endpunkte B_I, B_{II}, B_{III}, B_{IV} und B_V eine stetige Eintrittskantenkurve bilden. Die Form dieser Ein- und Austrittskantenkurven soll den Bedingungen leichtester Ausführbarkeit der Gußform oder Stempel (je nachdem, ob es sich um Guß- oder Blechschaufeln handeln soll) gerecht werden, ist aber sonst innerhalb genügend weiter Grenzen frei wählbar, denn, wie bereits gesagt, ist die Hauptbedingung die, daß auf der ganzen Schaufelfläche vollkommene Stetigkeit bewahrt bleibt.

Es soll also hier, wie gesagt, nur die Torusfläche II^* allein betrachtet werden (s. Abb. 100). In dieser gekrümmten Umdrehungsfläche muß somit die Linie *2* liegen, von der bekannt ist, daß ihre Tangente am Eintrittspunkt B_{II} mit dem Geschwindigkeitsvektor $w_{1\,II}$ einen Winkel $\beta_{1\,II}$ [nach Gl. (344) für $r = r_{1\,II}$] und ihre Tangente am Austrittspunkt A_{II} mit dem Geschwindigkeitsvektor $w_{2\,II}$ einen Winkel $\beta_{2\,II}$ [nach Gl. (345) für $r = r_{2\,II}$] einschließen muß (s. Abb. 97). Winkel $\beta_{1\,II}$ liegt hierbei in einer Ebene E_1, die normal zur Erzeugenden der konischen Trennfläche zwischen Pumpe und Leitrad (Konushalbwinkel ε_1) steht, während der Winkel $\beta_{2\,II}$ in einer Ebene E_2 liegt, die ihrerseits parallel zur Rotationsachse und normal zur ebenen Trennfläche zwischen Pumpe und Turbine steht (s. Abb. 99).

Nun stellt die in der (räumlichen) Torusfläche II^* befindliche Linie *2* eine spiralförmig gewundene räumliche Kurve dar, in der in jedem Punkt eine bestimmte Relativgeschwindigkeit w herrschen wird, deren eine Komponente tangential zu dieser Kurve steht. Es ist daher verständlich, daß es um so vorteilhafter sein wird, je stetiger die Bahn auch dieser Kurve sein wird, je sanfter die Ablenkung der Flüssigkeit auch längs dieser Kurve (die keine eigentliche Stromlinie ist) erfolgen kann. Um dies erreichen zu können, muß vor allem der durch die Punkte $A_{II}\,B_{II}$ im Meridianschnitt begrenzte Teil der Torusfläche II^* (Kurve II im Querschnitt Abb. 100) zu einer ebenen Ringfläche abgewickelt werden. In dieser abgewickelten Ringfläche werden dann durch die zwei Punkte A''_{II} und B''_{II}, die die Endpunkte der zur Linie *2* konformen Linie *2''* sind, die Tangenten $T''_{A\,II}$ und $T''_{B\,II}$ gelegt, die mit den Kreistangenten an den betreffenden Radien die vorgegebenen Winkel β_2 und β_1 einschließen müssen. Die Linie $2''$, die einfach ein Kreisbogen mit Radius ϱ sein kann, stellt dann die abgewickelte Schnittlinie zwischen Schaufelfläche und Torusfläche II^* dar. Ihre wirkliche Form wird erhalten, indem man die Linie $2''$ zurück auf die Torusfläche II^* überträgt.

Das Bild der auf die Raumfläche übertragenen Kurve 2 ist wohl gegenüber Linie $2''$ etwas verzerrt. Doch behalten die an korrespondierenden Punkten gelegten entsprechenden Tangenten die gewollte Neigung bei, und die Stetigkeit der Kurve bleibt vollkommen erhalten. Und hierauf kommt es besonders an.

Um die räumliche Torusfläche in eine ebene Ringfläche abzuwickeln, wird die Kurve $A_{II}\,B_{II}$ im Querschnitt auf die im Punkt O_{II} gelegte senkrechte Tangente $A'_{II}\,O_{II}$ übertragen. Deshalb wird die genannte Kurve in eine gewisse Anzahl von Teilen eingeteilt, deren Punkte a, b, c, ... in der Abwicklung die Lage a' b' c', ... einnehmen. Die Länge $A'_{II}\,B'_{II}$ ist also gleich der Länge $A_{II}\,B_{II}$. Als Lage des Punktes A''_{II} in der abgewickelten ebenen Ringfläche im Seitenriß, der als Ausgangspunkt für die vorliegende Konstruktion betrachtet werden soll, setzt man den Schnittpunkt zwischen dem Außenkreis II''_A und der vertikalen durch den Mittelpunkt O gehenden Mittellinie fest. Die Lage des anderen Endpunktes B''_{II} der Kurve $2''$ ergibt sich aus dem Umstand, daß die diesen mit dem Punkt A''_{II} verbindende Kurve $2''$ als Kreisbogen vorausgesetzt worden ist und dieser Kreisbogen leicht eingezeichnet werden kann, wenn der Mittelpunkt M bekannt ist. Dieser ergibt sich aus dem Schnittpunkt der beiden durch die genannten Punkte auf die Tangenten $T''_{A\,II}$ und $T''_{B\,II}$ normalstehenden Radien ϱ.

Die Tangenten $T''_{A\,II}$ und $T''_{B\,II}$ schließen dabei mit den an den Schnittstellen des äußeren bzw. inneren Kreisbogens der abgewickelten Ringfläche an diese angelegten Tangenten die Winkel β_1 und β_2 in wahrer Größe ein, die ihrerseits durch die Gln. (344) und (345) gegeben sind.

Zur leichteren Ermittlung des Mittelpunkts M kann man folgendermaßen verfahren: Man zeichnet auf Transparentpapier den Linienzug $OB''_{II}M$ und $B''_{II}M$ auf und legt das Blatt — in O durch eine Nadel drehbar gehalten — über die Hauptzeichnung. Durch probeweise Rotation des Papiers um das Zentrum O stellt man dann die Lage des Schnittpunkts M' der Linien fest, bei der die beiden Tangententeile l_1 und l_2 gleich lang sind. Damit ist auch der Schnittpunkt M gefunden, der als Mittelpunkt für den Kreisbogen $2''$ den Radius ϱ besitzt. Auch analytisch ist diese Bestimmung möglich, wenn man zuerst die Länge $l_1 = l_2 = l$, hierauf den Winkel θ selbst und dann den Krümmungsradius ϱ rechnerisch ermittelt. Die Länge l ist durch nachstehende Beziehung

festgelegt:
$$l = \frac{R^2 - r^2}{2[\sin\beta_2 + r\sin\beta_1]}. \tag{350}$$

Die anderen Größen können nach Einführung der Hilfswinkel θ_1 und θ_2, die durch Einzeichnen der Verbindungslinie $OM' = L$ erhalten werden, stufenweise (tabellarisch) berechnet werden, um transzendente Gleichungen zu umgehen.

Jetzt muß diese, in der ebenen Ringfläche liegende Linie *2''* zurück auf die Torusfläche übertragen werden, und zwar so, daß die an korrespondierenden Punkten gelegten Tangenten immer die gleiche Neigung bezüglich der an dem entsprechenden Parallelkreis gelegten Tangenten beibehalten.

Die der konformen Abbildung *2'* im Querschnitt korrespondierenden Punkte auf der Kurve *2* erhält man auf folgende Weise:

Es ist der Punkt P'' auf der in der Ebene entwickelten Linie *2''* (im Seitenriß) gegeben. Der korrespondierende Punkt P_0 auf der Ursprungslinie *2* auf der Torusfläche II^* wird gefunden, indem man durch den Punkt P'' und das Zentrum O eine Gerade E_R legt, die dann auf die Torusfläche aufgewickelt wird, aber derart, daß die stets in einer Ebene senkrecht zur Zeichenebene, d. h. in einer Axialebene des Wandlers, verbleibt (man kann sich die Gerade E_R als Faden denken, der auf die Torusfläche aufgewickelt wird).

Die Schnittfigur dieser Normal- (Axial-) Ebene mit der Torusfläche II^* entspricht natürlich der im Querschnitt der Abbildung gezeichneten Kurve II. Die Lage des Punktes P auf der Linie II im Querschnitt ergibt sich, wenn der radiale Abstand von P'' im Seitenriß durch einen Kreisbogen auf die Achse OA''_{II} (Punkt P' im Querschnitt) und von dort zunächst durch Aufrollen auf die Kurve II im Meridianschnitt gebracht wird. Durch Projektion des nunmehr auf der Linie II befindlichen Punktes P auf die Achse OA''_{II} des Seitenrisses und Übertragung dieses radialen Abstands durch einen entsprechenden Kreisbogen r' auf die Gerade E_R erhält man dann den Punkt P_0 im Seitenriß, der selbst ein Punkt der gesuchten Linie *2* auf der Torusfläche ist. Diesen Punkt P_0 seitlich in den Querschnitt auf eine Senkrechte durch den Punkt P projiziert, ergibt die wirkliche Lage des Punktes P_0 im Querschnitt.

Wie mit diesem Punkt P_0, wird mit allen anderen vorgesehenen Punkten vorgegangen, die schließlich durch Verbindung zu einer stetigen Kurve die Linie *2* im Seitenriß und die Linie *2'* im Querschnitt ergeben. Kurve *2'* im Querschnitt ist nur teilweise gestrichelt gezeichnet.

Es ist dabei vorteilhaft, die Punkte $a, b, c, \ldots$ der betreffenden Meridianlinie selbst als Punkte P der Kurve zu betrachten und entsprechend die Punkte P'' im Seitenriß zu wählen, die alle auf dem Kreisbogen *2''* liegen müssen und durch die Schnittpunkte mit den entsprechenden Kreisen r' bestimmt sind.

Sind sämtliche Linien *1*, *2*, *3*, ... gezeichnet, so werden diese nach einem besonderen Kriterium (wie bereits erwähnt) übereinander gelagert (Abb. 100, Seitenriß), wodurch die definitive Schaufelform entsteht.

Ist die Schaufelform auf diese Weise festgelegt, so legt man in der Seitenansicht (Abb. 101) eine Anzahl Radialebenen $E_1, E_2, E_3, \ldots$ durch den Mittelpunkt Ω hindurch, der seinerseits dadurch erhalten wird, daß man eine Gerade durch die Schaufelkantenpunkte $B_I B_V$ legt und die Schnittstelle mit der durch die Schaufelkantenpunkte $A_I A_V$ hindurch-

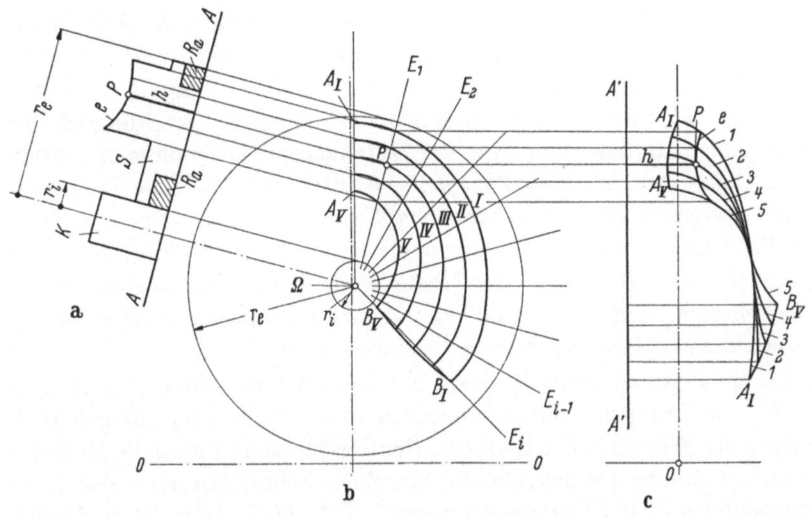

Abb. 101 a—c. Schaufelkonstruktion, Halterung der Schablonen (Erläuterungen im Text)

gehenden Geraden hierzu wählt. Die Schnittlinien dieser Ebenen mit der Schaufelfläche sind dann die Linien e, von denen in Abb. 101 a und c nur eine eingezeichnet ist. Sie ergeben sich durch die Schnittpunkte jeder Ebene E mit den Linien $I, II, \ldots$, die von der Seitenansicht in die Vorderansicht auf die bezüglichen Linien *1*, *2*, ... projiziert werden, so, wie es in der Abbildung, insbesondere für Punkt P, geschehen ist.

Die Schnittlinie e der Schaufelfläche mit irgendeiner der Ebenen E in wirklicher Größe erhält man durch Umklappen derselben (in der Seitenansicht) um die Spurlinie ΩE um 90° auf die Zeichnungsebene, wobei von einer Bezugslinie AA aus die aus der Vorderansicht entnommene Höhe h (hier auf die Bezugslinie $A'A'$ bezogen) aufgetragen werden. Die Verbindung dieser Punkte zu einer stetigen Kurve ergibt dann die Schnittlinie e der Schaufel mit der Ebene E in natürlicher Größe, die später als Schablone ausgeführt werden kann. In der Abb. 101 ist die Konstruktion der Schnittlinie e für die Ebene E_1 durchgeführt.

An Stellen, wo die Übertragung von Punkten aus dem Seitenriß in den Querschnitt, oder umgekehrt infolge einer sehr schrägen Lage der Kurve, unsicher wird, können sich unzulässig starke Fehler einschleichen. Diese machen sich leicht bemerkbar, wenn man die Gesetzmäßigkeit und die Stetigkeit der einzelnen Kurven durch zweckmäßig gewählte Kontrollkurven vergleicht und durch diese die erforderlichen Korrektionen anbringt.

In Abb. 101 ist eine Schaufel allein in der Seiten- und Vorderansicht gezeichnet. Werden die einzelnen sonst zweckmäßig geformten Schablonen S mit den Schaufelprofilen e radial um einen Kern K (Abb. 101a) beliebigen Halbmessers r_i angeordnet, derart, daß sie in eine als Raste mit radialen Schlitzen ausgeführte ringförmige Halterung R_a zu liegen kommen, und zwar in gleichen Winkelabständen, wie ursprünglich für die einzelnen Radialebenen E in der Seitenansicht angenommen worden war, so kann man die Schaufeloberfläche durch Ausgießen der Zwischenräume zwischen den einzelnen Schablonen mit Gips oder Ausfüllen mit Plastilin vollkommen ausmodellieren und durch Anbringen von entsprechenden Rändern die Möglichkeit eines Negativabgusses in Gips schaffen, von dem dann jede weitere Operation zur Herstellung der wirklichen Schaufel Ausgang nehmen kann.

Die hier geschilderte Methode zur Schaufeldarstellung eignet sich gut für die Pumpen- und Turbinenschaufeln, nicht aber für die Darstellung der Schaufeln des Leitrads. Für diese letzteren muß die Methode etwas abgeändert werden, da die einzelnen Schnittkurven e der Leitradschaufel mit den Umfangsflächen I^*, II^*, III^*, IV^*, V^* (s. Unterteilungslinien I, II, III, IV, V im Meridianschnitt der Abb. 99) nicht in eine ebene Ringfläche, sondern zuerst in ebensoviele konzentrische achsparallele Zylinderflächen und hierauf erst in achsparallele ebene Flächen abzuwickeln sind. In dem hier behandelten Beispiel soll jetzt der Vorgang an der Torusfläche III^* beschrieben werden. Um eine unnötige Anhäufung von Linien zu vermeiden, ist in Abb. 102 die Fläche III^* mit der Meridianlinie III allein eingezeichnet. Wie mit dieser, ist dann natürlich mit allen übrigen zu verfahren.

Zu diesem Zweck wird die Meridianlinie III, die symmetrisch zur vertikalen Achse durch die Punkte $1, 2, 3, \ldots$ unterteilt ist, in eine achsparallele Hilfsebene E', die Tangente an die Linie III selbst ist, abgewickelt. Die auf dieser Hilfsebene erhaltenen Punkte werden dann auf eine zweite durch die Endpunkte A_{III} B_{III} gelegte und folglich zur ersten Ebene E' parallelen Ebene E (bei symmetrischem Leitrad) übertragen und erhalten so die Punkte $1', 2', 3', \ldots$ Die Endpunkte A'_{III} B'_{III} der Kurve e begrenzen die Breite der Ebene selbst, die im Grundriß mit B bezeichnet ist. In dieser Ebene kann die zur wirklichen Linie e konforme Linie e' eingezeichnet werden, deren Tangenten an den Endpunkten die

Winkel β_5 und β_6 in wirklicher Größe mit den Senkrechten zur Achse OO einschließen müssen. Diese Kurve e' kann wiederum als Kreisbogen mit Radius ϱ angenommen werden. Die Kurvenpunkte mit den Ab-

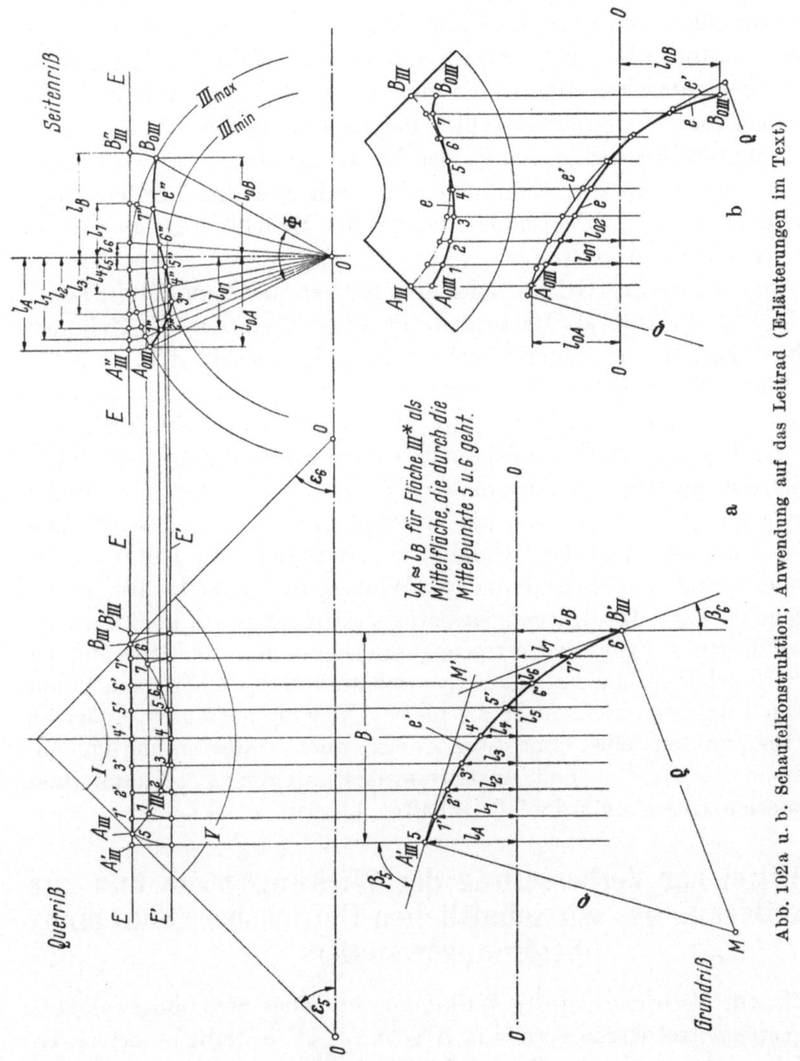

Abb. 102a u. b. Schaufelkonstruktion; Anwendung auf das Leitrad (Erläuterungen im Text)

ständen $l_A, l_1, l_2, \ldots, l_B$ im Grundriß werden hierauf in den Seitenriß übertragen und als Abwicklung auf den Kreis $III_{\max}$ gebracht. Die wirkliche Lage der Punkte *1, 2, 3, . . ., 7* erhält man, indem man die auf Kreise $III_{\max}$ abgewickelten Punkte der Linie e mit dem Zentrum O verbindet und auf diese die entsprechenden im Querriß entnommenen

Radialabstände abträgt (durch Projektion der Punkte *1*, *2*, *3*, ... im Querriß auf die Vertikalachse durch *O* im Seitenriß und Übertragung mittels Kreisbogen auf die entsprechende Radialebene, wodurch die Punkte *1''*, *2''*, *3''*, ..., *7''* erhalten werden). Die Verbindung dieser Punkte durch eine stetige Kurve gibt die gesuchte Schnittlinie e'' im Seitenriß, die in den Querriß und im Grundriß übertragen werden kann. Liegen sämtliche Linien e vor, so vereinigt man sie durch Überlagerung zu der geplanten Schaufel, wobei man wie im Falle der Pumpen- und Turbinenschaufeln darauf zu achten hat, daß die Endpunkte $A_I \ldots A_V$ der Eintrittskante und $B_I \ldots B_V$ der Austrittskante zu stetigen Kurven führen. Dies ergibt sich, wenn man z. B. die Kurven im Aufriß so übereinanderlagert, daß ihre Endpunkte von der Mittellinie gleich weit zu liegen kommen (Abb. 102b).

Wie man aus dem Seitenriß der Abb. 102a ersehen kann, ist die Länge $(l_{0A} + l_{0B}) < (l_A + l_B)$. Hätte man die Linie e' statt in die Zylinderfläche $III_{\max}$ in die Zylinderfläche $III_{\min}$ abgewickelt, d. h. an Stelle der Ebene E die Ebene E' direkt für die Konstruktion der Linie e'' verwendet, so hätte man die entsprechenden Kurvenpunkte nicht von dem Kreis $III_{\max}$ nach innen, sondern vom Kreis $III_{\min}$ nach außen projizieren müssen. Die Abstände $l_A, l_1, l_2, \ldots, l_B$ wären alle größer ausgefallen und somit auch die Kurvenlänge $l_{0A} + l_{0B}$ selbst. Das heißt, daß die Winkelausdehnung der Schaufel des Leitapparates (Winkel Φ in Abb. 102a), mit anderen Worten, die Schaufel selbst, größer ausgefallen wäre. Die Kurve e ist dafür jetzt nicht genau konform zum Kurvenbogen e', denn die Verzerrung, die sie durch die Verlagerung der Ebene E erfahren hat, hat zur Folge, daß an korrespondierenden Punkten die Tangenten nicht mehr die gleiche Neigung aufweisen, außer an den Endpunkten selbst. Für diese Zwecke aber ist die Lösung gut annehmbar, da die Ein- und Austrittswinkel, auf die es ankommt, und der stetige Übergang jedenfalls erhalten bleiben.

F. Mittel zur Verbesserung der Wirkungsgrade und zur Erweiterung des wirtschaftlichen Betriebsbereiches eines Strömungswandlers

Ein zur Verbesserung des Wirkungsgrads eines Strömungswandlers geeignetes Mittel wurde bereits in Abschn. A. 11 (S. 180ff.) erörtert. Es handelte sich um die Einführung des Trilok-Freilaufrads in der Lagerung des Leitrads.

In Abschn. A. 6 (S. 166ff.) wurde gezeigt, wie sich die Stoßgeschwindigkeit w_s mit der Änderung des Drehzahlverhältnisses $i = \varphi\, i^*$ ändert. Der „Stoß" als solcher ist als freie Tangentialgeschwindigkeitskomponente darstellbar, die sich, wie gezeigt, aus den Geschwindigkeitsdreiecken ergibt, sobald der Eintrittswinkel der Kanalschaufel in dem betrachteten Punkt der Eintrittskante nicht mehr mit der Richtung der sie relativ anströmenden Flüssigkeit übereinstimmt, d. h., sobald die dem Nennzustand entsprechenden Gleichgewichtsbedingungen nicht mehr erfüllt sind.

Wenn es möglich wäre, den Eintrittswinkel der Schaufel ständig und automatisch den veränderlichen Betriebsverhältnissen derart anzupassen, daß sich bei jedem Drehzahlverhältnis die zugehörigen Geschwindigkeitsdreiecke schließen, dann könnte die Flüssigkeit stets von einem Laufrad zum andern ohne „Stoß" übertreten, und die dadurch bedingten Verluste wären beseitigt.

Theoretisch ist dies in gewissem Grade möglich, wenn man bei bestimmten Schaufelformen die Schaufeln selbst drehbar macht (oder zumindest Teile derselben), und zwar so, daß sie sich stets in der vom Flüssigkeitsstrom verlangten Richtung, den Geschwindigkeitsdreiecken des jeweils vorliegenden Betriebszustands entsprechend, einstellen.

Auf dieser Idee beruhende Lösungen sind verschiedentlich ausgeführt und praktisch erprobt worden. Die Schwierigkeiten, die hierbei überwunden werden müssen, sind aber nicht gering, auch sind nur wenige davon gelöst worden. Die Herstellung ist aber ziemlich schwierig und kostspielig, weil ein auf dieser Grundlage wirkendes System die Verwendung eines komplizierteren Regel- und Kontrollapparats bedingt, das den Betrieb auf vollautomatisches Arbeiten umzustellen gestattet.

Jede mechanische Komplikation bringt nun Nachteile mit sich, die sich auf den Sicherheitsgrad des Betriebes ungünstig auswirken. Es ist wohl diesen Gründen zuzuschreiben, wenn derartige Lösungen (von wenigen Ausnahmen abgesehen) bislang keine praktischen Erfolge gezeitigt haben.

Einen besseren Erfolg hat indes ein anderes System in bezug auf die (jedoch nur teilweise) Eliminierung der Stoßverluste erzielen können. Es handelt sich um eine Lösung, die auf einem Gedankengang beruht, der hier an Hand eines Beispiels erläutert werden soll. Zu diesem Zweck wird auf eine der Gln. (265) zurückgegriffen, die nachstehend in verallgemeinerter Form der Einfachheit halber für $\varkappa = 1$ nochmals aufgeschrieben wird:

$$H_s = \frac{w_s^2}{2g} \qquad [\text{mkg/kg} = \text{m}]. \tag{351}$$

In dieser stellt w_s die freie Geschwindigkeitskomponente, die *Stoß*-komponente, dar (in jeder der Abb. 65, 66 und 67 ersichtlich), die den Druckhöhenverlust H_s [m] verursacht.

Angenommen, die Turbine T eines Wandlers besitze die Drehzahl $n = 400$ U/min, während die Pumpe P mit einer Drehzahl von $n_0 = 1000$ U/min rotiert. Die Drehzahldifferenz zwischen diesen beiden

Läufern beträgt also in diesem Fall:

$$\Delta n = n_0 - n = 1000 - 400 = 600\,\text{U/min}.$$

Das Drehzahlverhältnis ist dabei:

$$i = \varphi i^* = n/n_0 = 400/1000 = 0{,}4.$$

Weiter soll das Nennverhältnis $i^* = 0{,}6$ sein. Dann ist das entsprechende relative Verhältnis (bzw. der entsprechende Zustandswert) φ:

$$\varphi = 0{,}4/0{,}6 = 0{,}6667.$$

Wird jetzt noch angenommen, daß diesem Drehzahlunterschied von $\Delta n = 600$ (bei $i = 0{,}4$) eine Stoßgeschwindigkeit am Turbineneintritt von $w_s = 10$ m/sek entspricht, so bedeutet dies, daß die Flüssigkeit nach Verlassen der Pumpe beim Eintritt in die Turbine die betreffenden Schaufeln derart schief anströmt, daß dabei eine freie tangentiale Umfangskomponente von eben $w_s = 10$ m/sek entsteht. Um diesen „Stoß" zu beseitigen, müßte also die Flüssigkeit mit einer anderen (relativen) Richtung in die Turbine einströmen, bzw. die Schaufeln müßten am Eintritt einen entsprechenden anderen Winkel aufweisen. Weil dies jedoch nicht möglich ist, ergibt sich in dem angeführten Beispiel also der Druckhöhenverlust von:

$$H_s = \frac{w_s^2}{2g} = \frac{10^2}{2g} = \frac{100}{2g} \qquad [\text{m}].$$

Wird nun zwischen diesen beiden Läufern, d. h. zwischen Pumpe und Turbine, ein drittes Rad G eingelegt, derart, daß es beispielsweise durch Vermittlung einer Zahnradverbindung[1] eine mittlere Geschwindigkeit von $n' = 700$ U/min annimmt, so ergeben sich zwischen diesem mittleren und den beiden anderen Laufrädern folgende Drehzahlunterschiede:

Zwischen Pumpe P und Läufer G:

$$\Delta n' = n_0 - n' = 1000 - 700 = 300\,\text{U/min}.$$

Zwischen Läufer G und Turbine T:

$$\Delta n'' = n_0 - \Delta n' - n = \Delta n - \Delta n' = 600 - 300 = 300\,\text{U/min}.$$

Diesen Drehzahlunterschieden entsprechen nun, aus Proportionalitätsgründen, die einzelnen Stoßgeschwindigkeiten:

Zwischen Pumpe P und Läufer G:

$$w_s' = w_s \frac{\Delta n'}{\Delta n} = 10\,\frac{300}{600} = 5 \qquad \left[\frac{\text{m}}{\text{sek}}\right].$$

Zwischen Läufer G und Turbine T:

$$w_s'' = w_s \frac{\Delta n''}{\Delta n} = 10\,\frac{300}{600} = 5 \qquad \left[\frac{\text{m}}{\text{sek}}\right].$$

[1] oder durch die freie Mitnahme der Flüssigkeit durch den Drall selbst.

Die algebraische Summe dieser beiden Einzelstoßgeschwindigkeiten ist dabei offenbar immer gleich dem Gesamtwert der ursprünglichen Stoßgeschwindigkeit: $w_s' + w_s'' = w_s = 5 + 5 = 10$ m/sek; werden jedoch die den einzelnen neuen Stoßgeschwindigkeiten entsprechenden Stoßverluste berechnet und diese addiert, so ergibt sich, daß ihre Summe gegenüber dem früheren Einzelverlust kleiner ausfällt:

$$H_s = \sum H_s' = H_s' + H_s'' = \frac{w_s'^2}{2g} + \frac{w_s''^2}{2g} = \frac{5^2}{2g} + \frac{5^2}{2g} = \frac{50}{2g} \qquad [\mathrm{m}].$$

Also, während früher der gesamte Stoßverlust 100/2 g [m] Druckhöhe ausmachte, wird jetzt durch das Einlegen des Zwischenläufers G erreicht, daß dieser Stoßverlust durch Teilung der Gesamtstoßgeschwindigkeit in zwei Teilgeschwindigkeiten auf die Hälfte herabsinkt, und zwar auf 50/2 g [m].

Dies dem Umstande zufolge, daß die Summe der Quadrate einzelner Glieder stets kleiner ausfällt als das Quadrat der Summe aller dieser Glieder selbst. Analytisch kann diese Tatsache wie folgt ausgedrückt werden:

$$\sum_1^n \left(\frac{w_s}{n}\right)^2 < \left(\sum_1^n \frac{w_s}{n}\right)^2 = w_s^2. \qquad (352)$$

Daraus geht hervor, daß die Stoßverluste um so kleiner sein müssen, je größer die Anzahl $z = n + 1$ der Zwischenelemente ist, die die gegebene Stoßgeschwindigkeit in Teilgeschwindigkeiten unterteilt. Theoretisch müßte für $z = \infty$ der Stoßverlust Null werden.

Von dieser Tatsache ausgehend sind verschiedene Lösungen vorgeschlagen worden. Einzelne davon wurden erprobt und lieferten brauchbare Resultate. Die diesbezüglichen Systeme sehen meist die Einschaltung von einem oder höchstens zwei Läufern zwischen die vorhandenen Laufräder des Wandlers vor, die untereinander mit Umlaufrädern zwangsweise verbunden sind, oder aber mit Freilaufrädern auf das Leitrad, der Turbine oder der Pumpe mit einseitiger Laufrichtung gelagert werden.

In Abb. 103 ist eine Lösung der ersten Type dargestellt, und zwar, wie sie von der amerikanischen Automobilfabrik Buick in einer Variante ihres bekannten Strömungswandlers „Dynaflow" verwendet worden ist. In dieser Variante sind zwei Turbinen eingebaut, die miteinander durch ein Planetenumlaufgetriebe verbunden sind. Die Folge davon ist, daß sie zusammen und zwangsweise in einem bestimmten Verhältnis zueinander rotieren müssen, und zwar die Turbine T_2 stets mit einer kleineren Winkelgeschwindigkeit als die Turbine T_1, so daß die einzelnen Stoßgeschwindigkeiten in die Turbine *2* und am Eintritt in das Leitrad als Anteil der gesamten Stoßgeschwindigkeit in der eben erklärten Weise zusammengenommen, entsprechend kleinere Verluste ergeben.

Abb. 104 zeigt eine Lösung nach den anderen erwähnten Typen. Diese Lösung ist von General-Motors auch in einer Variante ihres Strömungswandlers „Dynaflow“ angewendet worden. In diesem Typ ist sowohl die Pumpe als auch das Leitrad in zwei Elemente unterteilt. Das zweite Pumpenelement, die Sekundärpumpe, ist mit dem ersteren mittels Freilauf verbunden, während das zweite Reaktionselement ebenfalls über einen Freilauf mit dem Maschinengestell selbst verbunden ist.

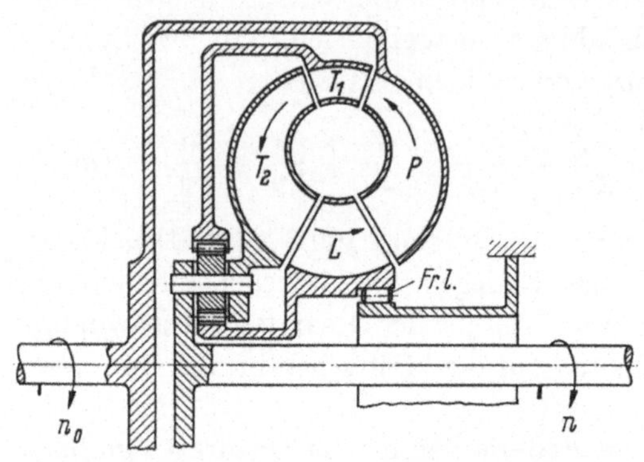

Abb. 103. Strömungswandler mit zwei Turbinen, die miteinander durch ein Planetenradgetriebe in festem Untersetzungsverhältnis miteinander gekuppelt sind

T_1 Primärturbine (mit der höheren Drehzahl); T_2 Sekundärturbine (mit der niedrigeren Drehzahl); P Pumpe; L Leitrad; *Fr.l.* Freilauf (verwirklicht in einer Variante des Buick-Dynaflow-Getriebes)

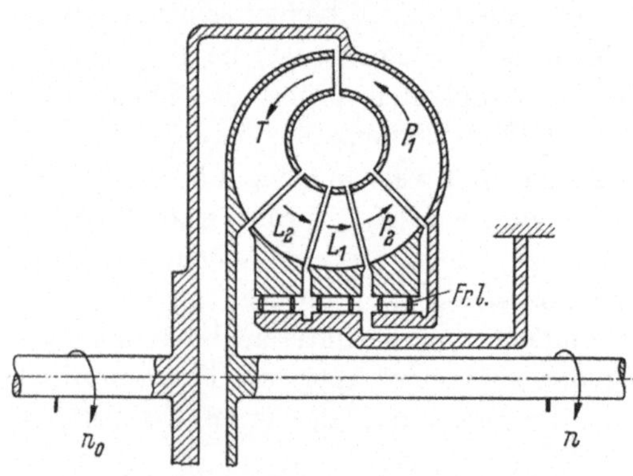

Abb. 104. Strömungswandler mit zweistufiger Pumpe und zweistufigen Leiträdern, auf Freiläufen gelagert

P_1 Primärpumpe; P_2 Sekundärpumpe; T Turbine; L_1 Primärleitrad; L_2 Sekundärleitrad; *Fr.l.* Freilaufgesperre (verwirklicht in einer Variante des G. M.-Dynaflow-Getriebes)

Hiermit wird erreicht, daß, sobald das Drehzahlverhältnis zwischen den Elementen Turbine und Pumpe eine gewisse Grenze überschreitet und die Geschwindigkeit der Flüssigkeit zwischen den in Frage kommenden Elementen die Richtung umkehrt, diese Elemente vom Flüssigkeitsstrom mitgenommen werden und sich dabei frei drehen können. Sie nehmen hierbei eine mittlere Drehzahl an, die zur Unterteilung der sonst sich einstellenden größeren Stoßkomponente in Einzelkomponenten, in der beschriebenen Weise, führt. Man kann sich diesen Vorgang auch dadurch veranschaulichen, indem man sich vorstellt, wie infolge der jetzt kleineren Geschwindigkeitsunterschiede zwischen den einzelnen Läufern die nachfolgenden Schaufelkränze mit kleineren Geschwindigkeiten angeströmt werden.

Eine weitere Lösung dieser Art ist in Abb. 105 dargestellt.

Es handelt sich hier um den Strömungswandler „Ultramatic“, der von General-Motors 1949 im Packardwagen verwendet wurde. Bei dieser Lösung ist die Turbine in zwei fest miteinander verbundene Teile unterteilt, und zwar so, daß ein Teil (T_1) wie gewöhnlich vor dem Leitrad, der andere Teil (T_2) hingegen hinter dem Leitrad liegt. Die Absicht, warum diese Anordnung gewählt wurde, liegt wohl auch hier in der Unterteilung der Stoßkomponenten. Doch kann ohne eine tiefere analytische Untersuchung dieser Anordnung nicht leicht angegeben werden, inwiefern die hier auftretenden Stoßgeschwindigkeiten, die sich jetzt am Pumpeneintritt auch in Abhängigkeit von φ (außer von x)

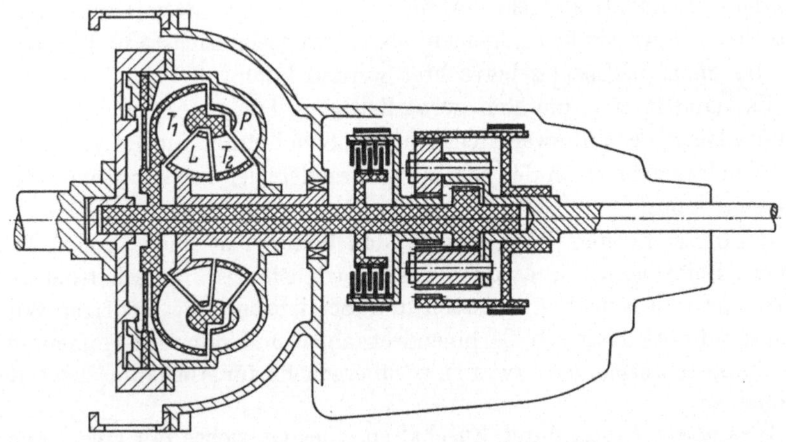

Abb. 105. Schema des Packardgetriebes „Ultramatic“ (Baujahr 1949)

einstellen und die sonst in den anderen normalen Anordnungen (außer in Abhängigkeit vom Strömungsfaktor x) nicht existieren, kompensiert werden.

Wenn es mit den hier dargestellten Mitteln nun einerseits möglich ist, die Stoßverluste zu verringern, so kann es sich andererseits ereignen, daß dafür die anderen Verluste eine Vergrößerung erfahren, wodurch sich zum Teil die mit den genannten Mitteln erreichten Vorteile vielleicht aufheben können. Es handelt sich um die mechanischen Reibungsverluste der Freilaufräder, die Flüssigkeitsreibung innerhalb und außerhalb der Laufradkanäle die jetzt in der Gesamtheit länger ausfallen, ferner um die volumetrischen Verluste beim Übergang von einem Laufrad zum andern und sonstige Verluste infolge der Turbulenz, die wegen der vergrößerten, durch die größere Anzahl von Laufrädern bedingten umlaufenden Oberflächen und Übergangsspalte unvermeidlich sind.

Die Kompliziertheit und die höheren Fabrikationskosten solcher Lösungen lassen schließlich die Bilanz des *Für* und *Wider* und somit die

Zweckmäßigkeit der Anwendung der soeben beschriebenen Mittel etwas problematisch erscheinen. Effektiv kann man feststellen, daß nicht alle Getriebebauer diesen Weg eingeschlagen haben und große Automobilfabriken, wie z. B. Ford und Chrysler, bisher bei den einstufigen Laufrad- und Leitapparaten geblieben sind.

Gewöhnlich geht man einen anderen Weg und zieht eine andere Lösung vor, die aber auch in Verbindung mit den beschriebenen Mitteln verwendet wird. Diese Lösung erfordert zwar eine etwas kompendiöse Apparatur, um das Aggregat auf den gewünschten Grad der Vollkommenheit bezüglich des automatischen Ansprechens zu bringen; sie bietet aber dafür infolge der Einfachheit und Robustheit der verwendeten Elemente so viele Vorteile in bezug auf die Betriebssicherheit, daß sie gegenwärtig fast allgemein als die wirtschaftlichste und deshalb als die *Standard*-Lösung betrachtet werden kann.

Es handelt sich um den zusätzlichen Anbau eines mechanischen Zahnradgetriebes mit zwei oder mehreren Schaltstufen für die Vorwärts- und Rückwärtsfahrt an den Strömungswandler, der von der einfachsten Art sein kann.

Bei dieser Lösung ist es möglich, den Wandler in einem großen Teil seiner Betriebszeit innerhalb des Betriebsfeldes wirtschaftlichster Wirkungsgrade arbeiten zu lassen und Betriebsbereiche niedriger Wirkungsgrade bei niedrigen Turbinendrehzahlen und stärkster Momentenwandlung zu vermeiden bzw. nur vorübergehend für Ausnahmezustände zuzulassen.

Dies erreicht man durch Zuschalten eines Getriebes mit einem oder mehreren zweckmäßig gewählten Gängen in festem Untersetzungsverhältnis zwischen dem Wandler und der Übertragungswelle. Sobald die Turbine des Wandlers eine bestimmte untere Drehzahlgrenze erreicht, wird der entsprechende Gang des Zusatzgetriebes eingeschaltet, die Turbine kann wiederum ihre Drehzahl erhöhen und so wieder in ihr wirtschaftlichstes Arbeitsgebiet gebracht werden. Zwei typische Ausführungen dieser Art sind in den Abb. 106 und 107 dargestellt.

In Abb. 106 ist das Zusatzgetriebe als Planetenradumlaufgetriebe gezeichnet. In dieser Ausführung sehen wir z. B., daß die Turbinenwelle *1* mit dem inneren Sonnenrad *2* des Umlaufgetriebes verbunden ist. Das ermöglicht, je nachdem, ob und welches der durch Bandbremsen feststellbaren Elemente festgebremst wird, dem Getriebe als Untersetzungsgetriebe für zwei Vorwärtsgänge (davon einer als direkter Gang) und als Umkehrgetriebe für einen Rückwärtsgang zu arbeiten.

Das Schalten der Gänge erfolgt durch die Schaltmuffe *3*, die in eine der drei vorgesehenen Stellungen verstellt werden kann. Gleichzeitig mit dem Verstellen dieser Schaltmuffe müssen auch die beiden Bandbremsen F_1 und F_2 entsprechend betätigt werden. Diese sind als Bandbremsen, in Wirklichkeit wohl immer für eine vollkommen automatische Bedienung (hydraulische Betätigung) eingerichtet. An Stelle der Schalt-

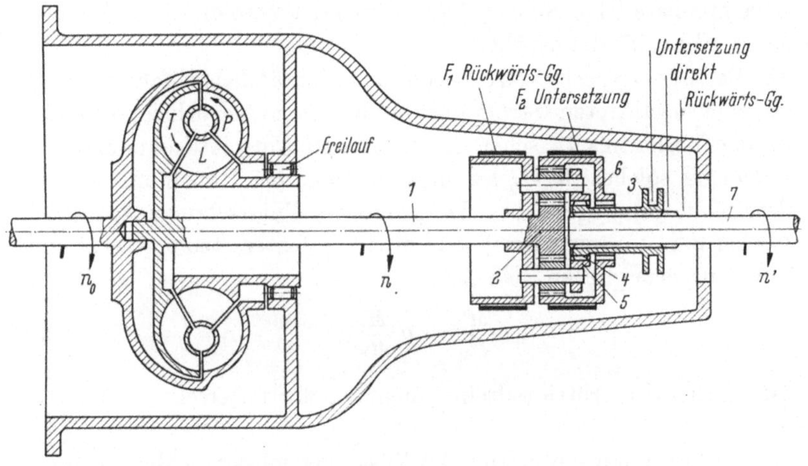

Abb. 106. Strömungswandler mit zusätzlichem Planetenrad-Untersetzungsgetriebe für 1 Untersetzungsgang in Vorwärtsfahrt, 1 Untersetzungsgang in Rückwärtsfahrt und direktem Gang
1 Turbinenwelle; *2* Sonnenrad; *3* Schalthülse; *4* Schaltzähne; *5* Planetenradträger (Steg); *6* Zahnkranztrommel; *7* Abtriebswelle

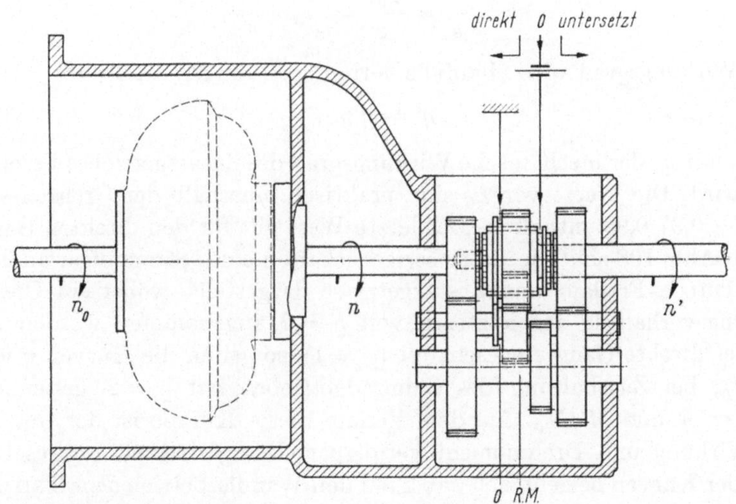

Abb. 107. Strömungswandler mit zusätzlichem Untersetzungsgetriebe konventioneller Bauart mit Haupt- und Nebenwelle und Umkehrrad für den Rückwärtsgang

oder Schiebemuffe *3*, die durch die Verzahnung *4* mit dem Planetenradträger *5* oder dem Zahnkranz *6* gekuppelt und somit einen oder beide dieser Elemente mit der genuteten Abtriebswelle *7* fest zusammenkoppeln kann, können Reibungskupplungen (Scheibenkupplungen, elektrische Kupplungen) oder andere verwendet werden.

An Stelle des Umlaufgetriebes kann natürlich ein normales Wechselgetriebe mit parallelen Nebenachsen verwendet werden, so wie beispielsweise in Abb. 107 dargestellt.

Die Betriebseigenschaften eines mit einem zusätzlichen Zahnradschaltgetriebe ausgestatteten Strömungswandlers sind natürlich verbessert. Wenn das Verhältnis zwischen Abtriebs- und Antriebsdrehmoment des Wandlers als solches M/M_0 ist, muß offenbar bei Hinzukommen eines mechanischen Zusatzgetriebes, dessen eigenes Untersetzungsverhältnis ϱ ist (wobei $\varrho > 1$ gemeint sei), das gesamte Untersetzungsverhältnis ϱ mal dem ursprünglichen sein, also:

$$\frac{M'}{M_0} = \varrho \frac{M}{M_0}. \tag{353}$$

M' ist hierbei das Abtriebsdrehmoment an der untersetzten Abtriebswelle.

Das Untersetzungsverhältnis des Zusatzgetriebes hat aber auch eine Änderung des Drehzahlverhältnisses zwischen Abtriebswelle und Pumpenwelle (Motorwelle) zur Folge, so daß jetzt für die Drehzahl n' der Abtriebswelle geschrieben werden muß:

$$n' = \frac{n}{\varrho} = \frac{n_0 i}{\varrho} = n_0 \varphi \frac{i^*}{\varrho}. \tag{354}$$

Der Wirkungsgrad wird ebenfalls vermindert, für ihn muß jetzt gelten:

$$\eta' = \eta\, \eta_G, \tag{355}$$

wenn mit η_G der mechanische Wirkungsgrad des Zusatzgetriebes bezeichnet wird. Die Werte von η_G sind praktisch innerhalb der Grenzen von 0,95 ÷ 0,97/0,99 enthalten. Der letzte Wert gilt für den direkten Gang.

In Abb. 108 sind die Betriebseigenschaften eines Strömungswandlers mit Trilok-Freilauf und Zusatzgetriebe dargestellt, wobei ein Untersetzungsverhältnis des letzteren von $\varrho = 2$ angenommen worden ist. Ist der direkte Gang eingeschaltet ($\varrho = 1$), so gelten die Kurven η und M/M_0; bei Zuschaltung des Zahnradgetriebes mit $\varrho = 2$ gelten die Kurven η' und M'/M_0. Aus dem Verlauf dieser Kurven ist der Gewinn an Wirkung und Drehmoment verfolgbar. Der gestrichelt fortgesetzte Teil der Kurven bezieht sich dabei auf den Wandlerbetrieb *ohne* Trilok-Freilauf.

Bei zweckmäßig gewähltem Untersetzungsverhältnis ϱ im Falle einer Schaltstufe, oder, wenn eine einzige Stufe nicht genügen sollte, von zwei oder mehr Schaltstufen, eventuell auch mit einem $\varrho < 1$ (zur Übersetzung ins Schnelle), ist es möglich, jedes gewünschte Betriebsfeld zu verwirklichen. Mit anderen Worten, es besteht die Möglichkeit, die

Betriebseigenschaften eines Strömungswandlers mit dem hier behandelten Mittel bequem an die Erfordernisse der Praxis anzupassen, so daß man allen Arbeitsbedingungen irgendeines Fahrzeugs mit einem gegebenen Motor für den Betrieb auf der Straße, im Gelände oder auf der Schiene gerecht werden kann. Insbesondere — und dies ist von größter Wichtigkeit — erlaubt dieses Mittel die Anpassung eines gegebenen Strömungswandlers an verschiedene Motoren, indem man (wie es in vielen Fällen der Praxis wirklich vorkommt) in zweckmäßiger Weise

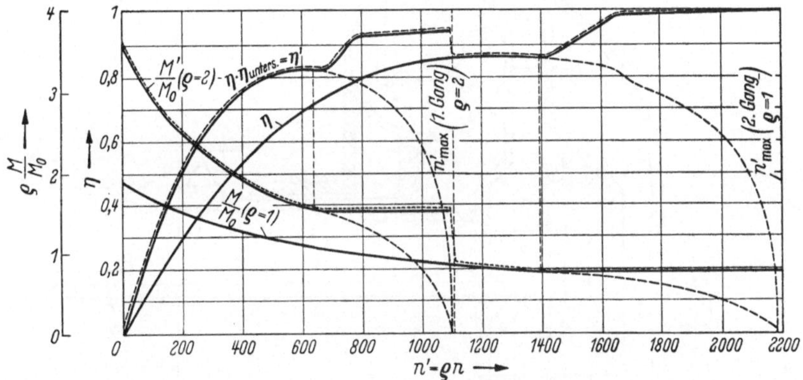

Abb. 108. Verlauf der Drehmomentverhältnisse und der Wirkungsgrade in Abhängigkeit der Abtriebsdrehzahl $n' = \varrho\, n$ im Falle von einem zusätzlichen Getriebegang, dessen Untersetzungsverhältnis $\varrho = 2$ ist

die Untersetzungsverhältnisse ϱ des Zusatzgetriebes ändert. Von dieser Möglichkeit wird in Amerika viel Gebrauch gemacht, wo verschiedene Automobilfabriken ihre Motoren, die untereinander nicht identisch sind, mit dem gleichen Strömungswandler ausrüsten.

G. Strömungswandler mit zwei Turbinen

Wird der Strömungskreis eines Wandlers durch mehrstufige Elemente gebildet, so ergeben sich in der mathematischen Behandlung desselben rasch derartige Komplikationen, daß es wohl nur in wenigen Fällen der Mühe Wert sein wird, außer den Weg einer logischen Verfolgung der hydrodynamischen Vorgänge auch den der mathematischen Analyse zu beschreiten.

Da alle möglichen Kombinationen der Elementeunterteilung nicht im voraus festliegen können, wird es stets Aufgabe des Berechnungsingenieurs, seines Feingefühls, bleiben, von Fall zu Fall die jeweils bestgeeigneten Mittel und Wege zu finden, um die Betriebseigenschaften, wie Leistung, Drehmomente, Wirkungsgrade usw., eines gegebenen zusammengesetzten Strömungswandlers vorausbestimmen zu können.

Das grundsätzliche Verfahren wird dabei natürlich immer das gleiche sein wie beim einfachen (dreielementigen) Wandler, dessen mathematische Analyse auf S. 133 ff. behandelt worden ist.

Hier soll nur noch an Hand eines Beispiels gezeigt werden, wie ein vierelementiger Strömungswandler mit *2 Turbinen*, die miteinander in

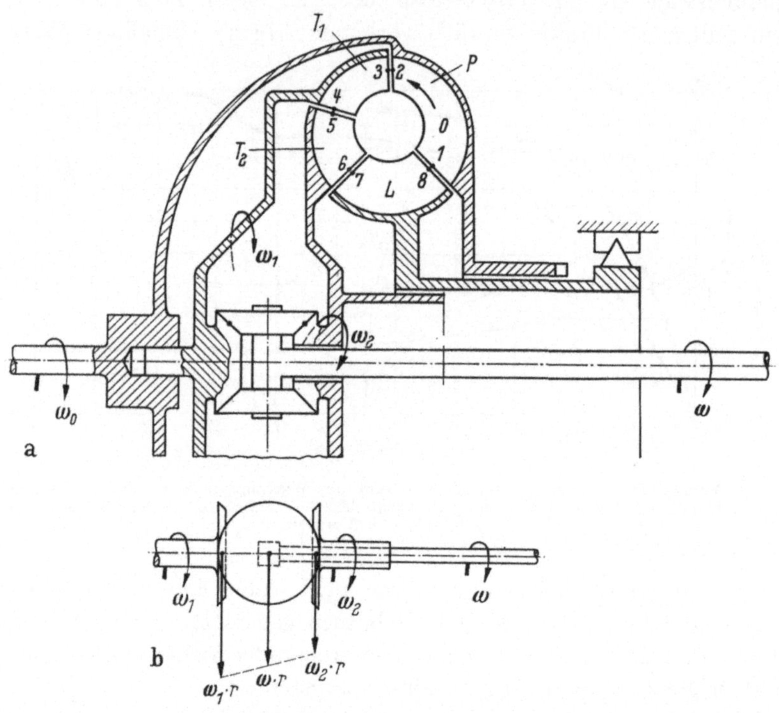

Abb. 109a u. b. a) Schematische Darstellung eines Strömungswandlers mit zwei Turbinen. In diesem Beispiel sind die beiden Turbinen miteinander und mit der Abtriebswelle allein kinematisch verbunden, eine Fessel mit dem feststehenden Maschinengehäuse besteht hier nicht; in diesem Falle ist also ω_2/ω_1 unabhängig von ω/ω_0, im Gegensatz beispielsweise zu Abb. 103. b) Graphische Darstellung der geometrischen Zusammenhänge zwischen den Umfangsgeschwindigkeiten des hier verwendeten „*Differential*"-Getriebes

$$\left[r\,\omega = r\,\omega_2 + \frac{r\,\omega_1 - r\,\omega_2}{2}; \quad \text{daraus Gl. (356)}\right]$$

irgendeiner Weise durch ein Getriebe kinematisch verbunden sind, behandelt werden kann. Dieser Abschnitt soll nur als kurze Anleitung zur Behandlung dieses Problems dienen.

Es möge beispielsweise, zur anschaulicheren Darstellung, ein Getriebe nach Abb. 109 vorliegen. Der Einfachheit halber sei auf alle nicht grundsätzlich wichtigen konstruktiven Einzelheiten (wie z. B. auf die eventuell nötigen Freilaufräder usw.) nicht näher eingegangen. Unter Beibehaltung der gewöhnlichen Bezeichnungsweise ergibt sich dann als

Ausdruck für das Abhängigkeitsgesetz zwischen den einzelnen Drehzahlen dieses Getriebes (bzw. Winkelgeschwindigkeiten) der nachfolgende Zusammenhang:

$$\left.\begin{aligned} \frac{\omega}{\omega_0} &= \frac{\omega_1}{\omega_0}\,\frac{1}{2}\left(1+\frac{\omega_2}{\omega_1}\right) && \text{(a)}\\ \text{oder}\qquad i &= \frac{i_1}{2}(1+i'). && \text{(b)} \end{aligned}\right\} \tag{356}$$

Nun sollen hier unter Bezugnahme auf die Abb. 109 bis 113 die folgenden Definitionen gelten, wobei der Stern * immer den Betriebswert am Nennpunkt angibt:

$$\left.\begin{aligned} i_1 &= \frac{n_1}{n_0} = \frac{\omega_1}{\omega_0} = \varphi_1\, i_1^*, && \text{(a)}\\ i_1^* &= \frac{n_1^*}{n_0} = \frac{\omega_1^*}{\omega_0}, && \text{(b)}\\ \varphi_1 &= \frac{n_1}{n_1^*} = \frac{\omega_1}{\omega_1^*} = \frac{i_1}{i^*}, && \text{(c)}\\ i' &= \frac{n_2}{n_1} = \frac{\omega_2}{\omega_1} = \varphi_2\, i'^*, && \text{(d)}\\ i'^* &= \frac{n_2^*}{n_1^*} = \frac{\omega_2^*}{\omega_1^*}, && \text{(e)}\\ \varphi_2 &= \frac{\omega_2}{\omega_2'^*} = \frac{\varphi_1\,\omega_2'}{\varphi_1\,\omega_2^*} = \frac{\omega_2'}{\omega_2^*} = \frac{\omega_2}{\omega_2'^*} = \frac{i'\,\omega_1}{\varphi_1\, i'^*\,\omega_1^*}\\ &= \frac{i'}{\varphi_1\, i'^*}\,\frac{\omega_1}{\omega_1^*} = \frac{i'}{\varphi_1\, i'^*}\,\varphi_1 = \frac{i'}{i'^*}. && \text{(f)} \end{aligned}\right\} \tag{357}$$

Die Zusammenhänge, die zwischen den relativen Drehzahlverhältnissen ω_2/ω_1 der beiden Turbinen T_2 und T_1 und den absoluten Drehzahlverhältnissen zwischen Turbine T_1 und Pumpe P bestehen, gehen aus der graphischen Darstellung in Abb. 110 eindeutig hervor.

Die Geschwindigkeitsdreiecke am Nennpunkt für $\varphi_1 = \varphi_2 = 1$ des in Frage stehenden Wandlers entsprechen für den vorliegenden Fall jenen der Abb. 111.

Bevor weiter auf die Analyse eingegangen wird, ist zunächst zu bemerken, daß sich im Nennpunkt, wenn also keine Stoßverluste vorliegen, in der Energiebilanz, die zum hydraulischen Nennwirkungsgrad ε [nach Gl. (256)] führte, nichts ändert, wenn an Stelle von einer einzigen einstufigen Turbine jetzt zwei Turbinen vorhanden sind.

Im Nennpunkt muß Gl. (256) gelten, wie immer die Strömungsverhältnisse — auf jeden Fall stoßfrei — zwischen den Punkten *4* und *5* sein mögen. Nur wird jetzt, wegen des Hinzukommens des neuen Spaltes, zwischen den Punkten *4* und *5*, was mit gewissen Mehrverlusten verbunden ist, begreiflicherweise eine kleine Herabsetzung des hydraulischen Gesamtwirkungsgrades ε in Frage kommen, was zahlenmäßig einfach berücksichtigt werden kann.

Der Bedingungs-Hauptwert ψ^* der Gl. (257) kann somit in gewohnter Weise ohne jede weitere besondere Berücksichtigung einfach aus Gl. (256) ausgerechnet werden.

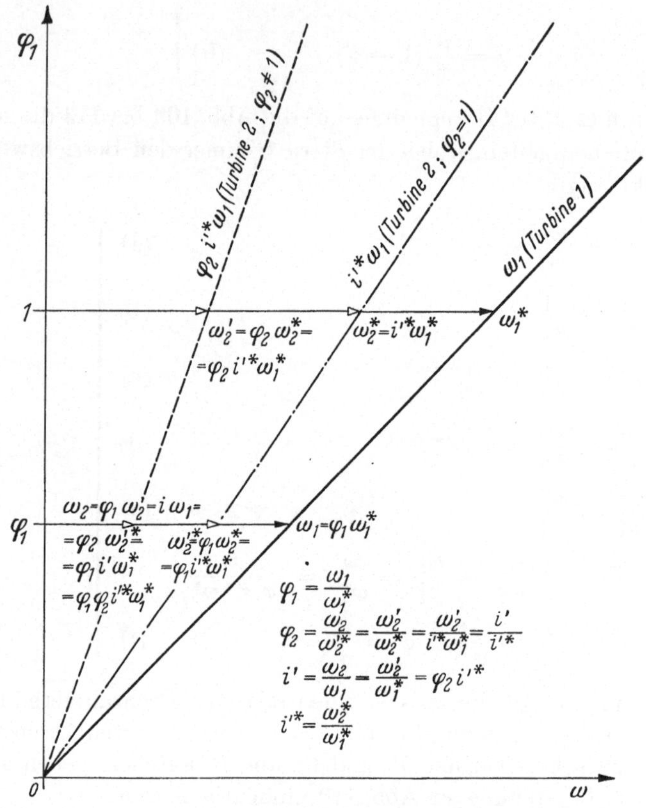

Abb. 110. Graphische Darstellung der Verhältnisse der Winkelgeschwindigkeiten in Abhängigkeit der Zustandswerte φ_1 und φ_2

Dieser Wert ψ^* bezieht sich in diesem Fall natürlich auf die Austrittskante von Turbine *2*, weshalb er mit dem Index 2 besonders zu kennzeichnen ist. Für ihn muß dann also gelten:

$$\psi_2^* = \frac{c_{u\,6}^*}{u_6^*} = \frac{c_6^* \cos \alpha_6^*}{i'^*\, i_1^*\, \dfrac{r_6}{r_3}\, u_2}. \tag{358}$$

Die Wahl der Radien r_4 und r_5 des mittleren Austrittspunkts *4* von Turbine *1* bzw. des mittleren Eintrittspunkts *5* von Turbine *2* bleibt dem Ermessen des Berechnungsingenieurs überlassen. Es gibt verschiedene Gesichtspunkte, nach denen diese Wahl getroffen werden kann, und diese sind auch von dem verwendeten Getriebe abhängig, das zur kinematischen Verbindung der beiden Turbinen untereinander gewählt worden ist.

So wird z. B. verlangt, daß beide Turbinen im Nennpunkt (oder in einem anderen besonderen Betriebspunkt) die gleiche Leistung oder

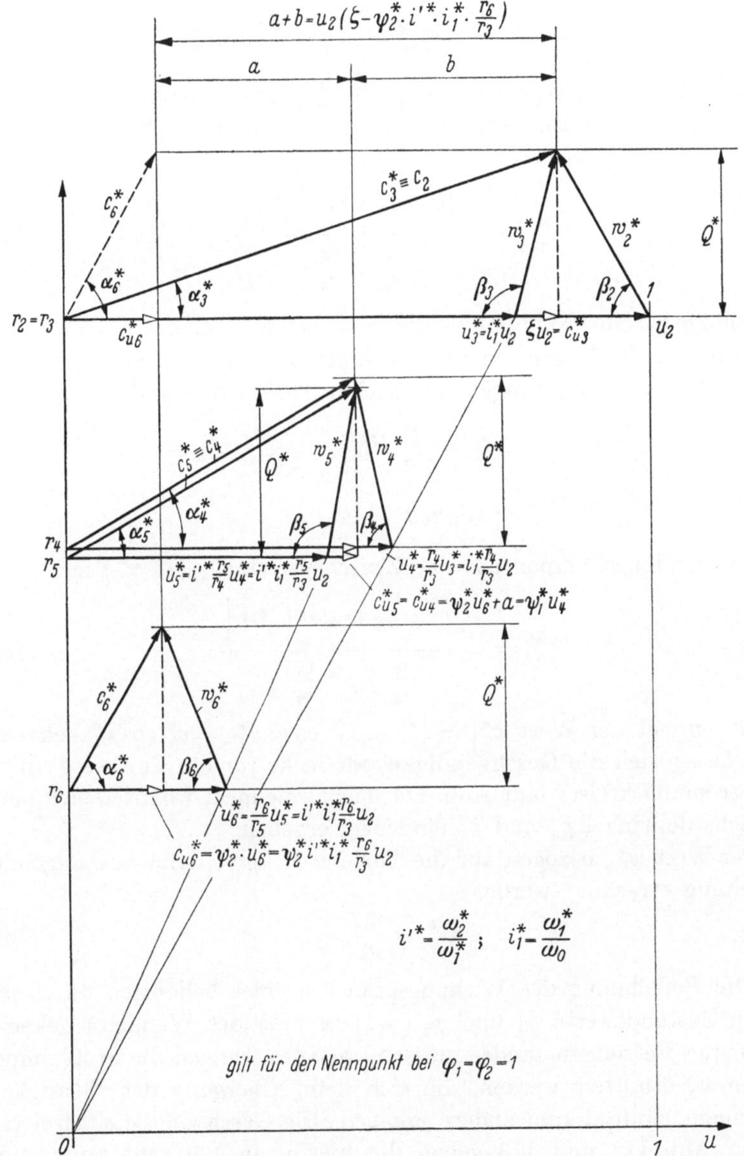

Abb. 111. Geschwindigkeitsdreiecke im Nennbetriebspunkt ($\varphi_1 = \varphi_2 = 1$) für das im Text behandelte Beispiel

das gleiche Drehmoment abgeben. Es könnte auch verlangt sein, daß die Leistung bzw. das Drehmoment der einen Turbine in bezug auf die andere in einem bestimmten Verhältnis stehen.

Besteht z. B. die Forderung, daß beide Turbinen im Nennpunkt das gleiche Drehmoment besitzen, so ergibt sich aus der Gleichsetzung der betreffenden Turbinengleichungen:

$$M_1 = \frac{Q^*}{g}(r_3 c_{u3}^* - r_4 c_{u4}^*) = M_2 = \frac{Q^*}{g}(r_5 c_{u5}^* - r_6 c_{u6}^*)$$

für die Umfangskomponente c_{u4}^* ($\cong c_{u5}^*$) am Austrittspunkt *4* von Turbine *1*, in Abhängigkeit der sonst bekannten Größen ζ, ψ_2^*, i'^* und i_1^*, der Ausdruck:

$$c_{u4}^* = \frac{u_2\left[\zeta + \psi_2^* i'^* i_1^* \left(\frac{r_6}{r_3}\right)^2\right]}{\frac{r_4}{r_3} + \frac{r_5}{r_3}}. \tag{359}$$

Soll hingegen im Nennpunkt die von beiden Turbinen übertragene Leistung die gleiche sein, so ergibt sich aus der Gleichsetzung der betreffenden Leistungsgleichungen der beiden Turbinen *1* und *2*:

$$N_{T_1}^* = \frac{Q^*}{75} H_{\mathrm{th}\,T_1}^* = N_{T_2}^* = \frac{Q^*}{75} H_{\mathrm{th}\,T_2}^* = \frac{Q^*}{75g}(c_{u3}^* u_3^* - c_{u4}^* u_4^*)$$
$$= \frac{Q^*}{75g}(c_{u5}^* u_5^* - c_{u6}^* u_6^*)$$

für die Umfangskomponente der Zwischenwert c_{u4}^* ($\cong c_{u5}^*$) zu:

$$c_{u4}^* = \frac{u_2\left[\zeta + \psi_2^* i_1^* i_1'^{*2} \left(\frac{r_6}{r_3}\right)^2\right]}{\frac{r_4}{r_3} + i'^* \frac{r_5}{r_3}}. \tag{360}$$

Ist einmal der Wert $c_{u4}^* = c_4^* \cos\alpha_4^*$ bzw. $c_{u5}^* = c_5^* \cos\alpha_5^*$ bekannt, dann lassen sich die Geschwindigkeitsdreiecke für die Punkte *4* und *5* des Strömungskreises laut Abb. 111 leicht zeichnen, wodurch sich auch die Schaufelwinkel β_4 und β_5 eindeutig ergeben.

Der Wert ψ_1^*, bezogen auf die Turbine *1*, kann dann aus folgender Beziehung errechnet werden:

$$\psi_1^* = \frac{c_{u4}^*}{u_4^*}. \tag{361}$$

Für die Berechnung des Wirkungsgrades η eines beliebigen durch die beiden Zustandswerte φ_1 und φ_2 ($\neq 1$) ($x \neq 1$) des Wandlers gekennzeichneten Betriebszustandes müssen vor allen Dingen die Stoßkomponenten w_s ermittelt werden, die sich beim Übergang der Flüssigkeit von einem Laufrad zum andern ergeben. Die Geschwindigkeitsdreiecke in den Abb. 112 und 113 geben die hierfür in Betracht kommende Situation wieder.

Aus Abb. 112a kann man z. B. für die Stoßkomponente w_{s1} am Eintritt in das Pumpenlaufrad (in Analogie zum einfachen Wandler mit

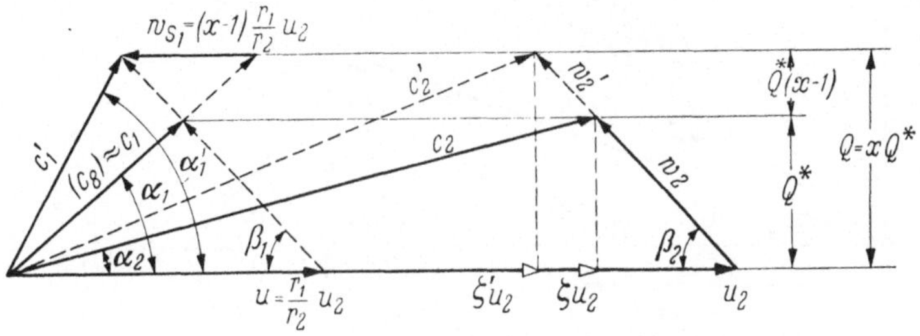

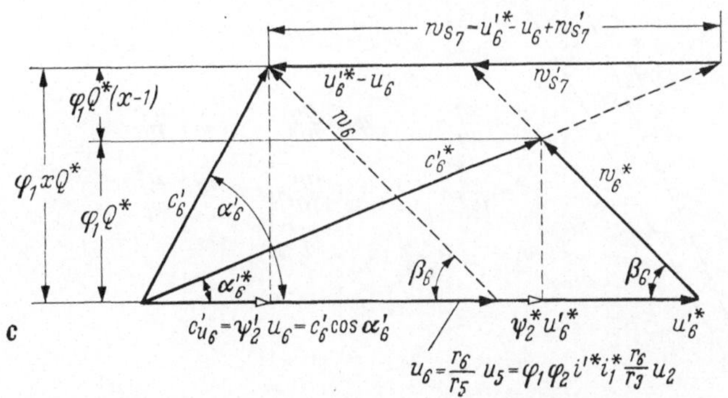

Abb. 112a—c. Geschwindigkeitsdreiecke für Pumpenein- und -austritt an den mittleren Stromkreispunkten *1* und *2* für $x \neq 1$

einstufigen Elementen, wie auf S. 166 u. ff. behandelt) den Wert entnehmen:

$$w_{s1} = (x-1)\,\frac{r_1}{r_2}\,u_2. \tag{362}$$

Aus Abb. 112b für die Stoßkomponente w_{s3} am Eintritt in Turbine *1*:

$$w_{s3} = u_2\,[1 - x(1 - i_1^*) - \varphi_1\, i_1^*]. \tag{363}$$

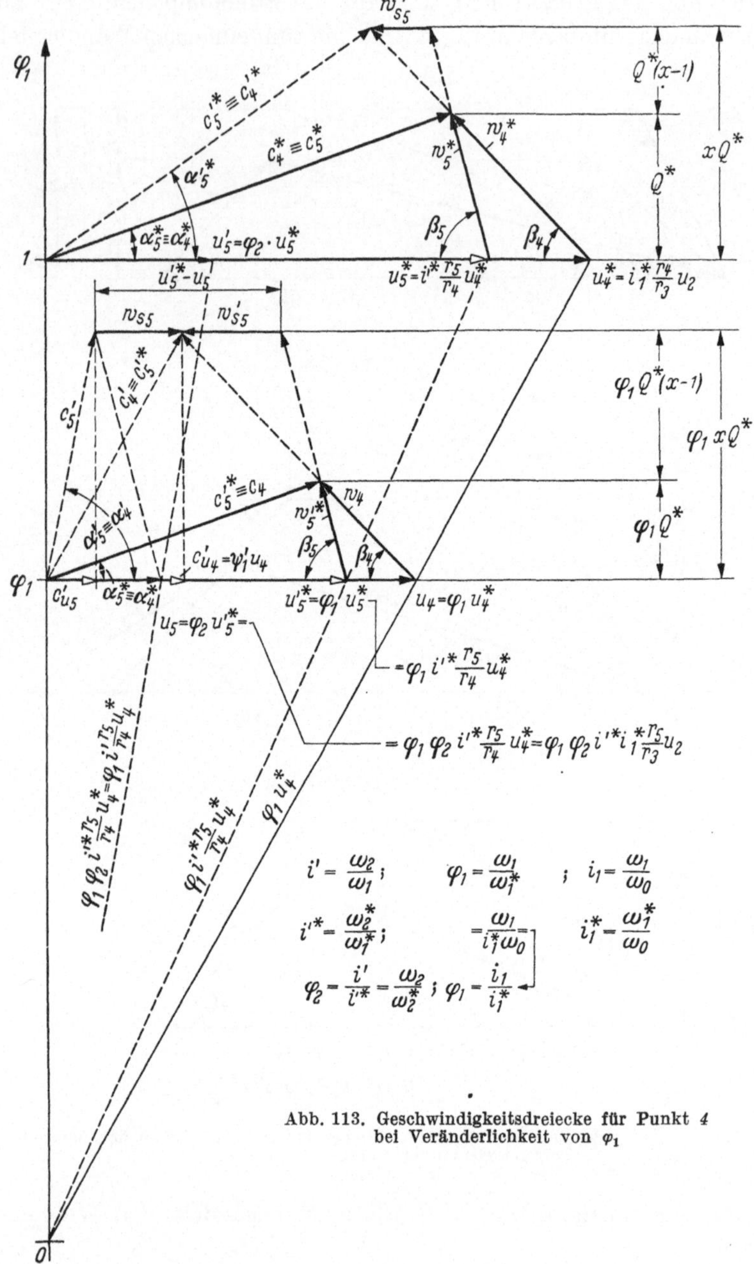

Abb. 113. Geschwindigkeitsdreiecke für Punkt 4 bei Veränderlichkeit von φ_1

Aus Abb. 113 für die Stoßkomponente w_{s5} am Eintritt in Turbine 2:

$$w_{s5} = u_2\,\varphi_1\, i_1^* \frac{r_4}{r_3}\left[1 - x\left(1 - \frac{r_5}{r_4}\, i'^*\right) - \varphi_2\, i'^* \frac{r_5}{r_4}\right]. \qquad (364)$$

Aus Abb. 112c die Stoßkomponente w_{s7} am Eintritt in das Leitrad:

$$w_{s7} = u_2 \varphi_1 i'^* i_1^* \frac{r_6}{r_3} (x - \varphi_2). \tag{365}$$

Die Addition aller durch diese Stoßkomponenten sich ergebenden Stoßverluste ergibt dann nachstehenden Ausdruck:

$$\sum H_s = \frac{u_2^2}{g} \frac{\varkappa}{2} \left\{ (x-1)^2 \left(\frac{r_1}{r_2}\right)^2 + [1 - x(1 - i_1^*) - \varphi_1 i_1^*]^2 + \varphi_1^2 i_1^{*2} \left(\frac{r_4}{r_3}\right)^2 \times \right.$$
$$\left. \times \left[1 - x\left(1 - \frac{r_5}{r_4} i'^*\right) - \varphi_2 \frac{r_5}{r_4} i'^*\right]^2 + \varphi_1^2 i'^{*2} i_1^{*2} \left(\frac{r_6}{r_7}\right)^2 (x - \varphi_2)^2 \right\}, \tag{366}$$

der, wie man sieht, erheblich komplizierter ausfällt als der analoge Ausdruck nach Gl. (266) für den normalen Wandler mit einstufigen Elementen.

Die Aufstellung der Energiebilanz führt auch hier zur Hauptgleichung:

$$H_{\text{th}\,P} - H_{\text{th}\,T} - x^2 H_\varrho^* - \sum H_s = 0 \qquad \text{[s. Gl. (270)]},$$

wobei aber an Stelle von $H_{\text{th}\,T}$ zu setzen ist:

$$H_{\text{th}\,T} = H_{\text{th}\,T_1} + H_{\text{th}\,T_2}. \tag{367}$$

Wie leicht einzusehen ist, muß für $H_{\text{th}\,T_1}$ die gleiche Gl. (254) des normalen Wandlers gelten, wenn nur an Stelle von φ, i^* und ψ^* die Werte φ_1, i_1^* und ψ_1^* eingesetzt werden, also:

$$H_{\text{th}\,T_1} = \frac{u_2^2}{g} \left\{ \varphi_1 i_1^* [1 - x(1 - \zeta)] - \varphi_1^2 i_1^{*2} \left(\frac{r_4}{r_3}\right)^2 \left[1 - \frac{x}{\varphi_1}(1 - \psi_1^*)\right] \right\}. \tag{368}$$

Für $H_{\text{th}\,T_2}$ hingegen muß jetzt unterschieden werden, die Gleichung lautet demnach:

$$H_{\text{th}\,T_2} = \frac{1}{g} (c'_{u4} u_5 - c'_{u6} u_6). \tag{369}$$

Hierin bedeuten c'_{u4} und c'_{u6} (nach Abb. 112 und 113) die entsprechenden Umfangskomponenten, für die geschrieben werden kann:

$$c'_{u4} = \psi'_1 u_4 = \varphi_1 i_1^* \frac{r_4}{r_5} u_2 \left[1 - \frac{x}{\varphi_1}(1 - \psi_1^*)\right], \tag{370}$$

$$c'_{u6} = \psi' u_6 = \varphi_1 \varphi_2 i'^* i_1^* \frac{r_6}{r_3} u_2 \left[1 - \frac{x}{\varphi_2}(1 - \psi_2^*)\right]. \tag{371}$$

Die in diesen Gleichungen vorkommenden Werte von ψ_1^* und ψ_2^* sind bekannt, sie entsprechen im ersten Fall dem nach Gl. (361) errechneten Wert, im zweiten Fall dem schon ursprünglich vorliegenden Wert nach

Gl. (257). Nach Einsetzen erhält man also für $H_{\mathrm{th}\,T_2}$:

$$H_{\mathrm{th}\,T_2} = \frac{u_2^2}{g}(\varphi_1 i_1^*)^2 \varphi_2 i'^* \times$$
$$\times \left\{\left(\frac{r_4}{r_3}\right)^2\left(\frac{r_5}{r_4}\right)\left[1-\frac{x}{\varphi_1}(1-\psi_1^*)\right] - \varphi_2 i'^*\left(\frac{r_6}{r_3}\right)^2\left[1-\frac{x}{\varphi_2}(1-\psi_2^*)\right]\right\}. \tag{372}$$

Setzen wir jetzt diese Ausdrücke in unsere Gleichung für die Energiebilanz ein, so erhalten wir:

$$O = \frac{u_2^2}{g}\left\{x\left[\zeta-\tau\left(\frac{r_1}{r_2}\right)^2\right]+1-x\right\} -$$
$$-\frac{u_2^2}{g}\left\{\varphi_1 i_1^*[1-x(1-\zeta)] - \varphi_1^2 i_1^{*2}\left(\frac{r_4}{r_3}\right)^2\left[1-\frac{x}{\varphi_1}(1-\psi_1^*)\right]\right\} -$$
$$-\frac{u_2^2}{g}(\varphi_1 i_1^*)^2\varphi_2 i'^* \times$$
$$\times\left\{\left(\frac{r_4}{r_3}\right)^2\left(\frac{r_5}{r_4}\right)\left[1-\frac{x}{\varphi_1}(1-\psi_1^*)\right] - \varphi_2 i'^*\left(\frac{r_6}{r_3}\right)^2\left[1-\frac{x}{\varphi_2}(1-\psi_2^*)\right]\right\} -$$
$$- x^2(1-\varepsilon)\frac{u_2^2}{g}\left[\zeta-\tau\left(\frac{r_1}{r_2}\right)^2\right] - \frac{u_2^2}{g}\,\frac{\varkappa}{2}\left\{(x-1)^2\left(\frac{r_1}{r_2}\right)^2 +\right.$$
$$+ [1-x(1-i_1^*)-\varphi_1 i_1^*]^2 + \varphi_1^2 i_1^{*2}\left(\frac{r_4}{r_3}\right)^2 \times$$
$$\left.\times\left[1-x\left(1-\frac{r_5}{r_4}i'^*\right)-\varphi_2\frac{r_5}{r_4}i'^*\right]^2 + \varphi_1^2 i'^{*2} i_1^{*2}\left(\frac{r_6}{r_7}\right)^2(x-\varphi_2)^2\right\}. \tag{373}$$

Aus dieser Gleichung ist nach Durchführung der nötigen Vereinfachungen und algebraischen Operationen ein Ausdruck analog zu Gl. (272) bzw. (273) zu formen, in dem in erster Linie x als Funktion von φ_1 und φ_2 erscheint. Die Werte φ_1 und φ_2 sind zunächst als konstante Parameter anzusehen.

Der weitere Rechnungsgang, der hier der Umständlichkeit halber nicht ausführlich wiedergegeben werden soll, ist der folgende.

Es werden tabellarisch die x-Werte für eine ganze Reihe von φ_1-Werten (z. B. $\varphi_1 = 0 - 0{,}2 - 0{,}4 - 0{,}6\ldots$) ausgerechnet, wobei für jede dieser Reihen je ein besonderer, als konstant angenommener Wert φ_2 in die Rechnung einzusetzen ist. Die graphische Darstellung der Resultate dieser Rechnung ist dann in eine Reihe von Kurven $x = f(\varphi_1)$ darzustellen, von denen dann jede einzelne Kurve einem bestimmten konstanten Parameterwert von φ_2 (z. B. $\varphi_2 = 0 - 0{,}2 - 0{,}4 - 0{,}6\ldots$) entspricht.

Die so erhaltene graphische Darstellung der x-Werte in Abhängigkeit der beiden Zustandswerte φ_1 und φ_2 bildet den Schlüssel zu jeder weiteren analytischen Behandlung des in Betracht gezogenen Strömungswandlersystems.

Zur Festlegung der zugehörigen φ_1- und φ_2-Werte ist im späteren Rechnungsgang jeweils die kinematische Abhängigkeit zwischen den Drehzahlen n, n_0, n_1 und n_2 der einzelnen rotierenden Elemente zu berücksichtigen. Diese Drehzahlen sind ihrerseits in erster Linie durch die kinematischen Verhältnisse des gewählten Getriebes bestimmt und im vorliegenden Beispiel durch Gl. (356) gegeben. Weiter ist die Bedingung der Momentübertragung der beiden Turbinen zu berücksichtigen, die, wiederum je nach den kinematischen Verhältnissen des genannten Getriebes, in besonderer Weise von der Leistung und somit von der eigenen Drehzahl abhängt. So kann beispielsweise die Bedingung vorliegen, daß $M_2 = M_1$ oder $M_2 = \alpha M_1$ (mit $\alpha \lesseqgtr 1$) ist.

Es ist verständlich, daß eine solche Bedingung hydrodynamisch nur bei einer bestimmten Drehzahl der Turbine T_2 bzw. einem bestimmten Zustandswert φ_2 derselben erfüllt werden kann, bei dem sich für den vorliegenden φ_1-Wert der Turbine *1* der gleiche x-Wert einstellt.

Nach Erfüllung der diese Bedingungen widerspiegelnden Gleichung zur Bestimmung des x-Wertes läßt sich sodann an Hand des Diagramms $x = f(\varphi_1)$ für den vorliegenden φ_1-Wert aus der vorhandenen Kurvenschar der entsprechende φ_2-Wert entnehmen, womit das Hauptproblem, das gestellt worden ist, gelöst ist.

Bei der Berechnung des Wirkungsgrades η ist sinngemäß vorzugehen. Zweckmäßig wird man zuerst die Drehmomente der beiden Turbinen T_1 und T_2 getrennt in zwei besondere Diagramme als Funktion von φ_1 bzw. φ_2 für verschiedene x-Werte als feste Parameter einzeichnen, von denen dann für alle gegebenen x-Werte die entsprechenden φ-Werte der beiden Turbinen entnommen werden können.

Wie gesagt, ist das Verhältnis $M_2 : M_1$ durch die Getriebekonstruktion gegeben, und es ist ein leichtes, dieses bei der Bestimmung der entsprechenden φ_2-Werte zu berücksichtigen.

Sind die M_1- und M_2-Werte schließlich für das gesamte Betriebsfeld bekannt, so ist es möglich, das endgültige M/M_0-Diagramm als Funktion von $\varphi = n/n_0$ zu zeichnen, aus dem dann entweder das entsprechende Leistungsdiagramm und über dieses der Wirkungsgrad η oder der Wirkungsgrad η selbst direkt vom ersteren nach der Beziehung laut Gl. (291) berechnet werden kann.

IV. Leistungsteilung

A. Das *TM*-System in den Strömungsmaschinen

Im Jahre 1938 schlug Föttinger einen neuen Weg zur Leistungsübertragung mittels Strömungskupplungen und -wandlern vor, deren Hauptvorteil sich in kleineren Bauabmessungen und folglich in entsprechender Raum- und Gewichtsersparnis auswirken sollte. Bezüglich der Strömungswandler sollte mit diesem neuen Vorschlag auch eine Verbesserung des Wirkungsgrads und eine Abflachung der Wirkungsgradkurve verbunden sein.

Es handelte sich hierbei um ein System, bei dem eine Leistungsverzweigung über ein Planetengetriebe vorgesehen ist, in der Weise, daß ein Teil des Leistungsflusses direkt, d. h. auf mechanischem Wege über das Planetengetriebe selbst (mit einem diesem entsprechenden hohen Wirkungsgrad) auf die Abtriebswelle, der andere Teil über den Strömungswandler hydrodynamisch (mit einem diesem entsprechenden hydraulischen Wirkungsgrad) auf die genannte Abtriebswelle übertragen wird. Wegen dieser gemischten *Turbo-Mechanischen* Kombination wurde das System vom FÖTTINGER selbst als das *TM-System* bezeichnet.

Weil nun bei dieser *TM*-Anordnung das Element *Pumpe* — gleich, ob es sich um eine Strömungs*kupplung* oder um einen Strömungs*wandler* handelt — infolge der Wirkungsweise des Planetengetriebes stets eine höhere Drehzahl annimmt als die Motorwelle, andererseits die genannte Pumpe infolge der Leistungsverteilung durch das Getriebe nur mehr einen entsprechend kleineren Anteil der Gesamtleistung zu übertragen hat, ergibt es sich, weil doch diese Leistung von der 5. Potenz des Pumpenradius r_e und von der 3. Potenz der Pumpendrehzahl abhängt, daß die Abmessungen derselben (und somit des ganzen hydraulischen Systems) bei der *TM*-Anordnung wesentlich kleiner gegenüber jenen einer Normalausführung *ohne* Leistungsverteilung ausfallen müssen.

Diesen beiden, im ersten Augenblick so bedeutend erscheinenden Vorteilen stellen sich jedoch bei einer genaueren Untersuchung des Systems einige Nachteile grundsätzlicher Art entgegen, die die Zweckmäßigkeit der Anwendung des *TM*-Systems ernstlich in Frage stellen, ja, sie überhaupt ausschließen können.

Vor allen Dingen bringt der Einbau eines Planetengetriebes im Antriebsmechanismus, wenn es nicht mit der gebotenen Sorgfalt ausgeführt wird, eine Geräuschquelle mit sich, die sonst natürlich immer gern vermieden wird, ebenso wie eine sorgfältige Ausführung desselben höhere Fertigungskosten verursacht. Die Anwendung eines Planetengetriebes als Antriebsmechanismus der Strömungsmaschine bedeutet auf alle Fälle eine Komplikation in der Konstruktion des Aggregats, wodurch dasselbe nicht nur teurer, sondern auch empfindlicher im Betrieb wird. Jedenfalls hat man durch die Einführung eines Getriebes im Übertragungsmechanismus des Fahrzeugs eine neue mögliche Störquelle eingeführt, die zumindest nicht als angenehm empfunden werden kann.

Wenn es möglich ist, in der Praxis solche Nachteile durch Inkaufnahme von etwas Mehrgewicht und -raum (so wie es bei der Anwendung des Normaltyps ohne Leistungsverzweigung der Fall ist) zu vermeiden, wird wohl immer zwangsweise die Wahl auf den Normaltyp fallen müssen. Nur wenn in gewissen Fällen eine wirklich wesentliche Verbesserung des Wirkungsgrads des Strömungswandlers erreicht werden kann oder eine dem TM-System eigene besondere Eigenschaft für die bessere Erfüllung von besonders vorliegenden Arbeitsbedingungen (darunter auch die Gewichtsersparnis) auszunützen wäre, könnte seine unbestrittene Anwendung in Frage kommen.

Und wirklich, so vorteilhaft und vielversprechend auch dieses TM-System anfänglich erschien, es hat in der Praxis bislang keine weitere Anwendung gefunden. Nach Wissen des Verfassers ist (bis zum Jahre 1957) nur eine Lösung dieser Art verwirklicht worden: das von der deutschen Firma Voith gebaute „Diwabus-Getriebe" für den Omnibusantrieb, das später noch erwähnt wird.

Das TM-Föttinger-System bietet jedoch sehr interessante Merkmale in bezug auf die Betriebseigenschaften, und es könnten sich wohl, wie gesagt, Fälle ergeben, bei denen diese besonderen Eigenschaften in nutzbringender Weise praktisch verwertet werden könnten. Es ist also zweckmäßig, auch auf diese Art der Leistungsübertragung näher einzugehen und das TM-System einer genaueren Analyse zu unterziehen. Die zwei Gruppen *Kupplungen* und *Wandler* sollen wieder getrennt für sich behandelt werden.

1. Das *TM*-System in der Strömungskupplung

Die von den Elementen Pumpe–Turbine hydrodynamisch übertragene Leistung kann (innerhalb der hier in Betracht kommenden Betriebsgrenzen) proportional der 3. Potenz der Pumpendrehzahl und proportional der 5. Potenz einer Bezugsgröße der Pumpe selbst angenommen werden. Im TM-System steigt (bei konstant gehaltener Motorantriebsdrehzahl n_0) infolge der Wirkungsweise des Planetengetriebes die Drehzahl der Pumpe — und mit ihr die aufgenommene Leistung, — sobald das Turbinenrad wegen vergrößertem Arbeitswiderstand seine eigene Drehzahl vermindert (und umgekehrt). Die Pumpe erreicht dabei ihre höchste Drehzahl, sobald das Turbinenrad zum Stillstand gebracht wird. Dieses Verhalten läßt sich anschaulich aus der Abb. 114a und b ersehen.

Die Abhängigkeit zwischen *innerem* Schlupf (d. h. zwischen Turbine und Pumpe) und übertragener Leistung als Funktion des *äußeren* Untersetzungs- (Drehzahl-) Verhältnisses (Abtriebswelle/Motorwelle) hängt natürlich von den kinematischen Merkmalen des jeweils angewendeten

Planetengetriebesystems ab. Von allen nun möglichen Systemen sollen hier nur die zwei einfachsten Typen untersucht werden, die mit *Variante A* und *Variante B* bezeichnet werden.

a) Variante *A*. Die grundsätzliche Ausführung der *Variante A* ist in Abb. 114a dargestellt. Zu dieser *Variante A* gehört das von FÖTTINGER ursprünglich vorgeschlagene Getriebe seines *TM*-Systems. Der Planetenradträger *1* ist in diesem Fall mit der Motorwelle *0* fest verbunden, die Leistung verzweigt sich an den Planetenrädern *2* und nimmt ihren weiteren Weg einerseits über das innere Sonnenrad *3*, andererseits über den äußeren Zahnkranz *4*, um sich schließlich wieder in der Welle *5* (Abtriebswelle) zu vereinigen.

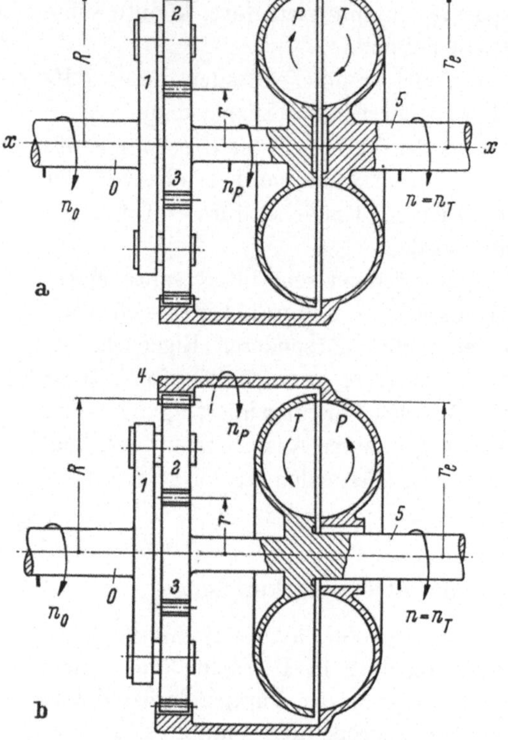

Abb. 114a u. b. *TM*-Strömungskupplung mit Leistungsverzweigung
a) *Variante A*, Pumpe vom inneren Sonnenrad angetrieben; b) *Variante B*, Pumpe vom äußeren Zahnkranz angetrieben

In der *Variante A* ist die Abtriebswelle *5* mit der Turbine *T* des hydraulischen Teils und diese mit dem äußeren Zahnradkranz *4* des Planetengetriebes fest verbunden. Die Pumpe *P* hingegen ist mit dem inneren Sonnenrad *3* fest verbunden.

Die Arbeitsweise wird anschaulich, wenn man sich zunächst die Abtriebswelle *5* und mit ihr die Turbine *T*, bei langsam laufender Antriebswelle *0*, mit einem gewissen Widerstand festgebremst vorstellt. Der Zahnkranz *4* befindet sich hierbei in Ruhe, die ganze Leistung geht in diesem Fall über die Planetenräder *2* und das innere Sonnenrad *3* zur Pumpe *P* über. Nun läßt man die Drehzahl der Antriebswelle *0* stetig ansteigen. Als Folge davon wird auch die Drehzahl der Pumpe ansteigen und der Schlupf zwischen Turbine und Pumpe dabei immer größer werden. Infolge des wachsenden Schlupfes muß natürlich auch das auf die Turbine wirkende hydraulisch zu übertragende Drehmoment ansteigen, und es wird in einem bestimmten Augenblick der Fall eintreten, in dem das Festbremsmoment an der Turbinenwelle *5* durch das von der Pumpe übertragene Moment überwunden wird und die Turbine selbst anfangen wird sich zu drehen.

Nun wirkt auf die Turbinenwelle *5* nicht nur das hydraulisch von der Pumpe auf die Turbine übertragene Drehmoment, sondern auch das Drehmoment, das von den Zahnradkräften der Räder *2* auf den Zahnkranz *4* herrührt. Weil die von Zahnrad *2* sowohl auf das innere Sonnenrad *3* wie auf den äußeren Zahnkranz *4* übertragenen Umfangskräfte untereinander gleich groß sind, anderseits diese Kräfte im ersten Fall auf einen kleineren Radialabstand r, im zweiten Fall auf einen größeren Radialabstand R von der Drehachse $x - x$ des Systems angreifen, muß das auf die Welle *5* über Zahnkranz *4* übertragene Drehmoment größer als das über Sonnenrad *3* ebenfalls mechanisch über das Pumpengehäuse übertragene Drehmoment sein.

Da eine Strömungskupplung ein Drehmoment nur im Verhältnis 1 : 1 zu übertragen vermag, also mit anderen Worten das Abtriebsmoment gleich dem Antriebsmoment sein muß, ergibt sich, daß der von der Kupplung hydraulisch übertragene Drehmomentanteil genau der Differenz der oben genannten beiden Drehmomente ist.

Aus den Beziehungen:

$M_P = M_T$ das von der Strömungskupplung hydraulisch übertragene Teildrehmoment (auf Welle und Sonnenrad *3* einwirkend);

$M_0 = M$ Antriebsdrehmoment (auf Primärwelle *0* angreifend) = Abtriebsdrehmoment (auf Sekundärwelle *5* verfügbar);

ergibt sich nachfolgende Gleichung:

$$M_T = M_0 - M_4, \tag{374}$$

d. h., das hydraulisch über die Turbine übertragene Drehmoment ist gleich der Differenz zwischen dem vom Motor eingeleiteten Antriebsdrehmoment (bzw. dem an der Abtriebswelle verfügbaren Abtriebsmoment) und dem von den Planetenrädern auf den äußeren Zahnkranz *4* mechanisch übertragenen Drehmoment.

Für M_4 in Abhängigkeit von M_0 läßt sich leicht ableiten:

$$M_4 = M_0 \frac{R}{r + R} = M_0 \frac{1}{1 + \frac{r}{R}} \tag{375}$$

und für M_0 in Abhängigkeit von M_P, mit η_m als mechanischem Wirkungsgrad des Getriebes:

$$M = M_0 = M_P \left(1 + \eta_m \frac{R}{r}\right). \tag{376}$$

Mit diesen Ausdrücken läßt sich dann für die von der Turbine T hydrodynamisch übertragene Leistung schreiben:

$$N_T = \frac{N_T n}{71620} = \frac{n}{71620}(M_0 - M_4) = \frac{M_0 n}{71620}\left(1 - \frac{1}{1 + \frac{r}{R}}\right)$$

$$= \frac{M_0 n}{71620} \frac{1}{1 + \frac{R}{r}}. \tag{377}$$

An dieser Stelle muß noch auf einen besonderen Umstand eingegangen werden. Entgegen dem Fall des normalen Strömungskupplungtyps, wo nur *ein* einziges Verhältnis zwischen den Winkelgeschwindigkeiten der allein existierenden *zwei* Elemente Turbine und Pumpe in Frage kommt, d. h. $i = n/n_0$, sind im Falle des TM-Systems infolge des Planetenradgetriebes *drei* solcher Verhältnisse zu berücksichtigen, die wie folgt definiert werden sollen:

$i = \frac{n}{n_P}$ *inneres* Verhältnis (zwischen Abtriebswelle und Pumpe) (a)

$i^{\Delta} = \frac{n}{n_0}$ *äußeres* Verhältnis (zwischen Abtriebswelle und Antriebs- (Motor-) Welle (b)

$i' = \frac{n_P}{n_0} = \frac{i^{\Delta}}{i}$ Verhältnis zwischen Pumpendrehzahl und Antriebs- (Motor-) Drehzahl (c)

(378)

In diesen bedeuten n_0, n, n_P die Drehzahlen der Primär- (Motor- oder Antriebs-) Welle, der Sekundär- (Abtriebs-) Welle und der Pumpe.

Dies vorausgesetzt, kann für die von der Pumpe hydraulisch übertragene Leistung N_T nach Gl. (377) geschrieben werden:

$$N_T = \frac{M_0 n_0}{71620} \frac{i^{\Delta}}{1 + \frac{R}{r}} = N_0 \frac{i^{\Delta}}{1 + \frac{R}{r}}. \tag{379}$$

Wenn jetzt diese Leistung ins Verhältnis zu der in die Antriebswelle eingeleiteten Gesamtleistung N_0 gesetzt wird, so erhält man den hydraulischen Leistungsanteil:

$$\varphi_{N_T} = \frac{N_T}{N_0} = \frac{i^{\Delta}}{1 + \frac{R}{r}}. \tag{380}$$

Für die mechanisch durch das Getriebe hindurchgeleitete Leistung kann hingegen der folgende Ausdruck gelten:

$$N_4 = \frac{M_4 n}{71620} = \frac{M_0 n}{71620\left(1 + \frac{r}{R}\right)} = \frac{M_0 n_0}{71620} \frac{i^{\Delta}}{1 + \frac{r}{R}} = N_0 \frac{i^{\Delta}}{1 + \frac{r}{R}}. \tag{381}$$

Setzt man auch diese Leistung ins Verhältnis zu der in die Primärwelle eingeleiteten Gesamtleistung N_0, so ergibt sich der mechanische Anteil zu:

$$\varphi_{N4} = \frac{N_4}{N_0} = \frac{i^\Delta}{1 + \frac{r}{R}}. \tag{382}$$

Aus der Summe dieser beiden Leistungsanteile ergibt sich das Gesamtverhältnis:

$$\varphi_{N_T} + \varphi_{N_4} = \frac{N_T}{N_0} + \frac{N_4}{N_0} = \frac{i^\Delta}{1 + \frac{R}{r}} + \frac{i^\Delta}{1 + \frac{r}{R}} = i^\Delta \tag{383}$$

und, da $N_T + N_4 = N$, in Übereinstimmung mit den früheren Ergebnissen im Kapitel über die Strömungskupplungen:

$$\frac{N}{N_0} = i^\Delta \equiv \eta^\Delta. \tag{384}$$

Hierin bedeutet η^Δ (das auch dem *äußeren* Drehzahlverhältnis $i^\Delta = n/n_0$ entspricht) nichts anderes als den Wirkungsgrad des Systems TM, für den genauer und in völliger Analogie zu früher Gesagtem [s. Gl. (7)] geschrieben werden kann:

$$\eta^\Delta = \frac{N}{N_0} = \frac{M\, n\, 71\,620}{71\,620\, M_0 n_0} = \frac{n}{n_0} = i^\Delta. \tag{385}$$

Da nun für das von der Pumpe hydraulisch übertragene Drehmoment $M_P = M_T$ die Beziehung gilt:

$$M_P = M_T = \lambda\, n_P^2 r_e^5 \qquad [\text{Gl. (57)}],$$

so gelangt man durch Einsetzen dieser in Gl. (374) und gleichzeitiges Substituieren von M_4 durch Gl. (375) zur Beziehung:

$$\lambda\, n_P^2 r_e^5 = M_0 - M_4 = M_0 \frac{1}{1 + \frac{R}{r}} \tag{386}$$

und erhalten durch weitere Substitution von n_P durch Gl. (378c) die Beziehung:

$$\lambda\, n_0^2 \left(\frac{i^\Delta}{i}\right)^2 r_e^5 = M_0 \frac{1}{1 + \frac{R}{r}} = \lambda\, n_0^2 \left(\frac{\eta^\Delta}{\eta}\right)^2 r_e^5. \tag{387}$$

Für das hier betrachtete kinematische Getriebe besteht nun für das *äußere* Drehzahlverhältnis i^Δ in Funktion des *inneren* Drehzahlverhältnisses i die Beziehung:

$$i^\Delta = \frac{1 + \frac{R}{r}}{\frac{1}{i} + \frac{R}{r}} \equiv \eta^\Delta. \tag{388}$$

Wird diese in Gl. (387) eingeführt und sonst auch an Stelle von i, η geschrieben, so ergibt sich aus dem neuerhaltenen Ausdruck die Beziehung für M wie folgt:

$$M = M_0 = \lambda\, n_0^2 r_e^5 \left(1 + \eta_m \frac{R}{r}\right) \left[\frac{1 + \frac{R}{r}}{1 + \eta \frac{R}{r}}\right]^2 = \lambda\, n_0^2 r_e^5 \left(1 + \eta_m \frac{R}{r}\right) \left(\frac{\eta^\Delta}{\eta}\right)^2. \tag{389}$$

Die hierin auftretenden Werte von λ müssen natürlich den Werten η entsprechen, die der Kennkurve $\lambda - \eta$ der verwendeten Strömungskupplung (bzw. der zugehörigen Familie) zu entnehmen sind.

Sind einmal die Betriebsdaten für eine Strömungskupplung des Systems *TM Variante A* bestimmt, so läßt sich aus Gl. (389) der Radius r_e des Elements *Pumpe* herausrechnen, für den gelten wird:

$$r_e = \left[\frac{M_0}{\lambda \left[\frac{1 + \frac{R}{r}}{1 + \eta \frac{R}{r}}\right]^2 \left(1 + \eta_m \frac{R}{r}\right) n_0^2}\right]^{\frac{1}{5}}. \tag{390}$$

b) Variante *B*. Das Schema des *TM*-Systems *Variante B* ist in Abbildung 114b dargestellt.

Der grundsätzliche Unterschied im Aufbau dieser Variante gegenüber der vorher behandelten ist folgender: Während die Pumpe P früher vom inneren Sonnenrad *3* angetrieben und der mechanische Leistungsanteil über den äußeren Zahnkranz *4* auf die Welle *5* geleitet wurde, wird jetzt die Pumpe vom äußeren Zahnkranz *4* angetrieben und der mechanische Leistungsanteil über das innere Sonnenrad *3* geleitet. Es hat somit nur eine Vertauschung der kinematischen Antriebsverhältnisse stattgefunden, während sonst im Aufbau des Systems alles unverändert geblieben ist.

Auch hier kann in Analogie zu oben geschrieben werden:

$$M_T = M_0 - M_3, \tag{391}$$

wobei für M_3 gelten muß:

$$M_3 = M_0 \frac{r}{r + R} = M_0 \frac{1}{1 + \frac{R}{r}}. \tag{392}$$

Für M_0 in Abhängigkeit von M_P kann wiederum gesetzt werden:

$$M = M_0 = M_P \left(1 + \eta_m \frac{r}{R}\right), \tag{393}$$

so daß für die von der Turbine übertragene Leistung der Ausdruck erhalten wird:

$$N_T = \frac{M_T n}{71620} = \frac{n}{71620}(M_0 - M_3) = \frac{n}{71620} M_0 \left(1 - \frac{r}{r+R}\right)$$
$$= \frac{M_0 n}{71620} \frac{1}{1 + \frac{r}{R}}. \tag{394}$$

Da die kinematischen Übersetzungsverhältnisse nach Gl. (378) ihre Gültigkeit bewahren und folglich immer $n = i^\Delta n_0$ sein muß, erhält man aus obigem Ausdruck:

$$N_T = \frac{M_0 n_0}{71620} \frac{i^\Delta}{1 + \frac{r}{R}} = N_0 \frac{i^\Delta}{1 + \frac{r}{R}}. \tag{395}$$

Die von der Turbine übertragene Leistung mit der eingeleiteten Motorleistung N_0 ins Verhältnis gesetzt, ergibt das Leistungsverhältnis für den hydraulischen Anteil:

$$\varphi_{n_T} = \frac{N_T}{N_0} \frac{i^\Delta}{1 + \frac{r}{R}}. \tag{396}$$

Weil die jetzt vom Sonnenrad *3* mechanisch übertragene Leistung:

$$N_3 = \frac{M_3 n}{716,2} = M_0 \frac{r}{r+R} \frac{n}{716,2} = \frac{M_0 n_0}{716,2} \frac{i^\Delta}{1 + \frac{R}{r}} = N_0 \frac{i^\Delta}{1 + \frac{R}{r}} \tag{397}$$

beträgt, ergibt sich das Verhältnis für den entsprechenden mechanischen Leistungsanteil:

$$\varphi_{N_3} = \frac{N_3}{N_0} = \frac{i^\Delta}{1 + \frac{R}{r}}. \tag{398}$$

Aus der Summe der beiden Anteile geht auch hier hervor:

$$\varphi_{N_T} + \varphi_{N_3} = \frac{N_T}{N_0} + \frac{N_3}{N_0} = \frac{i^\Delta}{1 + \frac{r}{R}} + \frac{i^\Delta}{1 + \frac{R}{r}} = i^\Delta \tag{399}$$

und:

$$N_T + N_3 = N_0 i^\Delta = N = \eta^\Delta N_0, \tag{400}$$

wo η^Δ jeweils der Wirkungsgrad nach Gl. (385) bedeutet.

Für das hydraulisch übertragene (innere) Drehmoment kann hier geschrieben werden:

$$M_P = M_T = \lambda n_P^2 r_e^5 \quad [\text{Gl. (57)}].$$

Dieser Ausdruck wird in die Gl. (391) eingesetzt, in der weiter auch M_3 durch Gl. (392) ausgedrückt wird. Damit ergibt sich:

$$\lambda n_P^2 r_e^5 = M_0 - M_3 = M_0 \frac{1}{1 + \frac{r}{R}}. \tag{401}$$

Aus dieser Gleichung entnimmt man, wenn vorher noch n_P durch Gl. (378c) ersetzt wird, das Pumpendrehmoment M_P $(= M_T)$ zu:

$$M_P = M_T = \lambda n_0^2 \left(\frac{i^\Delta}{i}\right)^2 r_e^5 = M_0 \frac{1}{1 + \frac{r}{R}} = \lambda n_0^2 \left(\frac{\eta^\Delta}{\eta}\right)^2 r_e^5. \qquad (402)$$

Nun besteht zwischen dem *äußeren* Verhältnis i^Δ und dem *inneren* Verhältnis i des hier verwendeten kinematischen Getriebes nach *Variante B* folgende Beziehung:

$$i^\Delta = \frac{1 + \frac{R}{r}}{1 + \frac{1}{i}\,\frac{R}{r}} \equiv \eta^\Delta. \qquad (403)$$

Setzt man diesen Ausdruck in Gl. (402) ein und substituiert auch hier i durch η, löst dann nach M auf, so erhält man für das von der *TM*-Kupplung übertragene Gesamtdrehmoment:

$$M = M_0 = \lambda\, n_0^2\, r_e^5 \left(1 + \eta_m \frac{r}{R}\right) \left[\frac{1 + \frac{R}{r}}{1 + \frac{1}{\eta}\,\frac{R}{r}}\right]^2 = \lambda\, n_0^2\, r_e^5 \left(1 + \eta_m \frac{r}{R}\right) \left(\frac{\eta^\Delta}{\eta}\right)^2. \qquad (404)$$

Auch hier gilt natürlich, wie bereits bei der Variante A betont wurde, daß die Kennwerte λ den jeweils eingesetzten η-Werten entsprechen müssen und daß diese der Kennwertkurve $\lambda - \eta$ der betreffenden Strömungskupplung zu entnehmen sind.

Liegen einmal die Daten dieser Strömungskupplung des *TM*-Systems nach *Variante B* vor, so errechnet sich der Pumpenradius r_e aus Gl. (404) zu:

$$r_e = \left[\frac{M_0}{\lambda \left[\frac{1 + \frac{R}{r}}{\eta + \frac{R}{r}}\right]^2 \left(1 + \eta_m \frac{r}{R}\right) n_0^2}\right]^{\frac{1}{5}}. \qquad (405)$$

c) Vergleich zwischen Betriebsmerkmalen der Varianten *A* und *B* des *TM*-Systems, angewandt in einer Strömungskupplung. Um bei den weiteren Betrachtungen die Werte der verschiedenen Merkmale der *Variante A* und der *Variante B* unterscheiden zu können, sollen diese mit den entsprechenden Indices A bzw. B bezeichnet werden:

Es sind also:

λ_A und λ_B *Kennwert*, bezogen auf das in Betracht gezogene *innere* Verhältnis $\eta_A \equiv i_A$ und $\eta_B \equiv i_B = n/n_P$ der bezüglichen Variante A oder B des *TM*-Systems.

η_A und $\eta_B \equiv i_A \equiv i_B = n/n_P$ *inneres* Untersetzungsverhältnis im *TM*-System, bei dem sich das untenstehende *äußere* Verhältnis η_A^Δ und η_B^Δ einstellt.

η_A^Δ und $\eta_B^\Delta \equiv i_A^\Delta \equiv i_B^\Delta$ *äußeres* Untersetzungsverhältnis im *TM*-System, bei dem sich das obige *innere* Verhältnis η_A und η_B verwirklicht.

Mit diesen so definierten Größen lassen sich die verschiedenen Getriebeverhältnisse wie folgt schreiben:

Variante A (Abb. 114a):

$$\left.\begin{aligned} i_A &= \frac{n}{n_P} = \eta_A = \frac{N}{N_P}, && \text{(a)} \\ i_A^\Delta &= \frac{n}{n_0} = \frac{1+\dfrac{R}{r}}{\dfrac{1}{i_A}+\dfrac{R}{r}} \equiv \eta_A^\Delta = \frac{N}{N_0}, && \text{(b)} \\ i_A' &= \frac{n_P}{n_0} = \frac{i_A^\Delta}{i_A} = \frac{1+\dfrac{R}{r}}{1+i\dfrac{R}{r}} \equiv \frac{\eta_A^\Delta}{\eta_A}. && \text{(c)} \end{aligned}\right\} \tag{406}$$

Variante B (Abb. 114b):

$$\left.\begin{aligned} i_B &= \frac{n}{n_P} \equiv \eta_B = \frac{N}{N_P}, && \text{(a)} \\ i_B^\Delta &= \frac{n}{n_0} = \frac{1+\dfrac{R}{r}}{1+\dfrac{1}{i_B}\dfrac{R}{r}} \equiv \eta_B^\Delta = \frac{N}{N_0}, && \text{(b)} \\ i_B' &= \frac{n_P}{n_0} = \frac{i_B^\Delta}{i_B} = \frac{1+\dfrac{R}{r}}{i_B+\dfrac{R}{r}} = \frac{\eta_B^\Delta}{\eta_B}. && \text{(c)} \end{aligned}\right\} \tag{407}$$

Aus Gl. (406c) ergibt sich eine Abhängigkeit zwischen dem *inneren* Verhältnis η_A und dem *äußeren* Verhältnis η_A^Δ der *Variante A* zu:

$$\eta_A = \frac{\eta_A^\Delta}{1+\dfrac{R}{r}(1-\eta_A^\Delta)}, \tag{408}$$

während aus Gl. (407c) die entsprechende Abhängigkeit für *Variante B* entnommen werden kann wie folgt:

$$\eta_B = \frac{\eta_B^\Delta}{1+\dfrac{r}{R}(1-\eta_B^\Delta)}. \tag{409}$$

Im Diagramm der Abb. 115 sind die Funktionen $\eta^\Delta = f(\eta)$ der beiden *Varianten A* und *B* nach obigen Gleichungen aufgetragen und zum Vergleich auch die gestrichelte Linie des Normaltyps N eingezeichnet. In dem hier dargestellten Beispiel ist für das Verhältnis R/r der Wert 3 angenommen. Weiter ist in diesem Diagramm die Abhängigkeit von η als Funktion von η^Δ und umgekehrt nur in kinematischer Hinsicht des Systems verfolgbar. Es ist bei dieser Darstellung nicht möglich, sich ein Urteil über das charakteristische Betriebsverhalten der *TM*-Kupplung infolge Änderung des durch veränderliche Bremswiderstände bedingten Schlupfes bzw. infolge des inneren Drehmoments $M_P = M_T$ als Funktion von i bzw. von i^{Δ} zu verschaffen.

Um auch in dieser Hinsicht das Verhalten der *TM*-Kupplungen nach den bisher untersuchten *Varianten A* und *B* im Vergleich zur Normal-

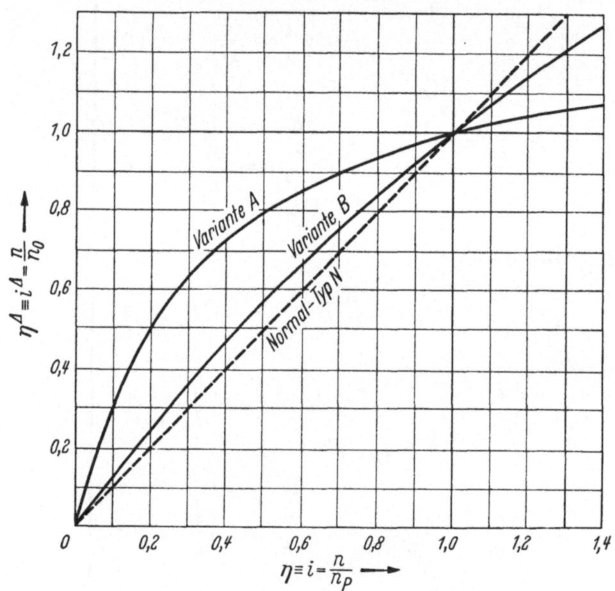

Abb. 115. Diagramm zur Veranschaulichung der Veränderlichkeit von $\eta \equiv i = \frac{n}{n_P}$ in Abhängigkeit von $\eta^{\Delta} = \frac{n}{n_0}$ infolge der kinematischen Verhältnisse. Gegenüberstellung der *Varianten A* und *B* mit dem Normaltyp *N*

ausführung *N* beurteilen zu können, muß ein anderer Weg beschritten werden. Es mögen folgende Vergleichsbedingungen gelten:

1. bei gleichem übertragenem Drehmoment im Nennpunkt bei Nennschlupf;

2. bei gleichem äußerem Drehzahlverhältnis $i^{\Delta} = n/n_0$;

3. bei Annahme einer stets gleichen Kupplungsfamilie, für die immer die gleiche Kennkurve $\lambda - \eta$ gilt (beispielsweise die Kurve in Abb. 20).

Nach Voraussetzung soll also der Vergleich bei gleichem äußerem Drehzahlverhältnis $n/n_0 = i \equiv \eta$ des Normaltyps *N* bzw. bei η^{Δ} des *TM*-Systems erfolgen. Somit können in einem Diagramm, in welchem die Kennlinie $\lambda - \eta$ des Normaltyps eingetragen ist, neben dieser Normalkurve auch die Kennlinien der beiden Varianten *A* und *B* eingezeichnet werden.

Diese ergeben sich in einfacher Weise aus der $\lambda - \eta$-Kennlinie des Normaltyps *N*, wenn berücksichtigt wird, daß die gleichen λ-Werte auch für jene äußeren η^{Δ}-Werte des TM-Systems gelten müssen, bei denen sich infolge der kinematischen Verhältnisse des in Betracht kommenden Getriebes die entsprechenden inneren η-Werte einstellen.

Diese Kurven stellen dann die „*relativen*" Kennlinien des betrachteten Systems dar und beziehen sich auf den *äußeren* Schlupf der TM-Kupplung als Ganzes.

Ein derartiges Diagramm ist in Abb. 116 dargestellt.

Unter Bezugnahme auf die Definition des „*Starrheitsgrades*" einer Strömungskupplung nach Gl. (187) (S. 114) ist man in der Lage, an

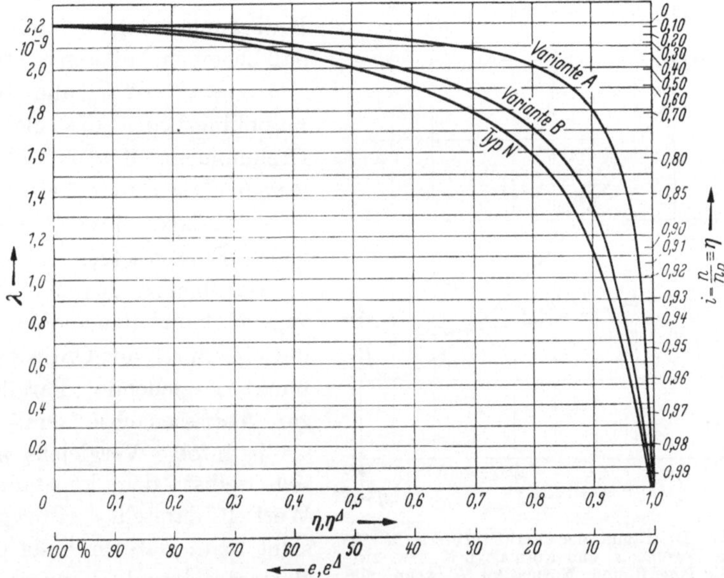

Abb. 116. Relative Kennkurven der Varianten A und B im Vergleich zur absoluten Kennkurve des Normaltyps N, bezogen auf das äußere Drehzahlverhältnis

$$i \equiv \eta = \frac{n_T}{n_P} \quad \text{bzw.} \quad i^{\Delta} \equiv \eta^{\Delta} = \frac{n}{n_0}$$

Hand des Diagramms nach Abb. 116 festzustellen, daß der Starrheitsgrad $\phi' = d\lambda/d\eta$ bei gleichem äußerem Schlupf ($\eta^{\Delta} \equiv i^{\Delta}$ bzw. $\eta \equiv i$) bei allen drei Ausführungsarten verschieden ist. Um dieses unterschiedliche Verhalten der drei betrachteten Systeme noch mehr zu betonen und einen Vergleich auf einheitlicher Basis führen zu können, wird ein weiteres Diagramm gezeichnet, in dem das Drehmomentverhältnis M^{Δ}/M als Funktion von i^{Δ} bzw. von i dargestellt wird. Hierbei sollen bedeuten:

M^{Δ} das von einem TM-System der betrachteten Variante bei dem äußeren Drehzahlverhältnis i^{Δ} übertragene Drehmoment;

M das von einer Normalkupplung bei gleichem äußerem Drehzahlverhältnis wie oben ($i = i^{\Delta}$) übertragene Drehmoment.

Es versteht sich ferner, daß entsprechend den vorher aufgestellten Bedingungen bei allen drei betrachteten Typen am „Nennpunkt“ (beispielsweise für $\eta = \eta^{\Delta} = n/n_0 = 0{,}98$, $e = 2\%$) die gleiche Motordrehzahl n_0, das gleiche übertragene Drehmoment M und folglich die gleiche Motorleistung N_0 vorausgesetzt wird.

In Abb. 117 ist ein Diagramm dieser Art dargestellt.

Es wird jetzt auf Gl. (389) für den Fall der *Variante A*, auf Gl. (402) für den Fall der *Variante B* und schließlich auf Gl. (57) für den Normalfall N zurückgegriffen und die Größen von r_e für die Bedingung ausgerechnet, so daß bei einem äußeren Schlupf von $e = e^{\Delta} = 2\%$ alle drei Kupplungstypen das gleiche Drehmoment $M = M^{\Delta}$ übertragen. Der Einfachheit halber wird dabei dieses Moment gleich Eins gesetzt.

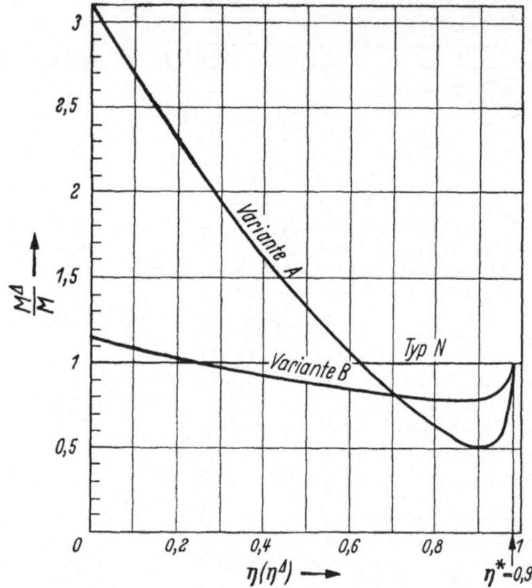

Abb. 117. Diagramm der Verhältniswerte M^{Δ}/M zwischen *Variante A* und Normaltyp N bzw. zwischen *Variante B* und Normaltyp N, wenn alle drei Typen im Nennpunkt $\eta^* = \eta^{\Delta^*} = 0{,}98$ bzw. $e^* = e^{\Delta^*} = 2\%$ die gleiche Leistung N und das gleiche Drehmoment M übertragen. M und M^{Δ} sind die bei beliebigem Schlupf übertragenen Drehmomente

Die Kurve des Normaltyps N kann dann offenbar nur eine durch den Ordinatenpunkt 1 gehende Parallele zur Abszissenachse sein, da sie ja infolge Vergleichs mit sich selbst den konstanten Wert 1 darstellt. Hingegen sieht man, daß im Falle der Variante A und B innerhalb eines gewissen Betriebsbereiches bei wachsendem Schlupf die Übertragung elastischer wird im Vergleich zur Normalausführung N und daß über diesen Betriebsbereich hinaus, d. h. bei noch größerem Schlupf bis zum Festpunkt, die *Starrheit* wieder zunimmt. Im Bereich des stärksten Schlupfes, bei dem im Fahrzeugbetrieb unbedingt eine starke Elastizität (Weichheit), d. h. ein kleiner *Starrheitsgrad*, gefordert wird, hat das TM-System im Gegensatz hierzu eine außerordentlich starre Arbeitsweise.

Dieses Betriebsverhalten ist, wie aus der Kennlinie $\lambda - \eta$ in Abb. 116 klar hervorgeht, dem Umstande zu verdanken, daß die Verhältnisse zwischen dem Zuwachs von λ und dem Zuwachs des Schlupfes η gegenüber dem Schlupfwert η selbst, $\frac{d\lambda}{d\eta}\Big/\lambda$ im TM-System bei kleinem Schlupf kleiner sind als im Normaltyp N. Die Drehzahlerhöhung der Pumpe kommt in diesem Betriebsbereich infolge der Übersetzung des Planetenradgetriebes noch nicht zur Geltung, während im Bereich starken Schlupfes die große Starrheit des TM-Systems durch die Erhöhung der Pumpendrehzahl, die sich mit dem Quadrat auf das übertragene Drehmoment auswirkt, bedingt ist.

Aus den Überlegungen, die hier angestellt wurden, geht somit hervor, daß im TM-System der *Festpunkt* tiefer liegen muß als beim Normaltyp N, und daß folglich, ohne die zusätzliche Anwendung von besonderen Mitteln (wie z. B. das Entleeren der Arbeitsflüssigkeit, eine Zusatzkupplung mechanischer oder sonstiger Art), ein mit einer solchen TM-Kupplung versehenes Fahrzeug bei laufendem Motor nicht zum Stillstand gebracht werden kann, weil dabei der Motor abgedrosselt wird.

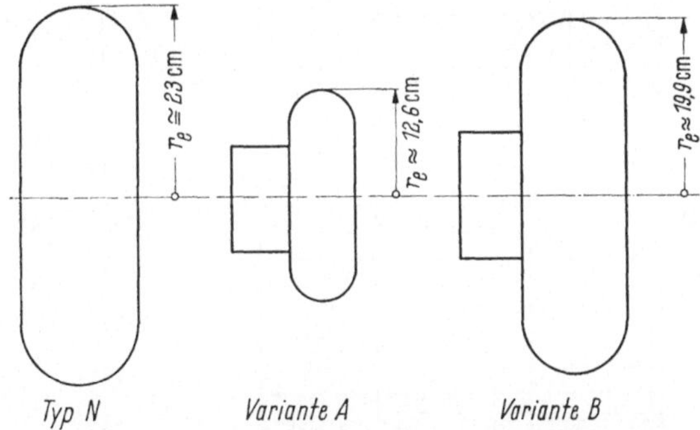

Abb. 118. Größenverhältnisse zwischen den drei Typen, die den Eigenschaften nach Abb. 117 entsprechen

Eine weitere Vergleichsmöglichkeit für diese drei Kupplungstypen besteht noch darin, daß man die Arbeitsweise dieser Strömungskupplungen in Zusammenwirken mit dem je in Frage kommenden Antriebsmotor zur Darstellung bringt. Es versteht sich von selbst, daß zu diesem Zweck Kupplungen der gleichen Familie mit der gleichen Kennlinie in Frage kommen und daß natürlich für alle drei Kupplungstypen der gleiche Motor mit gleicher Leistung und Drehzahl (Motorkurve) zugrunde gelegt werden muß. Das Wesen der erwähnten Vergleichsart soll an Hand eines Beispiels verfolgt werden.

Die drei Versuchskupplungen mögen also in diesem Fall bei einem äußeren Schlupf von e (bzw. e^{Δ}) $= 2\%$ ein Drehmoment von $M =$ 4460 cmkg übertragen und die Kennlinie der verwendeten Strömungskupplungen die der Abb. 20 sein. Die Motordrehzahl n_0 wird mit 1800 U/min angenommen, alles übrige soll der Motorkurve nach Abb. 6 entsprechen.

Die Größenverhältnisse der drei Strömungskupplungen wurden errechnet und schematisch in Abb. 118 dargestellt. Aus dieser Darstellung geht klar hervor, welche Gewichts- und Raumersparnisse insbesondere mit der *Variante A* erzielt werden könnte, wenn sonst die Betriebseigenschaften dieser *TM*-Kupplung für die praktische Anwendung geeignet wären.

Um den sich bei den verschiedenen Betriebsverhältnissen einstellenden Schlupf der drei Kupplungstypen in Abhängigkeit des übertragenen

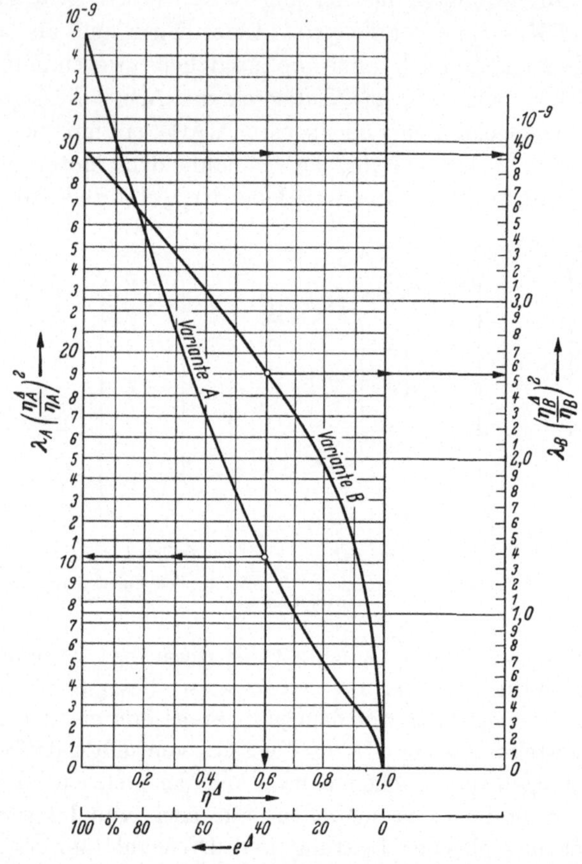

Abb. 119. Diagramm der $\lambda - \eta$-Werte der *Variante A* und *B* nach Abb. 116 und 117 bzw. der mit dem Klammerwert $\left(\frac{\eta^\Delta}{\eta}\right)^2$ nach Tab. 12 multiplizierten Vielfachen der λ-Werte

Drehmoments und der zugehörigen Drehzahl des Motors bestimmen zu können, verfährt man folgendermaßen; zunächst werden aus den Gln. (57), (389) und (402) die Beziehungen für die entsprechenden Kennwerte entnommen:

Für den Normaltyp N:

$$\lambda = \frac{M}{n_0^2 r_e^5} \quad [\text{Gl. (65)}].$$

Für das TM-System, Variante A:

$$\lambda_A \left(\frac{\eta_A^\Delta}{\eta_A}\right)^2 = \frac{M_A}{n_0^2 r_{e_A}^5 \left(1 + \eta_m \frac{R}{r}\right)}. \tag{410}$$

Für das TM-System, Variante B:

$$\lambda_B \left(\frac{\eta_B^\Delta}{\eta_B}\right)^2 = \frac{M_B}{n_0^2 r_{e_A}^5 \left(1 + \eta_m \frac{r}{R}\right)}, \tag{411}$$

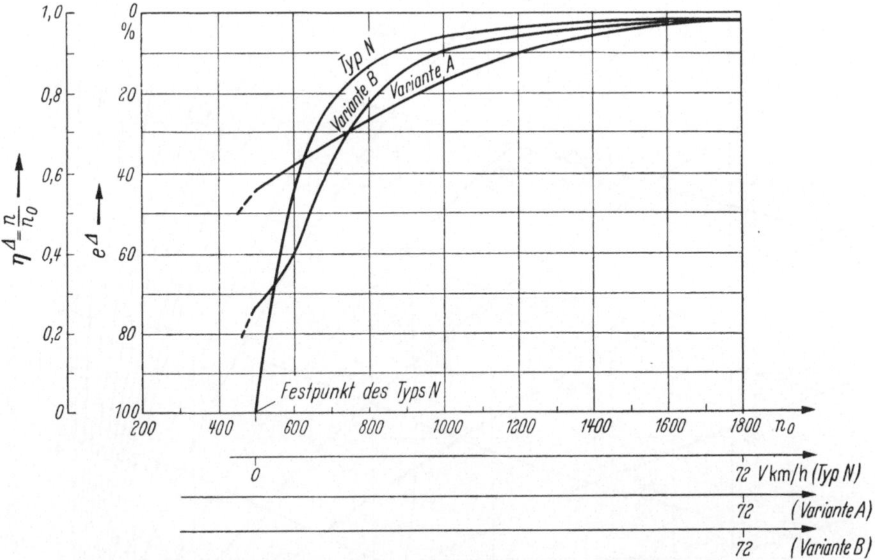

Abb. 120. Vergleichskurven des Schlupfes in Abhängigkeit von der Motordrehzahl und der Fahrzeuggeschwindigkeit für den Normaltyp N und die *Varianten* A und B

wobei die Klammerwerte auf der linken Seite durch die Gl. (408) bzw. (409) bestimmt sind.

Auf Grund dieser Beziehungen lassen sich dann (notfalls durch Interpolation) aus den entsprechenden Tabellen die gesuchten Schlupfwerte e bzw. die Verhältniswerte η entnehmen. Man kann sich dabei die Aufgabe wesentlich erleichtern, wenn man auch in diesem Fall die entsprechenden Werte in Diagrammen durch Kurven darstellt, wie das beispielsweise in Abb. 119 durchgeführt worden ist.

Hier ist es besonders zweckmäßig, für die genannten Diagramme verschiedene Maßstäbe anzuwenden, um im Betriebsfeld bei kleinem Schlupf die hierfür in Betracht kommenden Werte leichter und genauer ablesen zu können.

Wenn man schließlich die nach diesen Weisungen bestimmten η-Werte (bzw. e-Werte) in einem weiteren Diagramm als Funktion der

Motordrehzahl n_0 und der entsprechenden Fahrzeuggeschwindigkeit aufträgt, erhält man die Darstellung des Schlupfes, wie es beispielsweise

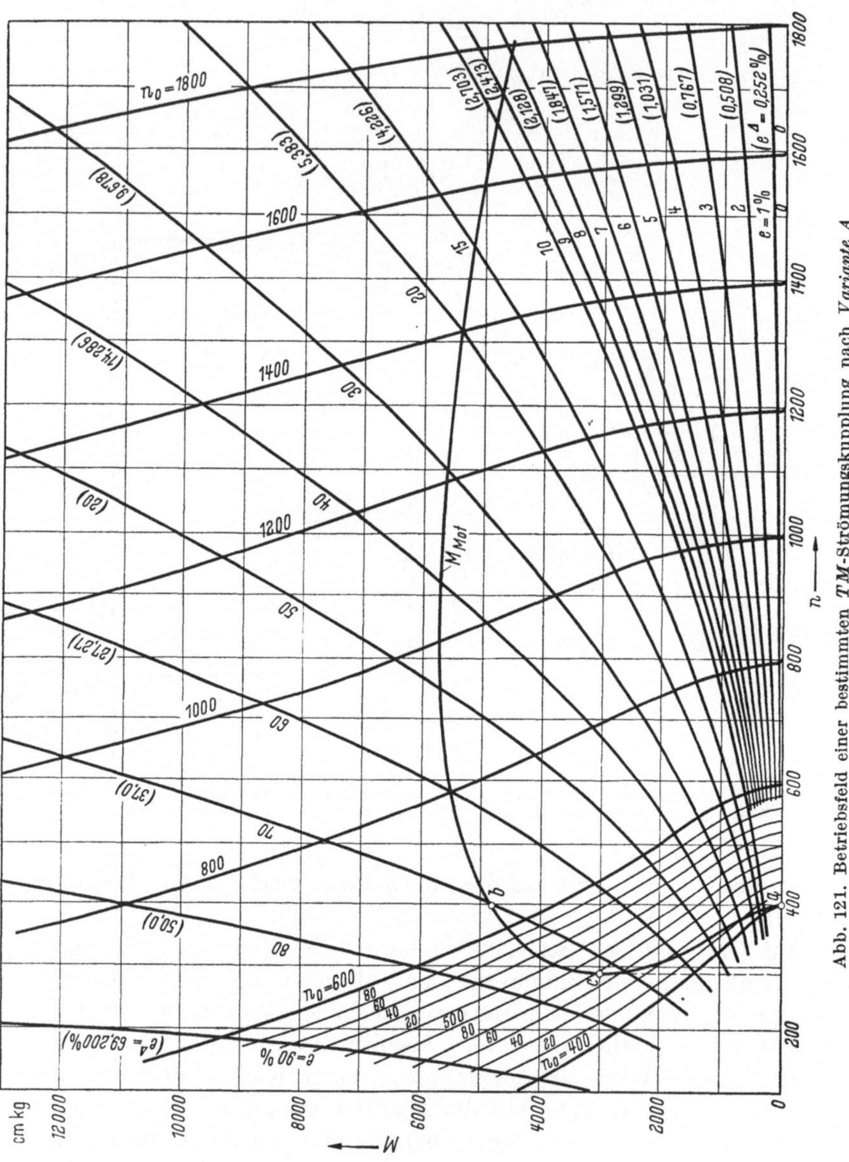

Abb. 121. Betriebsfeld einer bestimmten *TM*-Strömungskupplung nach *Variante A*

in Abb. 120 gezeigt wird. Für jeden Typ ist hierbei natürlich eine eigene Skala für die Fahrzeuggeschwindigkeiten vorzusehen.

Um endlich einen vollständigen Überblick über das gesamte Betriebsfeld der beiden Strömungskupplungen des *TM*-Systems mit den Varianten *A* und *B* im Vergleich zum Normaltyp *N* zu ermöglichen, wobei sämtliche Betriebseigenschaften zur Darstellung gelangen, soll hier noch auf die Diagramme der Abb. 121 und 122 eingegangen werden.

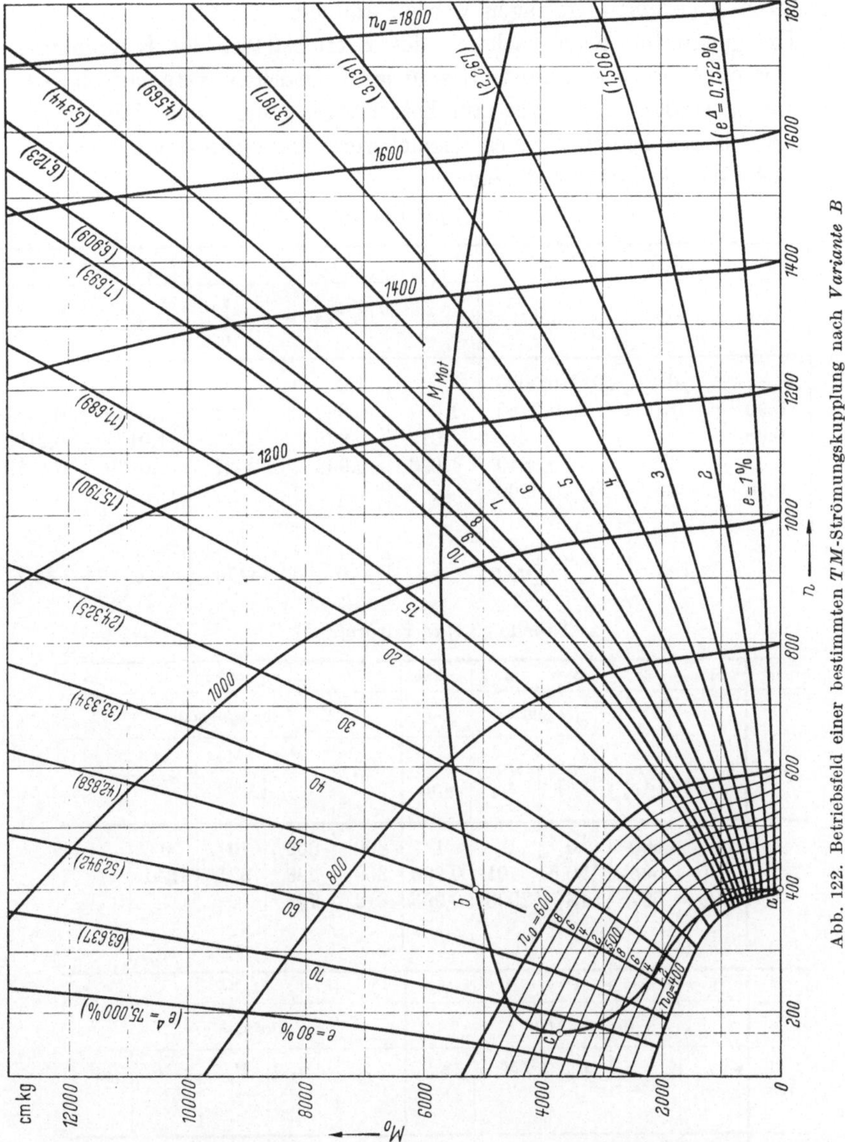

Abb. 122. Betriebsfeld einer bestimmten *TM*-Strömungskupplung nach *Variante B*

Diese, die ähnlich wie das Diagramm in Abb. 29 für den Normaltyp *N* aufgebaut sind, bestehen aus zwei Kurvenscharen (e = const und n_0 = const), auf welche die entsprechende Motorkurve M_{Mot} überlagert wird. In diesen Diagrammen stellen die Ordinaten die Drehmomente $M = M_0$, die Abszissen die Abtriebswellendrehzahlen n dar, wobei an einer zweiten zur n-Achse parallelen Achse mit entsprechender Skala die zugehörigen Fahrzeuggeschwindigkeiten v zur direkten Ablesung angetragen werden können.

Die genannten Kurvenscharen des Betriebsfeldes der Kupplungen werden punktweise errechnet. Hierzu muß natürlich systematisch vorgegangen werden, und es ist am besten, wenn man sich dabei eines Rechenschemas bedient, wie es beispielsweise die nachfolgenden Tab. 12 und 13 für die *Variante A* zeigen.

Tabelle 12 (*für Variante A*)

0	1	2	3	4	5	6	7	8
Pos.	$i \equiv \eta$	$e\%$	$\lambda = 10^{-9}\lambda'$	i'	$i^{\Delta} \equiv \eta^{\Delta}$	$A = \frac{r_e^5 \lambda'}{1000}$	$\frac{\eta^{\Delta}}{\eta}$	$\lambda\left(\frac{\eta^{\Delta}}{\eta}\right)^2$
1	1	0	$10^{-9}\cdot 0{,}0000$	1	1,0	0	1	0
2	0,99	1	$\cdot 0{,}0750$	1,007	0,997	494	1,0076	0,0741
3	0,98	2	$\cdot 0{,}0212$	1,015	0,995	1395	1,0152	0,2195
4	0,97	3	$\cdot 0{,}3840$	1,023	0,993	2527	1,0230	0,4019
5	0,96	4	$\cdot 0{,}5300$	.	.	.	.	.
.	.	.	.	.	.	.	.	.
.	.	.	.	.	.	.	.	.
11	0	100	$\cdot 2{,}2000$	4	0	14470	4	35,2

Tabelle 13 (*für Variante A*)

0	1	2	3	4	5	1	2	3	4	5
	für $n_0 = 600$					für $n_0 = 800$				
Pos.	$n_P = i' n_0$	$n = i^{\Delta} n_0$	$M_P = A n_P^2$	$M = M_0$	$\eta^{\Delta} = n/n_0$	n_P	n	M_P	M	η^{Δ}
1	600	600	0	0	1	800	800	0	0	1
2	605	598	180,6	701	0,996	806	798	321	1244	.
3	609	597	518	2006	0,995	812	796	.	.	.
.	.	.	.	.	.	.	.	.	.	.

0	1	2	3	4	5	1	2	3	4	5
	für $n_0 = 1000$					für $n_0 = \cdots$				
Pos.	n_P	n	M_P	M	n^{Δ}	n_P	n	M_P	M	η^{Δ}
1										
2										
3										
.										

Die Werte in diesen Tabellen werden in Funktion der inneren Verhältnisse i ($\equiv \eta$) der Elemente *Turbine* und *Pumpe* eingetragen und sind mit Hilfe der aus der Kennlinie der Kupplung (im vorliegenden Beispiel also Kennlinie, Abb. 20) entnommenen Kennwerte zu berechnen. Die in die Spalten 1, 2, 3 der Tab. 12 einzuführenden Werte werden hingegen aus den nachstehend angeführten, dem jeweiligen *TM*-System eigene, Beziehungen berechnet:

Für Variante A:

$$i' = i'_A = \frac{n_P}{n_0} \qquad \text{[Gl. (406c)]},$$

$$i^\Delta = i^\Delta_A = \frac{n}{n_0} \qquad \text{[Gl. (406b)]},$$

$$A = \frac{r_e^5 \lambda'}{1000} \qquad \text{[aus Gl. (65) abgeleitet]},$$

$$M = M_0 = M_P\left(1 + \eta_m \frac{R}{r}\right) \qquad \text{[Gl. (376)]}.$$

Für Variante B:

$$i' = i'_B = \frac{n_P}{n_0} \qquad \text{[Gl. (407c)]},$$

$$i^\Delta = i^\Delta_B = \frac{n}{n_0} \qquad \text{[Gl. (407b)]},$$

$$A = \frac{r_e^5 \lambda'}{1000} \qquad \text{[Gl. (407b)]},$$

$$M = M_0 = M_P\left(1 + \eta_m \frac{r}{R}\right) \qquad \text{[Gl. (393)]}.$$

Beim Vergleich und der Bewertung der Diagramme Abb. 121 und 222 gilt das gleiche, was bereits im Kapitel der Strömungskupplungen über das Diagramm der Abb. 29 gesagt worden ist. Insbesondere wird das Kupplungssystem nur dann einen Festpunkt besitzen, wenn die Motorkurve die Ordinatenachse berührt. In den beiden Abb. 121 und 122 ist dies nicht der Fall, die betrachteten Varianten A und B haben also mit dem hier angenommenen Motor keinen Festpunkt, während doch beim Normaltyp N dieser Festpunkt mit dem gleichen Motor vorhanden ist.

2. Das *TM*-System im Strömungswandler

Aus den im vorangehenden Abschnitt angestellten Betrachtungen über das *TM*-System im Falle der Strömungs*kupplungen* geht ohne weiteres hervor, daß auch im Falle der Strömungswandler das *TM*-System eine weitgehende Beeinflussung der charakteristischen Betriebseigenschaften der Strömungsmaschine in bezug auf die Momentenwandlung ausüben muß, und daß hierzu vor allen Dingen die kinematischen Verhältnisse des zur Leistungsverzweigung verwendeten Umlaufgetriebes maßgebend sein müssen.

Wie im Falle der Kupplungen wird auch hier zwecks größerer Anschaulichkeit auf eine allgemeine Behandlung des Problems verzichtet. Es sollen nur einige besondere Lösungen angeführt werden, von denen aber eine ausführlicher untersucht wird. Dies, um den Mechanismus der Leistungsübertragung durch das *TM*-System leichter verfolgen zu können und dabei Komplikationen einer Verallgemeinerung zu vermeiden.

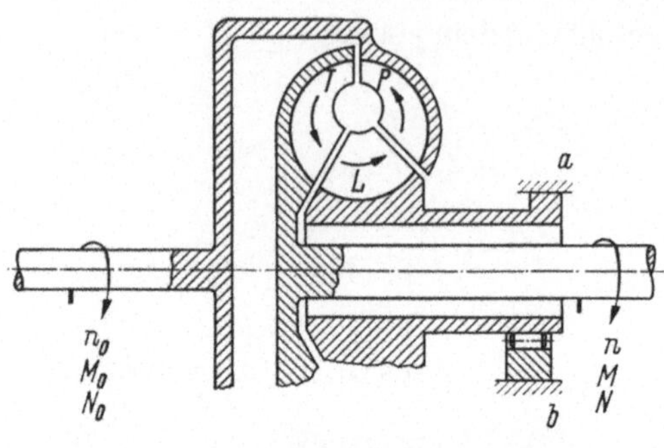

Abb. 123. Strömungswandler; Schematisierung des Normaltyps *N*

a) Mit festem Leitrad; in diesem Falle gilt die ganze Wirkungsgradkurve von $\varphi = 0$ bis $\varphi = \varphi_{Du}$, wobei die Kurve selbst aus den beiden Teilen: *Fall a* und *Fall b*, besteht; *b*) *Trilok*-Freilauflagerung des Leitrades; in diesem Falle gilt nur der Teil der Wirkungsgradkurve des *Falles a*

Zwecks Vergleichs mit den nun zu prüfenden Typen ist in Abb. 123 noch einmal in schematischer Form ein Strömungswandler der Normalausführung *N* gezeigt, während in den Abb. 124 bis 129 einige *TM*-Lösungen (ebenfalls schematisch) dargestellt werden, die als Varianten *A*, *B*, *C*, *D*, *E* und *F* bezeichnet werden sollen.

Analog zum Fall der Strömungskupplungen müssen auch hier vor allem die drei verschiedenen Drehzahlverhältnisse des *TM*-Systems

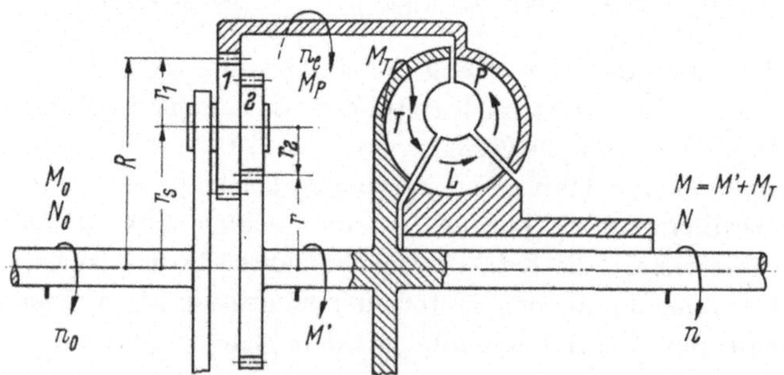

Abb. 124. „*TM*"-Strömungswandler mit Leistungsverzweigung, *Variante A*

unterschieden werden, die nachstehend definiert werden:

$$i^{\Delta} = \frac{n}{n_0}$$ *äußeres* Verhältnis (Sekundärwelle/Motorwelle);

$$i = \frac{n_T}{n_P} = \frac{n}{n_P}$$ *inneres* Verhältnis (Turbine/Pumpe);

$$i' = \frac{i^{\Delta}}{i} = \frac{n_P}{n_0}$$ Pumpe/Motorwelle.

Bevor die Betrachtungen fortgesetzt werden, erscheint es noch zweckmäßig, der größeren Klarheit wegen die verschiedenen Symbole,

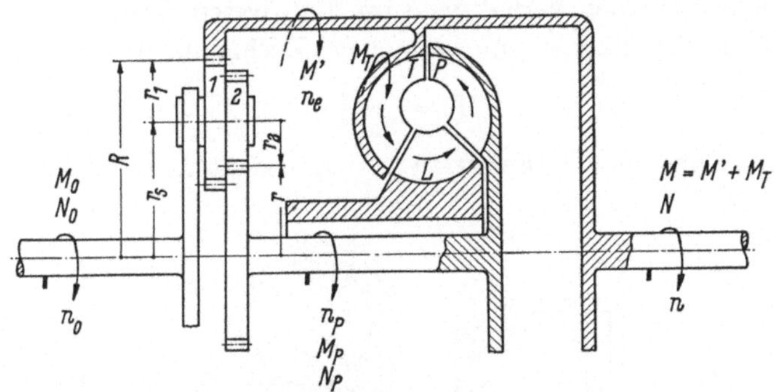

Abb. 125. „TM"-Strömungswandler mit Leistungsverzweigung, *Variante B*

die beim Vergleich zwischen dem TM-System und dem Normaltyp verwendet werden sollen, hier besonders zusammenzufassen. Diese sind:

η Gesamtwirkungsgrad des Strömungswandlers N (Normaltyp);
η^{Δ} Gesamtwirkungsgrad des Strömungswandlers des TM-Systems;
η_m mechanischer Wirkungsgrad des Leistungsverzweigungsgetriebes;
N_P in die Pumpe eingeführte Leistung;
M_P entsprechendes Drehmoment an der Pumpe;
N_T von der Turbine abgelieferte Leistung;
M_T entsprechendes Drehmoment an der Turbine;
N_0 in die Antriebswelle eingeführte Motor- (Gesamt-) Leistung;
M_0 entsprechendes Drehmoment an der Antriebswelle;
N an der Abtriebswelle verfügbare Leistung;
M entsprechendes Drehmoment an der Abtriebswelle;
n_0 Motordrehzahl = Antriebswellendrehzahl;
n Abtriebswellendrehzahl (= Turbinendrehzahl);
n_T Turbinendrehzahl (= n);
n_P Pumpendrehzahl.

Bei einem normalen Strömungswandler (Typ N) (s. Abb. 123) kann die Änderung der Drehmomentverhältnisse M/M_0 in Abhängigkeit des einzig existierenden Verhältnisses i, bei konstanter Pumpen- (Motor-) Drehzahl n_0, verfolgt werden. Dies ist bei einem Strömungswandler des Systems TM nicht möglich, da, wie bereits bei den TM-Strömungskupplungen gesehen, mit der Änderung des äußeren Verhältnisses i^{Δ} nicht nur das *innere* Verhältnis i zwischen Turbine und Pumpe, sondern auch und insbesondere die absolute Drehzahl n_P der Pumpe eine Änderung erfährt.

Dies bringt natürlich mit sich, daß die von der Pumpe aufgenommene Leistung nicht mehr wie bei einfachen Strömungswandlern nur vom veränderlichen Drehzahlverhältnis i zwischen Turbine und Pumpe in einfacher Weise abhängt, sondern einem neuen Gesetz folgt, das grundsätzlich auch von der dritten Potenz der Pumpendrehzahl abhängen muß.

Zur Erfassung der Verhältnisse im TM-System kann man hierbei für das von der Pumpe aufgenommene Drehmoment von folgender Beziehung ausgehen:

$$M_P = k\, n_P^2, \tag{412}$$

wo k eine Konstante in Funktion von r_e bedeutet.

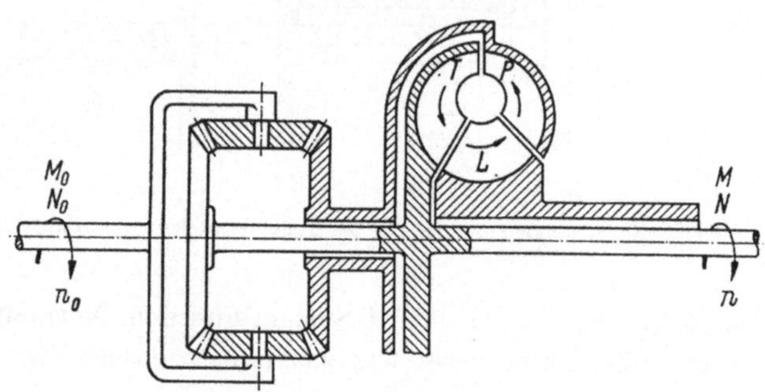

Abb. 126. „TM"-Strömungswandler mit Leistungsverzweigung, *Variante C*

Infolge der festen geometrischen Verhältnisse im Umlaufgetriebe kann für das an der Antriebswelle angreifende Antriebsmoment M_0 in Abhängigkeit von der Pumpendrehzahl n_P die einfache Beziehung geschrieben werden:

$$M_0 = k_0\, n_P^2, \tag{413}$$

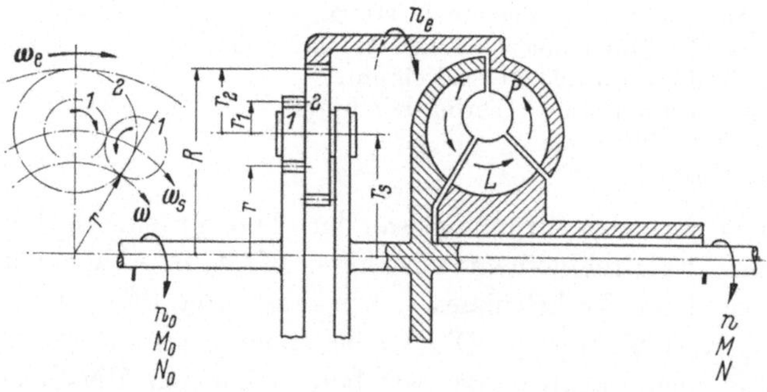

Abb. 127. „TM"-Strömungswandler mit Leistungsverzweigung, *Variante D*

wobei k_0 wiederum eine Konstante bedeutet, die diesmal auch die kinematischen Verhältnisse des in Betracht gezogenen Umlaufgetriebes berücksichtigt. Zur Bestimmung von k_0 müssen die Pumpendrehzahl n_P und eines der drei Verhältnisse i^{Δ}, i oder i' festgelegt werden, bei welchem die Pumpe jene Leistung und jenes Drehmoment aufnehmen soll, die den Betriebsdaten des gewählten Antriebsmotors im „*Nennpunkt*" entsprechen, beispielsweise bei $N_{0\,\max}$ und $n_{0\,\max}$.

Es möge nun in einem bestimmten Fall die Wirkungsgradkurve η (in Abhängigkeit von i) des vorgesehenen Strömungswandlers für das zu verwirklichende TM-System vorliegen. Beispielsweise die Kurve in Abb. 73.

Die Aufgabe, die man sich jetzt stellen muß, ist die, die resultierenden Wirkungsgrade η^{Δ} der hier in Betracht gezogenen Varianten des

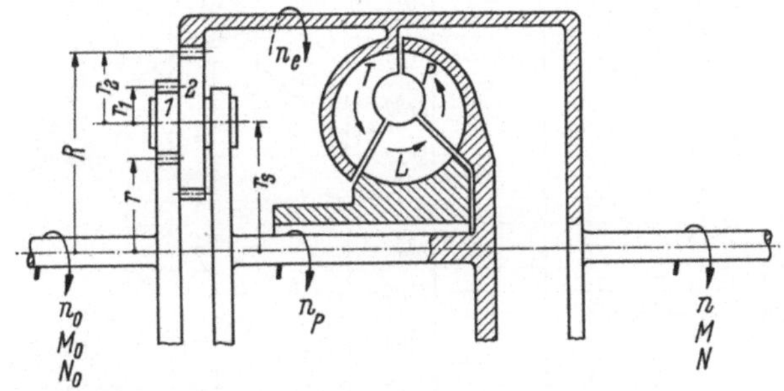

Abb. 128. „TM"-Strömungswandler mit Leistungsverzweigung, *Variante E*

TM-Systems zu berechnen und sie miteinander, insbesondere aber mit der als Grundlage dienenden Wirkungsgradkurve $\eta - i$ der Abb. 73, zu vergleichen.

Die Motorkurve muß natürlich als gegeben vorliegen, sie soll der Kurve $M_{0(\mathrm{Mot})}$ des Diagramms der Abb. 130 entsprechen. Im Qua-

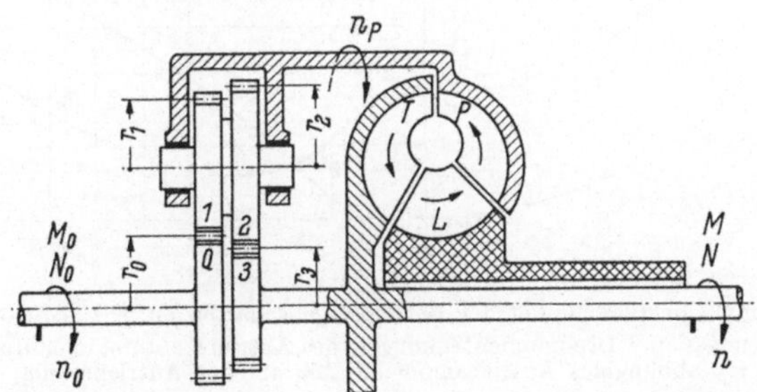

Abb. 129. „TM"-Strömungswandler mit Leistungsverzweigung, *Variante F*

dranten II dieses gleichen Diagramms läßt sich dann die Kurve $M_0 = f(n_P)$ eintragen, die nach Gl. (413) berechnet wird und die die aufgenommene Motorleistung in Abhängigkeit der Pumpendrehzahl darstellt. Aus dieser nunmehr festliegenden Pumpenmomentenlinie lassen sich dann die den Drehzahlen n_P entsprechenden Motordrehzahlen n_0 graphisch entnehmen und mit deren Hilfe die Verhältnisse $i' = \frac{n_P}{n_0}$,

i und $i^{\Delta} = i\,i'$ berechnen. Ihre gegenseitige Abhängigkeit kann ebenfalls im unteren Quadranten *IV*, wie in der Abb. 130 gezeigt, dargestellt werden.

Sind einmal diese Verhältniswerte bekannt, so läßt sich der resultierende Wirkungsgrad η^{Δ} in Abhängigkeit des *inneren* Verhältnisses

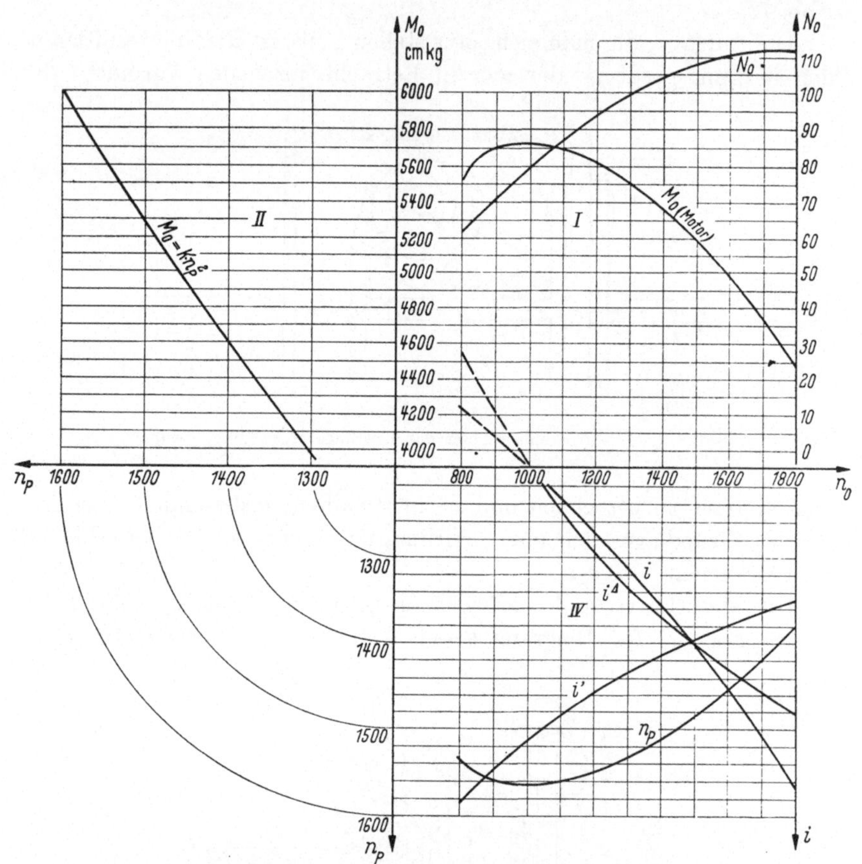

Abb. 130. Diagramm zur Berechnung der Betriebseigenschaften eines *TM*-Strömungswandlers Quadrant *I*: Leistungs- und Drehmomentenkurven des Antriebsmotors; Quadrant *II*: von der Pumpendrehzahl n_P abhängiges Antriebsmoment M_0 an der Antriebswelle; Quadrant *IV*: Pumpendrehzahlen n_P und Verhältniswerte i über die Motordrehzahlen n_0

$i = n/n_P$, unter Berücksichtigung der jeweilig vorliegenden kinematischen Verhältnisse der untersuchten *Variante* des *TM*-Systems berechnen.

Die Berechnung der angeführten Kurven erfolgt auch hier in tabellarischer Form, ausgehend von einer Anzahl passend abgestufter Motordrehzahlen n_0. Aus dem Diagramm werden die der M_0-Kurve entsprechenden Drehzahlen n_P und die diesen entsprechenden $M_{0(\mathrm{Mot})}$-Werte und hierauf die diesen zukommenden n_0-Werte abgelesen. Aus dem Verhältnis $n_P/n_0 = i'$ läßt sich dann das innere Verhältnis i nach einer der verwendeten TM-Variante eigenen Formel, und aus diesen beiden Werten schließlich der Wert $i^\Delta = i\, i'$ berechnen. Die den so ermittelten Werten $i = \varphi\, i^*$ entsprechenden Wirkungsgrade η entnimmt man hierauf aus dem Grunddiagramm $\eta - i$ (oder $\eta - \varphi$, weil ja $\varphi = i/i^*$) oder aus einer separat hierfür aufgestellten Tabelle.

Ähnlich wie beim Normaltyp N [s. Gl. (291)] gilt auch hier die Beziehung:

$$\frac{M}{M_0} = \frac{71\,620 N/n}{71\,620 N_0/n_0} = \frac{N}{N_0}\,\frac{n_0}{n} = \frac{\eta^\Delta N_0}{i^\Delta N_0} = \frac{\eta^\Delta}{i^\Delta}. \tag{414}$$

Werden die mechanischen Reibungsverluste des Umlaufgetriebes vernachlässigt, wird also $\eta_m = 1$ gesetzt, so muß gelten:

$$\eta^\Delta = \frac{M}{M_0}\, i^\Delta. \tag{415}$$

Von dieser einfachen Beziehung wird man wohl immer dann Gebrauch machen können, wenn man sich zu einer ersten Orientierung mit der sich ergebenden Approximation, die in den meisten Fällen ausreicht, begnügt.

Die den entsprechenden Varianten des TM-Systems eigenen Formeln für die Berechnung der Verhältnisse i, M/M_0 und η^Δ, in Abhängigkeit des „*inneren*“ Verhältnisses $i' = n_P/n_0$ und $M_T/M_0 = \eta^\Delta/i$, müssen natürlich von Fall zu Fall abgeleitet werden. Nachstehend werden die Formeln für die *Variante A* angegeben, die anderen werden hier wegen Platzmangel nicht gebracht.

Es gilt also für *Variante A:*

$$i = \frac{1}{i'}\,(1 + \varrho'') - \varrho''; \tag{416}$$

$$\frac{M}{M_0} = \frac{1 + \frac{\eta}{i}\,\eta_m\,\varrho''}{1 + \eta_m\,\varrho''}; \tag{417}$$

$$\eta^\Delta = \frac{1 + \frac{\eta}{i}\,\eta_m\,\varrho''}{\frac{1 + \eta_m\,\varrho''}{1 + \varrho''}\left(1 + \frac{1}{i}\,\varrho''\right)}, \tag{418}$$

worin mit ϱ'' das „*innere*“ Untersetzungsverhältnis des Planetengetriebes gemeint ist, für das (bei festgehaltenem Planetenradträger) gelten muß (s. Abb. 124):

$$\varrho'' = \frac{R\, r_2}{r\, r_1}. \tag{419}$$

Ein Schema für die Abwicklung des hier in Frage kommenden Rechnungsganges zeigt beispielsweise Tab. 14.

Tabelle 14

0	1	2	3	4	5	6	7	8	9	10	11
Pos.	n_0	N_0	M_0	n_P	$i' = n_P/n_0$	$i = n_T/n_P$	$i^\Delta = i\,i'$	η	$\eta/i = M_T/M_P$	M/M_0	η^Δ
1	1800	112,2	4460	1379	0,765	1,850	1,415				
2	1700	112,2	4720	1420	0,835	1,550	1,294				
3	1600	110,5	4950	1455	0,910	1,274	1,159				
4	1500	.	.	.	.	.	.	0,980	0,951	0,971	0,987
.	.	.	.	.	.	.	.	.	.	.	.
.	.	.	.	.	.	.	.	.	.	.	.
.	.	.	.	.	.	.	.	0	2,15	1,725	0
12	900	.	.	.	.	.	.	—	—	—	—
13	800	61,5	5510	1539	1,920	−0,334	−0,641	—	—	—	—

Auf Grund der bisher erreichten Resultate könnte man nun versucht sein, die beiden Wirkungsgrade η^Δ des *TM*-Systems und η des Normaltyps N einfach miteinander zu vergleichen, wobei natürlich die ersteren in Funktion von i^Δ, die letzteren in Funktion von i zur Darstellung kommen sollten. Ein solches Diagramm ist in Abb. 131 ersichtlich.

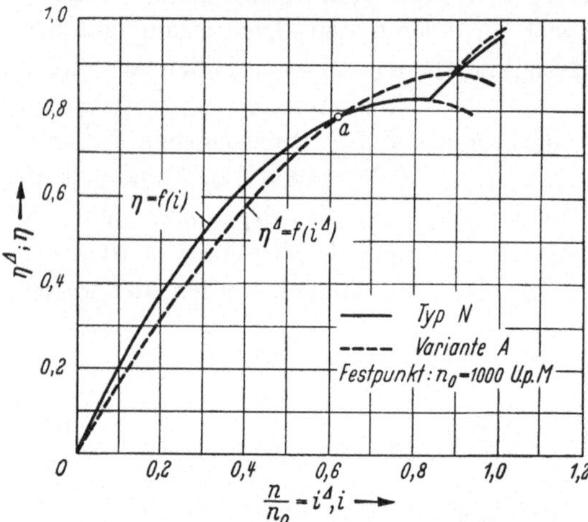

Abb. 131. Vergleichsdiagramm der Wirkungsgrade η des Normalwandlers N und der Wirkungsgrade η^Δ des „*TM*"-Wandlers *Variante A*. Hier sind die Wirkungsgrade in Abhängigkeit des äußeren Drehzahlverhältnisses i bzw. i^Δ angegeben

Da sich die beiden Kurven in diesem Diagramm in einem Punkte überschneiden (Punkt a), könnte man zu dem Urteil gelangen, daß das betrachtete *TM*-System im Betriebsfeld links vom Punkte a mit kleineren, rechts davon mit größeren Wirkungsgraden als der Normaltyp N arbeitet. Dies wäre aber ein Irrtum. Ein auf solcher Basis angestellter Vergleich wäre falsch, weil die bei dieser Betrachtungsweise sich ergebenden Verhältnisse nicht mehr eine einheitliche Grundlage für den Vergleich bilden.

Man kann sich über die hier bestehende Situation ein klares Bild verschaffen, wenn man in einem weiteren Diagramm die Drehmomentenverhältnisse M_T/M_P und M/M_0 als Funktion von i bzw. i^Δ aufträgt, so wie es in Abb. 132 für den *Normaltyp N* und die *Variante A* geschehen ist.

Aus diesem Diagramm geht hervor, daß die Drehmomentverhältnisse der beiden in Vergleich stehenden Systeme nur in einem Punkt einander gleich sind, im übrigen Betriebsfeld aber einen verschiedenen Verlauf annehmen, und daß insbesondere beim *TM*-System bei kleineren Verhältnissen $i^{\Delta} = n/n_0$ das Drehmomentenverhältnis M/M_0 wesentlich kleiner ausfällt als beim Normaltyp. Im Beispiel der Abb. 132 hat man am Festpunkt: $M/M_0 \sim 0{,}71 \cdot M_T/M_P$.

Während also beim Normaltyp N der Drehmomentenzuwachs $\varrho^* = M_{\max}/M^*$ (s. S. 188) rund 2,1 beträgt, hat der entsprechende Zuwachs bei dem betrachteten *TM*-System nur etwa den Wert 1,5, also: $1{,}5/2{,}1 \sim 0{,}71$ vom ersteren.

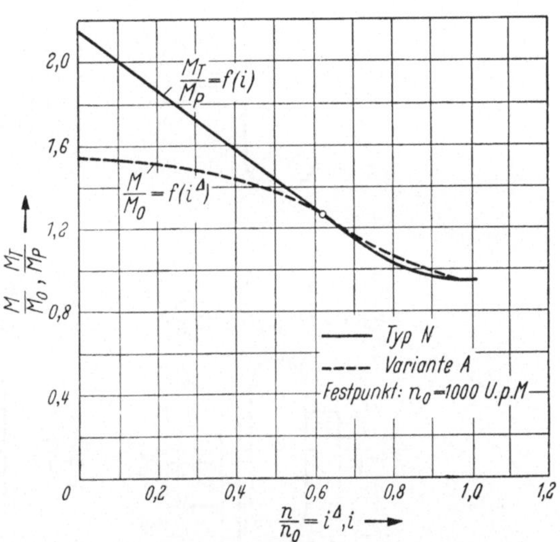

Abb. 132. Vergleichsdiagramm der Drehmomentenverhältnisse M_T/M_P des Normalwandlers N und M/M_0 des „*TM*"-Wandlers *Variante A*, beide in Abhängigkeit des äußeren Drehzahlverhältnisses i bzw. i^{Δ}

Der Grund hierfür liegt — wie bereits an anderer Stelle erwähnt — darin, daß beim *TM*-System nur der hydraulisch übertragene Anteil des Drehmoments eine Wandlung erfährt, während der mechanisch übertragene Restanteil ungewandelt an die Abtriebswelle übergeht.

Die Folge dieser Eigenheit des *TM*-Systems ist folgende: würde ein Fahrzeug mit einem solchen *TM*-Wandler ausgerüstet, mit dem bei gleicher Nennleistung und Nenndrehzahl die gleiche vorgeschriebene Höchstgeschwindigkeit wie mit dem Vergleichstyp (Normalwandler N) erreicht werden könnte, dann wäre dieses Fahrzeug nicht imstande, jene Steigungen zu überwinden, die mit dem Normalwandler unter sonst gleichen Verhältnissen (abgesehen von den Wirkungsgraden) überwunden werden. Das gilt insbesondere beim Anfahren des Fahrzeugs, da hierfür nur ein Anfahrmoment zur Verfügung stünde, welches etwa 0,7 des Normalwertes beträgt, der mit einem Normalwandler erreicht wird.

Um hier Klarheit in die Situation zu bringen und eine effektive, annehmbare Vergleichsbasis für die zwei untereinander so verschiedenen Systeme zu schaffen, ist es vor allem nötig, für die zwei Vergleichstypen gleiche Betriebsbedingungen festzulegen. Diese müssen sich zumindest auf den *Festpunkt* beziehen, um dem Fahrzeug in beiden Fällen unbedingt gleiche Anfahreigenschaften zu sichern.

Um nun für beide Systeme gleiche Festpunktbedingungen verwirklichen zu können, gibt es prinzipiell zwei Möglichkeiten:

1. Vergleich zweier Strömungswandler der *gleichen* Familie (Abb. 133a und b), d. h. mit gleicher hydraulischer Kennung, gleichem Nenn-

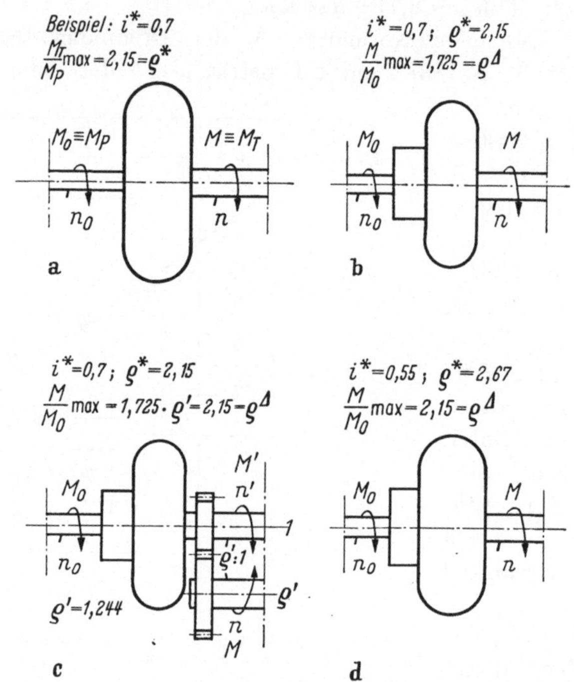

Abb. 133a—d. Gegenüberstellung von vier Strömungswandlern, die alle am Festpunkt — bei gleicher Motordrehzahl und Motorleistung — gleiches Anfahrmoment an der Abtriebswelle liefern a) Normaltyp N (Familie N_1), $i^*=0{,}7$; $\varrho^*=\frac{M}{M_0}\max=2{,}15$; b) $TM_{(1)}$-Wandler (Familie N_1), $i^*=0{,}7$; $\varrho^*=2{,}15$; $\varrho^\Delta=\frac{M^\Delta}{M_0}\max=1{,}725$; c) $TM_{(2)}$-Wandler (Familie N_1), $i^*=0{,}7$; $\varrho^*=2{,}15$; $\varrho'=1{,}244$; $\varrho^\Delta=\frac{M^{\Delta\prime}}{M_0}\max=1{,}725\,\varrho'=2{,}15$; d) $TM_{(3)}$-Wandler (Familie N_2), $i^*=0{,}55$; $\varrho^*=2{,}67$; $\varrho^\Delta=\frac{M^\Delta}{M_0}\max=2{,}15$; ϱ^* Drehmomentenverhältnis am Festpunkt (hydraulisch); ϱ^Δ Drehmomentenverhältnis am Festpunkt (hydraulisch und mechanisch); $\varrho'=(>1)$ Untersetzungsverhältnis des mechanischen Zusatzgetriebes [$TM_{(2)}$-Wandler] = [$TM_{(1)}$-Wandler] + [Zusatzgetriebe ($\varrho':1$)]

verhältnis i^* und folglich gleichem (hydraulischem) Festpunktverhältnis $\varrho^*=(M_T/M_{P\max})$. Weil in diesem Fall aber an der Abtriebswelle des TM-Systems infolge der Leistungsverzweigung ein kleineres Anfahrmoment $M_{\max}$ zur Verfügung steht gegenüber jenem an der Abtriebswelle des Normaltyps N, muß das TM-System mit einem Zusatzgetriebe mit Untersetzungsverhältnis $1:\varrho'$ (mit $\varrho'>1$) versehen werden, um so das Anfahrmoment auf den gleichen Wert wie beim Normaltyp N zu bringen (Abb. 133c).

2. Vergleich zweier Strömungswandler *verschiedener* Familien mit verschiedenen Nennverhältnissen i^* und folglich verschiedenen Festpunktverhältnissen $\varrho^* = (M_T/M_P)_{\max}$ (Abb. 133d). Im TM-System soll der kleinere Wandler mit dem größeren ϱ^*-Wert zur Wirkung gelangen, damit das an der Abtriebswelle des TM-Systems verfügbare Anfahrmoment $M_{\max}$ identisch mit dem des Normaltyps N wird (Abb. 133c).

In Abb. 133 sind die drei soeben behandelten TM-Typen b, c, d im Vergleich zum Normaltyp N $(= a)$ schematisch dargestellt; von diesen stellen nur c und d die möglichen Lösungen dar, die einen Vergleich mit dem Normaltyp N gestatten, während Ausführung b wegen ungenügender resultierender Gesamtmomentenwandlung nicht in Frage kommen kann.

Es ist klar, daß die Lösung nach Punkt *1* [$TM_{(2)}$ in Abb. 132] überdies eine Vorrichtung zur Ausschaltung des Zusatzgetriebes ϱ' oder Zuschaltung eines weiteren Übersetzungsgetriebes $1/\varrho'$ zwecks Realisierung des direkten Ganges (Übertragung im Verhältnis 1 : 1) nötig macht, denn ohne ein Zusatzgetriebe könnte das Fahrzeug die vorgeschriebene Höchstgeschwindigkeit nicht erreichen.

Zwischen dieser Höchstgeschwindigkeit im „direkten" Gang und jener, die mit einem TM-Getriebe *natürlicherweise* erreicht wird, ist immer ein Sprung vorhanden, da eine Stetigkeit der Übertragung innerhalb dieses Intervalls nicht existiert. Für die Geschwindigkeitsangleichung zwischen den in Betracht kommenden Wellen des Abtriebs innerhalb des genannten Intervalls muß daher eine mechanische oder sonst eine hierzu geeignete Rutschkupplung angewendet werden, die die während der Rutschzeit verbrauchte Arbeit in Reibungswärme umwandelt.

Dieser unstetige Übergang ist andererseits in jedem normalen Wechselgetriebe beim Schalten von einem Gang zum andern vorhanden, so daß dieser Umstand nicht gerade ein besonderer Nachteil ist. Im vorliegenden Fall läßt sich dieser Übergang auf verschiedene Arten verwirklichen. Eine hier in Frage kommende Lösung ist grundsätzlich in der Bauart nach Abb. 106 enthalten. Eine weitere gute Lösung erkennt man beispielsweise in der bereits erwähnten Konstruktion des *Voith-Diwabus-Getriebes* (Abb. 134). In diesem Fall wirkt das vor dem Wandler eingebaute Leistungsverzweigungsgetriebe selbst als Übersetzungsgetriebe ins Schnelle, sobald das als Planetenradträger ausgeführte Gehäuse durch eine Bandbremse festgebremst wird. Bei dieser *Diwabus*-Konstruktion wird nämlich nicht das Leitrad nach üblicher Art auf einem TRILOK-Freilauf gelagert, sondern die *Turbine* selbst, wodurch sich die zentrale Abtriebswelle, auf der die Turbine sitzt, von dieser loslösen kann, sobald ihre Drehzahl größer als die der Turbine wird.

Das trifft zu, wenn die Bandbremse F festgezogen wird und somit das Leistungsverzweigungsgetriebe in ein Übersetzungsgetriebe verwandelt wird. Mit dem festgebremsten Planetenradträger (Steg) bleibt nämlich die mit ihm fest verbundene — und somit von diesem angetriebene — Pumpe stehen. Die Bewegung, die von der Antriebswelle über die Zahnräder übersetzt auf die Abtriebswelle geleitet wird, erteilt

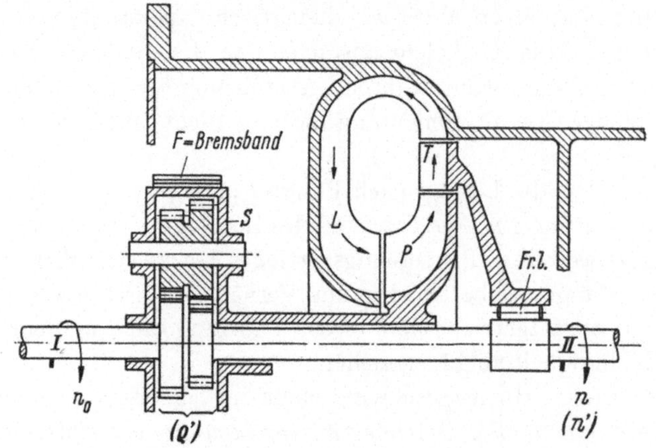

Abb. 134. Schematische Darstellung des „Voith-Diwabus"-Getriebes

Leitrad L ist fest im Maschinengehäuse selbst untergebracht; Turbine T treibt Abtriebswelle II über ein Freilauf $Fr.l.$; Pumpe P ist mit dem Planetenradträger S fest verbunden. Beim Festbremsen des Planetenradgehäuses S ist Pumpe P stillgelegt, und Welle I treibt Welle II über die Zahnräder mit Übersetzung ins Schnelle an, wobei Turbine T infolge des Freilaufs $Fr.l.$ auch stillstehen kann. Eine Sperrvorrichtung (in der Zeichnung nicht angedeutet) erlaubt die Sperrung des Freilaufs, wodurch die Turbine zur Pumpe wird und in langen Talfahrten der Motor als Bremse ausgenützt werden kann

dieser eine höhere Drehzahl. Die gesamte Motorleistung wird dann direkt, d. h. mechanisch durch das Getriebe im Verhältnis $\varrho' : 1$ (mit $\varrho' > 1$) und unter vollständiger Ausschaltung des hydraulischen Teils, zu den Rädern des Fahrzeugs geleitet.

In Abb. 135 ist die gleiche Lösung, doch mit anderer sonst in Fahrzeuggetrieben meist üblicher Anordnung der Pumpe und des Leitrades, dargestellt.

Auf Grund der oben besprochenen Voraussetzungen wird es dann möglich, einen Vergleich zwischen beiden Systemen vorzunehmen, wenn die Wirkungsgrade η^Δ nicht mehr in bezug auf die Drehzahlverhältnisse $i^\Delta = n/n_0$, sondern als Funktion der neuen Verhältnisse $i^{\Delta'}$ berechnet werden. Für diese gilt die Beziehung:

$$i^{\Delta'} = \frac{i^\Delta}{\varrho'}. \tag{420}$$

Hierbei ist unter ϱ' das Untersetzungsverhältnis des Zusatzgetriebes zu verstehen, das seinerseits durch die Beziehung bestimmt ist:

$$\varrho' = \frac{\frac{M_T}{M_P} \max \text{(des Normalwandlers)}}{\frac{M}{M_0} \max \text{(des } TM\text{-Systems)}} \tag{421}$$

Um die auf diese Weise erhaltenen Wirkungsgrade von den ursprünglichen unterscheiden zu können, sollen die ersteren mit einem Strich (′)

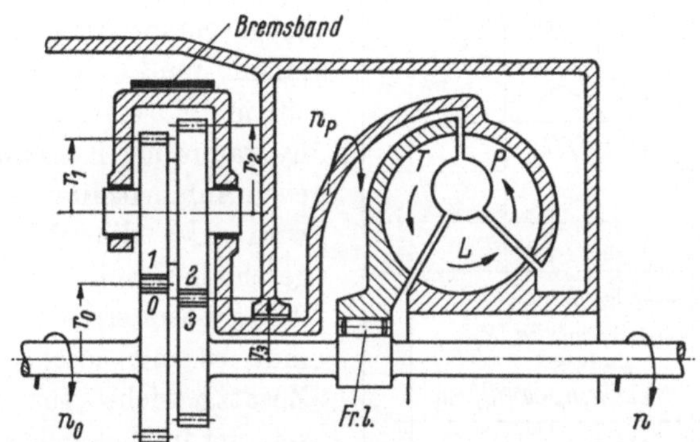

Abb. 135. Eine andere Anordnung der hydraulischen Elemente (s. Abb. 129, *Variante F*), bei sonst gleichem Verteilungsgetriebe wie in Abb. 134. Die Elemente Pumpe, Turbine, Leitrad sind hier in der meist gebräuchlichen Art angeordnet

gekennzeichnet werden. Wenn weiter der mechanische Wirkungsgrad des neu hinzugekommenen Untersetzungsgetriebes mit η'_m bezeichnet wird, dann gilt für den neuen Gesamtwirkungsgrad die Formel:

$$\eta^{\Delta'} = \left(\frac{M}{M_0}\,\varrho'\right) i^{\Delta'}\,\eta'_m. \tag{422}$$

Auch für die Berechnung dieses neuen Wirkungsgrads ist es natürlich zweckmäßig, in systematischer Weise vorzugehen, am besten durch Benutzung eines geeigneten Rechenschemas. Hier wird es genügen, zu diesem Zweck der Tab. 14 die nachstehenden neuen Spalten hinzuzufügen.

Tabelle 15 (*Zusatz zu Tab. 14*)

11	12	13	14
	$i^{\Delta'} = \frac{i^{\Delta}}{\varrho'}$	$\frac{M}{M_0}\varrho' = \frac{M'}{M_0}$	$\eta^{\Delta'} = \left(\frac{M}{M_0}\varrho'\right) i^{\Delta'}\,\eta'_m$
.	.	.	.

Wenn die so berechneten Wirkungsgrade $\eta^{\Delta'}$ und die zugehörigen Drehmomentenverhältnisse M'/M_0 in Abhängigkeit von $i^{\Delta'}$ in einem neuen Diagramm aufgetragen werden, so erhält man für das TM-System die zwei neuen Kurven, für die ein Vergleich mit den analogen Kurven des Normaltyps N zulässig ist. Letztere müssen selbstverständlich in Abhängigkeit von i bzw. $i^{\Delta'}$, d. h. den dem Normaltyp eigenen Drehzahlverhältnissen, aufgetragen sein.

In den Abb. 136 und 137 sind die beiden in Frage kommenden Diagramme für den Fall der *Variante F* im Vergleich zum Normaltyp N dargestellt. Aus diesen Kurven geht hervor, daß der in dem TM-System erreichte Maximalwert von $i^{\Delta'}$ einem kleineren Wert von i des Normaltyps N entspricht. Das bedeutet, wie bereits bekannt ist, daß die mit diesem TM-System erreichbare Höchstgeschwindigkeit des Fahrzeugs entsprechend kleiner ausfallen muß als die, die mit einem Normalwandler gleicher hydraulischer Kennung und gleichen Anfahrbedingungen erreicht wird. Um die gleiche Höchstgeschwindigkeit auch mit dem TM-System erreichen zu können, muß es mit einem besonderen Zusatzgetriebe für die Übersetzung ins Schnelle ausgestattet werden. Im Fall der *Variante F* (zu der das Diwabus-Getriebe gehört) dient das Leistungsverteilungsgetriebe selbst auch als Zusatzgetriebe.

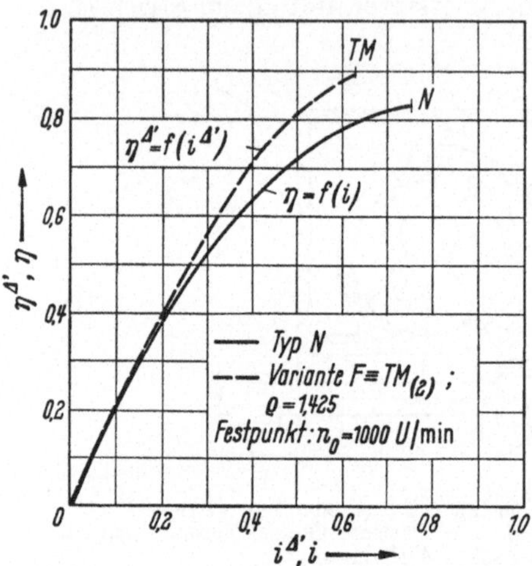

Abb. 136. Vergleich der Wirkungsgrade η über i (beim Normalwandler N) mit den Wirkungsgraden $\eta^{\Delta'}$ über $i^{\Delta'}$ beim $TM_{(2)}$-Wandler der Variante F, wobei $i^{\Delta'}$ das Gesamtuntersetzungsverhältnis inklusive Zusatzgetriebe ϱ' darstellt. Die Höchstgeschwindigkeit des Fahrzeugs mit dem $TM_{(2)}$-Wandler ist hier 21% kleiner als mit dem N-Wandler. (Dieses Diagramm bezieht sich nicht auf das Diwabusgetriebe)

Aus den Diagrammen geht jetzt ohne weiteres hervor, daß tatsächlich die mit dem TM-System erreichten Gesamtwirkungsgrade größer ausfallen als beim Normaltyp N, und zwar innerhalb des gesamten Wirkungsbereiches des Wandlers. Diese Wirkungsgradverbesserung muß aber mit kleineren Geschwindigkeiten des Fahrzeugs im Wandlungsbereich des Systems erkauft werden. Im oberen Drehzahlbereich ist die Verwirklichung des „direkten“ Ganges nur durch Herstellung einer starren Verbindung zwischen dem Primär- und dem Sekundärteil oder durch die Anwendung eines weiteren (zweiten) zusätzlichen Zahnradgetriebes zur Übersetzung ins Schnelle oder sonst auf eine Weise möglich.

Ob nun im Hinblick auf die Kompliziertheit, die ein solches TM-System im Wandlerbetrieb mit sich bringt, die Anwendung desselben in einem bestimmten Fahrzeug als zweckmäßig, nützlich und deshalb als wünschenswert erachtet werden kann oder nicht, ist auf Grund des hier Gesagten nicht leicht zu sagen.

Die nützliche Anwendung dieses Systems verlangt unbedingt die Berücksichtigung verschiedener Umstände, die, je nach den Voraussetzungen, die infolge bestimmter Problemstellungen jeweils vorliegen können, besondere Ausführungen verlangen. Die Bedingungen müssen natürlich von Fall zu Fall ausführlich geprüft werden. Als ein Vorteil kann z. B. der Umstand gelten, daß das *TM*-System die Ausnützung des Motors längs der gesamten Motorkurve gestattet, was in gewissen Fällen erwünscht oder gar unentbehrlich sein kann (s. Abb. 130).

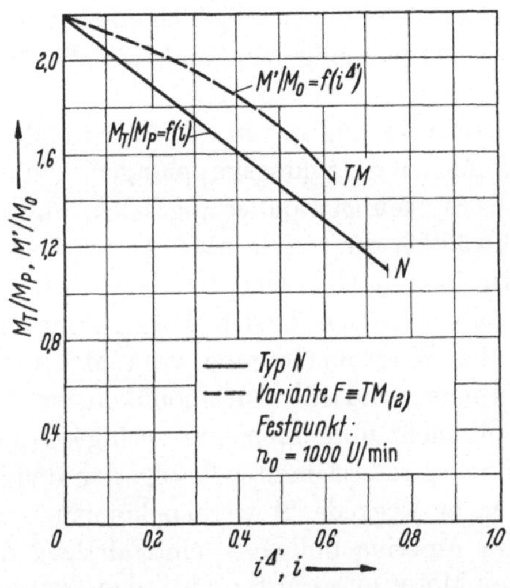

Abb. 137. Vergleich der Drehmomentverhältnisse $\frac{M_T}{M_P}$ über i des Normalwandlers N gegenüber den Drehmomentverhältnissen $\frac{M^{\Delta'}}{M_0}$ über $i^{\Delta'}$ des $TM_{(2)}$-Wandlers der *Variante F*, wobei $i^{\Delta'}$ das Gesamtuntersetzungsverhältnis inklusive Zusatzgetriebe (ϱ') ist. Die Höchstgeschwindigkeit des Fahrzeugs ist mit dem $TM_{(2)}$-Wandler 21 % kleiner als mit dem Normalwandler N. (Dieses Diagramm bezieht sich nicht auf das Diwabusgetriebe)

Nur der Vergleich der Kurven der verschiedenen berücksichtigten „*Varianten*" untereinander und die auf Grund dieser berechneten Diagramme der Fahreigenschaften des Fahrzeugs wird dann eine definitive Entschlußfassung möglich machen. Die in den Abb. 124 bis 129 gezeigten Varianten erschöpfen natürlich nicht alle Möglichkeiten zur Verwirklichung des *TM*-Systems. Wie auf allen übrigen Gebieten der Entwicklung und des technischen Fortschritts bleiben auch hier dem Konstrukteur Wege offen, durch neue Kombinationen neue Möglichkeiten zu finden.

An diesem Punkte angelangt, soll jetzt das Gebiet der Theorie und der Berechnung verlassen und ein neues Kapitel beschritten werden, in dem durch eine kurze Beschreibung von einigen Realisationen ein Überblick über den neueren Stand der hydrodynamischen Leistungsübertragung im Kraftfahrzeugbau gebracht werden soll. Es sollen hierbei nur einige der bekanntesten Ausführungen beschrieben werden, die die automobiltechnische Industrie im letzten Jahrzehnt zu verwirklichen verstanden hat.

V. Einige praktische Ausführungen

Wie bereits am Anfang dieses Buches gesagt, hat die hydrodynamische Leistungsübertragung im Fahrzeugbau in den letzten 15 Jahren immer weitere Anwendung gefunden und schließlich eine derartig große Bedeutung erlangt, daß der serienmäßige Einbau heute Wirklichkeit geworden ist.

Die eigentliche Entwicklung hat in der Automobilindustrie mit der Anwendung von einfachen Strömungskupplungen — die anfänglich von vielen irrtümlich als Strömungswandler angesehen wurden — begonnen, während erst nachträglich die zielbewußte Anwendung von wirklichen Strömungswandlern in Kraftfahrzeuggetrieben einsetzte. Diese Strömungsmaschinen haben in den beiden Formen ihre ausgezeichneten Eigenschaften in der Kraftübertragung vom Motor zu den Rädern vollauf beweisen können und die Automobilkonstrukteure überzeugt, daß sie in diesen nunmehr über Elemente verfügen, die beim Entwurf von Fahrzeugen, besonders bestimmter Kategorien und hoher Komfortansprüche, nicht mehr weggedacht werden können.

Wenn — wie in Amerika üblich — ein Fahrzeug mit einem stark überdimensionierten Motor ausgerüstet wird, dann kann bei Einhaltung bestimmter, mehr oder weniger eng gehaltener Betriebsgrenzen eine einfache Strömungskupplung, eventuell in Verbindung mit einem zweckmäßig abgestuften Schaltgetriebe, wohl den Anschein erwecken, daß es sich um einen Strömungswandler handelt. Eine Strömungskupplung kann unter solchen Umständen auch befriedigend in diesem Sinne arbeiten, abgesehen natürlich von den sich hierbei einstellenden schlechten Wirkungsgraden beim Betrieb mit größerem Schlupf, wie z. B. beim Anfahren und im Stadtbetrieb, was mit einem entsprechend höheren Kraftstoffverbrauch verbunden ist.

Dieser Anschein wird durch den überbemessenen und deshalb gewöhnlich nur in ganz geringem Maße beaufschlagten Motor selbst bewirkt. Er ermöglicht es nämlich, daß nur durch stärkeres Niedertreten des Gashebels jeder sich einstellende nicht zu große Widerstand überwunden und daß jede gewünschte Beschleunigung ohne jegliche zusätzliche Momentenwandlung aus der eigenen Leistungsreserve heraus erreicht werden kann.

Eine eigentliche Momentenwandlung findet also in diesem Falle nicht statt, da ja die Momentenanpassung durch eine stärkere Beaufschlagung des Motors selbst erreicht wird. Eine Momentenwandlung trifft nur dann zu, wenn diese im Motor selbst hervorgerufen wird, d. h. wenn der Motor bei steigendem Widerstand von einer höheren Drehzahl auf eine niedrigere Drehzahl herabgedrückt wird und somit im Bereich des ansteigenden Kurvenastes der Momentenkurve zu arbeiten kommt.

Dem Umstande nun, daß dabei der Schlupf der Strömungskupplung gleichzeitig mit dem ansteigenden Motordrehmoment wächst, ist also die Illusion zuzuschreiben, daß die Strömungs*kupplung* vielfach mit einem *-wandler* verwechselt werden konnte.

Eine einfache Strömungskupplung kann jedenfalls effektiv an die Stelle eines Momentenwandlers gesetzt werden, wenn der für den Antrieb des Fahrzeugs vorgesehene Motor entsprechend überdimensioniert ist. Das Fahrzeug wird dann bei nicht zu tief liegendem Festpunkt der Kupplung anstandslos anfahren können, und dies nicht nur in der Ebene, sondern gegebenenfalls auch in der Steigung. Es hängt dies dann nur vom Motor und von dem vorgesehenen Untersetzungsgetriebe ab. Doch ist es dabei klar, daß die Arbeitsweise bei starkem Schlupf immer mit einem entsprechend hohen Kraftstoffverbrauch verbunden sein wird, da der Wirkungsgrad der Kupplung, wie jetzt bekannt ist, genau dem Drehzahlverhältnis zwischen den beiden Elementen Turbine und Pumpe entspricht.

Die Verwendung einer Strömungskupplung als „Wandler" in der Übertragung der Leistung des Motors zu den Rädern eines Fahrzeugs ist also alles andere als wirtschaftlich, insbesondere wenn man noch die Notwendigkeit eines überdimensionierten Motors berücksichtigt. Der Motor muß imstande sein, von selbst den schwersten vorkommenden Betriebsbedingungen auch bei niedrigsten Drehzahlen zu genügen, d. h. wenn die Kupplung mit dem größten Schlupf arbeitet.

In Wirklichkeit werden die Strömungs*kupplungen* im Fahrzeugbau nur dazu verwendet, auch wegen ihrer einfachen und relativ billigen Bauart, um die Leistungsübertragung vom Motor zum Getriebe und von diesem zu den Rädern elastischer, „weicher", zu gestalten. Im besonderen ermöglicht die Strömungs*kupplung* ein sanftes Anfahren des Fahrzeugs, wobei in besonderem Maße die Weiterleitung von Drehschwingungen vom Motor auf das anschließende Getriebe verhindert wird.

Es ist wohl auch dem Umstande zu verdanken, wenn in vielen Fällen das Getriebe als hydraulischer „Wandler" angesehen worden ist, daß die Strömungskupplung gewöhnlich zwischen Motor und mechanischem Schaltgetriebe eingebaut wird. In Wirklichkeit handelt es sich oft um ein normales Zahnradgetriebe mit Schalträdern oder einem Planetenradgetriebe, das mit dem Motor durch eine einfache Strömungskupplung verbunden ist.

Ein Getriebe dieser Art ist z. B. in Abb. 138 ersichtlich, das eine bestimmte Version des von der General-Motors gebauten bekannten amerikanischen Getriebes „Hydramatic“ darstellt. Eine genauere Beschreibung dieses Getriebes ist in der Fachliteratur zu finden.

Leider ist es im Rahmen dieses Buches nicht möglich, alle im Fahrzeugbau zur Anwendung gelangten Strömungsmaschinen aufzuzählen

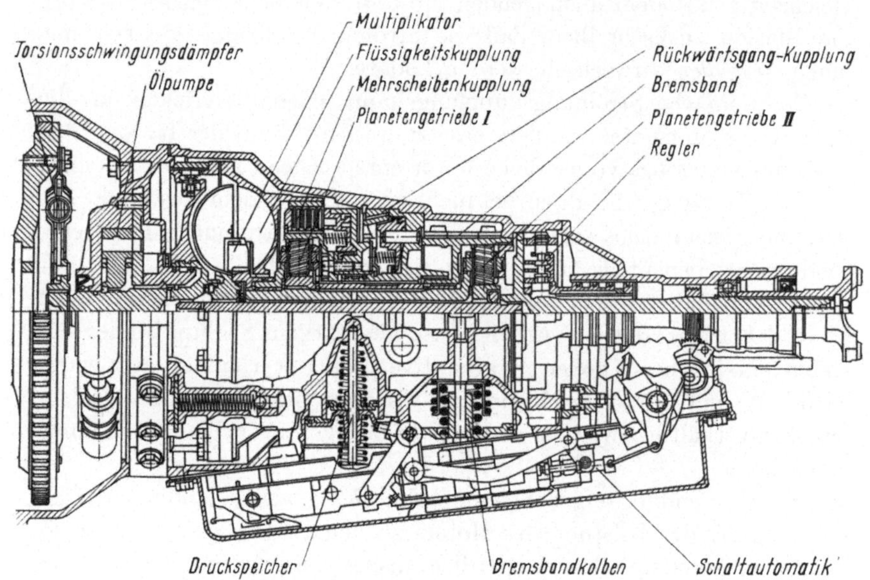

Abb. 138. Das Hydramatic-Getriebe der General-Motors (Baujahr 1961)

oder gar näher zu untersuchen. Die Beschreibung ist bewußt auf wenige, typische Ausführungen beschränkt.

Wie bei der früheren theoretischen Behandlung sollen die zwei Gruppen *Kupplungen* und *Wandler* getrennt behandelt werden.

A. Strömungskupplungen im Kraftfahrzeugbau

In Abb. 139 ist ein Schnitt durch das mit einer Strömungskupplung ausgerüstete Wechselgetriebe gezeigt, das die italienische Automobilfabrik Fiat in ihren Personenwagen „Modell 1900“ einbaute.

Wie aus dieser Abbildung hervorgeht, ist das Gehäuse der Strömungskupplung, das im Innern das Element Pumpe beherbergt, direkt an das Schwungrad des Motors angebaut. Die Turbine sitzt dabei auf einer Welle, die die Verbindung mit dem anschließenden Schaltgetriebe herstellt. Diese Verbindung ist aber nicht direkt, sondern erfolgt über eine noch dazwischengeschaltete mechanische Reibungskupplung. Diese

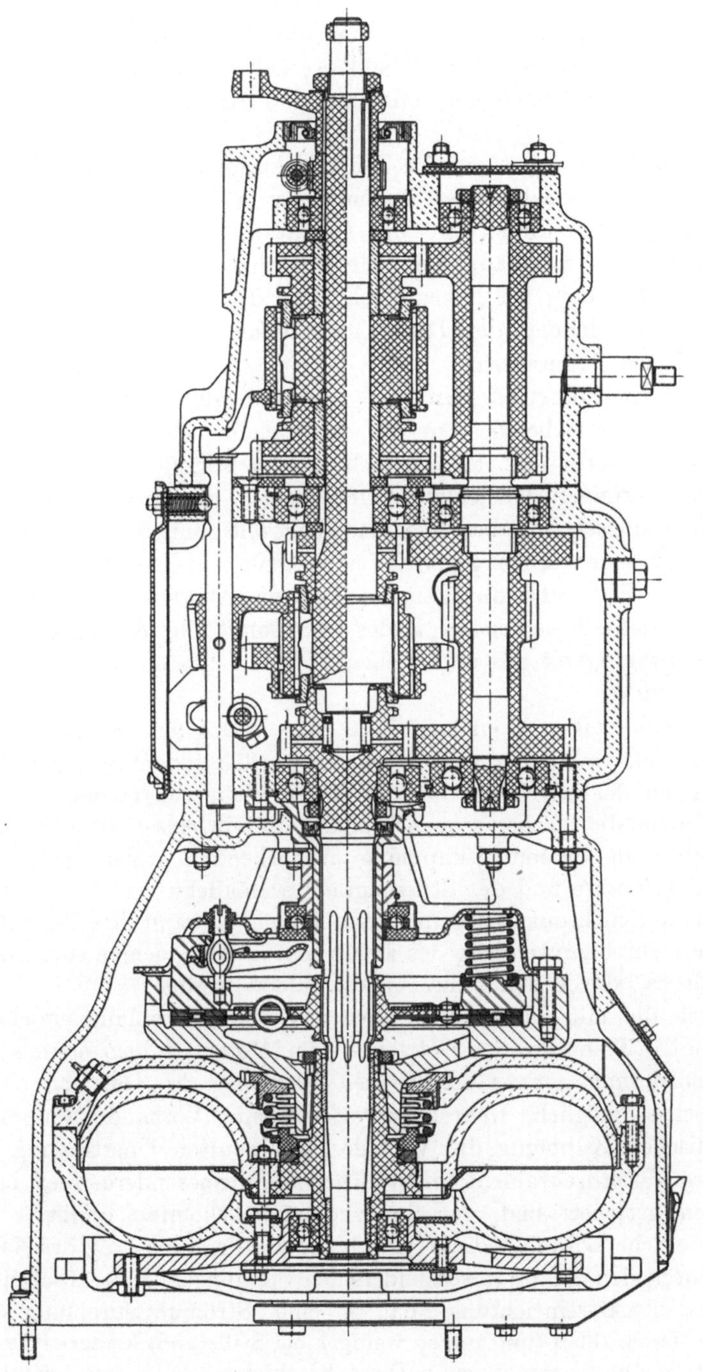

Abb. 139. Das Wechselgetriebe mit Strömungskupplung des Modells *Fiat-1900* (Baujahr 1953)

Kupplung ermöglicht es, den Leistungsfluß vom Motor zum Getriebe vollständig zu unterbrechen, sobald geschaltet wird oder wenn sonst aus irgendeinem Grunde der vollkommene Freilauf des Motors erreicht werden soll.

Die zusätzliche mechanische Reibungskupplung (Einscheibenkupplung) ist beim Schalten der verschiedenen Getriebegänge unbedingt notwendig. Ohne diese wäre die Operation schwierig, bei höheren Motordrehzahlen überhaupt unmöglich, denn die große Steifigkeit der Strömungskupplung bei hohen Drehzahlen der Pumpe verhindert eine stoßfreie Angleichung der Drehzahlen zwischen den treibenden und angetriebenen Zahnrädern.

Die Angleichung der Umfangsgeschwindigkeiten des neu einzuschaltenden Getrieberades an die des antreibenden Rades ist eine unerläßliche Forderung. Man erreicht dies gewöhnlich durch die sog. Synchronisierungen (Gleichlaufeinrichtungen), die grundsätzlich aus einem Reibungselement bestehen, das gleichzeitig mit der Schiebemuffe beim Schalten des Ganges gegen das einzuschaltende Getrieberad federnd angedrückt wird und so die Mitnahme bzw. das Abbremsen des mit einer anderen Drehzahl laufenden Rades und somit die Angleichung der Drehgeschwindigkeit des angetriebenen an die des antreibenden Elements bewirkt.

Die Bedingungen zu einer leichten Angleichung der Drehzahlen von An- und Abtrieb können noch erleichtert werden, indem man die Trägheitsmassen der anzugleichenden Teile so klein wie möglich macht. Hierzu dient die mechanische Kupplung, die ein Ausschalten der sich sonst über die Strömungskupplung auswirkenden großen Trägheitsmasse des Motors und des Schwungrads ermöglicht.

Ist eine Synchronisierung nicht vorhanden, so kann ihre Wirkungsweise nur durch Anwendung des altbekannten unbequemen sog. „Doppelschaltens" durch den Fahrer selbst ersetzt werden.

Durch die mit dieser mechanischen Reibungskupplung erzielbare vollständige Trennung des Getriebes vom Motor ist also erstens die Synchronisierung der zu schaltenden Elemente des Getriebes beim Gangwechsel möglich, während zweitens beim Vorhandensein einer hydraulischen Kupplung die Vorteile einer sanften Übertragung bei niedrigen Motordrehzahlen, im Stadtbetrieb, insbesondere aber beim Anfahren, gesichert sind, was einen hohen Fahrkomfort ergibt.

Eine solche Lösung bedingt jedoch für die Festbremsung des Fahrzeugs durch den Motor (insbesondere bei Steigungen) eine zusätzliche Stillstandsblockiereinrichtung, da ja eine Strömungskupplung bei geringen Drehzahlen (und um so weniger bei Stillstand) keinerlei Drehmoment zu übertragen vermag. Diese Blockierung kann nun zwischen Abtriebswelle und Getriebegehäuse vorgenommen werden oder zwischen

Abtriebswelle und Primärteil der Strömungskupplung. Im ersten Fall handelt es sich um eine *absolute* Blockierung, bei der das Fahrzeug unabhängig vom Motor festgebremst werden kann; im zweiten Fall hingegen kann es sich nur um eine *relative* Blockierung handeln, bei der nur eine starre Verbindung zwischen Abtrieb und Motor hergestellt wird. Diese letztere Lösung kann für die Bremsung mit Motor bei langen Talfahrten sehr zustatten kommen. Für die Festbremsung bei Stillstand des Wagens ist sie aber nicht immer und in jedem Falle ausreichend.

Die starre Verbindung zwischen Primär- und Sekundärteil in einer Strömungskupplung kann auf verschiedene Weise durchgeführt werden. Es sind dazu grundsätzlich zwei Möglichkeiten gegeben: mittels starrer verzahnter (Klauen-) Kupplungen und mittels Reibungskupplungen.

Eine Lösung nach dem ersten System wird in Abb. 140 gezeigt, die einen Schnitt durch die Gruppe Strömungskupplung–Reibungskupplung des Antriebsaggregats beim Fiat-Omnibus Modell 306 darstellt. Bei dieser Lösung befindet sich das eigentliche Schaltgetriebe getrennt vom Motor, während die hydraulisch-mechanische Kupplungsgruppe in normaler Weise am Motor direkt angebaut ist.

Die starre Verbindung zwischen Primär- und Sekundärteil der Strömungskupplung wird hier durch eine verzahnte Schaltmuffe bewirkt, die durch einen von außen bedienten Hebel axial auf der genuteten Sekundärwelle verstellt werden kann. Es ist möglich, die Außenzähne dieser Muffe mit denen eines innenverzahnten Zahnkranzes auf dem Pumpengehäuse in Eingriff zu bringen, wodurch die Turbinenwelle mit dem Pumpengehäuse fest verbunden wird.

Während dieser festen Koppelung zwischen den beiden Elementen Pumpe und Turbine kann natürlich die Strömungskupplung nicht mehr als solche arbeiten, denn das Ganze dreht sich dann wirkungslos als eine starre Einheit mit.

Ein weiteres Beispiel der Anwendung einer Strömungskupplung mit zusätzlicher Reibungskupplung in einem Fahrzeuggetriebe ist in Abb. 141 zu sehen.

Es handelt sich hier um die Kupplungsgruppe des amerikanischen Personenwagens De Soto, die bereits gegen Ende des zweiten Weltkrieges von dieser Firma eingeführt wurde und eine der ersten Lösungen auf dem Gebiete der hydrodynamischen Leistungsübertragung darstellt, die serienmäßig zum Einbau in ein Fahrzeug gelangt ist.

Was nun die mechanischen Einzelheiten bei der Konstruktion der Strömungskupplungen anbelangt, so möge hier erwähnt werden, daß die Laufräder gewöhnlich in Aluminiumlegierung gegossen oder in Blech gepreßt werden. Im letzteren Falle werden dann die Blechschaufeln angeschweißt, hart eingelötet oder angenietet.

Eine gern angewendete Methode der Schaufelbefestigung ist auch die, die Schaufelprofile mit hervorstehenden Lappen zu versehen, die durch entsprechende Schlitze der Laufradblechkörper hindurchgesteckt und dann umgebogen werden.

Die Frage, ob Guß- oder Blechausführung die bessere ist, kann nicht einheitlich beantwortet werden. Hierzu sind verschiedene, je nach

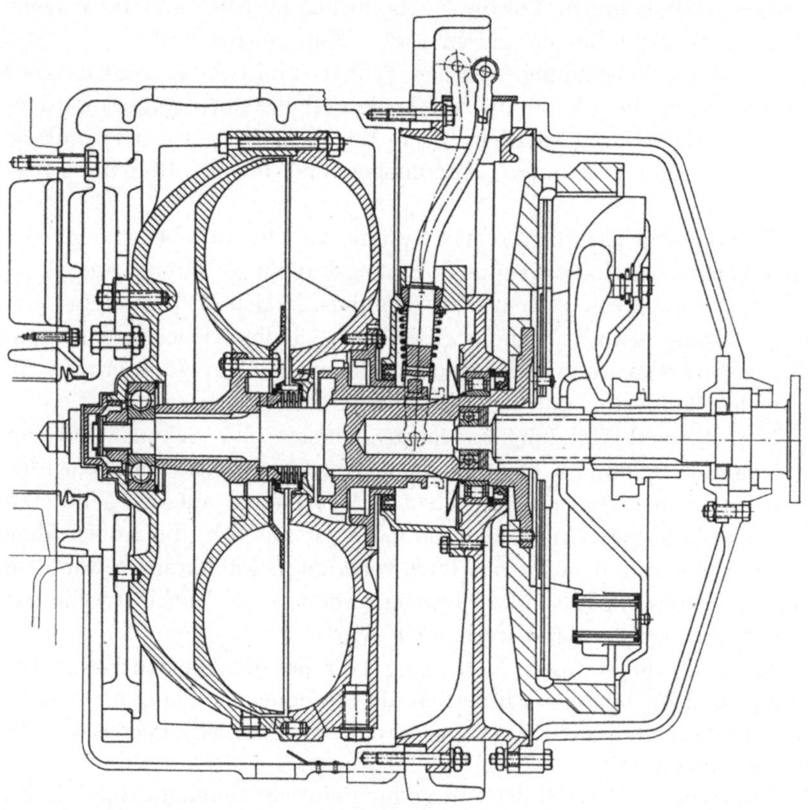

Abb. 140. Das Kupplungsensemble des Autobusmodells *Fiat-306*. Am Motorschwungrad ist das Gehäuse der Strömungskupplung angeschraubt. Die Turbinenwelle ist mit dem Gehäuse der anschließenden Einscheibentrockenkupplung verflanscht, während die Abtriebswelle zum eigentlichen (Zahnrad-) Getriebe mit der losen Kupplungsscheibe fest verbunden ist. Der zwischen den beiden Kupplungen befindliche Betätigungshebel dient zum axialen Verschieben der außen gezahnten und innen genuteten Muffe auf der Turbinenwelle zwecks Blockierung dieser letzteren mit dem Gehäuse der Strömungskupplung. Die Strömungskupplung kann so ausgeschaltet und eine starre Verbindung zwischen Motor und Getriebe hergestellt werden (Baujahr 1951)

Fall wichtiger erscheinende Faktoren maßgebend. In erster Linie ist die Wahl davon abhängig, ob die Fertigung in einer kleinen Stückzahl oder aber in einer großen Serie vorgenommen werden soll. Ferner von der Verfügbarkeit über geeignete Fabrikationseinrichtungen und der erforderlichen Materialien.

In Amerika, wo die hydraulischen Getriebe eine große, fast allgemeine Verbreitung gefunden haben, ziehen viele Fabrikanten die Ausführung in gepreßtem Blech vor, andere aber auch die Gußausführung. Nur eine sorgfältige Bilanzaufstellung aller Vor- und Nachteile dieser beiden Ausführungsarten in funktioneller, wirtschaftlicher und fabrikatorischer Hinsicht und nicht zuletzt im Hinblick auf die Materialbeschaffung wird es möglich machen, sich für das eine oder das andere System zu entschließen.

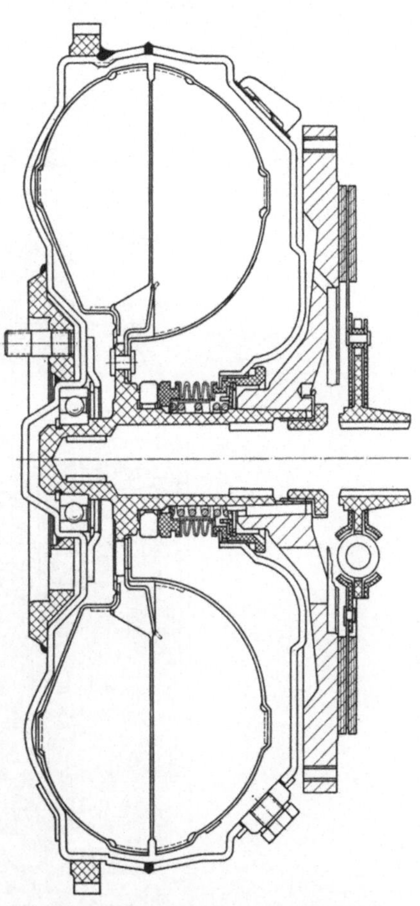

Abb. 141. Schnitt durch die Strömungskupplung Chrysler-De Soto, einer der ersten Großserienausführungen im Automobilgetriebebau gleich nach dem 2. Weltkrieg

Bezüglich der mechanischen Eigenheiten bei der Montage und Wartung der Strömungskupplungen haben sich anfänglich in manchen Fällen Unzulänglichkeiten (heute längst überwunden) eingestellt. Diese betrafen das Dichthalten der Dichtringe an der Durchtrittsstelle der Turbinenwelle aus dem Kupplungsgehäuse. Die Dichtringe werden normalerweise aus gepreßtem Graphit hergestellt. Sie sind zwischen zwei hochfein geschliffenen Stahlringen schwimmend gelagert und bewirken durch den Anpreßdruck die Abdichtung an den Stirnflächen. Der eine der beiden Stahlringe ist fest mit dem Turbinenläufer, der andere elastisch mittels eines Metallbalgs, der außerdem noch durch Federdruck zusätzlich belastet wird, am Pumpenkörper befestigt. Die beiden geschliffenen Stirnflächen der Schulterringe müssen dabei genau parallel zueinander und genau senkrecht zur Drehachse des Systems gehaltert sein, anderenfalls ist das absolute Dichthalten des Graphitrings in Frage gestellt. Mangelnde Dichtheit hat aber Ölverluste zur Folge, die die Wirkungsweise der Strömungskupplung stark beeinflussen, ja diese schließlich außer Betrieb setzen können. Daraus geht die Wichtigkeit hervor, diesen Dichtungselementen sowohl während der Fabrikation als auch während des Einbaus größte Sorgfalt zu widmen.

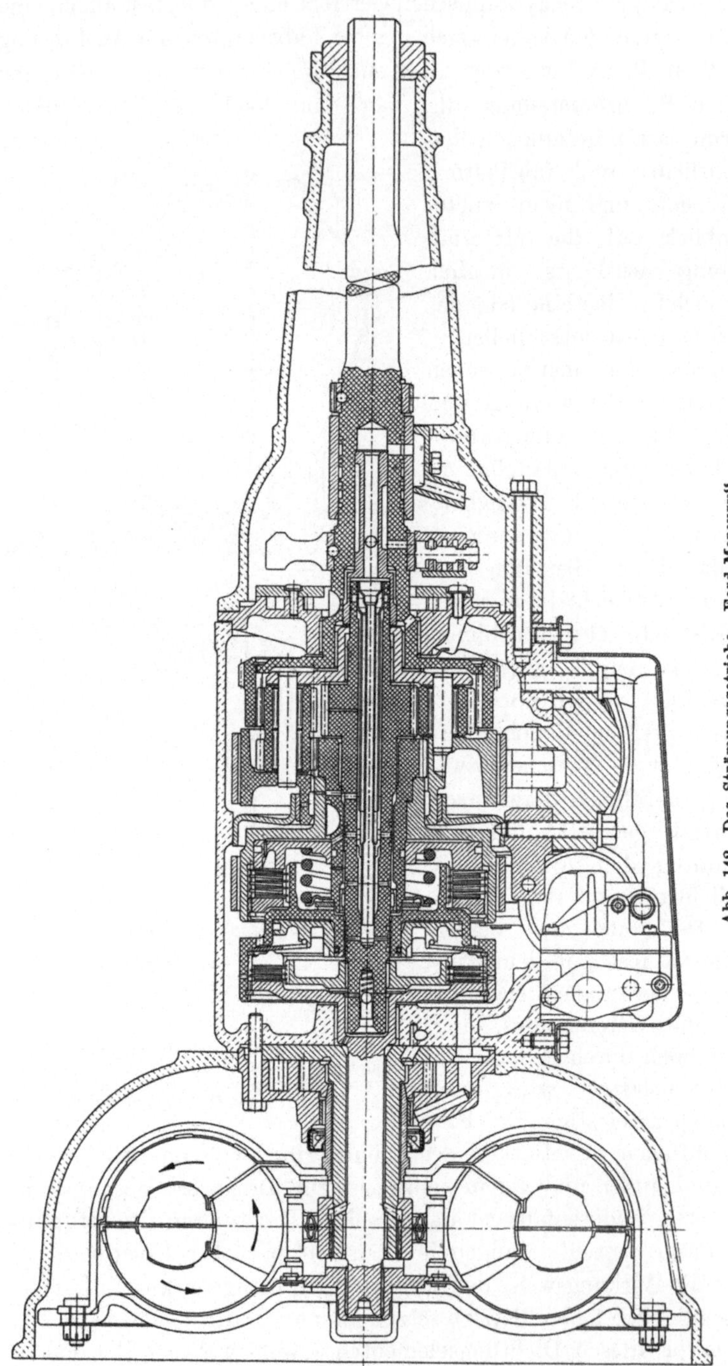

Abb. 142. Das Strömungsgetriebe „Ford-Mercury“

Besonders bei der Wiedermontage nach einem Ausbau ist sorgfältig darauf zu achten, daß nicht die glatten Stirnflächen der Schulterringe und der Graphitring selbst durch unbeabsichtigtes Anstoßen gegen Kanten beschädigt werden.

Eine Abdichtung mit Hilfe von den sonst in der Dichtungstechnik sich als vorzüglich erwiesenen sog. „O“-Ringen aus synthetischem Gummi kommt vorläufig für den Strömungskupplungsbau wegen der hierbei auftretenden hohen Temperaturen noch nicht in Frage. Doch ist damit zu rechnen, daß solche Ringe künftig auch aus temperaturbeständigem Stoff hergestellt werden und dann dieses Mittel für die Abdichtung der Strömungskupplungen Anwendung finden wird.

B. Strömungswandler im Kraftfahrzeugbau

Als Beispiele werden hier nur einige von den bekanntesten mit Strömungswandlern ausgerüsteten Fahrzeuggetrieben amerikanischer Fabrikation gezeigt, so wie sie von den Firmen Ford, General-Motors

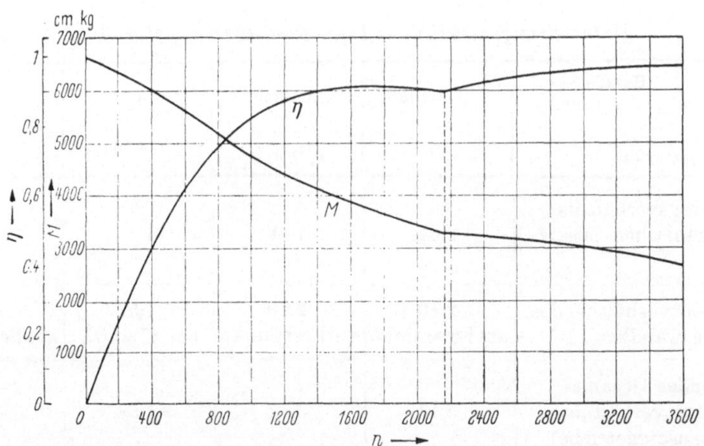

Abb. 143. Momentenkurve und Wirkungsgrade des Ford-Mercury Converters PMB 12" ϕ; Festpunktverhältnis (M/M_0) max = 2,1 bei einer Motordrehzahl n_0 = 1630 U/min. (Nach einem Originaldruck nachgezeichnet)

und Chrysler hergestellt und in großen Serien in ihre Wagen eingebaut werden.

Abb. 142 zeigt als erstes einen Schnitt durch das Ford-Getriebe, das aus einem Strömungswandler und anschließendem mechanischem Untersetzungsgetriebe besteht und im Modell „Mercury“ eingebaut wird. In Abb. 143 ist das zugehörige Diagramm der Drehmomente und der entsprechenden Wirkungsgrade in Abhängigkeit der Abtriebswellendrehzahl dargestellt.

Aus Abb. 142 geht hervor, daß der Wandler erstens nur aus den drei einstufigen Elementen Pumpe, Turbine und Leitrad aufgebaut ist und daß die Laufräder sowie das Gehäuse der Strömungskupplung aus gepreßtem Blech hergestellt sind, während die Schaufeln durch Umbiegen der durch entsprechende Schlitze des Gehäuses hindurchgehenden Lappen an dieses befestigt sind.

Nur das Leitrad ist in gegossener Ausführung ausgeführt, und zwar in Aluminiumlegierung mit außen offenen Schaufelkanälen, die nachträglich durch Anbringung eines entsprechend profilierten, äußeren Stahlrings abgeschlossen werden.

Das Zusatzgetriebe ist als ein zusammengesetztes Planetenradgetriebe ausgeführt, das die in der folgenden Tabelle angegebenen Schaltmöglichkeiten zuläßt. Die in der folgenden Zusammenstellung angegebenen Untersetzungsverhältnisse lassen sich durch die Bedienung eines unterhalb des Lenkrads des Wagens befindlichen Schalthebels einstellen. Die verschiedenen Stellungen, die dieser Schalthebel dabei einnehmen kann, sind die folgenden:

Untersetzungsverhältnisse beim Ford-Mercury-Getriebe

Handhebelstellung / Untersetzungsverhältnis des Getriebes	1. Gang „L“	2. Gang „Dr“ (I)	3. Gang „Dr“ (II)	R.M. „R“
Untersetzungsverhältnis des mechanischen Zusatzgetriebes	2,44	1,48	1	2
Drehmomentverhältnis des Strömungswandlers	2,10 am Festpunkt	2,10 am Festpunkt	1,57 bei 32 km/h	2,10 am Festpunkt
Resultierendes Gesamtdrehmomentverhältnis (Wandlerzusatzgetriebe)	5,13	3,11	1,57	4,20
Gesamtuntersetzungsverhältnis an den Rädern (Hinterachsuntersetzung 3,31 : 1)	16,98	10,29	5,20	13,90

Die Drehbewegung des Motors wird von der Turbine aus über eine zentrale Antriebswelle und ein gemeinsames Antriebsgehäuse sowie über zwei Mehrscheibenkupplungen *a* und *b* auf die Abtriebswelle des Getriebes geleitet. Wenn Kupplung *a* blockiert wird, dann treibt das Gehäuse die zentrale Welle *c* an und mit ihr das kleine Sonnenrad *d* an ihrem rechten Ende; wenn hingegen Kupplung *b* blockiert ist, überträgt das gleiche Gehäuse die Drehbewegung auf ein anderes Sonnenrad *e*, das sich neben dem ersten befindet und fest mit dem antreibenden Teil der Kupplung *b* verbunden ist (s. Abb. 144a—e).

Mit der gleichzeitigen Blockierung der beiden Reibungskupplungen *a* und *b* wird der direkte Gang hergestellt, weil diesen dann infolge der gegenseitigen Blockierung der Zahnräder die Möglichkeit einer relativen Drehung zueinander genommen ist und das ganze Getriebe folglich nur mehr als eine einheitliche starre Masse wirkungslos um die Turbinenachse rotieren kann (s. Abb. 144a–e).

Im anderen Fall, in dem beide Kupplungen gelöst sind, ist offenbar der Freilauf hergestellt.

In den übrigen Fällen, wenn also entweder das kleine zentrale Sonnenrad oder das größere als Antriebsrad arbeitet und entweder Bremse *1* oder Bremse *2* blockiert wird, ergeben sich die anderen Kombinationen, also einmal die *kleine* Geschwindigkeit (1. Gang), das andere Mal die *mittlere* Geschwindigkeit (2. Gang) und der Rückwärtsgang, entsprechend den Angaben in der Tabelle sowie den schematischen Darstellungen des Leistungsflusses in den Abb. 144a—e und der nachstehenden Aufstellung:

1. Leerlauf (Reibungskupplungen *a* und *b* gelöst, Bandbremsen *1* und *2* gelöst);

2. 1. Gang (Reibungskupplung *a* blockiert, Reibungskupplung *b* gelöst, Bandbremse *1* gelöst, Bandbremse *2* blockiert);

3. 2. Gang (Reibungskupplung *a* blockiert, Reibungskupplung *b* gelöst, Bandbremse *1* blockiert, Bandbremse *2* gelöst);

4. 3. Gang = direkter Gang (Reibungskupplungen *a* und *b* blockiert, Bandbremsen *1* und *2* gelöst);

5. R. M. (Reibungskupplung *a* gelöst, Reibungskupplung *b* blockiert; Bandbremse *1* gelöst, Bandbremse *2* blockiert).

Zwecks Schaltung des gewünschten Ganges, entsprechend den jeweils vorhandenen Betriebsverhältnissen des Wagens, ist eine hydraulisch betätigte Schalt- und Regeleinrichtung vorgesehen, deren Druckölbedarf von zwei besonders dafür vorgesehenen Pumpen geliefert wird. Eine, die vom Strömungswandlergehäuse selbst, die andere, die von der Abtriebswelle des Getriebes angetrieben wird. Es arbeitet somit die erstere (die vordere) kontinuierlich und mit der gleichen Drehzahl wie der Motor; die andere (die hintere) hingegen nur, wenn die Übertragungswelle zu den Rädern arbeitet, somit also nur bei Fahrt, und zwar mit der gleichen Drehzahl wie die Übertragungswelle selbst. Bei Stillstand des Wagens steht diese zweite Pumpe ebenfalls still, und die Lieferung von Drucköl hört ihrerseits auf.

Dieser Betätigungseinrichtung, die eine vollautomatische Arbeitsweise zuläßt, ist zur Erfüllung bestimmter Betriebsbedingungen weiter

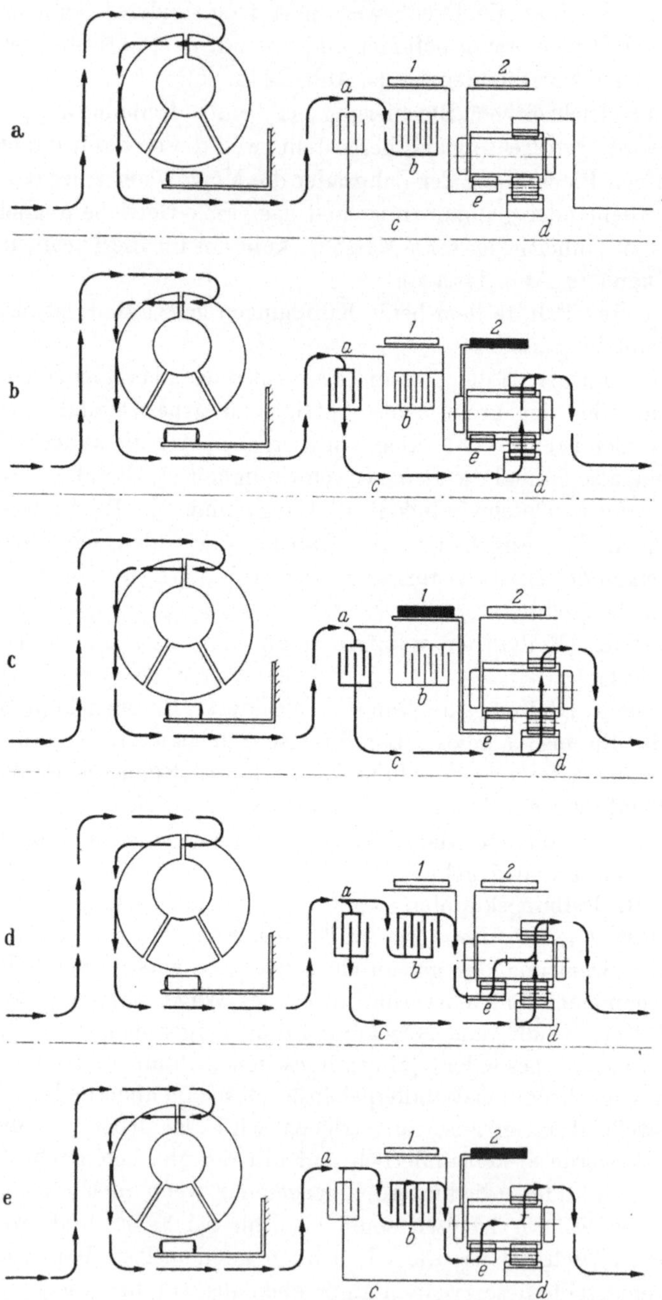

Abb. 144a—c. Leistungsfluß durch das Ford-Mercury-Getriebe
a) Leerlauf; b) stark untersetzter Gang (1. Gang); c) mittlere Untersetzung (2. Gang); d) direkter Gang (3. Gang); e) Rückwärtsgang

ein Schwungmassenregler zugeordnet, um als geschwindigkeitsabhängiges Regelorgan dann selbständig einzugreifen, sobald die Fahrgeschwindigkeit bei Überschreitung bestimmter Grenzwerte den Übergang von einem Gang zum andern erfordert. Um Pendelungen beim Schalten von einem niedrigeren Gang zu einem höheren, und umgekehrt, zu verhindern — dieses könnte leicht eintreten, wenn die Geschwindigkeit des Fahrzeugs mit geringen Abweichungen gerade im Toleranzgebiet des Schaltbereichs zwischen den genannten Grenzwerten hin- und herschwankt —, ist der Regler mit dem Betätigungssystem so verbunden, daß das Einschalten eines neuen Ganges mit einer gewissen Verzögerung erfolgt. Der neue Gang wird in der Beschleunigungsphase des Wagens bei einer Geschwindigkeit eingeschaltet, die etwas oberhalb eines für diesen Gang vorbestimmten Wert liegt, und in der Verzögerungsphase bei einer Geschwindigkeit ausgeschaltet, die etwas unterhalb eines ebenfalls für diesen Gang vorbestimmten Wertes liegt.

Wie bereits gesagt, befindet sich der Vorwählhandhebel unter dem Lenkrad und kann folgende Positionen einnehmen, die mit entsprechenden Buchstaben gekennzeichnet sind:

P Parken (mechanische Blockierung, d. h. Festbremsung des stillstehenden Wagens);
R Rückwärtsgang (Reverse);
N Leerlauf (Neutral);
D_r Normale Fahrt (Drive) = 2. und 3. Gang = mittlere und hohe Geschwindigkeit — automatische Schaltung;
L (Low) — Anfahrgang = 1. Gang — ganz ausnahmsweise verwendet.

Außer der Handbetätigung für den eigentlichen Schaltvorgang im Getriebe ist weiter eine Verbindung zwischen den Getriebebetätigungen und der Vergaserklappe vorgesehen, um so auch eine Abhängigkeit zwischen Motorleistung (Drehmoment) und dem automatischen Schaltbetrieb für einen der beiden mittleren Gänge und den 3. Gang herzustellen. In diesem Zusammenhang wirkt der Zentrifugalregler in der oben angedeuteten Weise mit.

In Abb. 145 ist ein Schema der hydraulischen Schalt- und Regeleinrichtung zu sehen. Ohne auf die Einzelheiten aller bei dieser Lösung verwendeten Elemente und ihre spezifische Wirkungsweise näher einzugehen, kann man sich allein schon bei der Betrachtung ungefähr ein Bild davon machen, wie wenig einfach der funktionelle Aufbau eines solchen Regel- und Betätigungsapparates ist, wenn dieser der Bewältigung aller an ihn gestellten Forderungen anstandslos gewachsen sein soll. Dabei ist noch zu berücksichtigen, daß die ganze Anordnung an das Getriebe selbst angebaut werden soll und deshalb wenig platzraubend, mit kleinen Abmessungen ausgeführt sein muß. Rohrverbindungen sind dabei möglichst zu vermeiden, das Drucköl muß durch

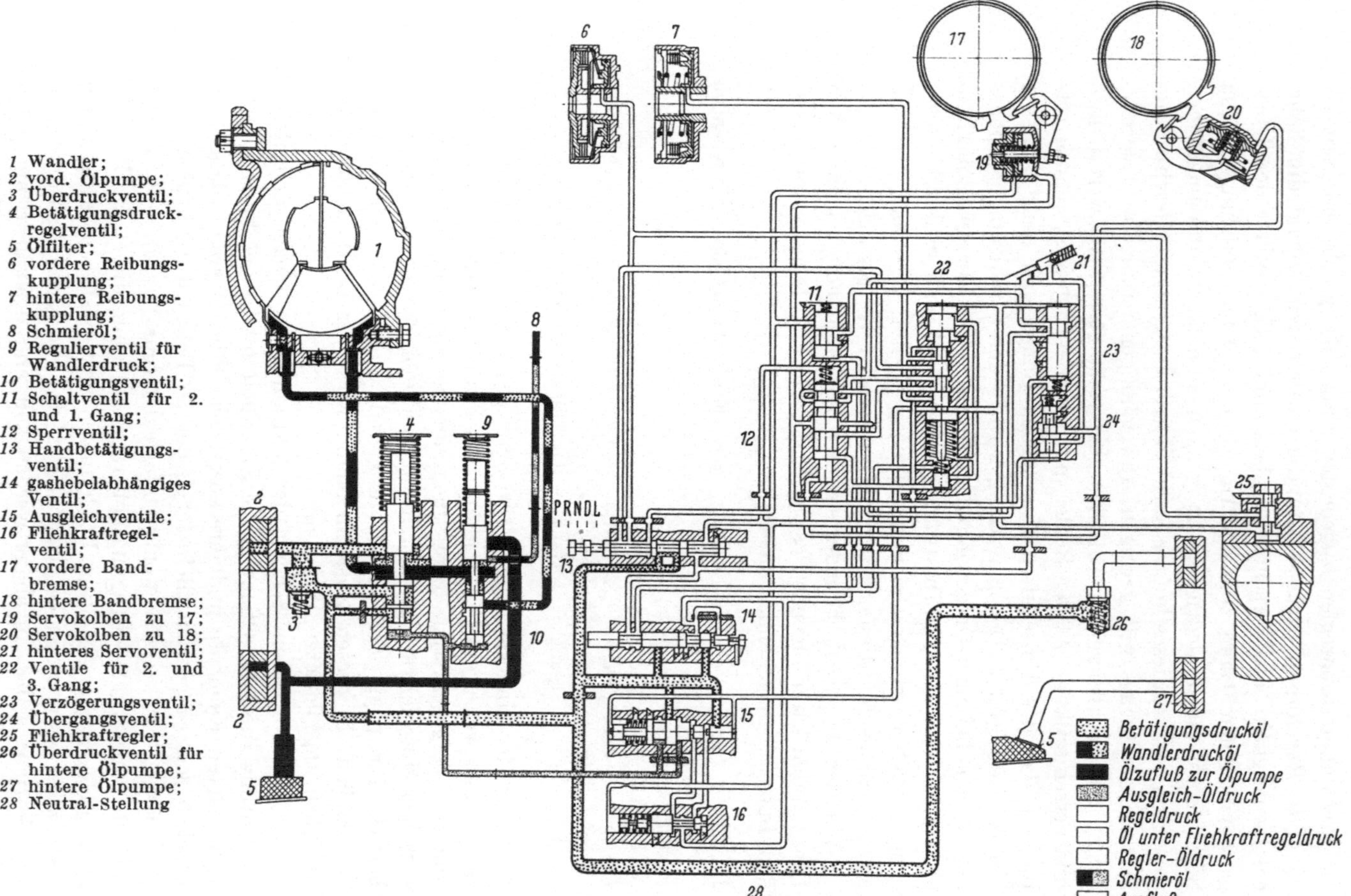

Abb. 145. Schema der hydraulischen Schaltbetätigungen und des Regelungsapparats des „Ford-Mercury" und „Lincoln"-Getriebes. Leerlauf-Stellung

1 Wandler;
2 vord. Ölpumpe;
3 Überdruckventil;
4 Betätigungsdruckregelventil;
5 Ölfilter;
6 vordere Reibungskupplung;
7 hintere Reibungskupplung;
8 Schmieröl;
9 Regulierventil für Wandlerdruck;
10 Betätigungsventil;
11 Schaltventil für 2. und 1. Gang;
12 Sperrventil;
13 Handbetätigungsventil;
14 gashebelabhängiges Ventil;
15 Ausgleichventile;
16 Fliehkraftregelventil;
17 vordere Bandbremse;
18 hintere Bandbremse;
19 Servokolben zu 17;
20 Servokolben zu 18;
21 hinteres Servoventil;
22 Ventile für 2. und 3. Gang;
23 Verzögerungsventil;
24 Übergangsventil;
25 Fliehkraftregler;
26 Überdruckventil für hintere Ölpumpe;
27 hintere Ölpumpe;
28 Neutral-Stellung

Kanäle fließen, die entweder durch Bohrungen in dem Gußkörper hergestellt oder direkt in der Gußform als solche vorgesehen werden müssen. Im letzteren Fall hat sich eine Ausführung besonders vorteilhaft erwiesen, bei der ein durch eine ebene Trennfläche in zwei Teile geteilter gegossener „Labyrinthkörper" einen Großteil der Kanäle enthält, die, leicht herstellbar, durch Trennen der beiden Teile leicht zugänglich sind und eine einfache Fabrikation und Montage ermöglichen.

Bezüglich der Arbeitsweise des Ford-Getriebes heißt es in einem im SAE-Quarterly Transactions (Oktober 1950, S. 513) erschienenen Aufsatz von H. T. Youngren und H. G. English der Ford Motor Co. unter anderem:

„... Im ‚Mercury-Ford'-Getriebe sind in geeigneter Weise wohl sämtliche Bedingungen erfüllt, die sich normalerweise während des Fahrbetriebs des Wagens einstellen können. Der Übergang vom mittleren Gang (Untersetzungsverhältnis 1,48 : 1) zum direkten Gang (Verhältnis 1 : 1) und umgekehrt erfolgt automatisch und entsprechend der vom Fahrer gewünschten Fahrgeschwindigkeit. Der mittlere Gang zusammen mit dem von der Strömungskupplung gegebenen maximalen Drehmomentverhältnis von 2,1 : 1 gibt dem Getriebe beim Anfahren bei kleinster Geschwindigkeit ein Gesamtverhältnis von 3,11 : 1, was für alle Bedürfnisse bei größten Beschleunigungen, in Steigungen und bei der Bremsung in der Talfahrt, ausgenommen für außerordentliche, selten auftretende Extremfälle, vollkommen ausreicht. Das normale Anfahren erfolgt immer im mittleren Gang. Der Übergang zum 3. Gang erfolgt automatisch bei Geschwindigkeiten innerhalb der Grenzen von 17 und 63 M/h ($\sim$27,4 ÷ 103 km/h), und zwar in Abhängigkeit der Vergaserstellung. Unterhalb 57 M/h (91,6 km/h) schaltet sich der mittlere Gang ein, wenn der Gashebel über die Maximalstellung hinaus getreten wird. Bei kleineren Geschwindigkeiten findet der Übergang zum mittleren Gang ungefähr bei 20 M/h (32,2 km/h) mit teilweise geschlossener Vergaserklappe statt, während bei vollkommen geschlossener Vergaserklappe das automatische Schalten bei 5 und 8 M/h (8,05 und 12,9 km/h) vor sich geht.

Um aber auch allen sonstigen ungewöhnlichen Anforderungen, wie z. B. höchster Beschleunigung, bei außerordentlichen Steigungen oder bei der Bremsung in starken Gefällen, gerecht zu werden, kann ein Gang der kleinen Geschwindigkeiten durch Verstellung von Hand des unter dem Lenkrad befindlichen Schalthebels in die entsprechende Stellung eingeschaltet werden. Bei Geschwindigkeiten unterhalb 40 M/h (64,3 km/h) hat bei Übergang zu kleineren Geschwindigkeiten unabhängig von der Vergaserklappenstellung die Einschaltung des niederen Ganges 2,44 : 1 zur Folge. Bei Geschwindigkeiten über 40 M/h (64,3 km/h) bewirkt das Verstellen des Handhebels in die untere Stellung das Einschalten des mittleren Getriebegangs, in dem es dann unabhängig von der Vergaserklappenstellung verbleibt. Diese Eigenart erweist sich in gewissen Fällen von Vorteil, wenn das verlangte Drehmoment mit einer gewissen Frequenz zwischen hohen und niedrigen Werten, sei es in der Steigung, sei es im Gefälle, schwankt. Ist einmal der niedere Gang eingeschaltet, so bleibt dieser unabhängig von der Geschwindigkeit des Wagens so lange eingestellt, bis der Handhebel wieder in die Stellung für Normalbetrieb gebracht wird. Das Schalten vom unteren Gang zum mittleren Normalgang kann unter Vollast und bei jeder Vergaserstellung vorgenommen werden ...".

Bei dieser etwas längeren Beschreibung des „Ford-Mercury"-Getriebes wurden einige der grundsätzlichen Probleme berührt, die bei der automatischen Bedienung eines derartigen Getriebes auftreten. Es folgt jetzt eine Beschreibung einiger von der General-Motors gebauten Getriebetypen.

Von diesen sind, in chronologischer Folge ihres Erscheinens, die nachstehenden Typen als die charakteristischsten zu erwähnen: Das Strömungsgetriebe „Dynaflow-polyphase-converter", als Strömungswandler mit 5 Elementen, aus dem Jahre 1948; das Strömungsgetriebe „Dynaflow-Twin-Turbin-converter", als Strömungswandler mit 2 Turbinen, aus dem Jahre 1953, und das Strömungsgetriebe „Turboglide", als Strömungswandler wiederum mit 5 Elementen, das, eine der neueren Konstruktionen auf dem Gebiete des Strömungsgetriebebaus, von der General-Motors im Jahre 1957 auf den Markt gebracht worden ist.

Im 5-Elemente-Dynaflow-Getriebe, das von der Automobilfabrik Buick in ihre Wagen eingebaut worden ist (Abb. 146), sind zur Wirkungsgradverbesserung durch Verminderung der Stoßverluste zwischen dem eigentlichen Leitrad und der Pumpe zwei weitere Elemente eingeschaltet, von denen das eine, das als Sekundärleitrad bezeichnet werden kann, mittels Freilauf gegenüber dem festen Maschinengehäuse gehaltert ist, während das andere Element, das als Sekundärpumpe bezeichnet werden kann und ebenfalls auf einem Freilauf gelagert ist, von der Nabe der Primärpumpe selbst gehalten und mit ihr in einseitigem Drehsinn verbunden ist.

Sobald der Flüssigkeitsstrom zwischen den Elementen Turbine und Leitrad und folglich zwischen Leitrad und Pumpe bei steigender Turbinendrehzahl die Richtung ändert, können sich die beiden Leitradelemente und die Sekundärpumpe von der *Freilauffessel* lösen und in gleichem Sinne wie die Turbine frei rotieren. Die Sekundärpumpe kann dabei eine größere Drehzahl annehmen als die Primärpumpe selbst, auf der sie gehaltert ist. Die Stoßgeschwindigkeiten der Flüssigkeit beim Eintritt in diese unterteilten Läuferelemente, die direkt proportional sind zu den Geschwindigkeitsunterschieden zwischen den rotierenden Elementen, werden somit kleiner und mit ihnen die entsprechenden Verluste.

Die mit diesem Wandler erreichten Wirkungsgrade sind aus dem von der Firma Buick selbst aufgestellten Diagramm der Abb. 147

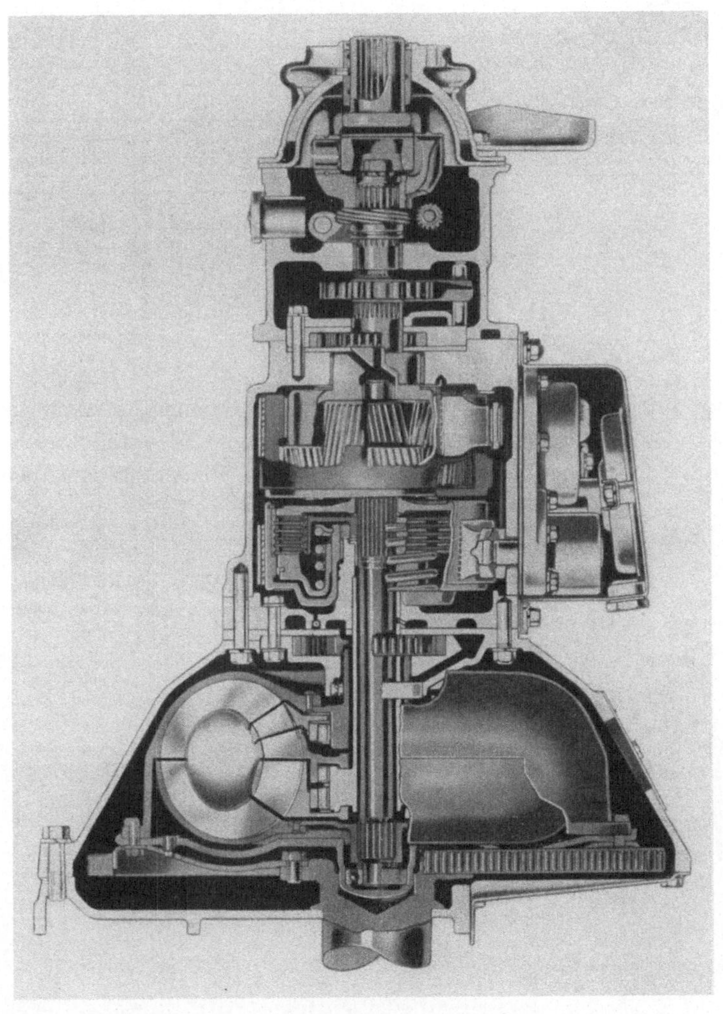

Abb. 146. Das „5-Elemente-Dynaflow"-Getriebe der General-Motors (Baujahr 1948)

ersichtlich. Um einen Vergleich dieser Werte mit den Wirkungsgraden eines normalen, aus nur 3 Elementen bestehenden Wandlers ziehen zu können, hat Buick seinem Diagramm das in Abb. 148 gezeigte Diagramm gegenübergestellt.

Das größte Drehmomentenverhältnis am Festpunkt ist beim „Dynaflow-5-Elemente“-Wandler 2,25 : 1. Auch bei diesem Getriebe kann

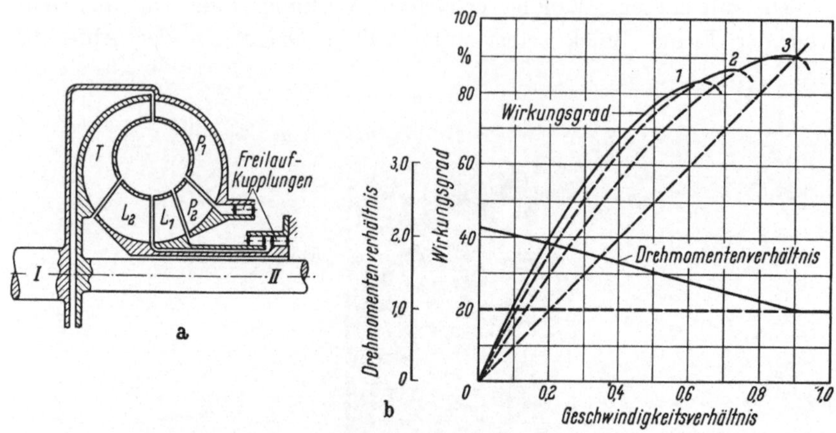

Abb. 147. Wirkungsgradkurven des „5-Elemente-Dynaflow“-Getriebes (G. M.)

aber dieses auf hydrodynamischem Wege erzeugte Momentenverhältnis durch das anschließende zusätzliche mechanische Zahnradgetriebe gesteigert werden. Dieses ist in üblicher Weise als Planetenradgetriebe

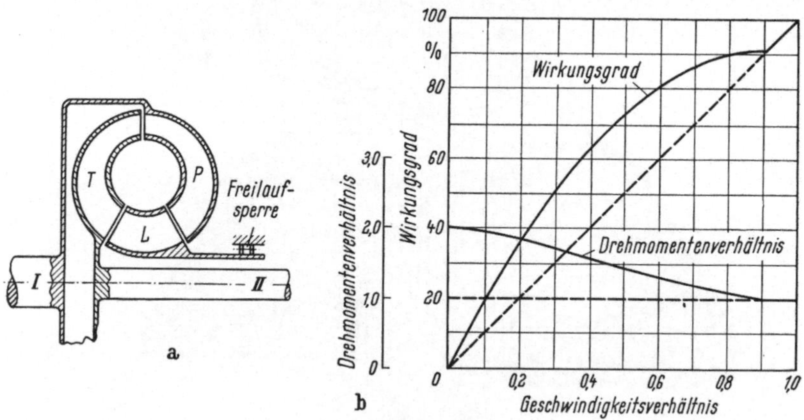

Abb. 148. Wirkungsgradkurven eines Normalwandlers nach G. M. zum Vergleich mit Abb. 147

ausgebildet und gestattet zwei Vorwärtsgänge und einen Rückwärtsgang. In Vorwärtsfahrt ergeben die beiden Gänge die Untersetzungsverhältnisse 1,82 : 1 im untersetzten und 1 : 1 im direkten Gang. Der Rückwärtsgang besitzt das gleiche Verhältnis 1,82 : 1 wie der untersetzte Gang für die Vorwärtsfahrt.

Der zweite bereits erwähnte Typ der Firma Buick ist das Getriebe „Dynaflow-Twin-Turbine". In Abb. 149 ist dieses Fahrzeuggetriebe teil-

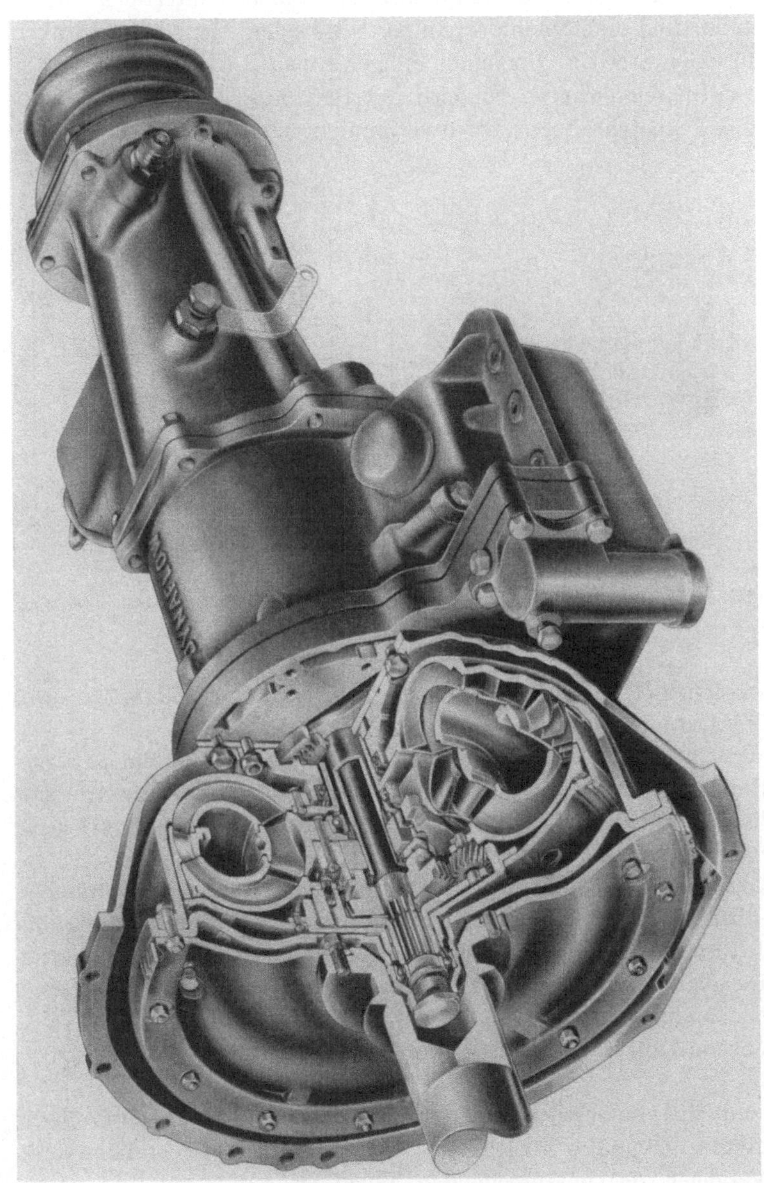

Abb. 149. Teilschnitt durch das „Dynaflow-Twin-Turbine"-Getriebe der General-Motors

weise im Schnitt dargestellt. Die gegenseitige kinematische Abhängigkeit der beiden Turbinen entspricht einem der früher in Kap. F (Abb. 103) besprochenen Systeme zur Verbesserung der Wirkungsgrade durch Verminderung der Stoßverluste.

Zur Verminderung des Geschwindigkeitsunterschieds zwischen Pumpe und Turbine ist die Pumpe in zwei Elemente unterteilt, also in eine Primär- und eine Sekundärpumpe. Die beiden Elemente sind aber nicht auf einem Freilauf zur unabhängigen freien Rotation in bestimmten Verhältnissen gelagert, sondern untereinander kinematisch durch ein eigenes Planetenradgetriebe so verbunden, daß die Sekundärturbine

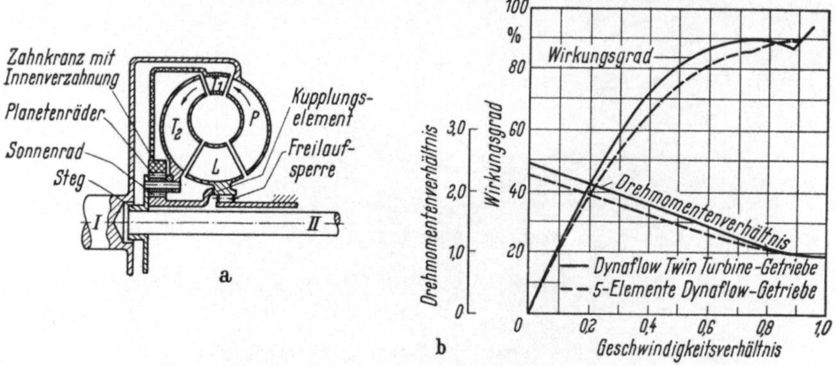

Abb. 150. Wirkungsgrade und Momentenverhältnisse der „Dynaflow"-Getriebe nach den Abb. 149 und 147 (G. M.)

stets langsamer als die Primärturbine, jedoch in immer festem Verhältnis zu ihr, rotieren muß.

Die erste dieser beiden Turbinen ist hierzu fest mit dem äußeren Zahnkranz des erwähnten eigenen Planetengetriebes, die zweite mit dem Planetenradträger selbst und über diesen mit der Abtriebswelle (Turbinenwelle) direkt fest verbunden. Das Sonnenrad steht dabei in fester Verbindung mit dem Leitrad. Dieses ist seinerseits in gewöhnlicher Weise über einen Freilauf mit dem Maschinengestell verbunden und kann sich mithin von diesem loslösen, sobald sich die Anströmrichtung des Flüssigkeitsstroms bzw. die Tangentialkomponente desselben entsprechend ändert.

Ein Schema dieser Anordnung war bereits in Abb. 103 auf S. 240 zu sehen.

Die mit diesem System erzielten Vorteile im Vergleich zum vorher betrachteten „Dynaflow-5-Elemente"-Getriebe (Abb. 147) erkennt man beim Vergleich der entsprechenden Wirkungsgradkurven, die nachstehend in der ebenfalls von Buick stammenden Abb. 150 zu sehen sind.

Das „Turboglide"-Getriebe der Firma Chevrolet, Abb. 151, das eine sehr interessante Lösung in bezug auf die Anordnung der verschiedenen

Elemente und der hierdurch bedingten Wirkungsweise darstellt, besitzt, wie schon in einer früheren Variante des „Dynaflow“ (das Powerglide-

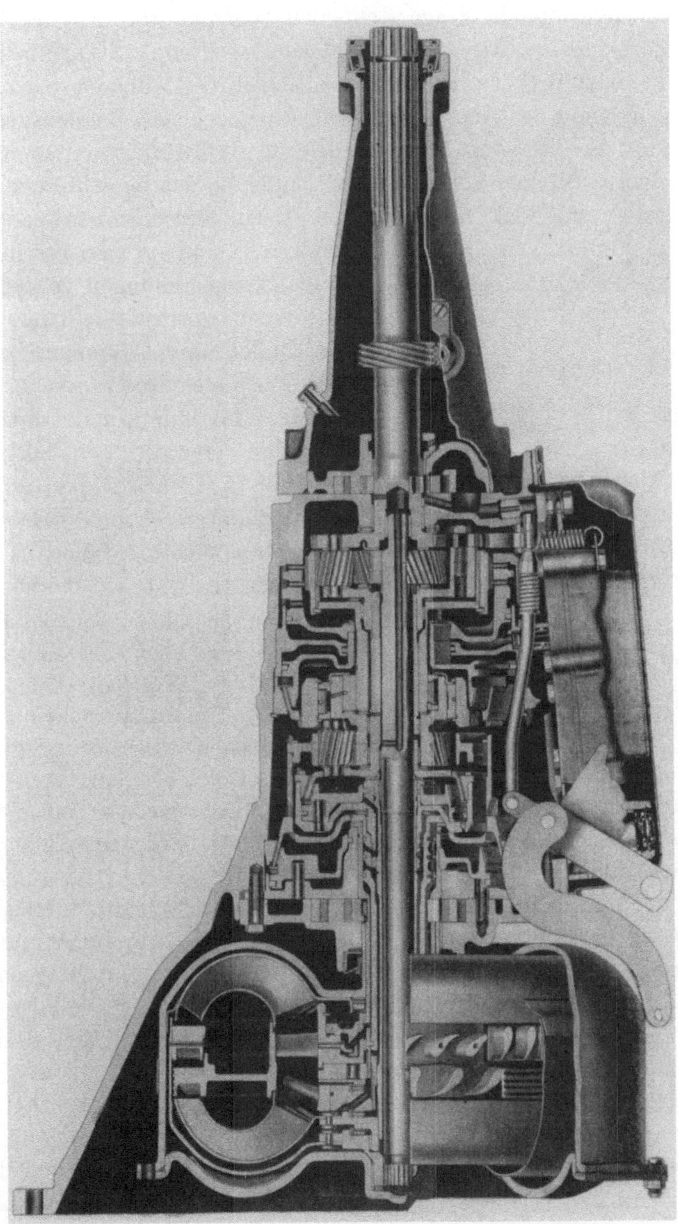

Abb. 151. Das „Turboglide“-Getriebe der General-Motors

Getriebe) verwendet, für die Verminderung der Stoßverluste einstellbare (drehbare) Schaufeln. Und zwar ist bei diesem „Turboglide-Getriebe“

das *Leitrad*element mit drehbaren Schaufeln ausgerüstet worden. Die Schaufeln werden durch axiales Verstellen eines zentralen Kolbens in die gewünschte Stellung gebracht.

Auch in dem hier in Frage stehenden Wandler sind 5 hydraulische Elemente vorhanden, die so unterteilt sind: 1 Pumpe, 3 Turbinen und 1 Leitrad. Letzteres, wie soeben gesagt, mit verstellbaren Schaufeln. Durch Anpassung der Anstellwinkel an die gegebenen Betriebsverhältnisse gelingt es, die sonst unvermeidlichen Stoßverluste entsprechend zu verkleinern. Die hier vorgesehene Schaufelverstellung geht aber nicht kontinuierlich mit der Änderung der Betriebsverhältnisse vor sich, sondern es sind nur zwei bestimmte, feste Extremstellungen vorgesehen, bei denen optimale mittlere Anstellwinkel einmal für den Betrieb am *Festpunkt* (bei $\varphi = 0$), das andere Mal für einen mittleren normalen Betrieb eingenommen werden. Am Festpunkt erreicht man dadurch eine wesentliche Momentensteigerung, die aus dem Diagramm in Abb. 152 hervorgeht. In Abb. 153 ist der schematische Aufbau des Turboglide-Getriebes, in Abb. 154 das Schaltschema und in Abb. 155 das Schema der hydraulischen Betätigungen des gleichen Getriebes dargestellt.

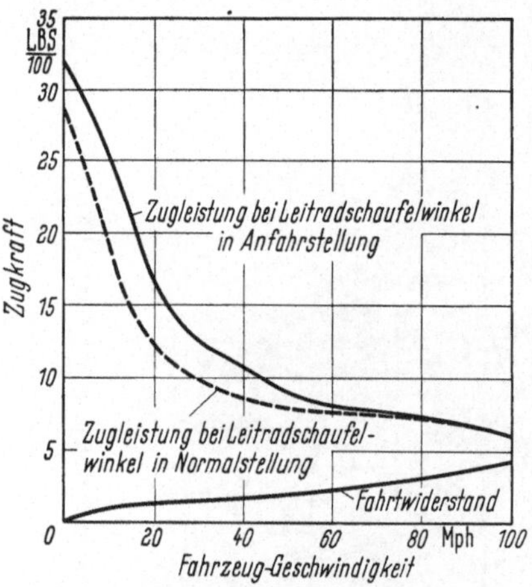

Abb. 152. Momentenkurve des „Turboglide"-Getriebes bezogen auf zwei Schaufelstellungen des Leitrades (G. M.)

Das System „Turboglide" ist in seinem mechanischen Teil in wirklich guter Weise aufgebaut. Es besteht aus relativ einfachen Elementen, wenn sich auch in funktioneller Hinsicht, infolge Überlagerung der Effekte der einzelnen Läufer die Arbeitsweise nicht ganz durchsichtig darstellt. Von einer eingehenderen analytischen Untersuchung der effektiven Arbeitsweise und der erzielbaren Wirkungsgrade innerhalb eines ausgedehnteren Betriebsbereiches dieses Wandlers soll hier abgesehen werden, um so mehr, weil sie aus dem Rahmen dieser Betrachtungen fallen, und deshalb zu weit führen würde. Eine genauere technische Beschreibung des mechanischen Teiles ist in den diesbezüglichen Aufsätzen[1] in der Fachliteratur zu finden.

Es sei nur erwähnt, daß die drei Turbinenräder in verschiedenen Betriebsbereichen verschiedene Aufgaben zu erfüllen haben. Die Läufer

[1] Zum Beispiel Turboglide — The new Chevrolet Automatic Transmission, November 1956 — SAE n° 36 — 1957, Januar 14—18, März 1. Ferner: „Revue Automobile" — Bern, 25. Juli 1957, u. a. m.

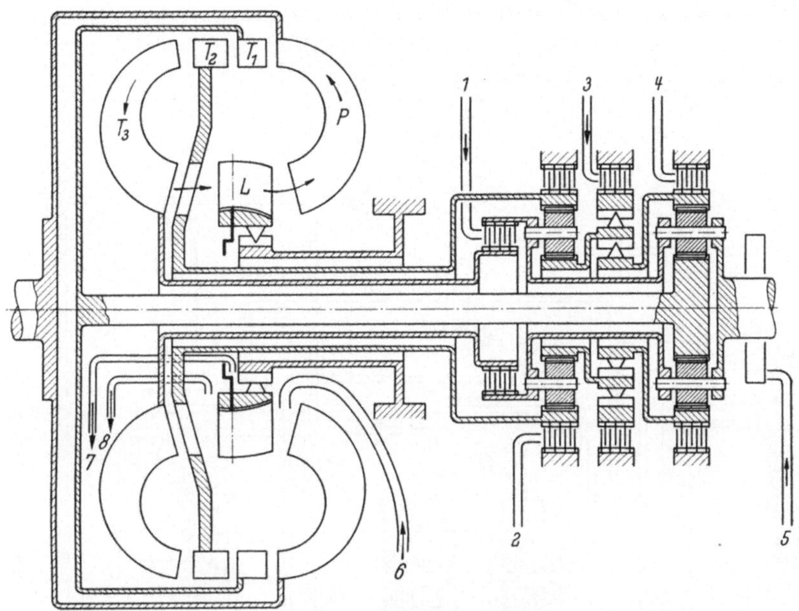

Abb. 153
Schematischer Aufbau des „Turboglide“-Getriebes. In der G. M.-Chevrolet-Ausführung 1957 sind in Wirklichkeit an Stelle der Mehrscheibenkupplungen Konuskupplungen vorgesehen

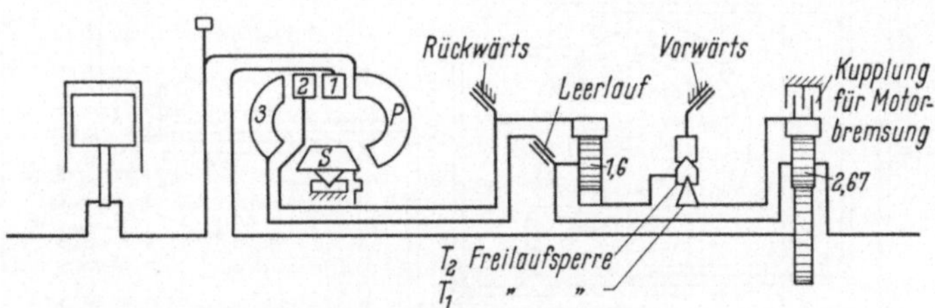

Abb. 154. Schaltschema des „Turboglide“-Getriebes (G. M.). Die Tabelle zeigt das Beispiel des Rückwärtsganges

Stellung	Neutral	Rückwärts	Vorwärts	Motor-Bremskupplung	T_1 Freilaufsperre	T_2 Freilaufsperre	Räderverhältnis	Gesamtuntersetzung
Parken	—	—	—	—	Freilauf	geschleppt	—	—
Rückwärts	**eingerückt**	**eingerückt**	**—**	**—**	**gesperrt**	**geschleppt**	**1,78**	**4,1**
Leerlauf	—	—	—	—	Freilauf	geschleppt	—	—
Fahrt	eingerückt	—	eingerückt	—	gesperrt Freilauf	gesperrt Freilauf	1,0 1,6 2,67	4,2 — 3,8
Motor-Bremskupplung	—	—	—	eingerückt	Freilauf	geschleppt	2,67	2,67

müssen in diesen Betriebsbereichen nicht nur ihre Aufgabe in funktioneller Hinsicht einfach und den nötigen Strömungsvoraussetzungen

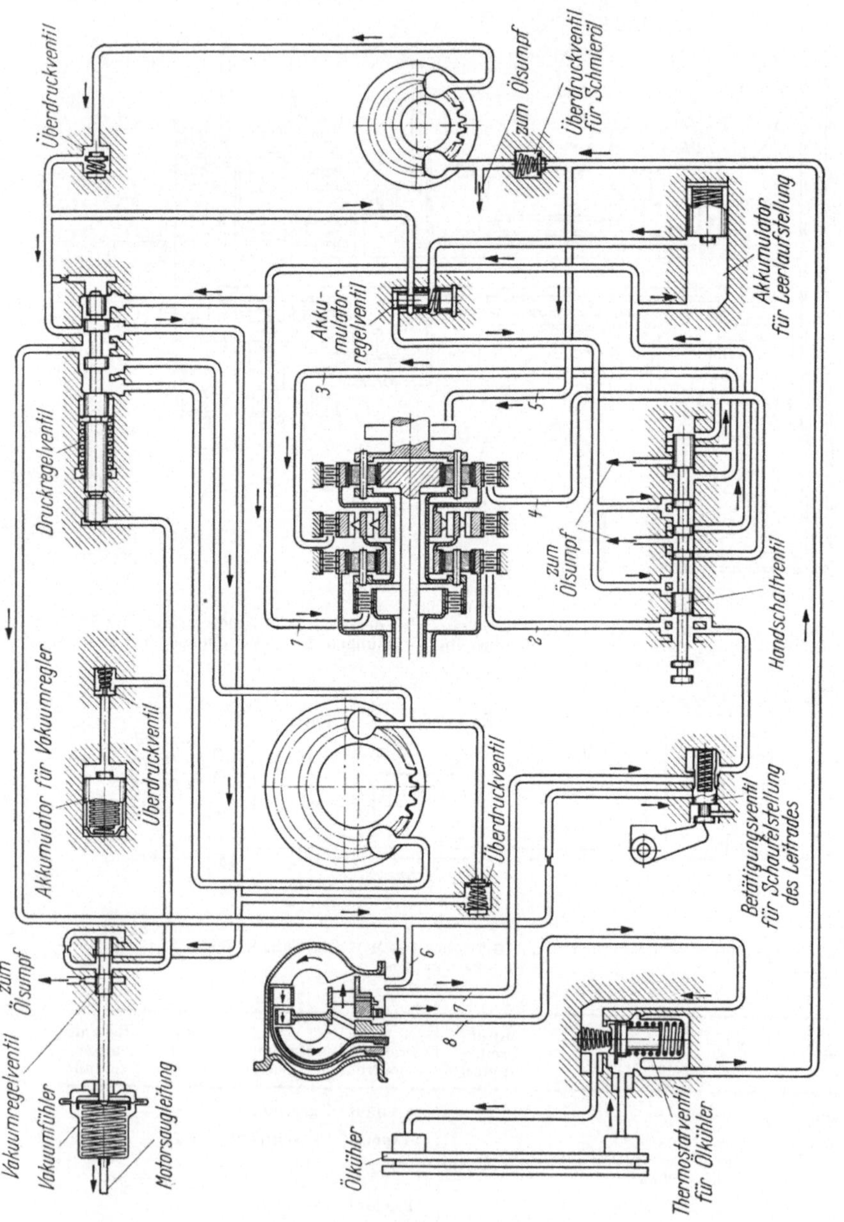

Abb. 155. Hydraulisches Schaltschema des „Turboglide"-Getriebes (G. M.)

entsprechend einwandfrei lösen, sondern diese auch unter Bedingungen erfüllen, die annehmbare, gute Wirkungsgrade sichern. So muß z. B. die Turbine T_3 (s. Abb. 153), die im Vorwärtsgang den gleichen Drehsinn besitzt wie der Motor, im Rückwärtsgang ihren Drehsinn umkehren. Dies kann aber nur dadurch möglich werden, daß die Turbine T_2 blockiert wird und als Verteilungsapparat, als Leitrad weiterarbeitet, um auf diese Weise dem Flüssigkeitsstrom eine negative Tangentialkomponente zu erteilen und mit dieser die Flüssigkeit in die Turbine T_3 zu treiben, die dann durch Umkehrung ihrer Drehrichtung die Rückwärtsfahrt ergibt. Bei Vorwärtsfahrt haben hingegen alle drei Turbinen T_1, T_2, T_3 eine positive Drehrichtung, d. h. die gleiche Drehrichtung wie der Motor selbst. Die Verbindung zwischen Turbine T_2 und ihrer eigenen Nabe und Abtriebswelle erfolgt mittels profilierter radialer Arme, die den Kreislaufraum zwischen dritter Turbine und Leitrad durchdringen. Leider war es nicht möglich, eine Wirkungsgradkurve dieses Strömungswandlers zu beschaffen. Es ist hier deshalb nicht möglich, Schlüsse auf den Einfluß dieser Anordnung auf die erzielbaren Wirkungsgrade zu ziehen. Wir wollen aber von der Annahme ausgehen, daß die Genialität, mit der dieses Getriebe verwirklicht worden ist, nicht nur in der mechanischen Disposition der einzelnen Getriebeelemente als solche zu suchen sein wird, sondern in der ganzen Kombination, mit der die geforderten Getriebeeigenschaften nicht nur einfach erreicht, sondern bestimmt auch mit annehmbaren Wirkungsgraden verwirklicht werden. Vom mechanischen Standpunkt aus muß dieses Getriebe einen äußerst sanften, ruhigen Gang ergeben, der sich besonders bei den Schaltungen bzw. beim Gangwechsel vorteilhaft auswirken muß.

Eine interessante Lösung, auch in bezug auf die Handbetätigung der automatischen Wandlergetriebe, ist von der Chrysler-Corporation im Jahre 1955 mit ihrem „Torque-Flite" eingeführt worden, der die Bedienung mittels Druckknöpfe vorsieht. Dieses Getriebe wird in die Fahrzeuge Plymouth, Dodge, De Soto, Chrysler und Imperial eingebaut.

Ein Schnitt durch das „Torque-Flite"-Getriebe ist in Abb. 156 gezeigt, während die Kennkurven dieses Wandlers in Abb. 157 dargestellt sind.

Hier fällt vor allem auf, daß der Wandler nur aus den drei ungeteilten einstufigen Hauptelementen: *Pumpe*, *Turbine*, *Leitrad* besteht. Das Leitrad ist in normaler Weise auf Trilok-Freilauf gelagert. Das anschließende doppelte Zahnradplanetengetriebe besitzt zur Kombination der verschiedenen Gänge zwei Mehrscheibenkupplungen und zwei Bandbremsen. Der schematische Aufbau dieses Planetengetriebes ist in Abb. 158 ersichtlich.

Dieses Getriebe besteht grundsätzlich aus zwei Planetengetrieben mit zwei gleich großen Sonnenrädern, die aus der gleichen Welle herausgearbeitet sind, also mit dieser eine Einheit bilden. Der erste Planetenradträger *4* ist in seiner Drehrichtung infolge Freilauflagerung einseitig gegenüber dem festen Gehäuse *S* gehalten, während in der anderen

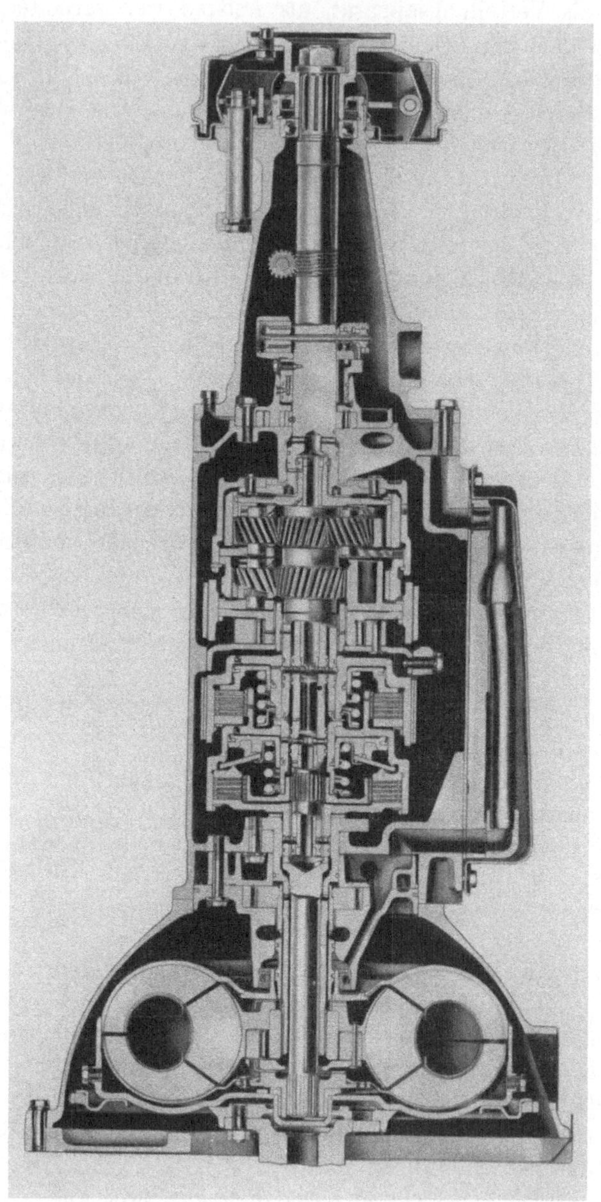

Abb. 156. Das Chrysler „Torque-Flite“-Getriebe

Drehrichtung die Drehbewegung durch die Bandbremse *B* verhindert werden kann.

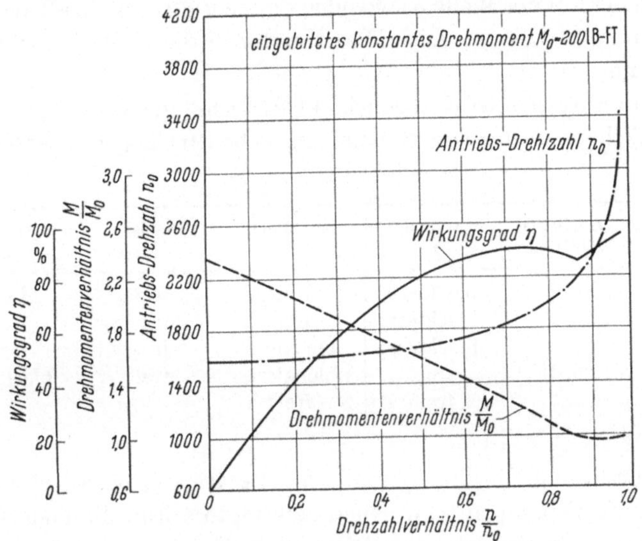

Abb. 157
Kennkurven des Chrysler „Torque-Flite" Getriebes $\left(\text{Durchmesser } 317{,}5 \text{ mm}; \ \frac{M}{M_0} \max = 2{,}3\right)$

Der zweite Planetenradträger 5 hingegen ist einerseits fest mit der Abtriebswelle des Getriebes verbunden, andererseits fest mit dem Zahnkranz des ersten Planetengetriebes gekoppelt.

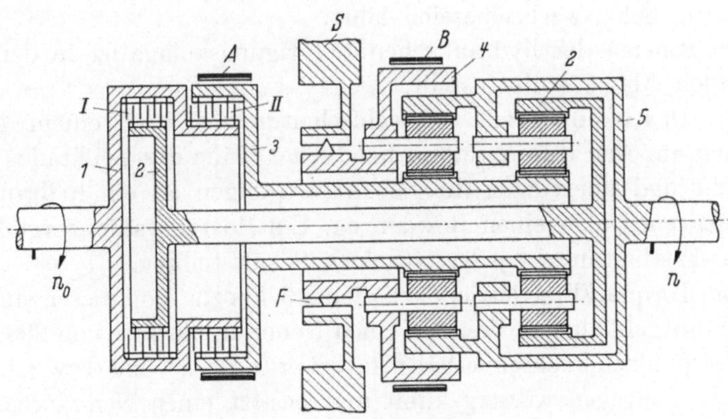

Abb. 158
Schematischer Aufbau des Chrysler „Torque-Flite"-Getriebes (zusätzliches Planetenradgetriebe)

Der Zahnkranz des zweiten Planetengetriebes ist dagegen fest mit einer zentralen Welle *2* vereinigt, die ihrerseits mit einer Mehrscheibenkupplung *I* fest mit der Turbinenwelle *1* verbunden oder von ihr gelöst werden kann. Eine zweite Scheibenkupplung *II* ermöglicht das An- und Abkuppeln der auf der Welle *3* sitzenden Sonnenräder von der Turbinenwelle, während mit einer zweiten Bandbremse *A* die Welle festgebremst werden kann.

Mit diesem System ist es möglich, 4 Geschwindigkeitskombinationen zu verwirklichen, die den nachstehend angegebenen Gängen entsprechen:

	Untersetzungsverhältnis	Kupplung *I*	Kupplung *II*	Bremse *A*	Bremse *B*
1. Gang	2,45:1	blockiert	frei	frei	frei
2. Gang	1,45:1	blockiert	frei	blockiert	frei
3. Gang	1:1	blockiert	blockiert	frei	frei
R.M.	2,20:1	frei	blockiert	frei	blockiert
Leerlauf		frei	frei		

Die Einrichtung für die hydraulische Betätigung erfordert immer zwei getrennte Ölpumpen, von denen eine motorseitig, die andere von der Transmissionswelle aus angetrieben wird. Hinzu kommt dann noch ein Zentrifugalregler, der zur Einschaltung des neuen Ganges bei Erreichung bestimmter Fahrgeschwindigkeiten vorgesehen ist. Besondere Ventile haben dabei die Aufgabe, den Schaltvorgang nicht nur besonders weich zu gestalten, sondern auch dafür zu sorgen, daß der Gangwechsel mit einer gewissen Phasenverschiebung vor sich geht, um Pendelungen und unsichere Schaltpositionen zu verhindern, die eintreten können, wenn das Fahrzeug mit mehr oder weniger konstanter Geschwindigkeit gerade im Schaltwechselbereich fährt.

Ein Schema der hydraulischen Betätigungsanlage ist in der nachstehenden Abb. 159 dargestellt.

Die Druckknöpfe zur Vorwählschaltung sind in einem kleinen Rahmen am Armaturenbrett in handlicher Nähe des Lenkrades untergebracht und übertragen die Schaltbewegungen an ein hydraulisches Verteilerventil über einen Bowdenzug. Ein Rastensystem sorgt für die sichere Festhaltung in jeder einzelnen Schaltstellung.

Vom Torque-Flite-Getriebe existieren 3 Typen. Von diesen sind zwei einfach luftgekühlt und besitzen einen Nenndurchmesser von 298,5 mm. Ihr Festpunktmomentenverhältnis (bei $\varphi = 0$) ist 2,6 bzw. 2,7. Die dritte ist hingegen wassergekühlt und besitzt einen Nenndurchmesser von 317,5 mm und ein Festpunktmomentenverhältnis von 2,3.

Eine ausführliche Beschreibung aller Details ist in der Fachliteratur vorzufinden, auf die hier wiederum verwiesen wird.[1]

[1] Zum Beispiel SAE Preprint (Jan. 1957) No. 35.

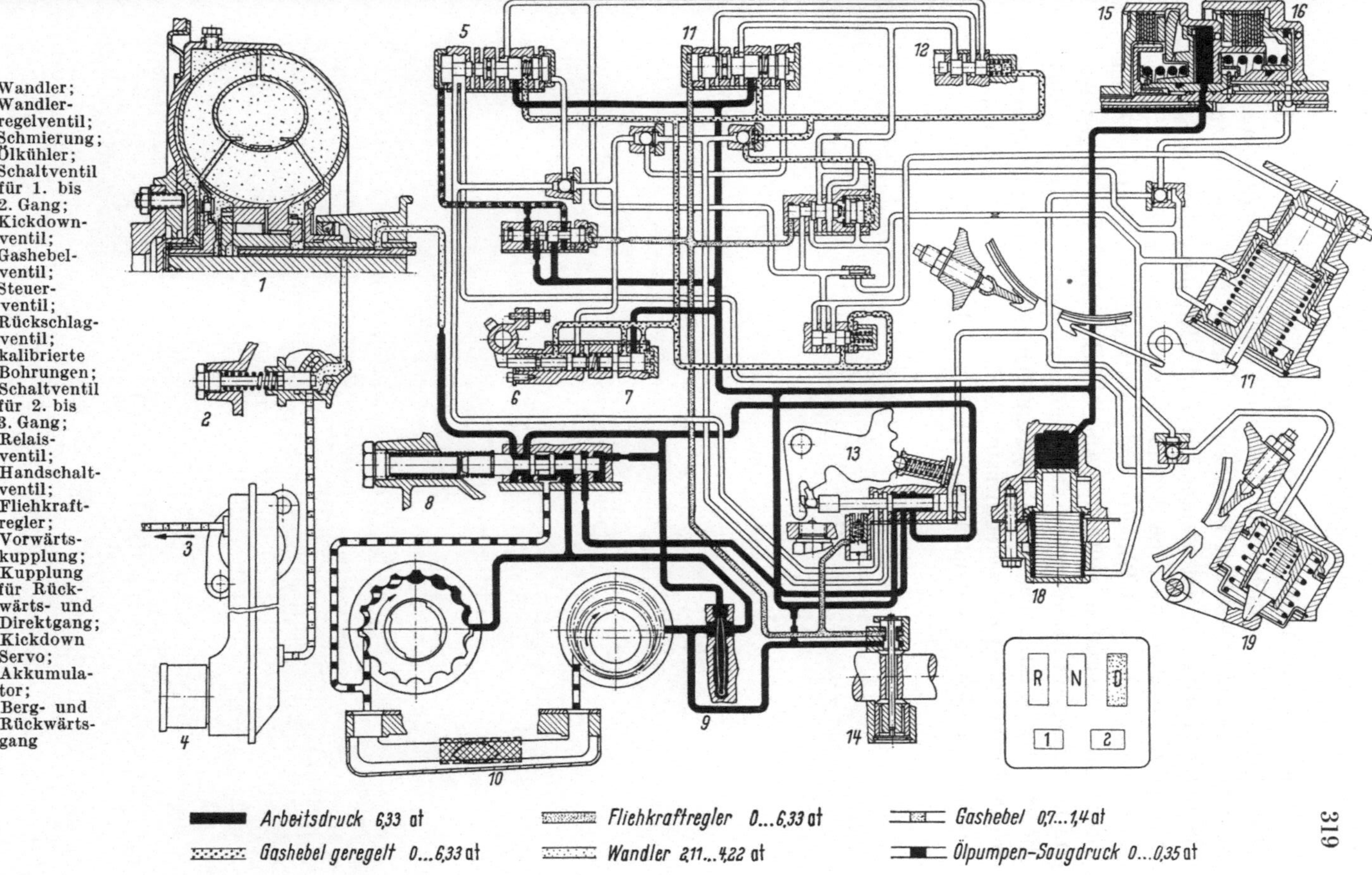

1 Wandler; *2* Wandlerregelventil; *3* Schmierung; *4* Ölkühler; *5* Schaltventil für 1. bis 2. Gang; *6* Kickdownventil; *7* Gashebelventil; *8* Steuerventil; *9* Rückschlagventil; *10* kalibrierte Bohrungen; *11* Schaltventil für 2. bis 3. Gang; *12* Relaisventil; *13* Handschaltventil; *14* Fliehkraftregler; *15* Vorwärtskupplung; *16* Kupplung für Rückwärts- und Direktgang; *17* Kickdown Servo; *18* Akkumulator; *19* Berg- und Rückwärtsgang

Zum Abschluß soll an dieser Stelle nochmals betont werden, daß es nicht Aufgabe dieses Buches sein konnte, die verschiedenen existierenden, in steter Weiterentwicklung begriffenen Getriebe näher zu beschreiben und in die vielen hochinteressanten Details der Regelung bzw. der Schaltsysteme einzugehen, die eine Automatisierung bzw. ein anstandsloses Zusammenarbeiten von Wandler und Zusatzgetriebe erfordern. Zweck dieses letzten Kapitels sollte nur sein, durch Anführung einiger Beispiele die gegenwärtigen grundsätzlichen Bauformen und Anordnungen dieser Getriebe im großen und ganzen zu zeigen und durch eine summarische Beschreibung die wesentlichsten Merkmale und die Probleme zu streifen, die sich in diesem Aufgabenkreis ergeben.

Schrifttumsverzeichnis

DIEDERICHS, M.: Innere Leistungsverzweigung durch FÖTTINGER-Wandler. Dissertation TH Karlsruhe 1956.

FÖRSTER, H. J.: FÖTTINGER-Getriebe in Leistungsverzweigungen. VDI-Forschungsheft 444, Ausgabe B, Bd. 20, 1954.

— Die Entwicklung des Dynaflow-Getriebes. ATZ 58 (1956) H. 9, S. 247—251.

— Über den Einfluß der FÖTTINGER-Getriebe auf den Brennstoffverbrauch. ATZ 1957, H. 9, S. 239—249; H. 10, S. 359—365.

— Die Veränderung des Motorkennfeldes durch Getriebe. ATZ 1960, H. 8, S. 201—210.

FÖTTINGER, H.: Eine neue Lösung des Schiffsturbinenproblems. Jahrbuch der Schiffbautechnischen Gesellschaft 1910, S. 157—225.

— Die hydrodynamische Arbeitsübertragung, insbesondere durch Transformatoren, ein Rückblick und Ausblick. Jahrbuch der Schiffbautechnischen Gesellschaft, B 31 (1930) S. 171—214.

GILES, I. G.: Automatic and Fluid Transmissions, London: Odhams Press 1961.

GSCHING, W.: Das Voith-Diwabus-Getriebe. ATZ 1953, S. 53—60.

HELDT, P. M.: Torque Converters or Transmissions, 3. Aufl., New York: P. M. Heldt-Nyack 1947.

HENNINGS, W.: Über das Kennfeld dreikränziger FÖTTINGER-Getriebe. ATZ 54 (1952) H. 7.

— Über das Kennfeld von Strömungsgetrieben. Dissertation TH Hannover 1952.

KELLEY, O. K.: Polyphase Torque Converter. SAE Quarterly Transactions 6 (1952) No. 1, S. 138—142.

KEUFFEL, A.: Das TRILOK-Strömungsgetriebe. Z. VDI 1934, S. 1321—1322.

KOLLMANN, K., u. H. J. FÖRSTER: Amerikanische Fahrzeuggetriebe mit automatischer Gangschaltung oder stufenloser Drehmomentwandlung. ATZ 52 (1950) S. 89—110 und S. 129—151.

KUGEL, F.: Strömungsgetriebe und Strömungskupplungen. Glückauf 1948, S. 639 bis 646 und S. 675—685.

— Strömungskupplungen zum Antrieb von Kraftfahrzeugen. ATZ 1951, H. 3.

— Einfluß der Stufenzahl auf die Kennwerte von Drehmomentwandlern. Voith, Forschung und Konstruktion 1 (1955) H. 1.

MARBLE, J. C.: Hydraulic Torque Converter. The Automobile Engineer, Okt. 1934, S. 379—381.

MARTYRER, E.: Über das Anfahrverhalten von FÖTTINGER-Drehmomentwandlern. VDI-Z. 94 (1952) Nr. 5.

PFLEIDERER, C.: Die Kreiselpumpen für Flüssigkeiten und Gase, 4. Aufl., Berlin/Göttingen/Heidelberg: Springer 1955.

SINCLAIR, H.: Recent Developments in Hydraulic Couplings. Proc. Inst. Mech. Eng. 1935, S. 75—100.

SPANNHAKE, E. W.: Die neueste Ausführung des FÖTTINGER-Transformators. Z. VDI 57 (1913) S. 721—729 und S. 766—777.

Spannhake, E. W.: Die Transformatorenanlage des Seebäderdampfers „Königin Luise“ der Hamburg—Amerika-Linie. Z. VDI 58 (1914) S. 481—487 und S. 532—540.

— Hydrodynamic Power Transmission for Motor Cars. SAE Transactions 45 (Okt. 1939) No. 4.

— Hydrodynamics of the Hydraulic Torque Converter. SAE Quarterly Transactions 3 (1949) No. 4, S. 592—608.

— H. Kluge u. A. Unruh: Kritische Untersuchung der Leistungsübertragung durch Zahnradwechselgetriebe und hydrodynamische Getriebe auf Straßenfahrzeuge mit Antrieb durch Brennkraftmaschinen. ATZ 1935, Sammelband II/1. und 2. Teil, S. 1—30, Sammelband III/3. und 4. Teil, S. 3—32.

Stephan, W.: Ausführungsformen von Föttinger-Übertragungen. VDI-Z. 1952, S. 50—58.

Ziebart, E.: Untersuchung an einem Föttinger-Getriebe. VDI-Z. 95 (Okt. 1953) Nr. 30.

Sachverzeichnis

Strömungskupplungen und Strömungswandler